Springer-Lehrbuch

Springer

Berlin
Heidelberg
New York
Barcelona
Budapest
Hongkong
London
Mailand
Paris
Santa Clara
Singapur
Tokio

J. Bortz   G. A. Lienert

Kurzgefaßte Statistik für die klinische Forschung

Ein praktischer Leitfaden für die Analyse kleiner Stichproben

Mit 11 Abbildungen und 90 Tabellen
sowie zahlreichen Formeln

Springer

Prof. Dr. Jürgen Bortz
Fachbereich 11 – Institut für Psychologie der TU Berlin
Franklinstraße 28/29, 10587 Berlin

Prof. Dr. Dr. Dr. h.c. mult. Gustav A. Lienert (Emeritus)
Erziehungswissenschaftliche Fakultät
der Universität Erlangen-Nürnberg
Regensburger Straße 160, 90478 Nürnberg
bis 1974 Medizinische Fakultät der Universität Düsseldorf

ISBN 3-540-63738-9 Springer-Verlag Berlin Heidelberg New York

Die Deutsche Bibliothek – CIP-Einheitsaufnahme
Kurzgefaßte Statistik für die klinische Forschung: Ein praktischer Leitfaden für die
Analyse kleiner Stichproben/Jürgen Bortz u. Gustav A. Lienert. – Berlin; Heidelberg;
New York; Barcelona; Budapest; Hongkong; London; Mailand; Paris; Santa Clara; Singa-
pur; Tokio: Springer, 1998
  ISBN 3-540-63738-9

Umschlaggestaltung: de'blik, Berlin
Umschlagabbildung: Reinhold Löffler, Dinkelsbühl
Herstellung: PRO EDIT GmbH, Heidelberg
Datenkonvertierung: K + V Fotosatz GmbH, Beerfelden

SPIN 10566579   26/3134-5 4 3 2 1 0 – Gedruckt auf säurefreiem Papier

Vorwort

„Mit welchem statistischen Verfahren kann ich meine Daten auswerten?" Diese Frage bereitet vielen Diplomanden und Doktoranden der Medizin und Klinischen Psychologie häufig erhebliche Probleme, deren Lösung oftmals Expertenrat erfordert. Aber auch Ab-
solventen eines statistischen Grundkurses können häufig nicht entscheiden, ob z. B. ein t-Test eingesetzt werden kann oder ob die untersuchte Patientenstichprobe hierfür zu klein ist bzw. den Vertei-
lungsanforderungen dieses Tests nicht genügt.

Auswertungsprobleme dieser Art – kleine Stichproben und
Merkmale mit fraglichen Verteilungseigenschaften – sind bei der
Anwendung der in diesem Buch behandelten Verfahren nahezu irrelevant. Es handelt sich um sog. *verteilungsfreie* (oder nonparame-
trische) *Verfahren*, die – anders als die „klassischen" oder sog. parametrischen Tests – auch bei kleinen Stichproben und nicht normalverteilten Merkmalen eingesetzt werden können. Die Anwendung dieser voraussetzungsarmen Verfahren ist denkbar einfach
und in der Regel ohne aufwendiges EDV-Equipment zu bewerkstel-
ligen. Einfache Zähloperationen oder Berechnungen, die mühelos
mit einem normalen Taschenrechner erledigt werden können, sollten auch mathematisch wenig versierten „Novizen" keine Probleme
bereiten. Zudem enthält das Buch für die meisten verteilungsfreien
Signifikanztests t-Test-analoge Tabellen, die die statistische Hypothesenprüfung erheblich erleichtern.

Die „Kurzgefaßte Statistik" hat eine relativ lange Geschichte, die
mit den „Verteilungsfreien Methoden in der Biostatistik" (Lienert,
1962) begann. Die enorme Entwicklung dieser Verfahrensklasse do-
kumentiert die 2. Auflage, deren 1. Band (Lienert, 1973) mehr als
doppelt so umfangreich war wie die Erstauflage. Mit dem 2. Band
(Lienert, 1978) war aus den einst handlichen „Verteilungsfreien Methoden" ein Mammutwerk von über 2000 Seiten geworden, das einen eigenständigen Tafelband (Lienert, 1975) erforderlich machte
und durch einen Nachtrag mit Hinweisen auf neuere Entwicklun-
gen ergänzt wurde (Lienert, 1986). Die ursprüngliche *Zielgruppe*,
die „Anwender" statistischer Verfahren, waren jedoch zugegebener-
maßen mit dieser Informationsflut überfordert, so daß wir beschlossen, die wichtigsten Verfahren wieder in einem Band zu ver-
einen (Bortz, Lienert und Boehnke, 1990). Aber auch dieser 940
Seiten umfassende Band war – so unsere Rückmeldungen aus Forschung und Lehre – letztlich nur für Experten interessant, was

schließlich – auch auf Wunsch des Springer-Verlages – zu der nun vorliegenden Kurzfassung führte.

Die „Kurzgefaßte Statistik" verzichtet – unter Verweis auf Bortz, Lienert und Boehnke (1990) – fast vollständig auf die mathematische Herleitung der behandelten Verfahren. All diese Testverfahren werden nach einem einheitlichen Schema vorgestellt: Zunächst wird kurz erörtert, für welche Art von Fragestellungen das jeweilige Verfahren geeignet ist (*Zielsetzung*). Es folgt eine Beschreibung der *Durchführung* des Verfahrens und ein ausführliches *Zahlenbeispiel*, in dem Schritt für Schritt – von der Darstellung eines zu überprüfenden Problems über die Formulierung der Hypothesen bis hin zur Interpretation der Ergebnisse – die Anwendung des Verfahrens erklärt wird. Diese leicht nachzuvollziehende, behutsame Erarbeitung der verteilungsfreien Testverfahren wird – so hoffen wir – dem anwendungsorientierten Nachwuchswissenschaftler sehr entgegenkommen.

Das Buch vermittelt – auch für autodidaktische Studien – statistische Methoden, die für die klinische Forschung benötigt und für einschlägige Publikationen gefordert werden. Es beginnt im 1. Kapitel mit einer kurzen Darstellung der hypothesenprüfenden Inferenzstatistik. Die Kapitel 2, 3 und 4 befassen sich mit Verfahren zur Auswertung von Häufigkeiten, Rangreihen und Meßwerten und Kapitel 5 behandelt die Berechnung und Überprüfung von Zusammenhangsmaßen (verteilungsfreie Korrelation). Mit Kapitel 6 wird ein gerade für die klinische Forschung wichtiges Thema aufgegriffen – die Überprüfung der Übereinstimmung von (Experten-)Urteilen über Symptome, Diagnosen und die bestmögliche Therapie. Kapitel 7 zeigt, wie man durch Einsatz sequentieller Signifikanztests die Größe der erforderlichen Patientenstichprobe minimieren kann. In Kapitel 8 geht es um die verteilungsfreie Analyse von Abfolgen, Zeitreihen und zeitlichen Verteilungen klinischer Manifestationen, wie Behandlungswirkungskurven und Anfallsintervallen; das abschließende Kapitel 9 verweist auf vertiefende Literatur und einige wichtige Neuentwicklungen im Bereich der verteilungsfreien Statistik. Wichtig ist noch der Hinweis, daß alle in diesem Buch behandelten Verfahren samt Indikation am Ende des Buches in einer Überblickstabelle zusammengefaßt sind, wodurch die gezielte Suche nach einem problemadäquaten Signifikanztest erleichtert werden soll.

Für fachliche, medizinisch- wie auch statistisch-didaktische Ratschläge danken wir Herrn Priv.-Doz. Dr. R. Oesterreich, Herrn Dr. K. Sperber und Herrn K. Leitner. Bei der Überprüfung der Korrekturabzüge waren Frau D. Bourger, Frau R. Jäger, Herr J. Bretz sowie Herr K. Weber behilflich und die erforderlichen Schreibarbeiten erledigten Frau H. Feige, Frau L. Ottmers (Berlin) sowie Frau M. Schraft (Nürnberg). Ihnen, sowie Frau Dr. H. Berger und Herrn K. Schwind, die verlagsseitig die „Kurzgefaßte Statistik" betreuten, sei ebenfalls herzlich gedankt.

Berlin und Nürnberg, im Januar 1998   *Jürgen Bortz*
                                                 Gustav A. Lienert

Inhaltsverzeichnis

1 Einführung in die Inferenzstatistik

Dieses Buch wurde mit der Zielsetzung geschrieben, den forschend tätigen Medizinern oder Psychologen bei der statistischen Auswertung ihrer klinisch-empirischen Untersuchungen behilflich zu sein. Wenn hier von statistischer Auswertung die Rede ist, meinen wir nicht die deskriptive Aufarbeitung der erhobenen Daten (Laborwerte, Symptome, Diagnosen, Krankheitsverläufe etc.) in Form von zusammenfassenden Grafiken oder statistischen Kennwerten (Mittelwerte, Streuungen etc.), denn dies ist Aufgabe der beschreibenden Statistik, die hier nicht thematisiert wird. Unser Anliegen ist es, ein einfaches Instrumentarium bereitzustellen, mit dem ermittelt werden kann, ob eine klinische Forschungshypothese durch eine empirische Untersuchung bestätigt wird oder nicht. Ein solches Instrumentarium stellen die sog. verteilungsfreien Tests dar, die Gegenstand dieses Buches sind (vgl. Abschn. 1.2.6).

Angenommen, man hätte die Vermutung formuliert, eine neue Behandlungsmethode A sei erfolgreicher als eine alte bewährte Behandlungsmethode B, und eine empirische Untersuchung möge zeigen, daß in der Tat mit der neuen Methode 10% mehr Behandlungserfolge erzielt werden als mit der alten Methode. Kann man nun davon ausgehen, die Überlegenheit der neuen Methode sei erwiesen oder gar „bewiesen"? Nehmen wir ferner an, man habe mit beiden Methoden jeweils 20 Patienten behandelt mit 10 Behandlungserfolgen nach der alten Methode. „10% mehr" bedeutet hier nichts anderes, als daß mit der neuen Methode 11 Patienten, also lediglich ein Patient mehr erfolgreich behandelt werden konnte. Müssen wir uns angesichts dieser Zahlenverhältnisse nicht fragen, ob diese „Überlegenheit" nichts anderes ist als ein Produkt des Zufalls?

Diese Thematik, die Absicherung eines Untersuchungsergebnisses gegen ein Zufallsergebnis, ist zentral für alle statistischen Verfahren zur Hypothesenprüfung *(Inferenzstatistik)*.

Die Frage, ob ein empirisches Untersuchungsergebnis zufallsbedingt sein kann oder nicht, sollte im Prinzip in jeder klinischen Forschungsarbeit beantwortet werden. Die Vielfalt der Fragestellungen, die Gegenstand einer statistischen Hypothesenprüfung sein können, sei anhand einiger Beispiele, die in den folgenden Kapiteln ausführlich behandelt werden, exemplarisch verdeutlicht:

- Ist die erhöhte Krebsmortalität in einem Wohnhaus mit dem Zufall zu erklären, oder sind hierfür besondere, krebsfördernde Ursachen verantwortlich zu machen? (Beispiel 2.1)
- Ist die Behandlung schizophrener Patienten mit einem Neuroleptikum erfolgreicher als mit einem Tranquilizer, oder sind die Wirkunterschiede u. U. nur zufallsbedingt? (Beispiel 3.3)
- Wird die Lebensqualität von Patienten mit Coxarthrose durch eine Endoprothese tatsächlich „überzufällig" verbessert? (Beispiel 4.2)
- Muß man davon ausgehen, daß der Zusammenhang zwischen dem Verlaufsstadium von Lungenemphysemen und dem Schweregrad der krankheitsbedingten Dyspnoe zufallsbedingt ist, wenn man das Alter der Patienten berücksichtigt? (Beispiel 5.6)
- Sind Internisten in der Lage, die Ätiologie einer subakuten Hepatitis übereinstimmend zu diagnostizieren, oder sind die erzielten Übereinstimmungen ein Produkt des Zufalls? (Beispiel 6.2)
- Können die Schwankungen der täglich gemessenen Blutzuckerwerte bei einem Patienten mit Diabetes mellitus, Typ II, zufallsbedingt sein, oder verbirgt sich hinter den Schwankungen eine Systematik? (Beispiel 8.2)

Jede dieser Fragestellungen erfordert einen eigenständigen Hypothesentest. Einen Überblick über die in diesem Buch behandelten Tests vermittelt eine nach Fragestellung und Datenart gegliederte Übersicht am Ende des Buches.

Das Grundmuster einer statistischen Hypothesenprüfung ist im Prinzip für alle Verfahren – seien sie parametrisch oder verteilungsfrei – identisch. Die Begriffe „parametrisch" und „verteilungsfrei" werden in Abschn. 1.2.6 genauer erläutert. Dort wird auch zu begründen sein, warum – wie im Vorwort bereits angemerkt – die verteilungsfreien Verfahren sich gerade für kleine Patientenstichproben, die für die klinische Forschung nicht untypisch sind, besonders eignen.

> Bei allen statistischen Hypothesentests geht es um die Überprüfung eines statistischen Hypothesenpaares, der sog. *Null-* und der *Alternativhypothese*, wobei die Nullhypothese – vereinfacht gesprochen – den Zufall repräsentiert.

Der Hypothesentest macht letztlich nichts anderes, als die Wahrscheinlichkeit zu ermitteln, mit der das Untersuchungsergebnis ein reines Zufallsergebnis ist. Wenn diese Wahrscheinlichkeit genügend klein ist, können wir darauf vertrauen, daß das Untersuchungsergebnis *nicht* zufallsbedingt ist, sondern einen systematischen Effekt anzeigt. Hierüber werden wir im Abschn. 1.2 ausführlicher berichten.

Zuvor jedoch müssen wir uns mit einigen grundlegenden Begriffen auseinandersetzen, die für alle statistischen Hypothesentests zentral sind. Hierzu gehört insbesondere der Wahrscheinlichkeitsbegriff, mit dem wir uns im folgenden beschäftigen.

1.1
Zum Begriff der Wahrscheinlichkeit

Wir alle kennen das auf die beschreibende Statistik gemünzte Wort: „Mit Statistik kann man alles beweisen!". Richtiger müßte es aus dem Blickwinkel der hypothesenprüfenden Statistik heißen: Mit Statistik kann man gar nichts beweisen, keinen Unterschied, keinen Zusammenhang, keine Gesetzmäßigkeit, sofern man von einem Beweis fordert, daß er logisch und sachlich unwidersprochen bleiben soll.

> Was kann die moderne Statistik als wissenschaftliche Methode wirklich leisten? Sie gibt Auskunft darüber, mit welcher Wahrscheinlichkeit Unterschiede, Zusammenhänge und Regelmäßigkeiten, die wir in Stichprobenerhebungen gefunden haben, rein zufällig entstanden sein können, oder inwieweit sie als allgemein gültig anzusehen sind. Absolut sichere Aussagen und Voraussagen sind mit Hilfe der Statistik unmöglich. Jedoch liegt es an uns, das Risiko bzw. die Wahrscheinlichkeit dafür, daß unsere Aussage falsch ist, gemäß der wissenschaftlichen Fragestellung höher oder niedriger anzusetzen.

Der Begriff der Wahrscheinlichkeit ist uns auch im Alltag geläufig. Wenn beispielsweise im Wetterbericht bekanntgegeben wird, daß es heute mit einer Wahrscheinlichkeit von 90% regnen wird, dürfte es wohl kaum jemand versäumen, für den geplanten Spaziergang einen Regenschirm mitzunehmen. Auch Fragen nach der Wahrscheinlichkeit, beim Münzwurf „Zahl" zu werfen, mit einem Würfel eine Sechs zu würfeln oder aus einem Skatspiel mit 32

Karten zufällig das Herz-As zu ziehen, verlangen keine besonderen mathematisch-statistischen Kenntnisse. Für die Beantwortung der letztgenannten Fragen gibt es eine einfache Regel, die generell für gleich wahrscheinliche bzw. gleichwertige Ereignisse gilt: Wir überlegen uns die Anzahl der „günstigen" Ereignisse (dies sind die Ereignisse, deren Wahrscheinlichkeit wir bestimmen wollen) und dividieren diese Anzahl durch die Anzahl aller möglichen Ereignisse (dies sind alle Ereignisse, die im jeweiligen Versuch vorkommen können). Das Resultat ist die gesuchte Wahrscheinlichkeit, die wir mit dem Buchstaben p symbolisieren (von „probabilité").

$$p = \frac{\text{Anzahl der günstigen Ereignisse}}{\text{Anzahl der möglichen Ereignisse}} \qquad (1.1)$$

Für das Münzbeispiel erhalten wir nach dieser Regel p = 1/2 (oder 50%), für das Würfelbeispiel p = 1/6 (oder 16,7%) und für das Skatbeispiel p = 1/32 (oder 3,1%).

Mit Gl. 1.1 können wir beispielsweise auch bestimmen, wie groß die Wahrscheinlichkeit ist, mit einem Würfel eine ungerade Zahl zu werfen. Da hier die Zahlen 1, 3 und 5 „günstige" Ereignisse darstellen, und 6 Zahlen möglich sind, erhält man p = 3/6 = 1/2. In gleicher Weise ermittelt man die Wahrscheinlichkeit für eine Pik-Karte im Skatspiel zu 8/32 = 1/4, da 8 der 32 Skatkarten die „Farbe" Pik aufweisen.

> Aus Gl. 1.1 geht hervor, daß jede Wahrscheinlichkeit einen Wert p hat, der nicht negativ und nicht größer als 1 ist, d. h. die Wahrscheinlichkeitsskala erstreckt sich von 0 (unmögliches Ereignis) bis 1 (sicheres Ereignis).

Wir haben die obige Definition noch etwas näher zu erläutern. Halten wir uns dabei an das Würfelbeispiel: Die Anzahl der möglichen Ereignisse beträgt 6. Diese 6 Ereignisse schließen einander aus, denn man kann nicht sowohl eine 4 als auch eine 6 im selben Wurf erzielen. Die 6 Ereignisse sind auch gleichwertig, denn jedes Ergebnis hat die gleiche Chance aufzutreten.

Die beiden Begriffe „gleichwertig" und „einander ausschließend" wollen wir an 2 Beispielen illustrieren.

> **Beispiel 1.1. Kartenspiel**
>
> Jemand möchte die Wahrscheinlichkeit, aus einem Skatspiel entweder ein As oder eine Herz-Karte zu ziehen, ermitteln. Das Kartenspiel enthält 32 Karten, darin befinden sich 4 Asse und 8 Herz-Karten. Folglich stehen – so möchte man meinen – die günstigen Ereignisse im Verhältnis zu den möglichen Ereignissen wie 12:32, also ist p = 0,375. Diese Schlußfolgerung ist aber unrichtig, denn ein As (das Herz-As) gilt zugleich auch als Herz-Karte. Das Auftreten eines Asses schließt also das Auftreten einer Herz-

Karte nicht aus. Die Bedingung, daß die Ereignisse einander ausschließen sollen, ist nicht erfüllt. Daher sind wir zu einem unrichtigen Wahrscheinlichkeitswert gekommen. Der richtige beträgt $p = 11/32 = 0,344$.

Beispiel 1.2. Münzwurfspiel

Angenommen, jemand möchte die Wahrscheinlichkeit ermitteln, bei 2 hintereinander durchgeführten Würfen mit einer Münze 2mal Zahl zu erhalten. Die 3 möglichen Ergebnisse, 2mal Zahl, 2mal Adler sowie einmal Zahl und einmal Adler schließen sich gegenseitig aus. Man könnte also schlußfolgern, die Wahrscheinlichkeit, 2mal Zahl zu werfen, betrage 1/3. Diese Überlegung ist falsch, denn die 3 Ereignisse sind nicht gleichwertig. Das 3. Ereignis (Zahl-Adler) kann nämlich in zweifacher Weise zustande kommen: Das 1. Mal Zahl und das 2. Mal Adler oder umgekehrt das 1. Mal Adler und das 2. Mal Zahl. Richtig wäre folgende Überlegung gewesen: Es resultieren 4 gleichwertige Ereignisse: Zahl-Zahl, Adler-Adler, Zahl-Adler und Adler-Zahl. Daraus ersehen wir, daß die Wahrscheinlichkeit, 2mal Zahl zu werfen, nicht $p = 1/3$, sondern $p = 1/4$ ausmacht. Dadurch, daß wir die Aufeinanderfolge von Zahl und Adler außer acht gelassen haben, sind die Ereignisse nicht mehr gleich wahrscheinlich bzw. nicht mehr gleichwertig.

1.1.1
Theoretische und empirische Wahrscheinlichkeit

Wenn wir eine Münze werfen, so erwarten wir das Resultat „Zahl" mit einer Wahrscheinlichkeit von $p = 1/2$. Wir folgern nämlich: Es gibt nur 2 mögliche Resultate, von denen eines im gegebenen Fall mit Sicherheit eintreten muß, so daß – wenn die Münze nicht verfälscht ist – jedes der beiden Resultate die gleiche Wahrscheinlichkeit für sich hat. Da wir dieses Resultat allein auf logischem Weg erzielt haben, sprechen wir von einer theoretischen, einer erwarteten oder einer *A-priori-Wahrscheinlichkeit*.

Werfen wir dagegen eine Münze, deren eine Kante stark abgenutzt ist, so dürfen wir nicht mehr erwarten, daß bei einem beliebigen Wurf das Symbol „Zahl" mit der Wahrscheinlichkeit $p = 1/2$ nach oben zu liegen kommen wird. Auf die Größe der Wahrscheinlichkeit, in diesem Fall Zahl zu werfen, kann uns nur ein Experiment einen Hinweis geben: Wir werfen die Münze einige 100 Mal und zählen aus, wie oft wir das Resultat „Zahl" erhalten. Bilden wir den Quotienten aus der Anzahl der „Zahlen" und der Anzahl der Würfe, so erhalten wir eine relative Häufigkeit, die wir als empirische, beobachtete oder als *A-posteriori-Wahrscheinlichkeit* bezeichnen. Mit zunehmender Anzahl von Versuchen konvergiert die relative Häufigkeit auf einen konstanten Wert p. Bezeichnen wir die Häufigkeit eines Ereignisses A mit $f(A)$ und die Anzahl aller Ereignisse einer Versuchsreihe mit N, so ergibt sich als Gleichung für die A-posteriori-Wahrscheinlichkeit $p(A)$:

$$p(A) = \lim_{N \to \infty} \frac{f(A)}{N} \tag{1.2}$$

Im folgenden wenden wir uns den wichtigsten Gesetzen der Wahrscheinlichkeitsrechnung zu, dem Additions- und Multiplikationssatz für Wahrscheinlichkeiten.

1.1.2
Additions- und Multiplikationssatz

Beim Würfelspiel können wir uns fragen, wie groß die Wahrscheinlichkeit ist, eine 6 *oder* eine 5 zu werfen. Da wir es hier mit 2 günstigen unter 6 möglichen Fällen zu tun haben, ist p = 2/6 = 0,33. Die Wahrscheinlichkeit, eine 6, eine 5 oder eine 2 zu werfen, ist entsprechend durch 1/6 + 1/6 + 1/6 = 0,5 gegeben. Sie ist also die Summe der Wahrscheinlichkeiten, eine 6, eine 5 oder eine 2 zu werfen.

Die Verallgemeinerung dieser Überlegung führt zum *Additionssatz der Wahrscheinlichkeit.* Er lautet: Die Wahrscheinlichkeit p, daß von k einander ausschließenden Ereignissen das erste *oder* das zweite *oder* das dritte *oder* das k-te eintritt, ist gleich der Summe der Wahrscheinlichkeiten für das Auftreten der k Einzelereignisse.

Bezeichnen wir allgemein mit p_i die Wahrscheinlichkeit des i-ten Ereignisses, so beträgt die zusammengesetzte Wahrscheinlichkeit nach dem Additionssatz:

$$p = p_1 + p_2 + ... + p_i + ... + p_k = \sum_{i=1}^{k} p_i \tag{1.3}$$

Wenn wir einen Würfel 2mal hintereinander werfen, so können wir uns fragen: Wie groß ist die Wahrscheinlichkeit p, daß wir 2mal eine 6 werfen? Dieselbe Frage wäre auch für den gleichzeitigen Wurf zweier Würfel zu stellen. Die theoretische Wahrscheinlichkeit leitet sich aus folgender Überlegung her: Für den 1. Wurf gibt es 6 mögliche Ereignisse, nämlich die Zahlen 1 bis 6. Das gleiche gilt für den 2. Wurf. Da nun das Ereignis des 2. Wurfs vom Ereignis des 1. Wurfs unabhängig ist, treten alle möglichen Ereigniskombinationen (1 und 1, 1 und 2, 1 und 3, ..., 6 und 5, 6 und 6) mit gleicher Wahrscheinlichkeit auf. Da jede mögliche Zahl des 1. Wurfs mit jeder möglichen Zahl des 2. Wurfs kombiniert sein kann, erhält man 6·6 = 36 gleichwertige mögliche Ereignisse. Eines dieser Ereignisse, nämlich die Kombination 6 und 6, stellt das günstige Ereignis dar, so daß wir nach Gl. 1.1 den Wert p = 1/36 errechnen.

Die Wahrscheinlichkeit p, 2mal nacheinander eine 6 zu werfen, beträgt demgemäß nur 1/6 der Wahrscheinlichkeit, überhaupt eine 6 zu werfen. Entsprechend ist die Wahrscheinlichkeit, mit einer Münze 2mal „Zahl" zu werfen: $p = p_1 \cdot p_2 = 1/2 \cdot 1/2 = 1/4$.

> Wir können diesen als *Multiplikationssatz der Wahrscheinlichkeit* bekannten Tatbestand allgemein so formulieren: Die Wahrscheinlichkeit p, daß k voneinander unabhängige Ereignisse gemeinsam auftreten, ist gleich dem Produkt der Einzelwahrscheinlichkeiten p_i dieser Ereignisse.

$$p = p_1 \cdot p_2 \cdot \ldots \cdot p_i \cdot \ldots \cdot p_k = \prod_{i=1}^{k} p_i \qquad (1.4)$$

Additions- und Multiplikationssatz sind wichtige Ausgangspunkte der folgenden Ausführungen und der späteren über die statistische Entscheidung (vgl. Abschn. 1.2.3).

1.1.3
Punktwahrscheinlichkeit

Wenden wir uns von den Würfelversuchen, die 6 mögliche Resultate ergeben, wieder dem einfacheren Münzenversuch mit 2 Alternativen zu: Fragen wir uns, welche Kombinationen von „Zahl" (Z) und „Adler" (A) wir bei gleichzeitigem Wurf mit 3 Münzen theoretisch erhalten können. Im folgenden sind die Möglichkeiten vollzählig zusammengestellt: ZZZ, ZZA, ZAZ, ZAA, AAA, AAZ, AZA, AZZ.

Es gibt also 8 mögliche Kombinationen oder genauer: Kombinationen mit Wiederholung gleicher Möglichkeiten (Ausgänge A und Z), die auch als *Variationen* bezeichnet werden. Der 1. Münzwurf hat 2 mögliche Ausgänge (Z, A) und der 2. auch. Kombinieren wir die beiden Münzwürfe, resultieren $2 \cdot 2 = 4$ mögliche Ereignisse, denn jeder Ausgang des 1. Münzwurfs kann mit jedem Ausgang des 2. Münzwurfs gemeinsam auftreten (ZZ, ZA, AZ, AA). Kommt nun noch eine 3. Münze hinzu, kann jedes dieser 4 Ergebnisse mit den beiden Ausgängen des 3. Münzwurfs kombiniert werden, d. h. wir erhalten die oben schon ausgeführten $2 \cdot 2 \cdot 2 = 2^3 = 8$ verschiedenen Kombinationen (Variationen). Allgemein erhalten wir bei N Münzen 2^N mögliche Ausgänge.

Bei N = 3 Münzen finden wir unter den 8 möglichen Resultaten nur eines, bei dem alle Münzen auf „Zahl" fallen. Die Wahrscheinlichkeit, 3mal „Zahl" zu erhalten, ist also nach Gl. 1.1 $p = 1/8$. Die Wahrscheinlichkeit, daß wir bei einem Wurf die Kombination 2mal „Zahl" und einmal „Adler" (ZZA, ZAZ, AZZ) antreffen werden, beträgt 3/8 wie auch für die Kombination einmal „Zahl" und 2mal „Adler" (ZAA, AZA, AAZ). Die Wahrscheinlichkeit, 3mal „Adler" zu werfen, ergibt sich wiederum zu 1/8.

> Die Wahrscheinlichkeit, ein bestimmtes Ereignis (z. B. 2mal Z, einmal A) zu erzielen, nennt man *Punktwahrscheinlichkeit*. Man erhält die Punktwahrscheinlichkeit p, indem man die Häufigkeit, mit der das Ereignis vorkommen kann (z. B. 3 Möglichkeiten für das Ereignis 2mal Z und einmal A), durch 8 als Anzahl aller möglichen Kombinationen dividiert.

Diese p-Werte erhalten wir auch über das sog. *Pascalsche Dreieck* (vgl. Tabelle 1.1).

Das Pascalsche Dreieck in Tabelle 1.1 wurde für N = 1 bis N = 5 Münzen in Einserschritten entwickelt. (Die in Klammern gesetzte Zeile N = 0 wurde der Vollständigkeit halber mit aufgenommen). Wie man leicht erkennt, ergeben sich die Werte einer Zeile als Summe von jeweils 2 benachbarten Werten der vorangehenden Zeile, ergänzt durch die Zahl 1 am Anfang und am Ende der Zeile. Diesem Prinzip folgend läßt sich das Pascalsche Dreieck in Tabelle 1.1 beliebig ergänzen.

Aus dieser Tabelle entnehmen wir z. B., daß bei einem Wurf mit N = 4 Münzen p(4mal Z) = 1/16, p(3mal Z, einmal A) = 4/16, p(2mal Z, 2mal A) = 6/16, p(einmal Z, 3mal A) = 4/16 und p(4mal A) = 1/16 resultieren. Entsprechend sind die Punktwahrscheinlichkeiten für bestimmte Adler-Zahl-Kombinationen bei mehr als 4 Münzen zu berechnen.

Diese Punktwahrscheinlichkeiten lassen sich jedoch auch ohne das Pascalsche Dreieck ermitteln. Da wir die Anzahl der möglichen Ereignisse mit 2^N bereits kennen, brauchen wir uns nur noch darüber Gedanken zu machen, nach welcher Regel die Anzahl der günstigen Ereignisse zustandekommt, um sodann über Gl. 1.1 die Punktwahrscheinlichkeit auszurechnen.

Angenommen, wir hätten mit 4 Münzen geworfen und fragen danach, wie häufig das „günstige" Ereignis 3mal Z (und einmal A) vorkommen kann. Nach Tabelle 1.1 gibt es hierfür offenbar 4 verschiedene Kombinationen, d. h. die Anzahl der günstigen Ausgänge wäre 4.

Tabelle 1.1. Pascalsches Dreieck

Überwiegen von „Zahl"			Überwiegen von „Adler"			N	2^N
			(1)			(0)	(1)
		1		1		1	2
		Z		A			
	1		2		1	2	4
	ZZ		ZA		AA		
1		3		3		1	3	8
ZZZ		ZZA		ZAA		AAA		
1	4		6		4	1	4	16
ZZZZ	ZZZA		ZZAA		ZAAA	AAAA		
1	5	10		10	5	1	5	32
ZZZZZ	ZZZZA	ZZZAA		ZZAAA	ZAAAA	AAAAA		

Zu diesem Ergebnis kommen wir auch durch folgende Überlegung: Wir markieren zunächst 4 Münzen mit den Buchstaben A, B, C und D und fragen, mit welcher Münze die 1. „Zahl" geworfen wird. Dies kann natürlich mit gleicher Wahrscheinlichkeit jede der 4 Münzen sein. Wenn wir annehmen, daß mit A die 1. „Zahl" geworfen wurde, bleiben für die 2. „Zahl" nur die Münzen B, C und D übrig. Hätten wir mit Münze B die 2. Zahl geworfen, kann die 3. Zahl nur noch auf die Münzen C oder D fallen. Insgesamt gibt es also $4 \cdot 3 \cdot 2 = 24$ Möglichkeiten, das Ergebnis „3mal Zahl" zu erzielen. Diese sind in Tabelle 1.2 veranschaulicht.

Nun stellen wir fest, daß beispielsweise die Münzkombination A, B und C 6mal vorkommt. (Diese 6 Möglichkeiten sind in Tabelle 1.2 blau markiert). Zwar ist die Reihenfolge jedesmal eine andere, aber diese interessiert uns nicht, denn wir fragen lediglich nach dem Ergebnis „3mal Zahl", unabhängig davon, welche Münzen in welcher Reihenfolge zu diesem Ergebnis führten. Deshalb müssen die 24 Möglichkeiten bezüglich der „ergebnisneutralen" Reihenfolgen korrigiert werden. Da für jede Münzkombination $3 \cdot 2 = 6$ verschiedene Reihenfolgen vorkommen, berechnen wir $24/6 = 4$ und erhalten den bereits aus dem Pascalschen Dreieck bekannten Wert. Das Ergebnis „3mal Zahl" resultiert, wenn „Zahl" auf die Münzen ABC, ABD, ACD oder BCD fällt, d. h. es gibt 4 „günstige" Ereignisse.

Allgemein erhalten wir das Ergebnis „x-mal Zahl" mit N Münzen nach folgender Beziehung: Ohne Berücksichtigung der Reihenfolge ergeben sich $N \cdot (N-1) \cdot (N-2) \cdot \ldots \cdot (N-x+1)$ Möglichkeiten. Lassen wir die Reihenfolge außer acht, muß durch $x \cdot (x-1) \cdot (x-2) \cdot \ldots \cdot 2 \cdot 1$ dividiert werden, wobei wir für die letztgenannte Produktkette vereinfachend x! (sprich: „x Fakultät") schreiben können. Es ergeben sich also

$$\frac{N \cdot (N-1) \cdot (N-2) \cdot \ldots \cdot (N-x+1)}{x!}$$

Möglichkeiten, bei N Münzwürfen x-mal Zahl zu erreichen. Nun können wir den Zähler und den Nenner dieses Ausdrucks um die Faktoren $(N-x) \cdot (N-x-1) \cdot \ldots \cdot 2 \cdot 1 = (N-x)!$ erweitern und erhalten

$$\frac{N \cdot (N-1) \cdot (N-2) \cdot \ldots \cdot (N-x+1) \cdot (N-x) \cdot (N-x-1) \cdot \ldots \cdot 2 \cdot 1}{x! \cdot (N-x)!}$$

Tabelle 1.2. Veranschaulichung des Ereignisses „dreimal Zahl" bei 4 Münzen A, B, C und D

$$= \frac{N!}{x! \cdot (N-x)!}$$

Dieser Ausdruck wird häufig durch das sog. *Eulersche Symbol* $\binom{N}{x}$ (sprich: N über x) gekennzeichnet.

$$\binom{N}{x} = \frac{N!}{x! \cdot (N-x)!} \tag{1.5}$$

Mit dieser Rechenregel können wir also auch ohne das Pascalsche Dreieck für beliebige N- und x-Werte die Anzahl der günstigen Ereignisse ermitteln. Für $N=5$ und $x=3$ ergibt sich beispielsweise

$$\binom{5}{3} = \frac{5!}{3! \cdot (5-3)!} = \frac{5 \cdot 4 \cdot 3 \cdot 2 \cdot 1}{(3 \cdot 2 \cdot 1) \cdot (2 \cdot 1)} = \frac{5 \cdot 4 \cdot 3}{3 \cdot 2 \cdot 1} = 10$$

Dieser Wert stimmt mit dem entsprechenden Wert des Pascalschen Dreiecks überein. (10 Möglichkeiten für $x=3$mal Z bei $N=5$). Die Punktwahrscheinlichkeit, mit 5 Münzwürfen genau 3mal Zahl zu erzielen, ergibt sich (wegen $2^5 = 32 =$ Anzahl der möglichen Ereignisse) über Gl. 1.1 also zu $p = 10/32 = 0,31$.

In allgemeiner Schreibweise errechnen wir eine Punktwahrscheinlichkeit im Münzwurfbeispiel nach folgender Beziehung

$$p(x) = \frac{\binom{N}{x}}{2^N} = \binom{N}{x} \cdot \left(\frac{1}{2}\right)^N \tag{1.6}$$

Die Punktwahrscheinlichkeiten für unterschiedliche x- und N-Werte konstituieren eine Verteilung, die als *Binomialverteilung* für gleich wahrscheinliche Alternativereignisse bezeichnet wird. Wie diese Verteilung praktisch genutzt werden kann, werden wir im Abschn. 2.1.1 zeigen.

Zu Gl. 1.5 sind noch einige definitorische Anmerkungen erforderlich. Setzen wir $N=x$, ergibt sich $N!/N! \cdot 0!$ Da per definitionem $0! = 1$ gesetzt wird, erhalten wir $N!/N! = 1$. Außerdem ist Gl. 1.5 zu entnehmen, daß $\binom{N}{x} = \binom{N}{N-x}$ sein muß. Bezogen auf das Münzwurfbeispiel besagt diese Äquivalenz, daß die Anzahl für x-mal „Zahl" bei N Würfen mit der Anzahl für (N–x)-mal „Zahl" bei N Würfen übereinstimmt, also z. B. $\binom{5}{3} = \binom{5}{2} = 10$.

1.1.4
Überschreitungswahrscheinlichkeit

Wir werden im folgenden noch eine andere Wahrscheinlichkeit kennenlernen, die sich am besten anhand eines Wettbeispiels einführen läßt: Angenommen, wir haben gewettet, mit $N=4$ Münzen mindestens $x=3$mal „Zahl" zu werfen. Wie groß ist die Wahrscheinlichkeit, diese Wette zu gewinnen? Die Antwort ist einfach: „Mindestens 3mal" bedeutet, 3mal oder 4mal „Zahl" zu werfen; also ist die gesuchte Wahrscheinlichkeit – wir bezeichnen sie mit (groß) P und nennen sie *Überschreitungswahrscheinlichkeit* – nach dem Additionssatz gleich der Punktwahrscheinlichkeit, 3mal „Zahl" zu werfen: $p(x=3)=4/16$ plus der Punktwahrscheinlichkeit, 4mal „Zahl" zu werfen: $p(x=4)=1/16$; also ist $P=4/16+1/16=5/16$. In gleicher Weise könnten wir nach der Wahrscheinlichkeit, mindestens 2mal „Zahl" zu werfen, fragen. Sie beträgt für $x=2$, $x=3$ und $x=4$ $P=6/16+4/16+1/16=11/16$.

> Wir können die Überschreitungswahrscheinlichkeit definieren als die Wahrscheinlichkeit des Auftretens eines bestimmten Ereignisses, vermehrt um die Wahrscheinlichkeiten aller „extremeren" Ereignisse.

Statt nach der Wahrscheinlichkeit für „mindestens 3mal Zahl" hätten wir auch nach der Wahrscheinlichkeit für „höchstens einmal" Adler fragen können. Für beide Fälle ist die Überschreitungswahrscheinlichkeit natürlich identisch.

> Allgemein: Die Wahrscheinlichkeit, daß ein Ereignis A bei N Versuchen mindestens x-mal auftritt, entspricht der Wahrscheinlichkeit, daß das zu A komplementäre Ereignis höchstens (N–x)-mal auftritt.

Unter Verwendung der Gl. 1.6 ergibt sich die Überschreitungswahrscheinlichkeit dafür, daß x mindestens einen Wert k annimmt, in folgender Weise:

$$P(x \geq k) = \left(\frac{1}{2}\right)^N \cdot \sum_{x=k}^{N} \binom{N}{x} \qquad (1.7)$$

Fragen wir nach der Überschreitungswahrscheinlichkeit, mit der x höchstens so groß wie als ein beliebiger Wert k ist, errechnet man

$$P(x \leq k) = \left(\frac{1}{2}\right)^N \cdot \sum_{x=0}^{k} \binom{N}{x} \qquad (1.8)$$

Beide Gleichungen sind äquivalent, wenn man eine Gleichung auf das Ereignis A (z. B. Zahl) und die andere auf das Komplementärereignis (z. B. Adler) anwendet. So entspricht z. B. die Überschreitungswahrscheinlichkeit, bei $N=10$ Münzwürfen mindestens 8mal Zahl zu werfen ($k=8$ in Gl. 1.7), der Überschreitungswahrscheinlichkeit für höchstens 2mal Adler ($k=2$ in Gl. 1.8). In beiden Fällen erhält man $P=0,055$.

1.1.5
Einseitige und zweiseitige Überschreitungswahrscheinlichkeit

Im obigen Beispiel (mindestens x = 8mal Zahl bei N = 10 Münzwürfen) haben wir eine einseitige Überschreitungswahrscheinlichkeit bestimmt. Was unter einer zweiseitigen Überschreitungswahrscheinlichkeit zu verstehen ist, läßt sich wie folgt illustrieren: Wir wetten, bei 4 Würfen entweder 4mal oder keinmal „Zahl" zu werfen. Wie groß ist die Chance, diese Wette zu gewinnen? Die Punktwahrscheinlichkeit für x = 4 beträgt $p(x = 4) = 1/16$ und die Punktwahrscheinlichkeit für x = 0 ist $p(x = 0) = 1/16$, so daß die zweiseitige Überschreitungswahrscheinlichkeit, die wir durch P' kennzeichnen, mit $P' = 2/16$ der doppelten einseitigen Überschreitungswahrscheinlichkeit entspricht.

Hätten wir gewettet, mindestens 3mal „Zahl" oder höchstens einmal „Zahl" zu werfen, so wäre dies ebenfalls eine zweiseitige Wette, deren Gewinnchance nach dem Pascalschen Dreieck oder über Gl. 1.6 wie folgt zu berechnen wäre: Mindestens 3mal „Zahl" heißt 3- oder 4mal „Zahl", deren Punktwahrscheinlichkeiten 4/16 und 1/16 betragen. Hinzu kommen die Punktwahrscheinlichkeiten für einmal Zahl ($p = 4/16$) und für keinmal Zahl ($p = 1/16$). Die gesamte zweiseitige Überschreitungswahrscheinlichkeit beträgt also $P' = 1/16 + 4/16 + 4/16 + 1/16 = 10/16$.

Die Frage, ob es sich um eine einseitige oder zweiseitige Wette oder – in der Terminologie der Statistik – um einen einseitigen oder zweiseitigen Test handelt, ist für die Überprüfung bestimmter empirischer Fragestellungen von großer Bedeutung. (Beispiel: Die Überprüfung der Frage, ob eine neue Behandlungsmethode einer herkömmlichen Methode überlegen ist, erfordert einen einseitigen Test, während der Nachweis eines ungerichteten Unterschiedes – die neue Methode ist besser *oder* schlechter als die herkömmliche – über einen zweiseitigen Test zu führen wäre.) Wir werden darauf an späterer Stelle (s. Abschn. 1.2.3) noch zurückkommen.

> Festzuhalten ist, daß die Wahrscheinlichkeit für den zweiseitigen Test durch Verdopplung der Wahrscheinlichkeit für den einseitigen Test zu ermitteln ist, sofern – wie im Münzwurfbeispiel – die Wahrscheinlichkeitsverteilung für x symmetrisch ist.

1.2
Statistische Hypothesenprüfung

Wie bereits eingangs gesagt, befassen wir uns in diesem Buch primär mit der statistischen Überprüfung klinisch-wissenschaftlicher Hypothesen. Bevor wir auf die hierfür einschlägigen verteilungsfreien Verfahren ausführlich eingehen, sollen in einem Überblick die wichtigsten Stationen der statistischen

Hypothesenprüfung – die Überführung von inhaltlichen Forschungshypothesen in statistische Hypothesen, das Konzept der statistischen Signifikanz und der klinisch-praktischen Bedeutsamkeit sowie die Spezifika verteilungsfreier Tests – vorgestellt werden.

Von besonderer Bedeutung, nicht nur für hypothesenprüfende Untersuchungen, ist eine ausführliche Versuchsplanung, auf die wir zunächst eingehen.

1.2.1
Versuchsplanung

Es ist verständlich, wenn junge, ambitionierte Doktoranden nach Festlegung ihrer Fragestellung möglichst rasch das benötigte klinische Datenmaterial erheben und auch auswerten wollen; hiervor sei jedoch mit Nachdruck gewarnt, denn das Gelingen und die Aussagekraft einer Studie hängen zu einem erheblichen Teil von einer sorgfältigen, ausführlichen Versuchsplanung ab, die vor der eigentlichen Datenerhebung durchzuführen ist. Erfahrene Empiriker sind der Auffassung, daß mindestens 50% der gesamten Arbeitszeit für eine Studie auf die Versuchsplanung entfallen sollten. Außerdem wird dringend empfohlen, sich schon im Planungsstadium mit einem Bio- oder Medizinstatistiker abzusprechen und nicht erst – wie so oft – nachdem die Versuchsergebnisse bereits vorliegen.

Die Ergebnisse der Versuchsplanung sind in einem sog. Studienprotokoll zusammenzufassen. Zum *Studienprotokoll* gehören v. a. folgende Angaben:

Inhalte eines Studienprotokolls

- Eine präzise Formulierung der Fragestellung bzw. der zu prüfenden Forschungshypothese.
- Festlegung und Begründung der Untersuchungsanlage (Doppelblindversuch? Epidemiologische Studie? Klinisches Experiment?).
- Auswahl und Rekrutierung der Patientenstichprobe (Kontroll- und Experimentalgruppe? Ein- und Ausschlußkriterien für die Patientenauswahl? „Matched samples"? Größe der Stichprobe?) Entsprechende Angaben sind auch für Tierversuche erforderlich.
- Behandlung der Patienten (Welcher Patient erhält welche Behandlung? Zeitliche Abfolge von Kontrolluntersuchungen? Vorgehen bei Komplikationen?).
- Operationalisierung der untersuchungsrelevanten Merkmale (Labortests? Experten-Ratings? Indikatoren für den Behandlungserfolg?).
- Angaben zur Untersuchungsdurchführung (Klinisches Hilfspersonal? Ausreichende Labortechnik? Belastung der Patienten?).
- Planung der statistischen Auswertung (Welcher Signifikanztest? Risiko I. und ggf. auch II. Art?).

Im folgenden wollen wir diese Inhalte des Studienprotokolls ausführlicher erläutern.

Forschungshypothesen

Forschungshypothesen sind keine vagen Vermutungen, sondern präzise Fragestellungen, die man aus der Literatur, aus vergleichbaren empirischen Studien oder aus dem Erfahrungsschatz eines Klinikers (z. B. Doktorvater) abgeleitet hat. Die Forschungshypothese sollte zu erkennen geben, welche Zielgröße als sog. *abhängige Variable* (wie z. B. die Leukozytenzahl bei Infektionskrankheiten) untersucht und welche Einflußgrößen als sog. *unabhängige Variable* (wie Tetracyclin– gegen Penicillinbehandlung) hierbei geprüft werden sollen .

Wichtig ist es, sich bereits im Vorfeld der Untersuchung Gedanken über mögliche Störgrößen *(Störvariablen)* zu machen, die die Zielgröße ebenfalls beeinflussen können (Hängt die Wirkung der Strahlenbehandlung eines Tumors auch von der familiären Belastung des Patienten ab? Welche Rolle spielt das Alter bzw. die initiale Größe des Tumors? Wird der Bestrahlungseffekt durch den Ernährungszustand beeinflußt?). Sobald man potentielle Störgrößen (wie Vorbehandlungen oder Begleiterkrankungen) identifiziert hat, ist zu entscheiden, wie mit ihnen umgegangen werden soll: Kann man die Wirksamkeit einer Störgröße (wie der Kreislaufdekompensation mit Digitalisbehandlung) ausschalten oder läßt sie sich (wie z. B. für adipöse Patienten durch Reduktionsdiät) konstant halten, so daß sie „ergebnisneutral" ist? Oder sollte man die Störgröße bei jedem einzelnen Patienten mit registrieren, um deren Bedeutung im nachhinein statistisch zu berücksichtigen? Insbesondere sollte man fragen, ob die Möglichkeit besteht, eine – auch störgrößenheterogene – Gruppe von Patienten zu *randomisieren,* also sie etwa nach Los einer von 2 konkurrierenden Behandlungsmethoden zuzuweisen. Ist dies – aus ethischen oder klinikorganisatorischen Gründen – unmöglich, kann immer noch erwogen werden, sog. *Parallelgruppen* von Patienten zu bilden, indem man je 2 störgrößenähnliche Patienten zu Paaren kombiniert und nach Los entscheidet, welcher Paarling eine bestimmte (neue) Behandlung erhält (vgl. hierzu auch S. 17 f.).

Dies sind Fragen, die im Zusammenhang mit der Forschungshypothese zu erörtern sind.

Wahl des Studientyps

In Abhängigkeit von der Forschungshypothese und der Verfügbarkeit von Patienten wird man unterschiedliche Studientypen bevorzugen. Harms (1992, Kap. 6, Abschn. 6.2) unterscheidet in diesem Zusammenhang die folgenden Möglichkeiten:

Erhebungen. Hierbei werden untersuchungsrelevante Daten ohne Einflußnahme durch den Untersuchenden lediglich erfaßt. Die Erhebung kann *längsschnittlich* (Ermittlung von Krankheitsverläufen über mehrere Erhebungszeitpunkte) oder *querschnittlich* erfolgen (Ermittlung von Krankheitsstadien bei mehreren Patienten zu einem Zeitpunkt). Ferner unterscheidet man *retrospektive Erhebungen* (nachträgliche Auswertung von Krankengeschichten etwa bei

Rauchern und Nichtrauchern nach der Zahl vorgängiger Bronchitiden) und *prospektive Studien* (z. B. fortlaufende Zählung von Bronchitiden über 2 Jahre bei Rauchern und Nichtrauchern).

Epidemiologische Studien. Hier geht es darum, die Bedeutung von Risikofaktoren für eine bestimmte Erkrankung querschnittlich oder auch längsschnittlich festzustellen. Da die Risikofaktoren häufig nur mit einer geringen Wahrscheinlichkeit zu einer manifesten Krankheit führen, benötigt man relativ große Stichproben, um genügend Krankheitsfälle zu erhalten, an denen die Pathogenese der Erkrankungen genauer untersucht werden kann. Man unterscheidet *prospektive Kohortenstudien,* bei denen mehrere homogene Personengruppen mit unterschiedlichem Gesundheitsrisiko (z. B. starke Kettenraucher, Gelegenheitsraucher und Nichtraucher) längsschnittlich beobachtet werden und *retrospektive Fall-Kontroll-Studien* zur ätiologischen Analyse von Krankengeschichten, bei denen jedem „Fall" eine gesunde, aber sonst möglichst ähnliche Person zugeordnet wird *(Kontrollgruppe).*

Experimente. Die experimentelle Untersuchung hat den höchsten Aussagegehalt, weil hier durch *Randomisierung* der Einfluß patientenspezifischer Störgrößen weitgehend „neutralisiert" wird. Bei der Randomisierung entscheidet – soweit dies ethisch vertretbar ist – der Zufall darüber, welcher Patient zur behandelten Experimentalgruppe oder zur nichtbehandelten (oder mit einer anderen Methode behandelten) Kontrollgruppe gehört. Dadurch wird verhindert, daß sich beispielsweise in der Experimentalgruppe überwiegend jüngere und/oder leicht erkrankte Patienten befinden und in der Vergleichs- (Kontroll-)gruppe eher ältere und/oder schwerer erkrankte Patienten, wodurch ein Behandlungseffekt zugunsten der Experimentalgruppe erzielt wird, der jedoch nicht durch die Behandlung, sondern durch die Patientenauswahl als Störgröße bedingt ist.

> Die Randomisierung stellt also sicher, daß Unterschiede zwischen den Patientengruppen nicht auf Störgrößen (wie Alters- und Schweregradunterschiede), sondern tatsächlich auf die eingesetzten Behandlungen zurückgeführt werden können. Diese Sicherheit ist bei Behandlung nach der sog. ärztlichen Indikation – der Verabreichung jener Behandlung, die dem Patienten vermeintlich besser angemessen und für ihn hilfreicher ist – nicht zu erreichen.

Das Wissen um die Gruppenzugehörigkeit (Experimental- oder Kontrollbedingung, Behandlung A oder B) kann beim Patienten zu einer Erwartungshaltung führen, die den Therapieerfolg z. B. eines Bluthochdruckkranken unabhängig von der Art der Behandlung (Betablocker gegen Kalziumantagonisten) günstig oder ungünstig beeinflußt. In diesem Fall sollte die Studie als einfacher *Blindversuch* angesetzt werden, wo zwar der Arzt, nicht aber der Patient weiß, welches der beiden Antihypertensiva er erhält. Muß auch ärztlicherseits mit einem Erwartungseffekt etwa zugunsten eines neuen gegenüber einem bewährten Antihypertensivum gerechnet werden, dann ist ein sog. *Doppelblindversuch* zu planen, bei dem weder der Patient noch der Arzt weiß, welches Mittel verabreicht wird.

Klinische Versuche. Die für experimentelle Studien geforderte strikte Einhaltung des Randomisierungsprinzips läßt sich in der klinischen Praxis, die v. a. dem Wohl eines jeden einzelnen Patienten dient, nicht immer realisieren. Häufig werden „natürliche" Gruppen verglichen, also beispielsweise Patienten mit unterschiedlichen Erkrankungen, Patienten verschiedenen Alters oder – bei *multizentrischen Studien* – Patienten aus verschiedenen Kliniken. Diese auch als *quasi-experimentell* bezeichneten Studien haben zwar einen geringeren Aussagegehalt als experimentelle Studien, denn die Therapieerfolge verschiedener Behandlungen müssen stets in Kombination mit den Besonderheiten der verglichenen Gruppen gesehen werden; dennoch haben diese Studien ihren eigenen, zumindest heuristischen Stellenwert, wenn sich eine Randomisierung aus ethischen oder klinischen Gründen verbietet.

Eine spezielle Form des klinischen Versuchs ist die klinische Erprobung eines neuen Medikaments, die stufenweise nach vorgeschriebenen Regeln erfolgen muß (auf Studien, die die Brauchbarkeit diagnostischer Verfahren überprüfen, gehen wir in Abschn. 5.1.2 ein).

Stichprobenprobleme

Untersuchungen zur Überprüfung von Hypothesen stellen gewisse Anforderungen an die Auswahl der Patienten: Um die Ergebnisse der Stichprobe auf die Population oder Grundgesamtheit, der die Stichprobe entnommen wurde, verallgemeinern zu können, sind *repräsentative Stichproben* aus Grundgesamtheiten von Patienten erforderlich.

> Unter Grundgesamtheit oder *Population* wollen wir alle Individuen verstehen, denen ein zu untersuchendes Merkmal gemeinsam ist. Dabei ist der Begriff der Population genereller oder spezifischer zu fassen, je nach dem Allgemeinheitsgrad, den man für seine Schlußfolgerungen anstrebt.

So spricht man von der Population der Ratten schlechthin, von einer bestimmten Rasse (wie Sprague-Dawley), eines bestimmten Stammes und schließlich von der (zahlenmäßig sehr begrenzten) Population eines bestimmten Wurfs.

> Unter einer Stichprobe verstehen wir einen „zufallsmäßig" aus der Population entnommenen Anteil von Individuen. Zufallsmäßig heißt, daß jedes Individuum der Population die gleiche Chance haben muß, in die Stichprobe aufgenommen zu werden. Haben die Individuen nicht die gleiche

Chance, in die Stichprobe aufgenommen zu werden, dann entstehen verzerrte Stichproben („biased samples"), die nicht repräsentativ für die Grundgesamtheit sind und die daher keine oder nur bedingte Schlüsse auf letztere zulassen.

Leider sind viele Stichproben in der klinischen Forschung keine Zufallsstichproben, sondern sog. *ad hoc-Stichproben*, die gerade zugänglich oder – bei seltenen Erkrankungen etwa – allein verfügbar waren. Wenn überhaupt, so ist von solchen Stichproben lediglich auf eine fiktive Population zu schließen, auf eine Population, für welche die ad hoc-Stichprobe eine Zufallsstichprobe darstellt.

Eine einfache *Zufallsstichprobe* entsteht beispielsweise, wenn man die Individuen einer Population (z. B. die Krankenblätter aller Krebskranken eines Krankenhauses) durchnumeriert und nach einer Tabelle von Zufallsziffern eine Stichprobe von N Patienten auswählt (etwa um das Alter der darin enthaltenen männlichen und weiblichen Patienten zum Zeitpunkt der diagnostizierten Erkrankung zu vergleichen).

Läßt sich die Population in homogene Subpopulationen (Schichten oder Strata) aufgliedern (z. B. in männliche und weibliche Diabetiker je mit und ohne Übergewicht, gemessen am Bodymass-Index von über und unter 30), dann empfiehlt sich eine *geschichtete* oder *stratifizierte* Stichprobenerhebung, bei der aus jeder der $2 \cdot 2 = 4$ Schichten proportional zu ihrem Umfang eine einfache Stichprobe gezogen wird. Bei örtlich verstreuten Populationen wird meist eine *Klumpenstichprobe* gezogen. Man entnimmt dabei „naturgegebene" oder leicht zugängliche „Klumpen" von Individuen nach Zufall aus der Gesamtheit der die Population konstituierenden „Klumpen" (z. B. alle Patientinnen von zufällig ausgewählten Entbindungsstationen aus der Population aller Entbindungsstationen).

Für klinische Untersuchungen eignet sich oft ein *mehrstufiges* Stichprobenverfahren am besten, wenn man Repräsentativität anstrebt. So wären für eine Arzneimittelwirkungskontrolle in einer 1. Stufe die Städte auszuwählen, in denen kontrolliert werden soll, dann müßten unter den dort niedergelassenen Ärzten in einer 2. Stufe einige nach Zufall ausgewählt und um Mitarbeit gebeten werden, und schließlich wäre das Arzneimittel in einer 3. Stufe an einigen Personen mit einschlägiger Diagnose zu erproben, die ebenfalls per Los aus den teilnahmebereiten Patienten auszuwählen sind.

Untersucht man mehrere Stichproben, so ist es wichtig, zwischen unabhängigen und abhängigen Stichproben zu unterscheiden. Von *unabhängigen Stichproben* spricht man, wenn die Ziehung nach dem Zufallsprinzip erfolgt. *Abhängige Stichproben* (verbundene Stichproben, Parallelstichproben oder „matched samples") liegen vor, wenn die Zusammensetzung einer Stichprobe durch die Zusammensetzung einer anderen Stichprobe determiniert ist.

Dies wäre etwa dann der Fall, wenn wir zunächst eine Zufallsstichprobe von Anorexia-nervosa-Patientinnen ziehen und diese dann z. B. mit ihren Geschwistern vergleichen wollen. In diesem Falle wäre die Zusammensetzung der Geschwisterstichprobe von der Zusammensetzung der Ausgangsstichprobe abhängig. Jeder Person der einen Stichprobe ist eine bestimmte Person der anderen Stichprobe zugeordnet.

Ein häufiger Sonderfall zweier abhängiger Stichproben liegt bei Untersuchungen mit Meßwiederholung bzw. bei *Längsschnittuntersuchungen* vor. Man mißt ein Merkmal an ein- und derselben Zufallsstichprobe von Individuen zwei- oder mehrmals (möglicherweise) unter verschiedenen Bedingungen (Behandlungen), so daß mehrere voneinander abhängige (Daten-)Stichproben entstehen (vgl. hierzu auch Abschn. 3.3).

Die dem Statistiker am häufigsten gestellte Frage bezieht sich auf die *Größe* des erforderlichen Stichprobenumfangs. Die anscheinend einfachste Antwort auf diese Frage lautet: Je größer, desto besser. Um diese Frage jedoch genauer zu beantworten, bedarf es einiger Vorüberlegungen, die Gegenstand des Abschnitts 1.2.5 sind.

Die Daten

Jede statistische Methode geht von empirisch gewonnenen Daten aus. Wir sind es gewohnt, in diesem Zusammenhang an numerische Meßwerte wie Erythrozytenzählungen bei Anämien, Blutdruckmessungen bei Hypertonie oder Messungen des Cholesterinspiegels bei Gallensteinleiden zu denken, und viele statistische Methoden setzen Messungen dieser Art voraus. Sehen wir aber genauer hin, wie Messungen in der klinischen Forschung durchgeführt werden, so finden wir Meßwerte sehr verschiedener Genauigkeit. Wir sprechen vom Informationsgehalt der Ausgangsdaten und meinen damit den Grad der Quantifizierbarkeit der individuellen Merkmalsausprägung. Im allgemeinen unterscheidet man 3 Grade zunehmenden Informationsgehalts: Die Ausgangsdaten können
- aus Häufigkeitsziffern,
- aus Rangplätzen und
- eben aus Meßwerten bestehen.

Häufigkeitsziffern. Die elementarste Stufe der Messung eines Merkmals besteht darin, daß wir auszählen, wie viele Individuen einer Stichprobe dieses Merkmal besitzen und wie vielen es augenscheinlich fehlt. Bei dieser Auszählung wird vorausgesetzt, daß das Merkmal entweder eindeutig vorhanden oder eindeutig nicht vorhanden ist. Man gewinnt auf diese Weise eine *diskrete Häufigkeitsverteilung* eines *Alternativmerkmals*. Alternativmerkmale sind z. B. der Rhesusfaktor (positiv, negativ), die Toxizität eines Pharmakons (Versuchstier stirbt oder überlebt) oder der Ausbreitungsgrad einer Seuche (befallen oder nicht befallen sein).

Die Mehrzahl der klinisch relevanten Merkmale (wie Laborwerte) sind jedoch nicht alternativ, sondern *stetig* verteilt. Trotzdem müssen wir uns in der Praxis oft darauf beschränken, diese Merkmale alternativ zu beurteilen. Wir sagen z. B., ein Neugeborenes sei reif oder unreif bzw. ein Zellkern sei normal oder pathologisch verändert, ein Laborwert sei unter- oder oberhalb einer Normalitätsgrenze, obschon wir überzeugt sind, daß Merkmale dieser Art kontinuierlich variieren. Unterteilen wir ein kontinuierliches (stetiges) Merkmal in nur 2 Merkmalsausprägungen, sprechen wir von einem *dichotomierten,* d. h. einem künstlich zweigeteilten Merkmal wie normaler und erhöhter Blutdruck. Teilt man das stetig verteilte (und mittels elektronischer Sphygmomanometrie auch in mm/Hg genau zu messende) Merkmal „Blutdruck" in 3 Bereiche (wie hypoton, normoton und hyperton), dann spricht man von einem *trichotomen Merkmal.*

Kann ein stetiges Merkmal wie der Schweregrad einer chronischen Erkrankung nicht gemessen, wohl aber ärztlicherseits nach 3 bis 7 Stufen eindrucksmäßig beurteilt werden, wie im sog. CGI-Rating („Clinical Global Impression") von Psychosen, dann mißt man analog zu den Schulnoten mit einem System von geordneten Kategorien, das unten als *Ordinalskala* bezeichnet werden wird. In der Krebsdiagnostik spricht man von Stadien der Krebsentwicklung (I = lokal, II = regional ohne und III mit Lymphknotenbefall bis IV mit Metastasierung).

Ist ein Merkmal *nicht* stetig verteilt, wohl aber in mehr als 2 Ausprägungen oder Kategorien vorhanden, wobei jeder Patient einer und nur einer Kategorie zuzuordnen ist, dann spricht man von Merkmalskategorien. Dazu gehören die Blutgruppen A, B, AB und 0 oder die Psychosediagnosen der Schizophrenie (hebephrene, katatone, paranoide oder schizoaffektive) wie überhaupt alle klinischen Diagnosen der verschiedenen Diagnoseschlüssel. Auch quasi-stetige oder graduierte Merkmale werden oft kategorisiert, wie Debilität als leichte, Imbezillität als mittelschwere und Idiotie als schwere Form der Oligophrenie, die sich aber nicht nur quantitativ (nach dem IQ), sondern auch qualitativ (nach klinischer Manifestation) unterscheiden. Durch Zuordnung von Patienten zu je einer der Kategorien (Diagnosen) erhält man anstelle von Messungen eine Häufigkeitsverteilung eines *kategorialen* bzw. *polychotomen Merkmals.*

Die Definition von Merkmalskategorien ist dann sinnvoll, wenn erreicht wird, daß die Individuen innerhalb einer Kategorie hinsichtlich des untersuchten Merkmals einander mehr ähneln als die Individuen zwischen den Kategorien. Ferner muß verlangt werden, daß die Zugehörigkeit zu einer Kategorie die gleichzeitige Zugehörigkeit zu einer anderen Kategorie ausschließt.

Ordnet man k Kategorien Zahlen von 1 bis k zu, erhält man eine sog. *Nominalskala,* eine Skala also, die durch willkürliche Benennung der Kategorien durch Zahlensymbole gekennzeichnet ist. Statt der Zahlen benutzt man auch Symbole wie Buchstaben als Initialen von Nomina (Diagnosen), wodurch der Eindruck einer Rangordnung der Kategorien vermieden wird, die für eine Nominalskala nicht gilt, da Größer-Kleiner-Relationen zwischen ihnen fehlen.

Rangplätze. Kategorien, zwischen denen eine „Größer-Kleiner"-Relation hergestellt werden kann, konstituieren eine sog. *Rangskala* oder *Ordinalskala*. Ein Kardiologe kann seine Infarktpatienten nach der Bedrohlichkeit des Infarktes in eine Rangreihe bringen oder ein Chirurg seine Unfallpatienten nach der Dringlichkeit einer Operation.

Die ideale Rangskala – auch *singuläre* oder *bindungsfreie* Rangskala genannt – enthält pro Kategorie nur ein Individuum, d. h. jedem Individuum kommt ein eigener Rangplatz zu. Sind nun einzelne Individuen hinsichtlich der Ausprägung eines stetig verteilten Merkmals als gleichwertig anzusehen oder richtiger: Gelingt es uns nicht, zwischen ihnen zu unterscheiden, so erkennen wir diesen Individuen das arithmetische Mittel der (aufeinander folgenden) Rangplätze, die sie einnähmen, wenn sie unterschieden werden könnten, als mittleren Rangplatz zu. Gleiche Ränge („Ties", *Rangbindungen*) erfordern also stets mittlere Rangplätze. Wir ordnen z. B. die folgenden mit Kreisen bezeichneten 18 Individuen nach einem beliebigen Merkmal wie folgt:

```
            o
            o        o
   o        o        o
o  o  o  o  o  o  o  o  o  o  o
```

Die übereinander liegenden Kreise entsprechen Individuen, die wir nicht unterscheiden konnten. Wir berechnen die mittleren Ränge (Rangbindungen) auf folgende Weise:

1	2	3	5	6	7	11	12	13	14	17	18
		4			8				15		
		7:2=3,5			9				16		
					10				45:3=15		
					34:4=8,5						

Daraus ergibt sich die folgende Rangordnung mit drei Rangbindungsgruppen:

1 2 ⸢3,5 3,5⸥ 5 6 ⸢8,5 8,5 8,5 8,5⸥ 11 12 13 ⸢15 15 15⸥ 17 18

Je nachdem, wie wir die Ränge gewinnen, sprechen wir von einer objektiven oder einer subjektiven Rangordnung.

Die *objektive Rangordnung* entsteht dadurch, daß wir Meßwerte in Rangplätze umwandeln. Wir reduzieren dabei den höheren Informationsgehalt eines Meßwerts auf den geringeren Informationsgehalt eines Rangplatzes. Diese Maßnahme erscheint dann zweckmäßig, wenn die Meßwerte ungenau sind und wir deshalb für die statistische Analyse nur die ungefähre Größenordnung der Meßwerte verwenden wollen.

Die *subjektive Rangordnung* entsteht durch Anwendung von (subjektiven) Schätzverfahren. Eine Schätzung von Rangplätzen kann durch einen oder mehrere kompetente Experten erfolgen; im letzteren Fall werden – bei ausreichender Urteilerübereinstimmung (vgl. Kap. 6) – die Medianwerte der Rangplätze, die die Beurteiler pro Individuum vergeben haben, in eine neue Rangreihe gebracht und diese neuen Rangplätze als beste Schätzungen der Merkmalsausprägungen angesehen.

Durch subjektive Rangordnung einer größeren Zahl von Individuen (Patienten) zu einer kleinen Zahl von Rangstufen (Schulnoten oder CGI-Ratings) entsteht eine sog. *gruppierte Rangskala,* wobei sich bei der Rangordnung vieler Individuen auf jeden Fall mehrere Individuen eine Kategorie teilen (Rangbindung). Beispiele hierfür sind Ratingskalen, bei denen die Individuen in wenige Kategorien zunehmender Merkmalsintensität eingeteilt werden, oder Frequenzbänder im EEG (Delta, Theta, Alpha, Beta), die nach aufsteigendem Frequenzbereich geordnet sind.

Meßwerte. Wenn man weiß oder mit Gewißheit annehmen darf, daß das Intervall zwischen je 2 aufeinander folgenden Marken einer Skala konstant ist, liegt eine metrische Skala bzw. eine sog. *Intervallskala* vor. Dem Zentimeter-Gramm-Sekunden-System (kurz: cgs-System) z. B. liegen solche Intervallskalen zugrunde. Soweit klinische Messungen in diesem Maßsystem zur Messung von Länge, Gewicht oder Zeit (bzw. zur Messung von hieraus abgeleiteten Merkmalen) durchgeführt werden, resultieren intervallskalierte Meßwerte (Körperlänge, Geburtsgewicht oder Wachstumsgeschwindigkeit). Man spricht bei solchen Messungen nach dem cgs-System auch von Messungen entlang einer *Verhältnisskala* („ratio-scale"), da diese Skalen einen echten Nullpunkt haben und es daher erlaubt ist, Verhältnismaße zu bilden (z. B. ist der Puls von 120 doppelt so hoch wie einer von 60). Test- und Fragebogenskalen in der Medizin (wie die CIP-Skalen der Psychiatrie) haben keinen sinnvoll zu interpretierenden Nullpunkt, ebenso wenig wie die IQ-Skala in der Psychodiagnostik, weswegen sie „nur" Intervallskalen im engen Sinne definieren.

Aber auch Zählwerte (z. B. Anzahl roter oder weißer Blutkörperchen) sind Messungen auf einer Intervallskala – es sei denn, die Zählprozedur ist so ungenau, daß man die Zählwerte besser in Rangwerte transformiert (die derzeitige Diskussion über die umweltbedingte Reduktion vitaler Spermien im Ejakulat des Mannes ist allein deshalb unbefriedigend, weil entsprechende stichprobenartige Auszählungen ungenau bzw. wenig standardisiert sind). Genaue Zählwerte, wie die Häufigkeit eines Herzjagens (einer paroxysmalen Tachykardie) pro Woche, definieren ebenfalls eine Untergruppe der Intervallskalenmessung; man bezeichnet sie als Messungen entlang einer *Absolutskala,* die einen echten Nullpunkt und darüber hinaus gleiche Intervalle von je einer Einheit der natürlichen Zahlen aufweist. Als Oberbegriff für Intervallskalen im engeren Sinne, Verhältnisskalen und Absolutskalen werden wir den Begriff der *Kardinalskala* benutzen.

Generell gilt, daß Daten von einem höheren Skalenniveau auf ein niedrigeres transformiert werden können, aber niemals umgekehrt. Ob man von dieser Regel Gebrauch macht, hängt letztlich davon ab, wie man die Genauigkeit bzw. die Zuverlässigkeit der erhobenen Daten einschätzt. Eine Entscheidung über das mutmaßliche Skalenniveau der Daten ist jedoch in jedem Falle zu treffen (und im Studienprotokoll zu vermerken), denn von dieser Entscheidung hängt es ab, mit welchem statistischen Verfahren die Daten ausgewertet werden können (vgl. Abschn. 1.2.6, S. 48).

Studienablauf und statistische Auswertung

Zur Versuchsplanung gehört selbstverständlich auch eine gedankliche Vorstrukturierung des Studienablaufs. Fragen, die im Vorfeld der eigentlichen Umsetzung der Studie geklärt werden sollten, sind z. B.:

- Wird medizinisches Hilfspersonal benötigt und steht es zur Verfügung?
- Ist die Laborkapazität ausreichend für vorgesehene Labortests?
- Falls mit Versuchstieren gearbeitet wird, ist deren Unterbringung und Versorgung geregelt?
- Sind für die Behandlung von Patienten Einverständniserklärungen erforderlich?
- Was ist bei Komplikationen zu tun?
- Wird eine Genehmigung der Ethikkommission benötigt?
- Wie sieht der Zeitplan der Studie aus oder – bei einem sequentiellen Erhebungsplan (vgl. Kap. 7) – wann wird die Datenerhebung voraussichtlich abgeschlossen sein?
- Welche Kosten fallen an und wie ist die Projektfinanzierung geregelt?

Bei größeren Vorhaben empfiehlt sich eine Machbarkeitsstudie („feasability-study"), in der die Durchführung und der Ablauf der Untersuchung vorab simuliert werden.

Schließlich gehören in das Studienprotokoll Überlegungen zur statistischen Auswertung der Daten. Diese beziehen sich bei hypothesenprüfenden Untersuchungen auf den einzusetzenden Signifikanztest (mit Angabe des Signifikanzniveaus; vgl. Abschn. 1.2.3) und darauf, welcher Behandlungseffekt im Kontext der Studie für klinisch bedeutsam gehalten wird (vgl. Abschn. 1.2.5). Eine Übersicht der wichtigsten verteilungsfreien Verfahren sowie deren Indikation findet man in der Übersicht „Verteilungsfreie statistische Tests" am Ende dieses Buches.

1.2.2
Die statistischen Hypothesen

Im folgenden wenden wir uns der Frage zu, wie man eine inhaltliche Forschungshypothese in statistische Hypothesen (Alternativhypothese und Nullhypothese) überführt. Hierbei ist zwischen *gerichteten* und *ungerichteten Forschungshypothesen* zu unterscheiden.

Gerichtete und ungerichtete Forschungshypothesen

Eine Klinik will die Forschungshypothese überprüfen, daß ein neues Diuretikum A Harnausscheidungen bei digitalis-resistenter Herzinsuffizienz stärker fördert als ein Standarddiuretikum B. In dieser Forschungshypothese ist die Richtung des Unterschieds in der diureseförderenden Wirkung der beiden Präparate vorgegeben. Wir sprechen deshalb von einer gerichteten Forschungshypothese oder kurz: von einer gerichteten Hypothese.

Hätte man keine begründete Vermutung über die Richtung des Unterschieds, müßte man formulieren: Die beiden Präparate wirken unterschiedlich, wobei offen gelassen wird, ob Präparat A dem Präparat B überlegen ist oder umgekehrt. Da hier die Richtung des Wirkunterschieds nicht vorgegeben wird, sprechen wir von einer ungerichteten Hypothese.

> Die Art der Hypothese, ob gerichtet oder ungerichtet, muß bereits *vor* der Gewinnung von Beobachtungs- oder Versuchsdaten festgelegt werden. Im anderen Fall könnte man sie so formulieren, wie es die Ergebnisse nahelegen. Wie wir noch sehen werden, ist es leichter, eine gerichtete Hypothese als zutreffend anzunehmen als eine ungerichtete – es sei denn, die tatsächliche Richtung des Unterschieds entspricht nicht der hypothetisch vorhergesagten Richtung (vgl. Abschn. 1.2.4, S. 37). Eine gerichtete Hypothese ist also stets genauer zu begründen als eine ungerichtete.

Die Alternativhypothese

Wir haben die gerichtete oder ungerichtete Forschungshypothese formuliert und können sie nun in eine statistische Hypothese, die sog. Alternativhypothese (abgekürzt: H_1) überführen. Träfe die oben formulierte gerichtete Hypothese zu, würden wir erwarten, daß die durchschnittliche Harnmenge von Patienten, die mit dem Diuretikum A behandelt wurden ($\bar{x}_A$) größer ist als die durchschnittliche Harnmenge der mit B behandelten Patienten ($\bar{x}_B$). Unsere Hypothese bezieht sich jedoch nicht nur auf die in der Untersuchung behandelten Patienten, sondern generell auf die Population aller Herzkranken, die mit A oder B behandelt werden könnten. Wir verwenden deshalb bei der Formulierung der Alternativhypothese (H_1) nicht die statistischen Kennwerte $\bar{x}_A$ und $\bar{x}_B$, sondern Kennwerte, die auf Populationen bezogen sind. Diese werden *Populationsparameter* genannt und mit griechischen Buchstaben gekennzeichnet. In unserem Beispiel des Vergleichs zweier Populationsmittelwerte bezeichnen wir die Parameter mit μ_A und μ_B (μ: sprich: „my"). Die gerichtete Alternativhypothese lautet also in Kurzform:

$$H_1: \mu_A > \mu_B$$

Für die ungerichtete Alternativhypothese würden wir schreiben:

$$H_1: \mu_A \neq \mu_B$$

Nun möge sich die Forschungshypothese auf Anteilswerte beziehen. Es wird z. B. behauptet, daß der Anteil der Hypertoniker, die neben der erwünschten (blutdrucksenkenden) Wirkung auch unerwünschte Nebenwirkungen (wie Erektionsstörungen bei Männern) erfahren, bei Behandlung mit dem Präparat A (Betablocker) größer sei als bei Präparat B (Kalziumantagonist). Hierzu formulieren wir als gerichtete Alternativhypothese:

H_1: $\pi_A > \pi_B$

oder als ungerichtete Alternativhypothese

H_1: $\pi_A \neq \pi_B$

π_A und π_B (π: sprich: „pi") sind hierbei *Populationsanteilswerte,* die durch die Anteilswerte (relative Häufigkeiten) in der Stichprobe (p_A und p_B) geschätzt werden.

Auch Zusammenhänge sind häufig Gegenstand einer Forschungshypothese. Wenn wir beispielsweise vermuten, daß die diuresefördernde Wirkung des neuen Präparats mit fortschreitender Behandlung nachläßt, würden wir einen negativen Zusammenhang bzw. eine negative Korrelation ρ (sprich: „rho"; zum Korrelationsbegriff s. Kap. 5) zwischen der Harnmenge und der Dauer der Behandlung erwarten (je länger die Behandlung, desto geringer die Harnmenge). Die Kurzform der Alternativhypothese hieße in diesem Falle:

H_1: $\rho < 0$

Wenn wir nur einen Zusammenhang vermuten, ohne die Richtung präzisieren zu können, hieße die Alternativhypothese:

H_1: $\rho \neq 0$

Wir behaupten also, daß es einen Zusammenhang gibt, ohne dessen Richtung angeben zu können.

Aus Gründen, die aus der Eigenart der verteilungsfreien Tests resultieren, werden wir unsere Alternativhypothesen nicht immer bis zur ausdrücklichen Bezugnahme auf einen bestimmten Parameter präzisieren können. Statt dessen werden wir Formulierungen wählen, die sich nicht auf bestimmte Parameter beziehen. Eine entsprechende Formulierung für die H_1 könnte etwa lauten: Die verglichenen Grundgesamtheiten unterscheiden sich hinsichtlich ihrer *zentralen Tendenz* bzw. ihrer *Lokation* (*Lage*). Damit haben wir vermieden, einen bestimmten Parameter, Mittelwert oder Medianwert oder – was ebenfalls in Frage käme – den Modalwert hervorzuheben; wir sind aber bei der Klasse von Parametern geblieben, auf die es uns ankam.

Die Nullhypothese

Die Nullhypothese (kurz: H_0) geht davon aus, daß das, was mit der Alternativhypothese behauptet wird, nicht zutrifft bzw. „null und nichtig" ist.

Wenn wir also in unserem Beispiel als gerichtete Alternativhypothese formulierten, das neue Präparat A habe eine stärkere diuresefördernde Wirkung als das Präparat B, müßte die H_0 behaupten, daß beide Präparate gleich wirksam seien bzw. daß das Präparat A dem Präparat B sogar unterlegen sei. Symbolisch wird diese Nullhypothese wie folgt formuliert:

$$H_0: \mu_A \leq \mu_B$$

Zur ungerichteten Alternativhypothese (die Wirkung beider Präparate ist unterschiedlich oder kurz $H_1: \mu_A \neq \mu_B$) gehört die Nullhypothese:

$$H_0: \mu_A = \mu_B$$

Damit wird also kein Wirkungsunterschied postuliert.

Völlig analog hierzu sind die Nullhypothesen zu den gerichteten oder ungerichteten Alternativhypothesen über Anteilswerte bzw. Zusammenhänge (Korrelationen) zu formulieren. Wir nennen sie im folgenden summarisch, wobei in Klammern jeweils die entsprechende Alternativhypothese aufgeführt ist.

Anteilswerte:

$$H_0: \pi_A \leq \pi_B \qquad (H_1: \pi_A > \pi_B)$$

$$H_0: \pi_A = \pi_B \qquad (H_1: \pi_A \neq \pi_B)$$

Korrelation:

$$H_0: \rho \geq 0 \qquad (H_1: \rho < 0)$$

$$H_0: \rho = 0 \qquad (H_1: \rho \neq 0)$$

Natürlich kann eine gerichtete Alternativhypothese auch behaupten, daß $\pi_A < \pi_B$ bzw. daß $\rho > 0$ ist. Die Nullhypothesen sind dazu als „Gegenhypothesen" entsprechend zu formulieren.

Ausgangspunkt der statistischen Hypothesenprüfung ist üblicherweise die Nullhypothese. Wir fragen, wie gut das gefundene Untersuchungsergebnis (z. B. eine Differenz $\bar{x}_A - \bar{x}_B$) mit der Nullhypothese kompatibel ist. Eine Entscheidung zugunsten der Alternativhypothese ist erst dann zulässig, wenn wir feststellen, daß es höchst unplausibel oder sehr unwahrscheinlich ist, daß das gefundene Ergebnis bei Gültigkeit der Nullhypothese – sozusagen per Zufall – hätte zustande kommen können. Bevor wir also die Alternativhypothese als zutreffend ansehen können, müssen wir – im Sinne einer „indirekten Beweisführung" – zeigen, daß das Untersuchungsergebnis mit der Nullhypothese „beim besten Willen" nicht zu vereinbaren ist.

Wie dies geschieht, erläutert der folgende Abschnitt. Zuvor jedoch noch ein Hinweis: Die „klassische" Hypothesenprüfung nach Neyman u. Pearson (1933) – sei sie verteilungsfrei oder parametrisch – geht davon aus, daß die Alternativhypothese unserer Forschungshypothese entspricht. Wie jedoch ist zu verfahren, wenn wir als Forschungshypothese eine Nullhypothese formulieren? Diese Situation tritt z. B. ein, wenn von einer neuen Behandlungsmethode lediglich gefordert wird, daß sie (mindestens) genau so erfolgreich sein soll wie eine Standardmethode, die im Vergleich zur neuen Methode mit mehr Aufwand, Kosten und Risiken verbunden ist. Weil die alte Standardmethode aufwendiger ist, muß die neue Methode nicht überlegen sein, sondern es genügt anzunehmen, daß beide Methoden äquivalent wirksam seien. Auf diese Problematik wird hier nicht eingegangen. Ausführliche Informationen zur Prüfung sog. *Äquivalenzhypothesen* findet man z. B. bei Wellek (1994). Diese Hypothese zu prüfen ist z. B. bedeutsam, wenn es darum geht, eine teure Behandlung durch eine billigere mit gleicher Wirksamkeit zu ersetzen und damit die Behandlungskosten bei gleicher Nutzenerwartung zu reduzieren.

1.2.3
Die Grundstruktur statistischer Hypothesentests

Der einseitige Test

Die Alternativhypothese und die Nullhypothese sind genau formuliert. Um im Beispiel zu bleiben, möge die gerichtete Alternativhypothese lauten, daß das neue Präparat A eine stärkere diureseförderende Wirkung hat als das Standardpräparat B, und die Nullhypothese, daß sich die beiden Präparate in ihrer Wirkung nicht unterscheiden oder das Präparat A dem Präparat B sogar unterlegen ist.

Für die Hypothesenprüfung wollen wir einmal annehmen, daß 10 Paare von herzkranken Patienten gebildet wurden, wobei die Paarlinge eines jeden Paares einander möglichst ähnlich sind (gleiches Alter, Geschlecht, vergleichbarer Schweregrad der Erkrankung etc.). Wir haben es also mit 2 *abhängigen* bzw. *parallelisierten* Stichproben zu tun („matched samples"). Per Los wird nun entschieden, welcher Paarling Präparat A bzw. Präparat B erhält. Als Zielgröße (abhängige Variable) messen wir pro Patient die Harnmenge einer Woche.

Beim paarweise durchgeführten Vergleich der Harnmengen wird festgestellt, daß bei 9 Paaren der A-Patient mehr Harn ausgeschieden hat als der B-Patient. Wir müssen nun ermitteln, ob dieses Ergebnis zufällig zustande gekommen sein kann oder genauer: Wie groß die Wahrscheinlichkeit dafür ist, daß dieses Ergebnis bei Gültigkeit der Nullhypothese eingetreten sein kann.

Um diese Wahrscheinlichkeit zu bestimmen, erinnern wir uns an das Münzwurfbeispiel in Abschn. 1.1.3. Beim Münzwurf beträgt die Wahrscheinlichkeit für Adler oder Zahl jeweils 50%. Genauso ist es in unserem Diuresebeispiel: Wenn die Nullhypothese richtig ist, erwarten wir bei 50% der Patientenpaare, daß der A-Patient mehr Harn ausscheidet und bei den restlichen 50%, daß der B-Patient mehr Harn ausscheidet (von der Möglichkeit exakt identischer Harnmengen wollen wir hier unter Verweis auf S. 161 vorerst absehen). Unser Untersuchungsergebnis ist also genauso zu behandeln wie ein Münzwurfexperiment, bei dem mit 10 Münzen 9mal „Adler" geworfen wird.

Für die Berechnung der Wahrscheinlichkeit dieses Ergebnisses haben wir Gl. 1.6 kennengelernt. Wenden wir diese Gleichung auf unser Beispiel an, ergibt sich

$$p(x = 9) = \binom{10}{9} \cdot \left(\frac{1}{2}\right)^{10} = \binom{10}{1} \cdot \left(\frac{1}{2}\right)^{10} = 10 \cdot 0{,}00098 = 0{,}0098$$

Diese Wahrscheinlichkeit bezeichneten wir in Abschn. 1.1.3 als Punktwahrscheinlichkeit. Zu dieser Punktwahrscheinlichkeit sind nun die Punktwahrscheinlichkeiten all derjenigen Ergebnisse zu addieren, die noch extremer sind bzw. die noch mehr von der H_0-Erwartung abweichen. Ein solches Ergebnis wäre in unserem Falle, daß mit allen 10 Münzen „Adler" geworfen wird bzw. daß bei allen 10 Patientenpaaren der A-Patient mehr Harn ausscheidet. Für dieses extreme Ergebnis ergibt sich bei Gültigkeit von H_0 eine Punktwahrscheinlichkeit von

$$p(x = 10) = \binom{10}{10} \cdot \left(\frac{1}{2}\right)^{10} = 1 \cdot 0{,}00098 = 0{,}00098$$

Addieren wir die beiden Punktwahrscheinlichkeiten, resultiert in der Terminologie von Abschn. 1.1.4 eine einseitige Überschreitungswahrscheinlichkeit von $P = 0{,}0108$.

Diese Überschreitungswahrscheinlichkeit ist sehr klein. Sie besagt, daß wir bei 100 Münzwürfen mit jeweils 10 Münzen nur bei einem einzigen Münzwurf damit rechnen können, daß mindestens 9mal „Adler" geworfen wird. Auf das Diuresebeispiel übertragen, würden wir erwarten, daß bei 100 vergleichbaren Studien mit jeweils 10 Patientenpaaren bei nur einer Studie mindestens 9 A-Patienten mehr Harn ausscheiden als die B-Patienten, wenn die Nullhypothese gilt.

Wie ist nun diese niedrige Überschreitungswahrscheinlichkeit zu bewerten? Im Münzbeispiel würden wir sicherlich sagen, daß es reiner Zufall ist, wenn wir mit 10 Münzen mindestens 9mal „Adler" werfen. Wir würden also an der Gültigkeit der H_0 festhalten. Dies liegt daran, daß wir im Münzbeispiel – wenn wir von der Möglichkeit einer verbeulten und verbogenen Münze einmal absehen – über keine sinnvolle Alternativhypothese verfügen. Im Diuresebeispiel liegen die Verhältnisse anders: Hier steht der Nullhypothese durchaus eine sinnvolle Alternativhypothese gegenüber, was uns veranlaßt, das Untersuchungsergebnis eher nicht mit dem Zufall zu erklären, sondern mit der gemäß H_1 postulierten Überlegenheit von Präparat A.

Zu fragen bleibt jedoch, ob die Überschreitungswahrscheinlichkeit genügend klein ist, um die Nullhypothese zugunsten der Alternativhypothese verwerfen zu können. Hierauf werden wir weiter unten unter dem Stichwort „Signifikanzniveau" eingehen. Zuvor jedoch wollen wir uns der Prüfung einer ungerichteten Hypothese zuwenden.

Der zweiseitige Test

Mit dem zweiseitigen Test überprüfen wir eine ungerichtete Alternativhypothese. Diese würde – auf das Diuresebeispiel bezogen – behaupten, daß sich die beiden Präparate in ihrer harnsekretorischen Wirkung unterscheiden, wobei keine Annahme darüber formuliert wird, welches Präparat dem anderen überlegen ist (es ist davon auszugehen, daß diese ambivalente Hypothesenformulierung für viele klinische Fragestellungen weniger angemessen ist als eine gerichtete Hypothese).

Auch der zweiseitige Test läßt sich am Münzwurfbeispiel verdeutlichen („zweiseitige Wette"; vgl. Abschn. 1.1.5): Mit der Symbolik der Gl. 1.7 und 1.8 fragen wir nach der Überschreitungswahrscheinlichkeit, daß beim Werfen mit N Münzen mindestens k-mal Adler oder höchstens (N–k)-mal Adler fällt. Unser Beispiel ergab $k = 9$ (bei 9 von 10 Patientenpaaren hatte der A-Patient mehr Harn ausgeschieden als der B-Patient), d. h. wir suchen eine Überschreitungswahrscheinlichkeit, die sich additiv aus den Punktwahrscheinlichkeiten für $x = 9$, $x = 10$, $x = 1$ und $x = 0$ ergibt. Diese zweiseitige Überschreitungswahrscheinlichkeit kennzeichnen wir mit P':

$$P' = \left(\frac{1}{2}\right)^{10} \cdot \left[\binom{10}{9} + \binom{10}{10} + \binom{10}{1} + \binom{10}{0}\right]$$

Wegen $\binom{N}{x} = \binom{N}{N-x}$ (vgl. S. 10) ist $\binom{10}{9} = \binom{10}{1}$ und $\binom{10}{0} = \binom{10}{10}$, d. h. wir brauchen die auf S. 27 ermittelte einseitige Überschreitungswahrscheinlichkeit nur zu verdoppeln:

$$P' = 2 \cdot 0,0108 = 0,0216$$

(Man beachte, daß diese einfache Verdopplungsregel nur für symmetrisch verteilte Prüfgrößen gilt, was auf die hier einschlägige Binomialverteilung mit $\pi = 0,5$ zutrifft).

Auch die Überschreitungswahrscheinlichkeit des zweiseitigen Tests ist relativ klein. Ob sie genügend klein ist, um die H_0 zugunsten der ungerichteten H_1 verwerfen zu können, soll im folgenden geklärt werden.

Das Signifikanzniveau

Wenn wir bei einer gegebenen (möglichst kleinen) Überschreitungswahrscheinlichkeit die H_0 ablehnen und die H_1 annehmen, so ist dies eine Entscheidung, die nicht ohne Risiko ist (wir erinnern uns daran, daß 9mal oder gar 10mal Adler bei $N = 10$ geworfenen Münzen durchaus mit dem Zufall zu vereinbaren sind). Dieses Risiko einer Fehlentscheidung nennt man *Risiko I* oder *α-Fehlerrisiko* und dessen Größe heißt *α-Fehlerwahrscheinlichkeit* (zum Risiko II oder *β-Fehlerrisiko* s. Abschn. 1.2.5).

Welches Risiko I dürfen wir nun auf uns nehmen, wenn wir die H_0 verwerfen und die H_1 akzeptieren? In der angewandten Statistik haben sich 2 Werte für das maximal tolerierbare $α$-Fehlerrisiko unter der Bezeichnung „Signifikanzniveau" eingebürgert, nämlich $α = 0,05$ und $α = 0,01$. Erhalten wir als Untersuchungsergebnis $P \leq α = 0,05$, so sagen wir, das Ergebnis (der Unterschied, der Zusammenhang etc.) sei auf dem 5%-Niveau signifikant oder gesichert. Erhalten wir ein $P \leq α = 0,01$, stellen wir entsprechend eine Signifikanz auf dem 1%-Niveau fest.

Die Wahl des angemessenen Signifikanzniveaus – auch Sicherheitsschwelle genannt – muß sich am Forschungsgegenstand orientieren. Das Signifikanzniveau sollte umso niedriger angesetzt werden, je gravierender die Konsequenzen einer Fehlentscheidung sind. Dies macht Anderson (1956, S. 123 f.) sehr anschaulich deutlich, wenn er schreibt:

In Wirklichkeit hängt unsere Sicherheitsschwelle im höchsten Grade davon ab, welche Wichtigkeit man dem Eintreffen des Unwahrscheinlichen, d. h. außerhalb der angenommenen Wahrscheinlichkeitsgrenze liegenden „ungünstigen" Ereignisses zumißt. Wenn z. B. die Wahrscheinlichkeit dafür, daß es morgen regnet, auf „nur 5%" geschätzt wird, so hält man das bevorstehende gute Wetter für praktisch sicher. Wird unser Familienmitglied von einer Seuche befallen, die eine Sterblichkeit von 5% aufweist, so stellen wir besorgt fest, es sei lebensgefährlich erkrankt. Wenn die Wahrscheinlichkeit dafür, daß eine Eisenbahnbrücke demnächst beim Durchgang eines Zuges einstürzt, „ganze 5%" beträgt, so ist die Brücke nicht nur sofort zu schließen, sondern es werden auch die schuldigen Eisenbahnbeamten, die einen so katastrophalen Zustand überhaupt zugelassen haben, zur Verantwortung gezogen.

Es sei noch darauf hingewiesen, daß die Wahrscheinlichkeit für das Risiko I in der deutschsprachigen statistischen Literatur unter verschiedenen Begriffen behandelt wird:

- Überschreitungswahrscheinlichkeit (als die Wahrscheinlichkeit, mit der eine bestimmte Abweichung von H_0 in der Stichprobe bei Geltung von H_0 in der Grundgesamtheit erreicht oder überschritten wird),
- Zufallswahrscheinlichkeit (mit dieser Wahrscheinlichkeit muß man annehmen, daß die Abweichung von H_0 durch Zufall bedingt ist),
- Irrtumswahrscheinlichkeit (mit dieser Wahrscheinlichkeit irrt man, wenn man H_1 anstelle von H_0 akzeptiert),
- Gegenwahrscheinlichkeit (diese Wahrscheinlichkeit spricht gegen die Annahme von H_1).

Wir wollen im folgenden das Signifikanzniveau als Ausdruck der zulässigen Überschreitungswahrscheinlichkeit mit dem Symbol $α$ bezeichnen; das jeweils resultierende Risiko I, das wir bei der Annahme von H_1 in einem konkreten Untersuchungsfall eingehen bzw. eingehen würden, wenn wir H_1 akzeptieren, wollen wir mit dem Buchstaben P (bzw. P') als tatsächlich ermittelte Überschreitungswahrscheinlichkeit symbolisieren.

Im Diuresebeispiel ist die H_0 sowohl beim einseitigen Test (P = 0,0108<0,05) als auch beim zweiseitigen Test (P' = 0,0216<0,05) für a = 0,05 zu verwerfen.

Kann wegen P>0,05 (oder P'>0,05) die H_0 nicht verworfen werden, so bedeutet dies keineswegs, daß die H_0 damit bestätigt ist. Interpretativ wäre aus einem nicht signifikanten Ergebnis lediglich zu folgern, daß die H_1 nicht als gültig anzunehmen ist; über die Gültigkeit von H_0 kann keine Aussage getroffen werden. Wenn beispielsweise ein Untersuchungsergebnis wegen P = 0,12>0,05 nicht signifikant ist, so wäre dies immer noch eher ein Argument für die Richtigkeit von H_1 als für die Richtigkeit von H_0.

> Ein nichtsignifikantes Ergebnis bedeutet also, daß über die Gültigkeit der rivalisierenden Hypothesen H_0 und H_1 keine Aussage gemacht werden kann.

Ferner ist bei der Interpretation darauf zu achten, ob eine gerichtete oder eine ungerichtete H_1 geprüft wurde. Führt der zweiseitige Test einer ungerichteten Hypothese zu einem signifikanten Ergebnis, kann sich die Interpretation auch nur auf die ungerichtete Hypothese beziehen. Wenn wir in unserem Diuresebeispiel den signifikanten zweiseitigen Test interpretieren wollen, könnten wir lediglich behaupten, daß sich die beiden Präparate in ihrer Wirkung unterscheiden, auch wenn das Untersuchungsergebnis interpretativ deutlich für die Überlegenheit des A-Präparats spricht. Diese Überlegenheit kann jedoch nur durch einen einseitigen Test nachgewiesen werden.

> Hiermit kommen wir zu einer wichtigen Regel: Das Signifikanzniveau und die Art der Alternativhypothese (gerichtet oder ungerichtet) sind gemäß der Fragestellung *vor* Durchführung der Untersuchung festzulegen. Eine „Manipulation" des Signifikanzniveaus und der Hypothesenart angesichts der Ergebnisse ist wissenschaftlich nicht statthaft.

Im folgenden wollen wir die einzelnen Schritte, die bei der statistischen Hypothesenprüfung durchlaufen werden müssen, noch einmal zusammenfassen. Sie stellen das Raster dar, nach dem die Beispiele dieses Buches aufgebaut sind.

> **Elemente der statistischen Hypothesenprüfung**
>
> - *Problem:* Die Fragestellung bzw. die Forschungshypothese wird kurz dargestellt.
> - *Versuchsplan:* Unter dieser Rubrik wird – falls erforderlich – die Datenerhebung beschrieben.

- *Nullhypothese:* Die aus der Forschungshypothese abgeleitete Nullhypothese wird formuliert.
- *Alternativhypothese:* Die Alternativhypothese wird aufgestellt, wobei sachlogisch begründet zu entscheiden ist, ob eine gerichtete oder eine ungerichtete H_1 geprüft werden soll.
- *Signifikanzniveau:* Das Signifikanzniveau (a) ist festzulegen. Ein ungewöhnliches Signifikanzniveau (z. B. $a=0,001$ oder $a=0,1$) sollte begründet werden.
- *Testwahl:* Hier sind Überlegungen darüber anzustellen, welcher Signifikanztest angesichts der zu überprüfenden Hypothese und der zu erhebenden Daten angemessen ist.
- *Testanwendung:* Nachdem das Datenmaterial erhoben ist, wird der Signifikanztest durchgeführt, d. h. man ermittelt eine einseitige oder zweiseitige Überschreitungswahrscheinlichkeit.
- *Entscheidung:* Die ermittelte Überschreitungswahrscheinlichkeit (P oder P') wird mit dem Signifikanzniveau verglichen. Bei einem signifikanten Ergebnis ($P \leq a$ oder $P' \leq a$) wird die H_0 verworfen und zugunsten von H_1 entschieden.
- *Interpretation:* Das Ergebnis (ob signifikant oder nicht signifikant) wird unter Bezugnahme auf das eingangs dargestellte Problem interpretiert.

1.2.4
Exakte und asymptotische Signifikanztests

Im Diuresebeispiel konnten wir die Überschreitungswahrscheinlichkeit für $x \geq 9$ Paare, bei denen das A-Präparat dem B-Präparat überlegen ist, über Gl. 1.7 exakt bestimmen. Dies ist praktisch bei allen verteilungsfreien Verfahren der Fall: Ausgehend von einer hypothesenrelevanten Prüfgröße wird anhand kombinatorischer Überlegungen ermittelt, mit welcher Punktwahrscheinlichkeit eine empirisch gefundene Ausprägung der Prüfgröße bei Gültigkeit von H_0 auftritt. Durch Addition aller Punktwahrscheinlichkeiten für die extremeren Ausprägungen ergibt sich die Überschreitungswahrscheinlichkeit eines *exakten Signifikanztests*. In der Regel ist es nicht einmal erforderlich, die Überschreitungswahrscheinlichkeit zu berechnen, denn für die wichtigsten Verfahren existieren Tabellen mit sog. „kritischen" Werten oder *Schwellenwerten*, die bei einem Signifikanznachweis vom empirischen Prüfgrößenwert über- oder unterschritten werden müssen. (Für binomial verteilte Prüfgrößen wie x = Anzahl der Paare mit A>B werden wir die Benutzung der hier einschlägigen Binomialverteilungstabelle in Abschn. 3.3.1 kennenlernen). Die Durchführung eines Signifikanztests reduziert sich also auf den Vergleich der empirischen Prüfgröße mit einem tabellarisch vorgegebenen Schwellenwert.

Bei größeren Stichproben ist die Berechnung der exakten Überschreitungswahrscheinlichkeit häufig sehr aufwendig; hier kann man jedoch von einer wichtigen Eigenschaft statistischer Prüfgrößen Gebrauch machen: Die Verteilung der meisten statistischen Prüfgrößen konvergiert mit wachsendem Stichprobenumfang in eine sog. *Normalverteilung* („Glockenkurve"), über die man die gesuchte Überschreitungswahrscheinlichkeit mühelos aus sog. Signifikanztabellen ablesen kann. Allerdings stimmen die so ermittelten Überschreitungswahrscheinlichkeiten (zumindest bei mittleren Stichprobenumfängen) nicht völlig mit den exakten Überschreitungswahrscheinlichkeiten überein; die Abweichungen sind jedoch für praktische Zwecke zu vernachlässigen. Da sich die über die Normalverteilung ermittelten Überschreitungswahrscheinlichkeiten mit wachsendem Stichprobenumfang den exakten Überschreitungswahrscheinlichkeiten asymptotisch nähern, bezeichnen wir einen über die Normalverteilung durchgeführten Signifikanztest als *asymptotischen Signifikanztest*. Dies gilt auch für Verteilungen, von Prüfgrößen die aus der Normalverteilung abgeleitet sind, wie z. B die Chi-Quadrat (χ^2)-Verteilung (s. unten).

Die Normalverteilung

Bei einem Würfel haben alle 6 Augenzahlen eine Auftretenswahrscheinlichkeit von 1/6. Werfen wir 2 Würfel und betrachten als Prüfgröße x die Summe der beiden geworfenen Zahlen, sind x-Werte zwischen 2 und 12 möglich, deren Wahrscheinlichkeiten sich nicht mehr gleich verteilen. Diese Wahrscheinlichkeiten veranschaulicht Abb. 1.1, die man zusammenfassend als *Wahrscheinlichkeitsfunktion* bezeichnet.

Wir stellen fest, daß eine mittlere Summe wie z. B. 7 mit größerer Wahrscheinlichkeit vorkommt als extreme Summen wie 2 oder 12. Wenn wir eine größere Anzahl von Würfeln werfen (d. h. wenn wir den „Stichprobenumfang" N vergrößern), und erneut als Prüfgröße die Summe der geworfenen Zahlen betrachten, ist die Wahrscheinlichkeitsfunktion kaum noch von der Normalverteilung zu unterscheiden, wie sie in Abb. 1.2 dargestellt ist. (Da es sich bei der Normalverteilung um eine stetige Verteilung handelt, sprechen wir von der *Dichtefunktion der Normalverteilung*).

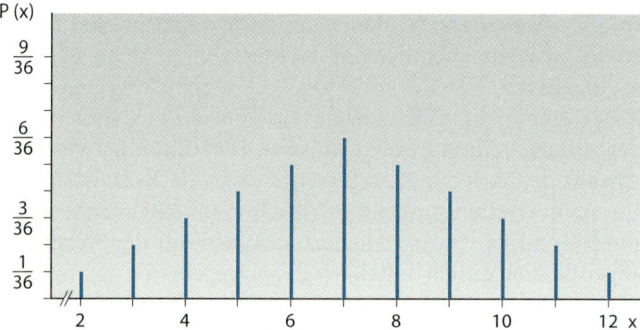

Abb. 1.1. Wahrscheinlichkeitsfunktion für die Summe der Augenzahlen bei 2 Würfen

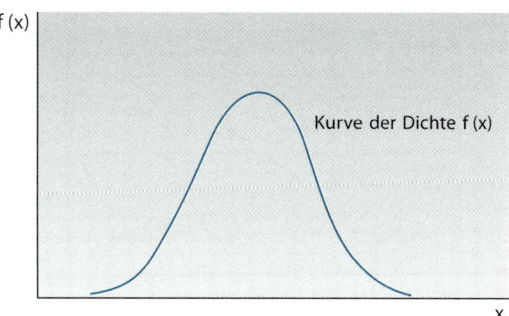

Abb. 1.2. Dichtefunktion
der Normalverteilung

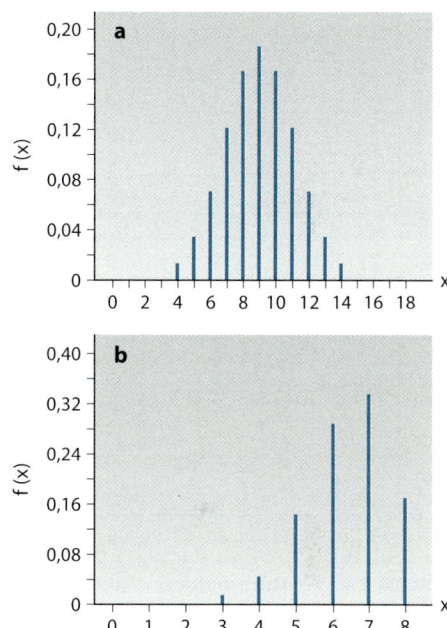

Abb. 1.3 a, b. Wahrscheinlichkeits-
funktionen von Binomialverteilungen.
a Binomialverteilung für N = 18 und
$\pi = 0{,}5$; **b** Binomialverteilung für
N = 8 und $\pi = 0{,}8$

   Auch binomial verteilte Prüfgrößen (z. B. x = Häufigkeit für „Adler" bei N
Münzwürfen) haben eine Wahrscheinlichkeitsfunktion, die mit wachsendem
N in eine Normalverteilung übergeht. In Abb. 1.3 a ist als Beispiel die Wahr-
scheinlichkeitsfunktion von x für N = 18 Münzwürfe dargestellt.
   Sind die Alternativereignisse nicht gleich wahrscheinlich ($\pi \neq 0{,}5$), erhalten
wir als Wahrscheinlichkeiten für das unterschiedlich häufige Auftreten einer
Merkmalsalternative (z. B. x = Anzahl der Sechsen beim Werfen von N Würfen) eine asymmetrische Binomialverteilung (vgl. Abb. 1.3 b für N = 8 und
$\pi = 0{,}8$). Aber auch asymmetrische Binomialverteilungen konvergieren mit
wachsendem N in eine Normalverteilung, wobei als Faustregel gilt, daß für
$\pi \cdot (1-\pi) \cdot N \geq 9$ die Binomialverteilung durch eine Normalverteilung ersetzt
werden kann.

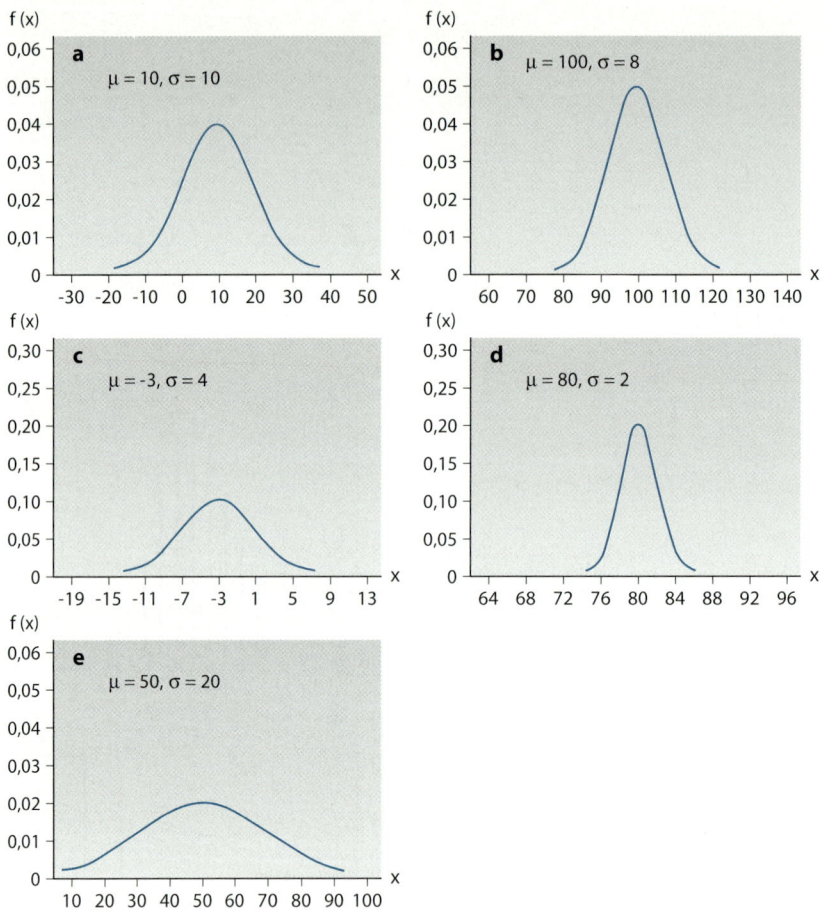

Abb. 1.4 a–e. Verschiedene Normalverteilungen (Dichtefunktionen)

Auch wenn die klassische „Glockenform" der Normalverteilung immer erhalten bleibt, gibt es unendlich viele verschiedene Normalverteilungen, die sich in ihrem Mittelwert (μ) und ihrer Streuung (σ: sprich „sigma") unterscheiden (vgl. Abb. 1.4). Wir verfügen jedoch über eine einfache Transformation, die sämtliche Normalverteilungen in eine Standardform, die sog. *Standardnormalverteilung*, überführt: die *u-Transformation* (in der statistischen Literatur auch *z-Transformation* genannt):

$$u = \frac{x - \mu(x)}{\sigma(x)} \tag{1.9}$$

Wenn eine Binomialverteilung durch eine Normalverteilung approximiert wird, berechnen wir $\mu(x) = N \cdot p$ und $\sigma(x) = \sqrt{N \cdot \pi \cdot (1 - \pi)}$. Werden über Gl. 1.9 alle mit $\mu(x)$ und $\sigma(x)$ normalverteilten x-Werte transformiert, resultiert für die u-Werte eine *Standardnormalverteilung,* die durch die Parameter $\mu = 0$ und $\sigma = 1$ gekennzeichnet ist.

Die Standardnormalverteilung (genauer: das Komplement der kumulierten Standardnormalverteilung bzw. der Verteilungsfunktion der Standardnormalverteilung) ist in Tafel A im Anhang tabelliert. Dieser Tafel kann man entnehmen, mit welcher Wahrscheinlichkeit ein bestimmter u-Wert zusammen mit allen größeren (kleineren) u-Werten auftritt. Diese Wahrscheinlichkeit haben wir als Überschreitungswahrscheinlichkeit kennengelernt.

> Die Gesamtfläche unter der Standardnormalverteilungskurve wird 1 gesetzt. Die Überschreitungswahrscheinlichkeit entspricht dann der Fläche, die ein u-Wert von der Standardnormalverteilung links oder rechts abschneidet. Die Summation von Punktwahrscheinlichkeiten beim exakten einseitigen Test wird hier also durch das Ablesen eines Flächenanteils der Standardnormalverteilung ersetzt.

Fragen wir beispielsweise nach der Überschreitungswahrscheinlichkeit für u-Werte mit $u \geq 2$, entnehmen wir Tafel A für die Fläche zwischen $u = 2$ bis $u = +\infty$ einen Wert von 0,0228. Dementsprechend tritt ein u-Wert, der größer als 2 ist, mit einer Wahrscheinlichkeit von 0,0228 auf: $P(u \geq 2) = 0,0228$. Für $u = -2$ gilt analog: $P(u \leq -2) = 0,0228$.

> **Beispiel 1.3. Normalverteilungsapproximation der Binomialverteilung**
>
> Ein kleines Beispiel soll die Normalverteilungsapproximation der Binomialverteilung verdeutlichen. Wir fragen nach der Überschreitungswahrscheinlichkeit, daß sich unter $N = 1000$ Neugeborenen mindestens $x = 530$ Mädchen befinden, wobei wir für die Wahrscheinlichkeit einer Mädchengeburt $\pi = 0,5$ annehmen. Wir errechnen $\mu(x) = 1000 \cdot 0,5 = 500$ und $\sigma(x) = \sqrt{1000 \cdot 0,5 \cdot 0,5} = 15,81$, so daß sich nach Gl. 1.9
>
> $$u = \frac{530 - 500}{15,81} = 1,90$$
>
> ergibt.
>
> Der Frage nach der Überschreitungswahrscheinlichkeit für $x \geq 530$ entspricht nun die Frage nach der Überschreitungswahrscheinlichkeit für $u \geq 1,90$. Tafel A im Anhang entnehmen wir, daß sich zwischen $u = 1,90$ und $u = +\infty$ eine Fläche von 0,0287 befindet. Der von $u = 1,90$ von der rechten Seite der Standardnormalverteilung abgeschnittene Flächenanteil beträgt also 0,0287, d. h. die Überschreitungswahrscheinlichkeit für mindestens 530 Mädchengeburten hat den Wert $P = 0,0287$.

Hätten wir diese Berechnungen im Kontext einer Hypothesenprüfung durchgeführt (H_0: Jungen- und Mädchengeburten sind gleich wahrscheinlich;

gerichtete H_1: Es werden mehr Mädchen als Jungen geboren), wäre die H_0 bei einem Signifikanzniveau von $\alpha = 0,05$ zugunsten von H_1 zu verwerfen gewesen, denn die Überschreitungswahrscheinlichkeit ist kleiner als das Signifikanzniveau ($P = 0,0287 < 0,05$).

> An dieser Stelle können wir fragen, wie groß (klein) ein u-Wert mindestens sein muß, um die H_0 auf einem vorgegebenen Signifikanzniveau verwerfen zu können. Diese Frage nach den „kritischen Schwellenwerten" der Prüfgröße u können wir ebenfalls über Tafel A (im Anhang) beantworten. Testen wir einseitig mit $\alpha = 0,05$, sind diejenigen u-Werte aufzusuchen, die von der linken oder der rechten Seite der Standardnormalverteilung 5% abschneiden. Dies sind die Werte $u_{crit} = \pm 1,65$. Für $\alpha = 0,01$ heißen die einseitigen kritischen u-Werte $u_{crit} = \pm 2,33$.

Beim zweiseitigen Test mit $\alpha = 0,05$ sind die 5% der Fläche auf beide Seiten der Standardnormalverteilung zu verteilen, denn sowohl hohe positive als auch hohe negative u-Werte sprechen für die Annahme von H_1. Wir suchen also in Tafel A im Anhang diejenigen u-Werte auf, die von der linken und von der rechten Seite der Standardnormalverteilung jeweils 2,5% (also zusammen 5%) der Fläche abschneiden. Dies sind die Werte $u_{crit} = \pm 1,96$. Für den zweiseitigen Test mit $\alpha = 0,01$ benötigen wir u-Werte, die beidseitig 0,5% der Fläche, also zusammengenommen 1% abschneiden. Hierfür entnehmen wir Tafel A im Anhang die Werte $u_{crit} = \pm 2,58$.

Die kritischen u-Werte für $\alpha = 0,05$ sind in Abb. 1.5 noch einmal grafisch veranschaulicht. Der Signifikanzbereich für den einseitigen Test entspricht der dunkelblauen und der hellblauen Fläche auf der rechten Verteilungsseite und der Signifikantbereich des zweiseitigen Tests den beidseitig hellblau markierten Verteilungsflächen.

Vergleichen wir als nächstes die kritischen u-Werte für den einseitigen und den zweiseitigen Test: Sie lauten für $\alpha = 0,05$ $u_{crit} = 1,65$ (einseitiger Test) und $u_{crit} = 1,96$ (zweiseitiger Test). Wir stellen also fest, daß der kritische u-Wert des einseitigen Tests „leichter" von einem empirisch ermittelten u-Wert erreicht oder überschritten werden kann als der kritische u-Wert des zweiseitigen Tests (wobei wir davon ausgehen, daß das Vorzeichen des empirisch ermittelten u-Werts der Hypothesenrichtung gemäß H_1 entspricht). Ein einseitiger Test wird also eher signifikant als ein zweiseitiger Test.

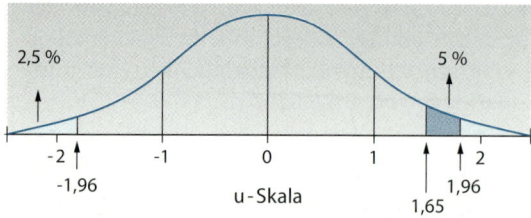

Abb. 1.5. Kritische u-Werte für $\alpha = 0,05$

Dies begründet noch einmal die Notwendigkeit, die Art der Alternativhypothese – gerichtet oder ungerichtet – vor der Datenerhebung festzulegen. Das „Umwechseln" von einer ungerichteten H_1 auf eine gerichtete H_1 angesichts der erhobenen Daten ist nicht statthaft, vor allem wenn dadurch ein nicht signifikanter zweiseitiger Test zu einem signifikanten einseitigen Test wird. Wenn man die Richtung der Alternativhypothese vor Untersuchungsbeginn nicht sinnvoll begründen konnte, muß man konsequenterweise auch zweiseitig testen. Das gleichzeitige Formulieren und Überprüfen einer Hypothese aufgrund ein- und desselben Datenmaterials ist wissenschaftlich nicht zulässig.

Die Chi-Quadrat-(χ^2-)Verteilung

Eine andere wichtige Prüfverteilung, die wir für verteilungsfreie asymptotische Tests benötigen, ist die χ^2-Verteilung. Während die *Binomialverteilung* mit wachsendem N in eine Normalverteilung übergeht, nähert sich die sog. *Polynomial-*(oder Multinomial-) *Verteilung,* auf die wir in Abschn. 2.2.1 Bezug nehmen werden, mit wachsendem N der χ^2-Verteilung.

Die Bezeichnung „χ^2-Verteilung" steht für eine ganze Klasse von Verteilungen, die sich in bezug auf die sog. *Freiheitsgrade* (Fg) unterscheiden. Was unter der Anzahl der Freiheitsgrade zu verstehen ist, wollen wir uns an einem kleinen Beispiel verdeutlichen.

Beispiel 1.4. Freiheitsgrade

Angenommen, wir ermitteln eine (für die Varianzberechnung benötigte) Prüfgröße QS (Quadratsumme), die sich aus der Summe der quadrierten Abweichungen von N Meßwerten von ihrem Mittelwert zusammensetzt. Für N=4 seien die Meßwerte $x_1=6$, $x_2=3$, $x_3=4$ und $x_4=7$, so daß sich ein Mittelwert von $\bar{x}=20/4=5$ ergibt. Damit erhalten wir

$$QS = (6-5)^2 + (3-5)^2 + (4-5)^2 + (7-5)^2 = 10$$

Die Frage lautet nun: Wie viele der 4 Summanden können frei variieren? Zur Beantwortung dieser Frage stellen wir folgende Überlegung an: Bei der Berechnung von QS „benutzen" wir den Mittelwert $\bar{x}=5$ der 4 Werte. Kennen wir nur 3 der Werte (z. B. $x_1=6$, $x_2=3$ und $x_3=4$) und den Mittelwert $\bar{x}=5$, ist damit der 4. Wert (x_4) festgelegt. Es muß nämlich gelten

$$(6+3+4+x_4)/4 = 5$$

Lösen wir nach x_4 auf, ergibt sich

$$x_4 = 4 \cdot 5 - (6+3+4) = 20 - 13 = 7$$

> Wegen der Vorgabe des Mittelwerts von 4 Werten ist einer der 4 Werte (in unserem Beispiel x_4) festgelegt. Damit ist aber auch einer der 4 Summanden für die Berechnung von QS festgelegt, d. h. es können nur 3 Summanden frei variieren.

Besteht eine Quadratsumme allgemein aus N Summanden, können hiervon nur N–1 frei variieren. Wir sagen, die Prüfgröße QS hat N–1 Freiheitsgrade (Fg = N–1).

Vor allem im Zusammenhang mit der Analyse von Häufigkeiten (s. Kap. 2) werden wir verschiedene Prüfgrößen kennenlernen, die bei Gültigkeit von H_0 asymptotisch χ^2-verteilt sind. Für diese Prüfgrößen wird stets die Anzahl der jeweiligen Freiheitsgrade anzugeben sein, so daß wir anhand der „richtigen" χ^2-Verteilung den Signifikanztest (Ermittlung der Überschreitungswahrscheinlichkeit bzw. Ablesen des kritischen Schwellenwerts) durchführen können.

Die χ^2-Verteilung ist eine mathematische Verteilung, die aus der Normalverteilung abgeleitet ist. Man erhält eine χ^2-Verteilung mit Fg = 1, wenn man die standardnormalverteilte Variable u quadriert:

$$\chi^2_{(1)} = u^2 \tag{1.10}$$

Mit dieser einfachen Beziehung kann man also eine standardnormalverteilte Prüfgröße u in eine χ^2-verteilte Prüfgröße überführen und umgekehrt – über $u = \sqrt{\chi^2}$ – eine χ^2-verteilte Prüfgröße in eine standardnormalverteilte Prüfgröße. Wir werden von dieser Beziehung des öfteren Gebrauch machen (vgl. z. B. Abschn. 2.3.2, S. 77).

Die χ^2-Verteilung mit k Freiheitsgraden ist definiert als Verteilung der Summe der Quadrate von k unabhängigen standardnormalverteilten Variablen:

$$\chi^2_{(k)} = u_1^2 + u_2^2 + \ldots + u_k^2 \tag{1.11}$$

Tafel B des Anhangs enthält für unterschiedliche Signifikanzstufen die kritischen Schwellenwerte einer bei Gültigkeit von H_0 asymptotisch χ^2-verteilten Prüfgröße mit 1 bis 30 Fg. Bei der Benutzung dieser Tafel ist zu beachten, daß der einseitige χ^2-Test nur für Fg = 1 zugelassen ist. χ^2-Tests mit Fg > 1 sind in der Regel zweiseitig. Wie wir noch feststellen werden, macht es bei den entsprechenden Fragestellungen meistens keinen Sinn, eine gerichtete Alternativhypothese aufzustellen, so daß sich der einseitige Test erübrigt.

> Die folgenden Ausführungen über statistische Signifikanz und klinische Bedeutsamkeit sind für das Verständnis der ab Kapitel 2 behandelten Signifikanztests nicht erforderlich und können deshalb übergangen werden. Dieser Abschnitt sollte jedoch zur Kenntnis genommen werden, wenn es darum geht, die *Größe der untersuchten Stichprobe(n)* auf eine rationale Basis zu stellen.

1.2.5
Statistische Signifikanz und klinische Bedeutsamkeit

Nachdem wir nun das Grundprinzip exakter und asymptotischer Signifikanztests kennengelernt haben, wollen wir uns den asymptotischen Test noch einmal genauer ansehen. Eine binomial verteilte Prüfgröße x geht – wie im letzten Abschnitt berichtet – in eine normalverteilte Prüfgröße über, die mit Gl. 1.9 in eine standardnormalverteilte Prüfgröße u überführt werden kann. Für Gl. 1.9 schreiben wir unter Verwendung von $\mu(x) = N \cdot \pi$ und $\sigma(x) = \sqrt{N \cdot \pi \cdot (1 - \pi)}$:

$$u = \frac{x - N \cdot \pi}{\sqrt{N \cdot \pi \cdot (1 - \pi)}} \qquad (1.12)$$

Anhand dieser Gleichung wollen wir zeigen, in welcher Weise das Ergebnis eines Signifikanztests vom Stichprobenumfang N abhängt.

Nehmen wir einmal an, wir formulieren zu der Nullhypothese, nach der Jungen und Mädchen mit gleicher Wahrscheinlichkeit geboren werden (H_0: $\pi_\male = \pi_\female = 0{,}5$), eine gerichtete Alternativhypothese, die besagt, daß die Geburtswahrscheinlichkeit für ein Mädchen (mindestens) 51% beträgt (H_1: $\pi_\female \geq 0{,}51$). Ferner wollen wir davon ausgehen, die Alternativhypothese sei richtig.

Nun werden Stichproben unterschiedlicher Größe untersucht, wobei in jeder Stichprobe genau 51% Mädchengeburten gezählt werden. Bei welchem Stichprobenumfang können wir die H_0 zugunsten von H_1 verwerfen, wenn wir $\alpha = 0{,}05$ zugrunde legen? Tabelle 1.3 gibt eine Antwort auf diese Frage.

Die erste Stichprobe umfaßt 100 Neugeborene mit 51 Mädchengeburten. Mit den in den Spalten $\mu(x)$ und $\sigma(x)$ angegebenen Werten errechnen wir nach Gl. 1.12 einen u-Wert, der nicht signifikant (n.s.) ist ($u = 0{,}20 < u_{crit} = 1{,}65$). Das gleiche gilt für die Stichprobenumfänge $N = 1\,000$, $N = 3\,000$ und $N = 5\,000$. Bei $N = 10\,000$ ergibt sich ein u-Wert von 2, der für $\alpha = 0{,}05$ signifikant ist ($u = 2{,}00 > u_{crit} = 1{,}65$) und für $N = 50\,000$ resultiert ein hoch signifikantes Ergebnis mit einer Überschreitungswahrscheinlichkeit, die weit unter 1‰ liegt.

Betrachten wir zusammenfassend die Spalte u in Tabelle 1.3, so ist festzustellen, daß der u-Wert mit wachsendem Stichprobenumfang größer und damit die Überschreitungswahrscheinlichkeit kleiner wird. (Allerdings nicht linear: Vergrößern wir den Stichprobenumfang $N = 100$ um den Faktor 100 auf $10\,000$, er-

Tabelle 1.3. u-Werte in Abhängigkeit vom Stichprobenumfang

N	Anzahl $\female$-Geburten (x)	$\mu(x)$	$\sigma(x)$	u
100	51	50	5,00	0,20 (n.s.)
1000	510	500	15,81	0,63 (n.s.)
3000	1530	1500	27,39	1,10 (n.s.)
5000	2550	2500	35,36	1,41 (n.s.)
10000	5100	5000	50,00	2,00 *
50000	25500	25000	111,80	4,47 ***

n.s., nicht signifikant, * p<0,05, *** p<0,001.

höht sich der u-Wert nur um den Faktor 10 von 0,20 auf 2,0). Hierbei ist zu beachten, daß der Anteil der Mädchengeburten keinesfalls zunimmt, sondern in allen Stichproben genau 51% beträgt. Die Tatsache, daß die u-Werte zunehmend größer werden, hängt ausschließlich vom Stichprobenumfang ab.

Dies trifft nun leider auf alle Signifikanztests zu. Die Chance, ein signifikantes Ergebnis zu erzielen, steigt mit wachsendem Stichprobenumfang. Die Nullhypothese ist bei großen Stichproben gewissermaßen chancenlos. Das erstrebte Ziel, durch ein signifikantes Ergebnis unsere Forschungshypothese als gültig annehmen zu können, erreichen wir offenbar umso eher, je mehr Zeit und Geld für große Stichproben zur Verfügung stehen.

Dies ist die eine Seite der Medaille. Die andere zeigt uns, daß bei großen Stichproben Behandlungseffekte (Unterschiede, Zusammenhänge etc.) signifikant werden können, die eigentlich ohne jede klinische Bedeutung sind. Für die klinische Praxis dürfte es ohne Belang sein, wenn man feststellt, daß der Unterschied in den Nebenwirkungsraten zweier Präparate Einhundertstel % ausmacht oder daß sich die wöchentlichen Harnausscheidungen von unterschiedlich behandelten Patienten im Durchschnitt nur um 0,5 Liter unterscheiden. Diese Effekte können zwar statistisch signifikant sein; klinisch sind sie ohne Bedeutung.

Diese Überlegungen werfen natürlich die Frage auf, was ein klinisch bedeutsamer Effekt ist. Diese Frage läßt sich nur im Kontext der jeweiligen Therapiewirkungsintension beantworten. Wir werden uns hier damit begnügen, zwischen kleinen Therapieeffekten, die für die klinische Grundlagenforschung von Bedeutung sein können, mittleren Therapieeffekten und großen Effekten, die auch für die Individualtherapie wichtig sind, zu unterscheiden. Hierauf werden wir weiter unten unter dem Stichwort „Optimale Stichprobenumfänge" eingehen.

Zuvor jedoch wollen wir das Risiko II bzw. das Konzept der Teststärke kennenlernen.

Risiko II (β-Fehler) und Teststärke

Wenn ein Internist der Auffassung ist, der Unterschied in der blutzuckersenkenden Wirkung zwischen einem neuen Präparat A und einem Standarddiabetikum B müsse durchschnittlich mindestens 10 mg% betragen, wenn das neue Präparat den Standard ablösen soll, dann hat er hiermit eine sog. *Effektgröße* (Δ; sprich: „Delta") festgelegt.

Diese Effektgröße Δ ermöglicht es, die zur Nullhypothese (H_0: beide Präparate sind gleich wirksam) gehörende Alternativhypothese genauer zu formulieren. Sie lautet in unserem Beispiel H_1: $\mu_A \geq \mu_B + \Delta$. Eine solche Hypothese nennen wir eine *spezifische Alternativhypothese*.

Haben wir eine spezifische Alternativhypothese formuliert, sind wir (im Prinzip) in der Lage, auch das Risiko zu bestimmen, das wir eingehen, wenn wir die eigentlich richtige H_1 ablehnen und die H_0 beibehalten. Dieses Risiko bezeichnen wir als *Risiko II* und seine Größe als *β-Fehlerrisiko* (β). Das β-Fehlerrisiko ist also immer mit einem nichtsignifikanten Ergebnis verbunden, das auftritt, wenn nicht zugunsten einer an sich richtigen H_1 entschieden wird.

> Wenn das β-Fehlerrisiko angibt, mit welcher Wahrscheinlichkeit eine richtige H_1 abgelehnt wird, muß $1-\beta$ als eine hierzu komplementäre Wahrscheinlichkeit offenbar bedeuten, mit welcher Wahrscheinlichkeit eine richtige H_1 angenommen wird. Diese Wahrscheinlichkeit wird *Teststärke* („power") genannt und durch ε (sprich: „epsilon") gekennzeichnet. Die Teststärke eines Signifikanztests sagt uns also, mit welcher Wahrscheinlichkeit ein Signifikanztest in der Lage ist, eine richtige H_1 zu „entdecken".
>
> Auch das Risiko, einen β-Fehler zu begehen, hängt vom Stichprobenumfang ab. Wie das α-Fehlerrisiko sinkt auch das β-Fehlerrisiko mit wachsendem N. Aus der Definition der Teststärke $\varepsilon = 1-\beta$ folgt, daß die Teststärke eines Signifikanztests mit wachsendem Stichprobenumfang zunimmt.

Der *Stichprobenumfang* ist damit eine sehr wichtige Determinante für den Ausgang eines Signifikanztests. Wir wollen uns im folgenden überlegen, was bei der Planung und Festlegung des Stichprobenumfangs aus statistischer Sicht berücksichtigt werden sollte.

Optimale Stichprobenumfänge

Große Stichproben – so haben wir erfahren – erhöhen die Chance für ein signifikantes Ergebnis, wobei allerdings auch solche Effekte signifikant werden können, die ohne jede klinische Bedeutung sind. Umgekehrt läßt sich argumentieren, daß bei der Untersuchung kleiner Stichproben klinisch bedeutsame Effekte gefunden werden können, die aber statistisch nicht signifikant sind. Da nun Effekte wünschenswert sind, die sowohl klinisch bedeutsam als auch statistisch signifikant sind, liegt es aus Gründen der Versuchsökonomie nahe, den Stichprobenumfang so festzulegen, daß beiden Kriterien – klinische Bedeutsamkeit und statistische Signifikanz – Genüge getan wird.

Das Signifikanzniveau (α), die Effektgröße (Δ), die Teststärke (ε) und der Stichprobenumfang (N) sind 4 Einflußgrößen des Signifikanztests, die wechselseitig voneinander abhängen. Wenn 3 dieser Einflußgrößen festgelegt sind, läßt sich hieraus die 4. Einflußgröße berechnen. Wenn wir also in einer Untersuchung eine Effektgröße Δ mit einer Teststärke ε und einem Signifikanzniveau α als behandlungswirksam nachweisen wollen, können wir errechnen, welcher Stichprobenumfang für diese Untersuchung angemessen ist. Diesen Stichprobenumfang bezeichnen wir als „optimal".

Bezüglich des Signifikanzniveaus hat sich die „scientific community" auf Konventionen geeinigt: Je nachdem, für wie gravierend wir die Konsequenzen einer statistischen Fehlentscheidung zugunsten von H_1 halten, wählen wir $\alpha = 0,05$ oder – für eine stärkere Absicherung gegen eine Fehlentscheidung – $\alpha = 0,01$.

Für die Festlegung einer Teststärke gibt es klinischerseits keine verbindlichen Normen. Für viele Hypothesentests in der klinischen Forschung scheint jedoch eine Teststärke von $\varepsilon = 0,8$ angemessen zu sein, bei der wir eine richtige H_1 mit einer Wahrscheinlichkeit von 80% „entdecken" bzw. bei der wir das Risiko, eine richtige H_1 fälschlicherweise abzulehnen, mit $\beta = 0,2$ begrenzen.

Für die Festlegung einer Effektgröße $\varDelta$ ist, wie gesagt, die klinische Fragestellung maßgebend. Wenn jedoch die klinische Erfahrung nicht ausreicht, um eine Effektgröße sinnvoll begründen zu können, besteht die Möglichkeit, auf eine von Cohen (1988) vorgeschlagene Dreiteilung der Effektgrößen zurückzugreifen. Hier werden kleine, mittlere und große Effekte unterschieden, wobei kleine Effekte häufig für die klinische Grundlagenforschung ausreichend sind. Große Effekte sollte man in Untersuchungen anstreben, deren Ergebnisse sich unmittelbar auf die Individualtherapie von Patienten auswirken.

Die exakten verteilungsfreien Tests kommen vorzugsweise zum Einsatz, wenn man relativ kleine Stichproben untersucht hat und die Voraussetzungen für die Anwendung eines parametrischen Verfahrens (vgl. Abschn. 1.2.6) offenbar nicht erfüllt sind oder in Frage stehen.

Dies bedeutet, daß ein statistisch signifikantes Ergebnis, das man mit einem exakten verteilungsfreien Test nachgewiesen hat, in der Regel auf einem großen Effekt basiert und damit auch klinisch bedeutsam ist.

Regeln zur Bestimmung verteilungsfreier Effektgrößen oder gar eine Klassifikation von Effektgrößen verteilungsfreier Tests existieren unseres Wissens derzeit nicht. Bei größeren Stichproben konvergieren jedoch praktisch alle verteilungsfreien Prüfgrößen in die standardnormalverteilte Prüfgröße u oder in die Prüfgröße χ^2 (asymptotische Tests; vgl. Abschn. 1.2.4), so daß wir unsere Empfehlungen zumindest für die Größenordnung optimaler Stichprobenumfänge an den Richtlinien für parametrische (normal- oder χ^2-verteilte) Prüfgrößen orientieren können (vgl. Cohen 1988). Dies ist allerdings nur ein Notbehelf, denn eine genaue Analyse der Zusammenhänge von α, $\varDelta$, ε und N für verteilungsfreie Tests (die auf sog. nichtzentralen Verteilungen der verteilungsfreien Prüfgrößen basieren müßte), steht noch aus.

Tabelle 1.4 zeigt eine Aufstellung optimaler Stichprobenumfänge für unterschiedliche Fragestellungen. Bei den hier genannten Stichprobenumfängen

Tabelle 1.4. Optimale Stichprobenumfänge für $\varepsilon = 0{,}8$ und $\alpha = 0{,}05$ (0,01)

Fragestellung	$\alpha=0{,}01$			$\alpha=0{,}05$		
	Effektgröße Δ			Effektgröße Δ		
	Δ klein	Δ mittel	Δ groß	Δ klein	Δ mittel	Δ groß
Lokationsunterschiede	503	82	33	310	50	20
Zusammenhänge	998	107	36	618	68	22
Abweichung P von 0,5	1001	109	37	616	97	23
Vergleich von Anteilswerten	502	80	31	309	49	19
Häufigkeitsunterschiede						
χ^2 mit Fg=1	1168	130	38	785	87	26
χ^2 mit Fg=2	1388	154	56	964	107	39
χ^2 mit Fg=3	1546	172	62	1090	121	44
χ^2 mit Fg=4	1675	186	67	1194	133	48
χ^2 mit Fg=5	1787	199	71	1293	143	51
χ^2 mit Fg=6	1887	210	75	1362	151	54

haben wir eine Teststärke von $\varepsilon = 0{,}8$ zugrunde gelegt und zwischen $\alpha = 0{,}05$ sowie $\alpha = 0{,}01$ unterschieden. Die Stichprobenumfänge gelten mit Ausnahme der Überprüfung von Häufigkeitsunterschieden für den einseitigen Test.

Was unter einem „kleinen", „mittleren" oder „großen" Effekt (Δ) zu verstehen ist, wird weiter unten erläutert. Zunächst sei darauf hingewiesen, daß die in Tabelle 1.4 genannten Stichprobenumfänge zu vergrößern sind,

- wenn eine höhere Teststärke erreicht werden soll ($\varepsilon > 0{,}8$),
- wenn das Signifikanzniveau sehr niedrig angesetzt wird ($\alpha < 0{,}01$) und
- wenn ein sehr kleiner Effekt erwartet wird.

> Verwenden wir die in Tabelle 1.4 genannten Stichprobenumfänge, ist davon auszugehen, daß das Untersuchungsergebnis bei Gültigkeit einer durch die Effektgröße festgelegten spezifischen H_1 mit einer Wahrscheinlichkeit von 80% auf dem $\alpha = 0{,}05$-Niveau oder dem $\alpha = 0{,}01$-Niveau signifikant wird.

Bedeutung der Effektgrößen

Lokationsunterschiede. Man plant die Evaluation einer neuen blutdrucksenkenden Therapie und möchte hierbei einen großen Effekt (Unterschied zwischen einer Experimental- und einer Kontrollgruppe) absichern. Dies würde bedeuten, daß sich die Durchschnittswerte unter Experimental- und Kontrollbedingungen mindestens um 0,8 Streuungseinheiten des Merkmals „Blutdruck" unterscheiden müssen (mittlerer Effekt: $0{,}5\,\sigma$; kleiner Effekt: $0{,}2\,\sigma$). Soll – wie im Beispiel – ein großer Effekt mit $\alpha = 0{,}05$ und $\varepsilon = 0{,}8$ abgesichert wer-

den, benötigt man gemäß Tabelle 1.4 für die Experimental- und die Kontrollgruppe jeweils etwa 20 Patienten.

Beim Vergleich von 3 Gruppen von Patienten wären pro Gruppe etwa 322
(kleiner Effekt), 52 (mittlerer Effekt) oder 21 (großer Effekt) Patienten vorzu-
sehen, und beim Vergleich von 4 Gruppen 274 (kleiner Effekt), 45 (mittlerer
Effekt) oder 18 (großer Effekt) Patienten, wenn man $\alpha = 0,05$ und $\varepsilon = 0,8$ zur
Prüfung einer ungerichteten Alternativhypothese ansetzt.

Zusammenhänge. Bei der Analyse des Zusammenhangs zweier Merkmale ist die
Effektgröße durch das parametrische Korrelationsmaß r definiert, für das wir
in Kap. 5 verteilungsfreie Schätzwerte kennenlernen werden. $r = \pm 0,1$ wäre ein
kleiner Zusammenhangseffekt, $r = \pm 0,3$ ein mittlerer Effekt und $r = \pm 0,5$ ein
großer Effekt. Will man beispielsweise für den Zusammenhang zwischen Blutdruck und Lärm am Arbeitsplatz aus Forschungsgründen einen kleinen Effekt
mit $\alpha = 0,01$ und $\varepsilon = 0,8$ absichern, wären hierfür nach Tabelle 1.4 etwa 998 Individuen zu untersuchen.

Abweichung p von 0,5. Wird mit einer Nullhypothese beispielsweise angenommen, eine homöopathische Schmerzbehandlung sei wirkungslos, erwarten
wir mit $\pi = 0,5$ (also 50%) eine Abnahme der Schmerzen (–) und mit $\pi = 0,5$
eine Schmerzverstärkung (+) (Patienten ohne Veränderung werden zu gleichen Teilen der Plus- und Minus-Kategorie zugeordnet). Wenn in der Plus-
Kategorie 55% gezählt werden, entspräche dies einem kleinen Effekt (mittlerer Effekt: 65%; großer Effekt: 75%). Soll ein mittlerer Effekt mit $\alpha = 0,05$
und $\beta = 0,8$ abgesichert werden, wäre ein Stichprobenumfang von etwa 97 Patienten optimal.

Vergleich von Anteilswerten. Bei der Festlegung einer Effektgröße für die Differenz von 2 Anteilswerten (aus unabhängigen Stichproben) kommt es darauf
an, auf welchem Niveau sich die Anteilswerte befinden. Die folgende Aufstellung (Tabelle 1.5) enthält ausgewählte Paare von Anteilswerten, deren Unterschied jeweils einem kleinen, mittleren oder großen Effekt entspricht.

Wenn man z. B. vermutet, daß in ländlichen Gebieten etwa 5% der Bevölkerung an Lungen- und Atemwegserkrankungen leiden und in einem Indu-
striegebiet etwa 10%, so entspräche dieser Unterschied nach Tabelle 1.5 einem kleinen Effekt, für dessen statistische Absicherung ($\alpha = 0,05$) jeweils ein
Stichprobenumfang von 309 Individuen optimal wäre.

Tabelle 1.5. Effektgrößen für die Differenzen zweier Anteilswerte

Klein	Mittel	Groß
0,05–0,10	0,05–0,21	0,05–0,34
0,20–0,29	0,20–0,42	0,20–0,57
0,40–0,50	0,40–0,64	0,40–0,79
0,60–0,70	0,60–0,82	0,60–0,92
0,80–0,87	0,80–0,95	0,80–0,996
0,90–0,95	0,90–0,995	0,90–0,9999

Beispiel 1.5. Bestimmung der Effektgröße für Häufigkeitsunterschiede

Das folgende Beispiel soll die Bestimmung der Effektgröße für Häufigkeitsunterschiede verdeutlichen.

Einer epidemiologischen Wochenstatistik zufolge wurden 1996 in der Bundesrepublik pro Woche im Durchschnitt 230 Fälle von akuter Virushepatitis gemeldet, die sich ätiologisch wie folgt verteilen (in Klammern sind die jeweiligen Anteilswerte genannt):

- Hepatitis A: 116 Fälle (0,50),
- Hepatitis B: 61 Fälle (0,27),
- übrige Formen: 53 Fälle (0,23).

In Nordrhein-Westfalen wurden die folgenden Zahlen gemeldet:

- Hepatitis A: 32 Fälle (0,43),
- Hepatitis B: 16 Fälle (0,22),
- übrige Formen: 26 Fälle (0,35).

Es soll geprüft werden, ob die regionale NRW-Statistik signifikant von der bundesweiten Statistik (ohne NRW) abweicht (ungerichtete H_1) oder nicht (H_0).

Für die Bestimmung der für diesen Vergleich einschlägigen Effektgröße verwenden wir folgende Gleichung:

$$\Delta = \sqrt{\sum_{j=1}^{k} \frac{(P_{1j} - P_{0j})^2}{P_{0j}}} \qquad (1.13)$$

mit

- $P_{1j} = $ gemäß H_1 erwarteter Anteilswert in Kategorie j,
- $P_{0j} = $ gemäß H_0 erwarteter Anteilswert in Kategorie j,
- k = Anzahl der Kategorien.

Wir bezeichnen die bundesweiten Anteilswerte mit P_0 und die regionalen Anteilswerte mit P_1, so daß sich für das Beispiel folgende Effektgröße ergibt:

$$\Delta = \sqrt{\frac{(0,43 - 0,50)^2}{0,50} + \frac{(0,22 - 0,27)^2}{0,27} + \frac{(0,35 - 0,23)^2}{0,23}} = \sqrt{0,08} = 0,29$$

Nach der Dreier-Klassifikation dieser Effektgröße ist 0,1 ein kleiner Effekt, 0,3 ein mittlerer und 0,5 ein großer Effekt. Die Häufigkeitsunterschiede entsprechen also nahezu einem mittleren Effekt. Offenbar sind die Hepatiden A seltener und die übrigen Formen häufiger in NRW als in der Restpopulation vertreten. Wie wir in Abschn. 2.2.2 noch ausführen werden, sind mit dieser Effektgröße (bzw. mit der dort behandelten χ^2-Prüfgröße) 2 Freiheitsgrade verbunden, so daß wir Tabelle 1.4 für $\alpha = 0,05$ und $\varepsilon = 0,8$ einen optimalen NRW-Stichprobenumfang von N = 107 entnehmen.

1.2.6
Verteilungsfreie und parametrische Tests

Ehe wir in Kap. 2 vom allgemeinen in den speziellen statistischen Teil eintreten, wollen wir noch einige wichtige Überlegungen darüber anstellen, wann parametrisch und wann verteilungsfrei getestet werden sollte. Die parametrischen Tests sind an das Vorliegen und Bekanntsein bestimmter Verteilungsformen gebunden. Diese Verfahren heißen deshalb verteilungsgebundene oder, weil innerhalb einer bestimmten Verteilungsform die Parameter der Verteilung von Interesse sind, *parametrische Tests*. Die verteilungsfreien, verteilungsunabhängigen oder *nichtparametrischen* Tests machen in der Regel keine Annahmen über die genaue Form der Verteilung der geprüften Merkmale.

> Die verteilungsfreien Tests sind jene, die weniger oder schwächere Voraussetzungen implizieren als die verteilungsgebundenen. Die parametrischen Tests sind Methoden, die nur unter speziellen Voraussetzungen gültig und aussagekräftig sind. Daß diese Voraussetzungen gegeben sind, muß – formal gesehen – in jedem Einzelfall bekannt sein oder zumindest via Inspektion belegt werden können.

Die wichtigsten parametrischen Verfahren sind der t-Test, der F-Test, die Varianzanalyse und die Produkt-Moment-Korrelation sowie deren multivariate Erweiterungen, auf deren Behandlung wir in diesem Buch verzichten. Ausführliche Informationen zu diesen und weiteren parametrischen Verfahren findet man z. B. in den für Mediziner konzipierten Werken von Harms (1992) und Bland (1996) bzw. – für Psychologen und Sozialwissenschaftler – z. B. bei Bortz (1993).

Die Frage, ob mit einem parametrischen oder verteilungsfreien Test ausgewertet werden soll, wollen wir unter 3 Gesichtspunkten diskutieren:
- im Hinblick auf die sog. Effizienz statistischer Tests,
- in bezug auf das Meßniveau der erhobenen Daten und bezüglich
- der mathematisch-statistischen Voraussetzungen der in Frage kommenden Verfahren.

Nach einer Einschätzung dieser Vergleichskriterien werden wir die Vor- und Nachteile verteilungsfreier und parametrischer Tests zusammenfassend darstellen.

Effizienz

> Wir haben gesehen, daß durch die Vorgabe der Teststärke ε zusätzlich zu der Wahl des α-Fehlerniveaus der durchschnittlich erforderliche Stichprobenumfang N festgelegt wird, den man zum Signifikanznachweis einer bestimmten Effektgröße Δ benötigt. Daraus folgt, daß man den für Δ, α und ε erforderlichen Stichprobenumfang auch als Maß für die Stärke eines Tests definieren kann.

Will man 2 Tests, die die gleiche Alternativhypothese prüfen (z. B. einen verteilungsfreien und einen parametrischen Test) hinsichtlich ihrer Teststärke zum Nachweis von Behandlungswirkungsunterschieden vergleichen, so kann man unter Berufung auf den Zusammenhang zwischen ε und N die *relative Effizienz* eines Tests T_1 im Vergleich zu einem Test T_2 durch den Quotienten der für gleiche α und ε notwendigen Stichprobenumfänge ausdrücken:

$$E = \frac{N_2}{N_1} \qquad\qquad (1.14)$$

In diesem „Effizienzindex" stehen N_1 und N_2 für die Stichprobenumfänge, bei denen die Tests T_1 und T_2 jeweils die gleiche Stärke ε haben. Wenn beispielsweise der schwächere Test T_1 $N_1 = 25$ Individuen (Patienten, Versuchstiere) erfordert und der stärkere Test T_2 $N_2 = 20$ Individuen, um bei gleicher Teststärke einen Behandlungseffekt Δ für ein bestimmtes Signifikanzniveau absichern zu können, hätte der schwächere Test eine relative Effizienz von $E = 20/25 = 0{,}8$.

Man kann nun zeigen, daß die verteilungsfreien Tests unter bestimmten Bedingungen stets weniger effizient sind als die parametrischen Tests (dies gilt auch für die sog. asymptotische relative Effizienz oder kurz: ARE, auf die wir hier nicht eingehen). Diese Bedingungen beziehen sich auf die mathematisch-statistischen Voraussetzungen der parametrischen Tests (s. unten):

> Wenn ein Datensatz die Voraussetzungen des parametrischen Tests perfekt erfüllt, benötigt ein indikationsäquivalenter verteilungsfreier Test in Anwendung auf denselben Datensatz für einen Signifikanznachweis eine größere Stichprobe als ein parametrischer Test.

Mit dieser Definition stellt das Effizienzmaß ein rein theoretisches Konstrukt dar, das für die meisten Anwendungsfälle irrelevant ist, denn höchst selten können wir davon ausgehen, daß – zumal bei kleineren Stichproben – ein klinischer Datensatz die Voraussetzungen eines parametrischen Tests perfekt erfüllt. Sind diese Voraussetzungen jedoch verletzt, können sich die Verhältnisse umkehren: In diesem Falle ist in der Regel davon auszugehen, daß der parametrische Test nicht nur unangemessen ist, sondern auch eine geringere Teststärke besitzt als der verteilungsfreie Test.

Im Grunde genommen müßte also für jeden konkreten Datensatz festgestellt werden, ob ein parametrischer Test zulässig ist bzw. ob sein verteilungsfreies Pendant eine Hypothesenprüfung mit höherer Teststärke gewährleistet. Die auf idealen „parametrischen Verhältnissen" basierenden Effizienzwerte sind hierfür wenig hilfreich. Wegen dieser Einschätzung verzichten wir bei der mit Kap. 2 beginnenden Darstellung der verteilungsfreien Verfahren auf Effizienzangaben.

Meßniveau

> Die Ergebnisse parametrischer Tests (wie etwa der Vergleich zweier Stich-probenmittelwerte via t-Test oder der Vergleich zweier Stichprobenvarian-zen via F-Test) sind – so eine allgemeine Regel – nur dann interpretierbar, wenn die Daten kardinales Meßniveau aufweisen, also intervall- oder ver-hältnisskaliert sind. Haben wir Daten mit einem niedrigeren Skalenniveau erhoben, muß verteilungsfrei getestet werden.

Im einzelnen sind hierfür die folgenden in diesem Buch behandelten Verfah-ren einschlägig:

- Werden in einer Untersuchung Häufigkeiten erhoben (dies können Aus-zählungen der Kategorien von natürlich oder künstlich dichotomen Merk-malen, von kategorialen Merkmalen oder polychotomen Merkmalen sein; vgl. Abschn. 1.2.1), kommen für die statistische Analyse die in Kap. 2 be-handelten Verfahren in Betracht.
- Besteht das Datenmaterial aus Rangreihen (vgl. Abschn. 1.2.1), sind die in Kap. 3 und 5 behandelten verteilungsfreien Verfahren einzusetzen. Wenn kardinalskalierte Daten die Voraussetzungen eines parametrischen Tests verletzen, sind die Daten in Rangreihen zu transformieren und in dieser Form ebenfalls nach einem der in Kap. 3 und 5 zusammengestellten Ver-fahren auszuwerten. Dies gilt auch für Daten mit zweifelhafter Kardinal-skalenqualität.
- Für kardinalskalierte Daten, die den Anforderungen eines parametrischen Tests nicht genügen, sind auch die in Kap. 4 behandelten verteilungsfreien Verfahren einschlägig.
- Läßt sich die Kardinalskalenqualität der Daten plausibel belegen, sind parametrische Tests einzusetzen, soweit deren Voraussetzungen erfüllt sind.

Mathematisch-statistische Voraussetzungen

> Die Korrektheit statistischer Entscheidungen ist bei allen Signifikanztests an bestimmte mathematisch-statistische Voraussetzungen gebunden. Bei parametrischen Tests sind dies in der Regel die Normalverteilung der zu prüfenden statistischen Kennwerte bzw. bei kleineren Stichproben ($N<30$) des untersuchten Merkmals und bei stichprobenvergleichenden Tests die Varianzhomogenität der jeweiligen Referenzpopulationen. Es werden da-mit Anforderungen an die Form der Populationsverteilungen bzw. deren Parameter gestellt.

Ähnliches gilt abgeschwächt auch für verteilungsfreie Tests. Ihre Anwendbar-keit setzt oft eine stetig verteilte Variable und vielfach auch *Homomerität* der

Populationsverteilungen, d. h. Verteilungen gleichen Typs der Populationen voraus.

Auch hinsichtlich der Voraussetzungen ist die Frage nach der richtigen Indikation parametrischer oder verteilungsfreier Verfahren also im Prinzip einfach zu beantworten: Wenn die Voraussetzungen parametrischer Tests nicht erfüllt oder fraglich sind, muß verteilungsfrei getestet werden; sind weder die Voraussetzungen parametrischer noch die verteilungsfreier Tests erfüllt, muß u. U. ganz auf statistische Tests verzichtet werden.

Da wir jedoch im Regelfall die Populationscharakteristika des untersuchten Merkmals nicht kennen, sind wir darauf angewiesen, sie aus den Stichprobendaten zu erschließen. Um nun feststellen zu können, ob die so geschätzten Populationscharakteristika den Anforderungen eines parametrischen Tests genügen, wurden spezielle Tests zur Überprüfung der Normalverteilungs- oder Varianzhomogenitätsannahme entwickelt, deren Gültigkeit allerdings ebenfalls in den meisten Fällen an „parametrische Voraussetzungen" geknüpft ist. Die statistische Überprüfung der Voraussetzungen parametrischer Verfahren ist damit ein fragwürdiges Unterfangen.

Dies gilt v. a. für kleine Stichproben, für die kaum jeweils nachzuweisen ist, daß sie aus *nicht*normalverteilten Populationen stammen, auch wenn solches bekannt ist; es resultieren hier verzerrte („biased") Testergebnisse.

Wir empfehlen deshalb, für die Hypothesenprüfung bei kleineren Stichproben statt eines parametrischen Tests im Zweifelsfalle ein verteilungsfreies Verfahren einzusetzen.

Vor- und Nachteile verteilungsfreier Tests

Aus dem Gesagten können wir zusammenfassend die folgenden Vorteile verteilungsfreier Tests gegenüber parametrischen Tests extrahieren:

- Bei kleineren Stichproben gibt es für die statistische Hypothesenprüfung keine Alternative zu den verteilungsfreien Tests, es sei denn, die Populationscharakteristika sind exakt bekannt, wie dies z. B. bei Laborwerten in den Documenta Geigy (1989) und psychiatrischen Testskalen (CIPS 1996) der Fall ist.
- Verteilungsfreie Tests sind voraussetzungsärmer als parametrische Tests.
- Für die Auswertung von Rangdaten oder Häufigkeitsverteilungen kategorialer Merkmale kommen nur verteilungsfreie Verfahren in Betracht.
- Verteilungsfreie Tests sind rechnerisch einfacher durchzuführen als parametrische Tests.

Diesen Vorteilen stehen die folgenden Nachteile gegenüber:
- Verteilungsfreie Verfahren sind bei kardinalskalierten Daten weniger effizient als parametrische Verfahren, wenn die Voraussetzungen der parametrischen Verfahren erfüllt sind.
- Für die parametrischen Tests reicht eine begrenzte Anzahl von Signifikanztabellen aus (Standardnormalverteilung, F-, t-, χ^2-Verteilung), während für die exakten verteilungsfreien Verfahren jeweils eine eigene Signifikanztabelle erforderlich ist (die wichtigsten Tabellen sind im Anhang dieses Buches zusammengestellt).
- Für einige Fragestellungen (wie z. B. multivariate Zusammenhangs- oder Unterschiedshypothesen) existieren keine eigenständigen verteilungsfreien Verfahren.

Warum Statistikkurse sowohl für Mediziner als auch für Sozialwissenschaftler fast ausschließlich auf den parametrischen Methoden aufbauen, ist damit zu begründen, daß sie ein logisch-stringentes, geschlossenes System mathematisch-statistischer Anwendungsalgorithmen implizieren, die durchweg auf der klassischen Neyman-Pearson-Theorie der Stochastik basieren. Die voraussetzungsärmeren verteilungsfreien Methoden hingegen gründen auf unterschiedlichen Prinzipien, die nur partiell auf einem geschlossenen System aufbauen. Die verteilungsfreien Methoden gehören daher zu Recht in einen Graduiertenkurs, nachdem die parametrischen Methoden in einem Grundkurs der medizinischen oder sozialwissenschaftlichen Statistik erfolgreich vermittelt worden sind.

2 Testmethoden für Häufigkeiten

Eine der einfachsten Operationen der Quantifizierung besteht in der Zuordnung und Auszählung von Merkmalsträgern zu Merkmalskategorien: Wir bilden exklusive Kategorien (z. B. Diagnosen) und ordnen die Merkmalsträger (Patienten) der einen oder der anderen Kategorie zu. Im Resultat ergeben sich Häufigkeitszahlen, für jede Kategorie eine Zahl. So können wir etwa eine Gruppe von Menschen nach dem Merkmal Augenfarbe in blauäugige, grauäugige, grünäugige und braunäugige einteilen und auszählen, wie viele Individuen der Gruppe auf jede dieser Kategorien entfallen.

Ist das in Frage stehende Merkmal „von Natur aus" kategorial gegliedert (z. B. die Blutgruppen A, B, AB und 0), so bereitet die Zuordnung der Merkmalsträger in der Regel keinerlei Schwierigkeiten; anders, wenn Übergangsformen zwischen einzelnen Kategorien, wie im Falle der Augenfarben, möglich sind. Hier wird eine gewisse „Willkür" bei der Zuordnung nicht zu vermeiden sein, und es stellt sich schon hier die Frage, wie gut zwei oder mehr Beurteiler in der Zuordnung übereinstimmen (s. Kap. 6).

Neben diskreten, in phänomenologischen Kategorien gegebenen Merkmalen finden wir in der belebten Natur auch Merkmale, die zwar offensichtlich kontinuierlich verteilt sind, jedoch in unserem Erfahrungs- und Begriffssystem kategorial gefaßt werden. Gemeint sind Merkmale, die zwar prinzipiell gemessen werden können, deren Messung aber aus praktischen Gründen (Fehlen einer Skala, eines Meßinstruments, unökonomischer Aufwand bei der Messung) in der Regel unterbleibt. Wir beurteilen z. B. einen Schnupfen recht eindeutig als kurz, mittel oder lang, weil die Erfahrung mit Schnupfen uns ein hinlängliches Bezugssystem liefert. Aber auch hier ist die Beurteilerübereinstimmung zu überprüfen, ehe eine definitive Kategorisierung erfolgt.

Vielfach geben – und hierfür ist die Erkrankungsdauer ein Paradigma – kategoriale Daten dem Beobachter eine konkretere Vorstellung als Meßwerte, und fast immer kann eine an das subjektive Urteil geknüpfte Feststellung besser kategorial als quantitativ ausgedrückt werden. Dies ist wohl auch der Hauptgrund dafür, daß in den Verhaltenswissenschaften mehr als nötig in Häufigkeitsziffern gedacht und gemessen wird.

Eine ganze Reihe statistischer Methoden – darunter v. a. die verschiedenen Abwandlungen des *Chi-Quadrat-Tests* – geht von *Häufigkeitsdaten* aus. Wir behandeln sie in der Folge nach dem Grad ihres Informationsgehalts und beginnen mit den Methoden, die das Vorliegen zweier (alternativer) Kategorien (Binärdaten nach Lautsch u. Lienert, 1993) voraussetzen (Abschn. 2.1). Mit der Analyse von Merkmalen mit mehr als 2 Kategorien befaßt sich Abschn. 2.2.

Häufig wird gefragt, ob sich verschiedene Gruppen von Merkmalsträgern bezüglich eines kategorialen Merkmals unterscheiden. Die wichtigsten Verfahren für den Vergleich von 2 Gruppen (z. B. Vergleich von Extrovertierten und Introvertierten bezüglich des Merkmals „Raucher/Nichtraucher") sind in Abschn. 2.3 zusammengefaßt und die wichtigsten Verfahren für den Vergleich von mehr als 2 Gruppen (z. B. Vergleich von Personen verschiedener Herkunftsländer bezüglich ihrer Augenfarbe) im Abschn. 2.4.

Wird eine Gruppe wiederholt bezüglich eines kategorialen Merkmals untersucht (z. B. eine Patientengruppe während und nach einer Erkrankung hinsichtlich des Auftretens einer Immunisierungsreaktion), wertet man mit Verfahren aus, die in Abschn. 2.5 dargestellt sind.

2.1
Der Vergleich einer beobachteten Häufigkeitsverteilung von Alternativdaten mit einer erwarteten Verteilung

Eine Verteilung von Alternativdaten erhält man, wenn in einer Stichprobe ausgezählt wird, wie viele Personen zur 1. Merkmalskategorie („weiblich",

„Symptom vorhanden" o. ä.) bzw. zur 2. Merkmalskategorie („männlich", „Symptom nicht vorhanden") gehören. Diese beobachtete Verteilung soll nun mit einer Verteilung verglichen werden, die man aufgrund theoretischer Überlegungen erwartet oder die man in anderen Untersuchungen empirisch ermittelt hat.

Will man beispielsweise überprüfen, ob eine bestimmte Diät die Geburt weiblicher Kinder begünstigt, wäre die beobachtete Geschlechterverteilung mit einer theoretischen Verteilung zu vergleichen, bei der Jungen und Mädchen gleich häufig geboren werden. Oder: Man hat festgestellt, daß 5% der Normalbevölkerung ein bestimmtes Symptom (wie Leukopenie) aufweisen und vermutet, daß dieses Symptom in einem radioaktiv verstrahlten Gebiet häufiger auftritt als in der Normalbevölkerung. Hier wäre also die erwartete Verteilung von 5:95 mit der im verstrahlten Gebiet beobachteten Verteilung zu vergleichen.

> Für die statistische Hypothesenprüfung repräsentiert die erwartete Häufigkeitsverteilung die Nullhypothese (vgl. Abschn. 1.2.2). Wir wollen nun feststellen, ob die Abweichungen der beobachteten Verteilung von der erwarteten Verteilung als statistisch bedeutsam bzw. signifikant anzusehen sind. Dies überprüfen wir bei kleinen Stichproben mit dem Binomialtest und bei größeren Stichproben mit dem χ^2-Test für Alternativmerkmale, wobei beide Tests als sog. Anpassungstests (statt Abweichungstests) bezeichnet werden.

2.1.1
Der Binomialtest

Zielsetzung

Wenn wir alternativ verteilte Grundgesamtheiten (z. B. männlich – weiblich) vor uns haben und den Prozentanteil kennen, mit dem eine der beiden Kategorien (z. B. Männer) gemäß der Nullhypothese in der Population vertreten ist – wir bezeichnen den Anteil als Parameter mit dem griechischen Buchstaben π – so können wir mit dem *Binomialtest* die Wahrscheinlichkeit dafür ermitteln, daß eine bestimmte Stichprobe vom Umfang N, die x Elemente (Individuen) dieser Kategorie enthält, der besagten Population angehört.

Durchführung

Die Wahrscheinlichkeit p(x), daß sich x Elemente (z. B. insulinpflichtige Diabetiker) zufällig in der einen und N–x Elemente in der anderen Kategorie (der nichtinsulinpflichtigen Diabetiker) einer Stichprobe von N Diabetikern befinden, wird wie folgt berechnet (zur Herleitung vgl. Bortz, Lienert & Boehnke, 1990, S. 14 ff.):

$$p(x) = \binom{N}{x} \cdot \pi^x \cdot (1 - \pi)^{N-x} \tag{2.1}$$

$\binom{N}{x}$ (sprich: „N über x") ist als das sog. Eulersche Symbol wie folgt definiert (vgl. auch Abschn. 1.1.3):

$$\binom{N}{x} = \frac{N!}{x! \cdot (N - x)!} \tag{2.2}$$

Beispiel: $\binom{5}{3} = \frac{5 \cdot 4 \cdot 3 \cdot 2 \cdot 1}{(3 \cdot 2 \cdot 1) \cdot (2 \cdot 1)} = \frac{5 \cdot 4 \cdot 3}{3 \cdot 2 \cdot 1} = 10$

N! (sprich: „N Fakultät") entspricht also der Produktkette aller Zahlen von 1 bis N. Setzen wir $\pi = 0{,}5$, resultiert die bereits bekannte Gl. 1.6.

Wir vereinbaren, die Kategorien so zu bezeichnen, daß $x \leq N - x$ ist.

Die einseitige Überschreitungswahrscheinlichkeit P, daß sich x oder weniger Elemente in der einen Kategorie (z. B. der insulinpflichtigen Diabetiker) befinden, setzt sich nach dem Additionssatz der Wahrscheinlichkeit zusammen aus $p(x) + p(x–1) + p(x–2) + . . . + p(0)$. Als Summe geschrieben:

$$P = \sum_{i=0}^{x} \binom{N}{i} \pi^i \cdot (1 - \pi)^{N-i} \tag{2.3}$$

π wäre hier also der Anteil der insulinpflichtigen Diabetiker in der Population aller Diabetiker. Der Wert P gibt die einseitige Überschreitungswahrscheinlichkeit an, mit der wir entsprechend dem vereinbarten Signifikanzniveau α über Beibehaltung ($P > \alpha$) oder Ablehnung ($P \leq \alpha$) der Nullhypothese entscheiden. Ist die Nullhypothese wegen $P \leq \alpha$ abzulehnen, können wir behaupten, daß die empirische Verteilung signifikant von der theoretischen Verteilung abweicht.

Sind die beiden Merkmalskategorien in der Population bzw. in der theoretischen Verteilung gleich wahrscheinlich ($\pi = 1 – \pi = 0{,}5$), ergibt sich für die Berechnung der einseitigen Überschreitungswahrscheinlichkeit die folgende vereinfachte Berechnungsvorschrift (vgl. auch Gl. 1.8):

$$P = 0{,}5^N \cdot \sum_{i=0}^{x} \binom{N}{i} \tag{2.4}$$

Die nach Gl. 2.4 ermittelte Überschreitungswahrscheinlichkeit kann man einfach Tafel C im Anhang entnehmen. Die Tafel C enthält die Wahrscheinlichkeiten für begrenzte x- und N-Werte und gilt für den einseitigen Test als der häufigeren Anwendungsform; sie reicht jedoch nur bis zu einem Stichprobenumfang von $N \leq 25$.

Beispiel 2.1. Erhöhte Krebsmortalität in einem Wohnhaus

Problem. In einem Wohnhaus sterben innerhalb weniger Jahre 7 Menschen, davon 5 an Krebs. Als Ursache für diese hohe Krebsmortalität vermutet man „Erdstrahlen". In dem betreffenden Wohnort stellt die Diagnose „Krebs" nur 1/4 aller Todesursachen dar. Die statistisch zu beantwortende Frage lautet: Ist das häufigere Vorkommen von Krebsfällen in dem bezeichneten Wohnhaus noch mit dem Zufall vereinbar oder müssen wir einen außerzufälligen Einfluß annehmen? Um den Sachverhalt statistisch zu überprüfen, formulieren wir die Ausgangshypothesen.

Nullhypothese. Der Stichprobenanteil von p = 5/7 an Krebstodesfällen unterscheidet sich nur zufällig vom Populationsanteil von $\pi = 1/4$ oder: die „wahre" Krebsmortalität π_1 im fraglichen Haus unterscheidet sich nicht vom Populationsanteil (H$_0$: $\pi_1 = \pi$).

Alternativhypothese. Die „wahre" Wahrscheinlichkeit von Krebstodesfällen ist in dem besagten Wohnhaus größer als in der Population (H$_1$: $\pi_1 > \pi$). Die Alternativhypothese wird also *gerichtet* formuliert, da nur die übermäßige Häufung von Krebsfällen Nachforschungen veranlaßt.

Signifikanzniveau. Ehe wir H$_0$ gegen H$_1$ testen, legen wir das Risiko I fest, das wir bei der Annahme von H$_1$ eingehen wollen, d. h. wir vereinbaren das Signifikanzniveau α. Da die bei Annahme von H$_1$ gebotenen Maßnahmen dazu beitragen können, die im Wohnhaus angetroffene hohe Krebsmortalität zu senken, sollte die Annahme von H$_1$ nicht allzu sehr erschwert werden. Falls die H$_1$ irrtümlicherweise angenommen wird, wären die Maßnahmen zwar überflüssig; sie würden aber – außer Kosten – keine nachteiligen Wirkungen verursachen. Wir setzen deshalb α mit 0,05 fest.

Testwahl. Da es sich um Stichprobenhäufigkeiten zweier Alternativkategorien handelt (Krebs, nicht Krebs) und das Häufigkeitsverhältnis der beiden Kategorien in der Grundgesamtheit bekannt ist, ist die Verwendung des *Binomialtests* angezeigt.

Definitionen. Für den Binomialtest benötigen wir die Kennwerte x, N und π. Die Stichprobengröße beträgt N = 7. Gemäß unserer Vereinbarung, daß x kleiner sein soll als (N–x), stellt x die Anzahl der Todesfälle dar, die nicht durch Krebs verursacht worden sind: x = 7–5 = 2. Dementsprechend ist π als der Anteil der Nichtkrebsfälle in der Grundgesamtheit zu definieren: $\pi = 3/4$. Damit sind die Voraussetzungen für die Durchführung des Binomialtests geschaffen.

Testanwendung. Die Wahrscheinlichkeit P, x oder weniger nicht durch Krebs hervorgerufene Todesfälle in einer Zufallsstichprobe von N = 7 zu finden, ist über Gl. 2.3 zu errechnen.

$$P = \sum_{i=0}^{2} \binom{7}{i} \cdot \left(\frac{3}{4}\right)^{i} \cdot \left(1 - \frac{3}{4}\right)^{7-i}$$

Wir setzen zunächst $i = 0$ und erhalten als 1. Glied der Summe

$$p\,(x = 0) = \binom{7}{0} \cdot \left(\frac{3}{4}\right)^{0} \cdot \left(\frac{1}{4}\right)^{7} = 1 \cdot 1 \cdot \left(\frac{1}{4}\right)^{7} = \frac{1}{16384}$$

$\binom{7}{0}$ ergibt per definitionem den Wert 1, ebenso ist $(3/4)^{0} = 1$; daher nimmt das obige Produkt den Wert des letzten Faktors an: $(1/4)^{7} = 1/16\,384$. Nun setzen wir $i = 1$ und erhalten das 2. Glied der Summe:

$$p\,(x = 1) = \binom{7}{1} \cdot \left(\frac{3}{4}\right)^{1} \cdot \left(\frac{1}{4}\right)^{6} = \frac{7}{1} \cdot \frac{3}{4} \cdot \left(\frac{1}{4}\right)^{6} = \frac{21}{16384}$$

Das letzte Glied gewinnen wir durch Substitution von $i = 2$:

$$p\,(x = 2) = \binom{7}{2} \cdot \left(\frac{3}{4}\right)^{2} \cdot \left(\frac{1}{4}\right)^{5} = \frac{7 \cdot 6}{2 \cdot 1} \cdot \left(\frac{3}{4}\right)^{2} \cdot \left(\frac{1}{4}\right)^{5} = \frac{189}{16384}$$

Die Summe in Gl. 2.3 ergibt sich also zu

$$P = \frac{1}{16384} + \frac{21}{16384} + \frac{189}{16384} = \frac{211}{16384} = 0{,}0129$$

Statistische Entscheidung. Da der ermittelte P-Wert kleiner ist als das vereinbarte Signifikanzniveau ($0{,}0129 < 0{,}05$), verwerfen wir die H_0 und akzeptieren die H_1.

Interpretation. Es muß davon ausgegangen werden, daß nichtzufällige Einflüsse vorliegen, die die Häufung von Krebsfällen in dem untersuchten Wohnhaus begünstigen. Eine eingehendere Ursachenforschung ist dringend notwendig, v. a. bezüglich einer möglichen Familienverwandtschaft der Hausbewohner mit erhöhter Krebsdisposition.

2.1.2
Der Chi-Quadrat-Anpassungstest für Alternativdaten

Zielsetzung

Der χ^2-(Chi-Quadrat-) Anpassungstest für Alternativdaten wird mit der gleichen Zielsetzung angewendet wie der Binomialtest: Es soll geprüft werden, wie gut eine beobachtete Verteilung von Alternativdaten mit einer gemäß H_0 erwarteten Verteilung übereinstimmt. Im Prinzip ist dieser Test also überflüssig, denn Fragestellungen dieser Art können grundsätzlich mit dem Binomialtest geprüft werden. Allerdings wird man feststellen, daß der Binomialtest bei größeren Stichproben mit sehr viel Rechenaufwand verbunden ist. Dieser läßt sich umgehen, wenn man bei größeren Stichproben statt des aufwendigen Binomialtests den sehr viel einfacher durchzuführenden χ^2-Test einsetzt.

In der in Abschn. 1.2.4 eingeführten Terminologie handelt es sich beim Binomialtest um einen exakten Test (die Überschreitungswahrscheinlichkeit P wird exakt ermittelt) und beim χ^2-Test um einen approximativen Test (die exakte Überschreitungswahrscheinlichkeit P wird mit wachsendem Stichprobenumfang zunehmend genauer geschätzt). Ab welchem Stichprobenumfang diese Approximation genügend genau ist, werden wir im Anschluß an die nun folgende Darstellung der Testdurchführung erläutern.

Durchführung

Wie beim Binomialtest kennzeichnen wir mit N den Stichprobenumfang, mit x die Häufigkeit der schwächer besetzten Merkmalskategorie und mit π die gemäß H_0 behauptete Wahrscheinlichkeit für diese Kategorie. Der χ^2-Test operiert nun mit beobachteten und gemäß H_0 erwarteten Häufigkeiten. Für die beobachteten Häufigkeiten vereinbaren wir $b_1 = x$ (beobachtete Häufigkeit in der einen Kategorie) und $b_2 = N-x$ (beobachtete Häufigkeit in der anderen Kategorie).

Wir fragen nun, wie groß die Häufigkeiten in beiden Kategorien sein müßten, wenn die H_0 gelten würde. Diese erwarteten Häufigkeiten ergeben sich zu $e_1 = \pi \cdot N$ und $e_2 = (1-\pi) \cdot N$. Aus den beobachteten und erwarteten Häufigkeiten ermitteln wir über folgende Beziehung einen χ^2-Wert:

$$\chi^2 = \sum_{i=1}^{2} \frac{(b_i - e_i)^2}{e_i} = \frac{(b_1 - e_1)^2}{e_1} + \frac{(b_2 - e_2)^2}{e_2} \tag{2.5}$$

Betrachten wir die beiden Summanden in Gl. 2.5, stellen wir fest, daß der 2. Summand nicht mehr frei variieren kann, wenn der 1. Summand bekannt ist.

(Da N vorgegeben ist, resultieren $b_2=N-b_1$ und $e_2=N-e_1$). Diese Anzahl der frei variierbaren Summanden bestimmt bei den χ^2-Verfahren die Anzahl der sog. *Freiheitsgrade* (Fg). Der nach Gl. 2.5 ermittelte χ^2-Wert hat demnach einen Freiheitsgrad (Fg = 1).

Die Anzahl der Freiheitsgrade wird benötigt, um in Tafel B des Anhangs denjenigen χ^2_{crit}-Wert abzulesen, der vom empirischen χ^2-Wert erreicht oder überschritten werden muß, um die H_0 zugunsten von H_1 ablehnen zu können. Wir sagen: Die Abweichungen der empirischen Häufigkeitsverteilung von der gemäß H_0 erwarteten Verteilung sind auf der zuvor festgelegten α-Stufe signifikant, wenn $\chi^2_{\text{emp}} \geq \chi^2_{\text{crit}}$. Im Unterschied zum Binomialtest ist der χ^2-Test stets als zweiseitiger Test wirksam, indem er prüft, ob x überzufällig oft oder überzufällig selten aufgetreten ist. Will man wie beim Binomialtest einseitig auf Abweichung der beobachteten von den erwarteten Häufigkeiten prüfen, so vereinbart man $\chi^2_{2\alpha} = \chi^2_{\text{crit}}$ als Signifikanzschranke. (Dies gilt generell für alle χ^2-Verfahren mit Fg = 1. Für Fg > 1 können nur ungerichtete Hypothesen geprüft werden.)

Voraussetzungen. Wie eingangs bereits erwähnt, ist der χ^2-Test für Alternativdaten das asymptotische Pendant zum Binomialtest. Mit größer werdendem Stichprobenumfang stimmen die mit dem χ^2-Test ermittelten Überschreitungswahrscheinlichkeiten P (bzw. P′) zunehmend genauer mit den exakten Überschreitungswahrscheinlichkeiten überein. Für praktische Zwecke ist davon auszugehen, daß die Übereinstimmung hinreichend genau ist, wenn der Stichprobenumfang erwartete Häufigkeiten über 10 gewährleistet ($e_1>10$, $e_2>10$).

Kontinuitätskorrektur. Die χ^2-Verteilung ist eine stetige bzw. kontinuierliche Verteilung, während die beobachteten Häufigkeiten immer ganzzahlig sind, also eine diskrete Verteilung darstellen. Will man nun die diskrete Häufigkeitsverteilung mit der stetigen χ^2-Verteilung als Prüfverteilung in Übereinstimmung bringen, sind folgende Überlegungen anzustellen: Angenommen, wir haben $b_1 = 17$ und $b_2 = 14$ beobachtet und errechnen (für $\pi = 0,5$) $e_1 = e_2 = 15,5$. Für Gl. 2.5 würde somit in Kategorie 1 eine Differenz von $b_1 - e_1 = 17 - 15,5 = 1,5$ zu Buche schlagen. Betrachten wir jedoch $b_1 = 17$ als eine Maßzahl einer stetigen Skala, hätte der Wert 17 Intervallgrenzen von 16,5 und 17,5. Statt der Intervallmitte (17) wählen wir die untere Grenze des Intervalls (16,5), wodurch die Differenz zwischen beobachteter und erwarteter Häufigkeit verkleinert wird (16,5 – 15,5 = 1). Wenden wir diese Regel auch auf die 2. Kategorie an, wäre die erwartete Häufigkeit von $e_2 = 15,5$ nicht mit der beobachteten Häufigkeit $b_2 = 14$ zu vergleichen, sondern mit der oberen Intervallgrenze dieses Werts (14,5 – 15,5 = 1).

Allgemein errechnet man den χ^2-Wert mit *Kontinuitätskorrektur* (auch Stetigkeitskorrektur genannt) wie folgt

$$\chi^2_c = \sum_{i=1}^{2} \frac{(|b_i - e_i| - 0{,}5)^2}{e_i} \tag{2.6}$$

Die Kontinuitätskorrektur führt also zu einer geringfügigen Verkleinerung des nach Gl. 2.5 errechneten χ^2-Werts ($\chi^2 > \chi_c^2$). Dies bedeutet gleichzeitig, daß die Chance, die H_0 zu verwerfen, ein wenig sinkt. Wir bezeichnen derartige Entscheidungsstrategien, die eher H_0 als H_1 begünstigen, als eine *konservative* Entscheidungsstrategie. Tests mit konservativen Entscheidungen werden bei der statistischen Hypothesenprüfung zugelassen, nicht aber sog. antikonservative (oder *progressive*) Tests, die die H_1 (und das ist in den meisten Fällen die „Wunschhypothese") begünstigen.

Beispiel 2.2. Fehlgeburten bei Rhesus-negativen Müttern

Problem. In einer Frauenklinik wurde das Blutserum aller Frauen, bei denen es zu einer Fehlgeburt gekommen war, auf den Rhesusfaktor hin untersucht. Es ist bekannt, daß 1/6 aller Frauen diesen Faktor nicht besitzt und daß es dann, wenn das ungeborene Kind diesen Faktor vom Vater ererbt, bei der Mutter zur Bildung von Abwehrkörpern im Blutserum kommt, die beim Kind einen Blutkörperchenzerfall und damit sein Sterben einleiten können. Die Untersuchung soll feststellen, ob Rh-negative Mütter anteilsmäßig häufiger abortieren.

Nullhypothese. Frauen mit Fehlgeburten sind mit einer Wahrscheinlichkeit von $\pi = 1/6$ Rh-negativ (H_0: $\pi = 1/6$).

Alternativhypothese. Bei Frauen mit Fehlgeburten ist die Wahrscheinlichkeit für Rh-negativ gegenüber der Normalpopulation erhöht (H_1: $\pi > 1/6$; *gerichtete* Hypothese).

Signifikanzniveau. Da es sich bei der Rh-Wirkung um einen wissenschaftlich bereits anerkannten Tatbestand handelt, genügt uns ein $\alpha = 0,05$.

Beobachtungsergebnis. In 180 Fällen von Fehlgeburten fanden sich 44 Fälle mit negativem Rh-Faktor der Mutter.

Testwahl. Es liegen alternative Kategorien vor (Rh-negativ und Rh-positiv); der Anteil der beiden Kategorien in der Population ist bekannt, der Anteil in einer Stichprobe ist gefunden worden. Wir wenden deshalb den *Binomialtest* an. Da große Häufigkeitsziffern vorliegen, rechnen wir nach dem Näherungsverfahren der Gl. 2.5.

Testanwendung. Wir ermitteln $b_1 = 44$ bzw. $b_2 = 180 - 44 = 136$ und errechnen die gemäß H_0 erwarteten Häufigkeiten mit $e_1 = (1/6) \cdot 180 = 30$ bzw. $e_2 = (5/6) \cdot 180 = 150$. Eingesetzt in Gl. 2.5 ergibt sich

$$\chi^2 = \frac{(44 - 30)^2}{30} + \frac{(136 - 150)^2}{150} = 7,84$$

bzw. mit Kontinuitätskorrektur

$$\chi_c^2 = \frac{(|44 - 30| - 0,5)^2}{30} + \frac{(|136 - 150| - 0,5)^2}{150} = 7,29$$

Entscheidung. Tafel B des Anhangs entnehmen wir für $\alpha = 0,05$, Fg = 1 und einseitiger Fragestellung $\chi_{crit}^2 = 2,71$. Da der empirische χ^2-Wert größer ist als der kritische (7,84 > 2,71), verwerfen wir die H_0 zugunsten von H_1. Dies gilt auch für den kontinuitätskorrigierten Test (7,29 > 2,71).

Interpretation. Das Fehlen des Rh-Faktors bei werdenden Müttern fördert die Neigung zu Fehlgeburten.

2.2
Eine Stichprobe von Kategorialdaten

In Abschn. 2.1 haben wir überprüft, ob eine beobachtete Verteilung von Alternativdaten statistisch bedeutsam von einer gemäß H_0 erwarteten Verteilung abweicht. Jetzt erweitern wir diesen Ansatz auf Merkmale mit drei oder mehr Kategorien und fragen erneut, ob die in einer Stichprobe beobachteten Besetzungszahlen signifikant von einer Häufigkeitsverteilung abweichen, die wir gemäß der Nullhypothese erwarten würden. Auch hier muß gewährleistet sein, daß die Kategorien einander ausschließen (Exklusivitätspostulat), daß aber ein jedes der N Individuen einer, und nur einer Kategorie zugeordnet wird (Exhaustivitätspostulat).

Im folgenden werden wir als exakten Test für diese Fragestellung den *Multinomialtest* (auch *Polynomialtest* genannt) kennenlernen (Abschn. 2.2.1). Bei größeren Stichproben kann dieser Test durch sein asymptotisches Pendant, den Mehrfelder-Chi-Quadrat-Test, ersetzt werden (Abschn. 2.2.2). Da man mit dem Mehrfelder-Chi-Quadrat-Test feststellen kann, wie gut sich eine beobachtete Verteilung an eine theoretisch vorgegebene Verteilung anpaßt, wird dieser Test auch „*Goodness-of-Fit*"-Test genannt.

Wichtig ist an dieser Stelle der Hinweis, daß mit diesen Verfahren nicht nur die Besetzungszahlen von Kategorien eines nominalskalierten Merkmals geprüft werden können, sondern auch die Häufigkeiten der Kategorien eines gruppiert-ordinalen Merkmals bzw. der Kategorien eines intervallskalierten Merkmals. Dies werden wir uns im Abschn. 2.2.2 zunutze machen, wenn es darum geht zu überprüfen, ob ein intervallskaliertes Merkmal normalverteilt ist.

2.2.1
Der Multinomialtest

Zielsetzung

Man hat eine kleine Stichprobe von N Individuen (Patienten = Ptn) unter-sucht und jedes Individuum (Pt) einer Kategorie (z. B. Diagnose) zuge-ordnet. Die Nullhypothese gibt vor, mit welcher Wahrscheinlichkeit ein Individuum in eine bestimmte Kategorie fallen würde. Es soll nun geprüft werden, mit welcher Punktwahrscheinlichkeit die beobachtete Verteilung zustande kommt, wenn die H_0 gilt. Diese Punktwahrscheinlichkeit sowie die Punktwahrscheinlichkeiten aller noch deutlicher von H_0 abweichenden Verteilungen ergeben zusammengenommen die Überschreitungswahr-scheinlichkeit, die wie üblich mit dem Signifikanzniveau a verglichen wird.

Durchführung

Bezeichnen wir die Populationsanteile, die gemäß H_O auf die k Kategorien entfallen, mit $\pi_1, \pi_2, \ldots, \pi_k$, so sind die beobachteten Häufigkeiten bei Gül-tigkeit von H_0 multinomial verteilt. Danach beträgt die Wahrscheinlichkeit p_0^*, daß unter N als Zufallsstichprobe erhobenen Individuen genau x_1 in die Kategorie 1, x_2 in die Kategorie 2, $\ldots$ und x_k in die Kategorie k fallen, nach kombinatorischen Überlegungen

$$p_0^* = \frac{N!}{x_1! \cdot x_2! \cdot \ldots \cdot x_k!} \cdot \pi_1^{x_1} \cdot \pi_2^{x_2} \cdot \ldots \cdot \pi_k^{x_k} \tag{2.7}$$

Die vorstehende Gleichung gibt jedoch wie im Binomialfall die Gl. 2.1 nur die Punktwahrscheinlichkeit an, daß man bei einer vorgegebenen theoreti-schen Verteilung eben die beobachtete (und keine andere) Verteilung als Stichprobe erhält.

Um zu der für die Anpassungsprüfung allein relevanten Überschrei-tungswahrscheinlichkeit zu gelangen, müssen wir nach Gl. 2.7 die Punkt-wahrscheinlichkeiten aller extremeren oder gleich extremen Beobachtungs-möglichkeiten berechnen – wir bezeichnen sie mit p_i^* und deren Anzahl mit a – und über diese summieren.

$$P' = \sum_{i=0}^{a} p_i^* \tag{2.8}$$

Eine extremere oder gleich extreme Verteilung liegt dann vor, wenn Gl. 2.7 ein $p_i \leq p_0^*$ liefert. Der Multinomialtest prüft analog zum χ^2-Anpassungstest stets eine *ungerichtete* Hypothese, da alle Abweichungen von der Erwartung, gleich welcher Größe und Richtung, bewertet werden, sofern sie nur ebenso selten oder seltener als die beobachtete Abweichung per Zufall eintreten.

Leider gibt es kein Rationale, nachdem man vorweg ermitteln könnte, welche der möglichen, d. h. beobachtbaren Verteilungen als extremer oder gleich extrem zu gelten haben. Deshalb empfiehlt es sich, alle „nach dem Augenschein verdächtigen" Frequenzanordnungen nach Gl. 2.7 auszuwerten, sofern man nicht – was sehr zeitraubend ist – alle überhaupt möglichen Anordnungen auf die Zufallswahrscheinlichkeit p_i ihres Auftretens hin untersucht (Kontrolle: Die Summe aller p_i-Werte muß 1 ergeben).

Aus dem Gesagten geht bereits hervor, daß der Multinomialtest praktisch nur auf kleine, ja kleinste Stichproben von Kategorialdaten angewendet werden kann. Aber gerade hier ist er von besonderem Wert, da bei solch kleinen Stichproben der in Abschn. 2.2.2 zu besprechende Mehrfelder-Chi-Quadrat-Test versagt.

Wie nützlich dieser Test zur „Frühentdeckung" außerzufälliger Einflußgrößen sein kann, soll das folgende Beispiel zeigen.

Beispiel 2.3. Skelettanomalien bei Neugeborenen

Problem. Unter den Skelettanomalien bei Neugeborenen und Kleinkindern finden sich in der überwiegenden Mehrzahl der Fälle Fehlbildungen des Beckens (in erster Linie Hüftgelenkluxationen); erst mit Abstand folgen Mißbildungen des übrigen Skeletts und der Extremitäten. Angenommen, eine diesbezügliche Statistik hätte $\pi_1 = 0{,}7$ Beckenfehlbildungen, $\pi_2 = 0{,}2$ Extremitätenfehlbildungen und $\pi_3 = 0{,}1$ sonstige Fehlbildungen des Skeletts ergeben, und in einer Stichprobe von $N = 3$ einschlägigen Behandlungsfällen hätte man folgende Zahlen für Skelettanomalien ermittelt: $x_1 = 0$; $x_2 = 3$ und $x_3 = 0$. Kann man davon ausgehen, daß diese Verteilung nur zufällig von der laut Statistik zu erwartenden Verteilung (mit $e_1 = 0{,}7 \cdot 3 = 2{,}1$, $e_2 = 0{,}2 \cdot 3 = 0{,}6$ und $e_3 = 0{,}1 \cdot 3 = 0{,}3$) abweicht?

Nullhypothese. Das Beobachtungsergebnis ist mit der theoretischen Erwartung zu vereinbaren.

Alternativhypothese. Die untersuchte Stichprobe gehört nicht zu der in der Statistik erfaßten Population (*ungerichtete* Alternativhypothese).

Signifikanzniveau. Da die Konsequenzen einer fälschlichen Annahme von H_1 für nicht sehr gravierend gehalten werden, setzen wir $\alpha = 0{,}05$.

Testwahl. Da die Verteilung eines k-stufigen Merkmals mit einer theoretischen Verteilung zu vergleichen ist, wählen wir wegen des kleinen Stichprobenumfangs den *Multinomialtest*.

Testanwendung. Wir berechnen zunächst die Zufallswahrscheinlichkeit der vorliegenden Verteilung unter der Annahme, daß H_0 gilt:

$$p_0^* = \frac{3!}{(0!) \cdot (3!) \cdot (0!)} \cdot (0{,}7)^0 \cdot (0{,}2)^3 \cdot (0{,}1)^0 = 0{,}008$$

Es gibt in diesem Fall offensichtlich keine extremere Verteilung, sondern nur 2 gleich extrem erscheinende, nämlich $x_1 = 3$, $x_2 = 0$, $x_3 = 0$ und $x_1 = 0$, $x_2 = 0$, $x_3 = 3$; deren Zufallswahrscheinlichkeiten bestimmen wir in analoger Weise:

$$\frac{3!}{(3!) \cdot (0!) \cdot (0!)} \cdot (0{,}7)^3 \cdot (0{,}2)^0 \cdot (0{,}1)^0 = 0{,}343$$

$$\frac{3!}{(0!) \cdot (0!) \cdot (3!)} \cdot (0{,}7)^0 \cdot (0{,}2)^0 \cdot (0{,}1)^3 = 0{,}001 = p_1^*$$

Wie wir sehen, ist nach unserer Definition der 1. Fall (mit $x_1 = 3$) nicht extremer oder gleich extrem, da seine Zufallswahrscheinlichkeit mit 0,343 höher liegt als die des Beobachtungsfalls. Der 2. Fall (mit $x_3 = 3$) dagegen zählt als extremer, da sein p-Wert kleiner ist als 0,008; deswegen haben wir ihn definitionsgemäß mit einem Stern versehen.

Wir müssen nur noch untersuchen, ob zusätzlich eine augenscheinlich „verdächtige" Verteilung, z. B. $x_1 = 0$, $x_2 = 2$, $x_3 = 1$ oder $x_1 = 0$, $x_2 = 1$, $x_3 = 2$ $p \leq p_0^*$ ergibt:

$$\frac{3!}{(0!) \cdot (2!) \cdot (1!)} \cdot (0{,}7)^0 \cdot (0{,}2)^2 \cdot (0{,}1)^1 = 0{,}012$$

$$\frac{3!}{(0!) \cdot (1!) \cdot (2!)} \cdot (0{,}7)^0 \cdot (0{,}2)^1 \cdot (0{,}1)^2 = 0{,}006 = p_2^*$$

Mit p_1^* und p_2^* haben wir, wie man leicht nachrechnen kann, alle gleich- und weniger wahrscheinlichen Fälle numerisch erfaßt, so daß wir in Gl. 2.8 einsetzen können:

$$P' = 0{,}008 + 0{,}001 + 0{,}006 = 0{,}015$$

Entscheidung. Da $P' < \alpha$ ist, wird die H_0 verworfen. Die beobachtete Verteilung weicht von der unter H_0 erwarteten Verteilung ab.

Interpretation. Es sieht so aus, als ob sich Extremitätenmißbildungen häuften, was zu einer Erforschung der Bedingungsfaktoren dieser Häufung veranlaßt haben sollte; das Ergebnis hätte sich als Frühhinweis auf die später erkannte Conterganwirkung zu Dysmelien deuten lassen.

Anmerkungen. Das instruktive Anwendungsbeispiel ist in vieler Hinsicht nicht optimal: Weder können die Patienten als populationsrepräsentativ angesehen werden, noch ist wegen der Ähnlichkeit der Mißbildungen die Gewähr für deren Unabhängigkeit (evtl. Erbkrankheiten) gegeben. Die gewählten Kategorien wiederum sind zwar erschöpfend (durch die Hinzunahme einer Kategorie „Sonstige"), schließen sich jedoch wechselseitig nicht vollkommen aus, da ein Kind gleichzeitig 2 Fehlbildungstypen aufweisen kann (wie Hüftgelenkluxation und Klumpfuß). Alle diese Voraussetzungen müßten eigentlich erfüllt sein, wenn der Multinomialtest gültig sein sollte.

Hinweis

Der Multinomialtest kann auch für längsschnittlich anfallende Daten eingesetzt werden, wie z. B. bei der Vorsorgehaltung teurer Arzneimittel, Seren oder Blutersatzstoffe. Blutkonserven werden entsprechend der Blutgruppenverteilung in Mitteleuropa wie folgt bereitgehalten: $\pi = 0,43$ für Gruppe 0, $\pi = 0,46$ für Gruppe A, aber nur $\pi = 0,07$ für Gruppe B und $\pi = 0,04$ für Gruppe AB. In einem Notlazarett in Bosnien wurden aber die ersten $N = 10$ Blutverlustpatienten im Verhältnis $4 : 2 : 1 : 3$ versorgt, wobei AB mit $x_{AB} = 3$ gegenüber $\pi = 0,04$ öfter als erwartet benötigt wurde. Sollten Blutkonserven der AB-Gruppe nachbestellt werden (H_1) oder soll damit noch zugewartet werden (H_0)? Ein Multinomialtest kann die Entscheidung früh (schon bei kleinem Stichprobenumfang) herbeiführen.

2.2.2
Der Mehrfelder-Chi-Quadrat-Test (Goodness-of-Fit-Test)

Zielsetzung

Die Zielsetzung des Mehrfelder-Chi-Quadrat-Tests entspricht der Zielsetzung des Multinomialtests: Man hat N Individuen auf k Kategorien verteilt (jedes Individuum darf nur einer Kategorie zugeordnet werden!) und will nun überprüfen, ob die so resultierende Verteilung statistisch bedeutsam von einer gemäß H_0 erwarteten Verteilung abweicht. Ist der Stichprobenumfang genügend groß (s. unten), kann zur Überprüfung dieser Fragestellung statt des exakten Multinomialtests der Mehrfelder-Chi-Quadrat-Test als sog. asymptotischer (dem exakten Test angenäherter) Test eingesetzt werden.

Durchführung

Man hat für jede der k Kategorien die beobachtete Häufigkeit b_i ausgezählt. Wie beim Zweifelder-Chi-Quadrat-Test werden auch hier erwartete Häufigkeiten e_i benötigt, die man nach der Beziehung $e_i = N \cdot \pi_i$ errechnet. Die π_i-Werte repräsentieren die Wahrscheinlichkeiten der Kategorien gemäß der Nullhypothese. Sind die π_i-Werte für alle Kategorien identisch (Test auf Gleichverteilung), ergibt sich für jede Kategorie $e_i = N/k$.

Um zu einem χ^2-Wert zu gelangen, verallgemeinern wir Gl. 2.5 für k Kategorien:

$$\chi^2 = \sum_{i=1}^{k} \frac{(b_i - e_i)^2}{e_i} \tag{2.9}$$

Dasselbe Ergebnis erhalten wir nach folgender Gleichung:

$$\chi^2 = \left(\sum_{i=1}^{k} \frac{b_i^2}{e_i} \right) - N \tag{2.10}$$

Da bei vorgegebenem N nur k–1 Summanden frei variieren können (die Summe aller b_i- bzw. e_i-Werte muß N ergeben), hat der χ^2-Wert k–1 Freiheitsgrade (Fg = k–1).

Die nach den Gl. 2.9 bzw. 2.10 ermittelte Prüfgröße ist bei Gültigkeit von H_0 nur bei größeren Stichproben asymptotisch χ^2-verteilt. Für praktische Zwecke ist es ausreichend, wenn die erwarteten Häufigkeiten für mindestens 80% aller Felder größer als 5 sind ($e_i > 5$) und für die restlichen 20% größer als 1 sind.

Die Alternativhypothese, die dieser Test prüft, ist grundsätzlich *ungerichtet*. (Ein Test auf gerichteten Trend der Häufigkeiten eines gruppiert ordinalen Merkmals wird in Abschn. 8.3.3, S. 323 ff. beschrieben). Wir lesen deshalb in Tafel B den kritischen χ^2-Wert für den zweiseitigen Test ab (mit Fg = k–1 und a). Die H_0 ist zu verwerfen, wenn der kritische χ^2-Wert kleiner ist als der empirische χ^2-Wert ($\chi^2_{emp} > \chi^2_{crit}$).

Beispiel 2.4. Analyse einer regionalen Krankheitsstatistik

Problem. In einer Vorsorgestudie der AOK werden in Stuttgart unter Ausschluß von Krebsverdachtsfällen k = 3 Diagnosegruppen an N = 265 Patienten erhoben und zwar

1. endokrine Störungen mit $b_1 = 74$ Patienten,
2. Nerven- und psychische Störungen mit $b_2 = 36$ Patienten und
3. Kreislauferkrankungen mit $b_3 = 155$ Patienten.

Nach der AOK-Regionalstatistik sind die 3 Diagnosen mit $\pi_1 = 0{,}25$, $\pi_2 = 0{,}12$ und $\pi_3 = 0{,}63$ anteilmäßig aufgetreten. Es wird gefragt, ob die

Stuttgarter Population bzw. deren Stichprobe von der Regionalpopulation abweicht (Beispiel nach Walter, 1975).

Nullhypothese. Die 3 Diagnosegruppen sind in der Stuttgarter Population anteilsmäßig mit $\pi_1 = 0{,}25$; $\pi_2 = 0{,}12$ und $\pi_3 = 0{,}63$ verteilt.

Alternativhypothese. Die in Stuttgart angetroffene Verteilung weicht von der Regionalverteilung ab. Die Art der Abweichung der beobachteten Häufigkeiten von den erwarteten Häufigkeiten wird nicht berücksichtigt, d. h. die H_1 ist *ungerichtet*.

Signifikanzniveau. Wir vereinbaren $\alpha = 0{,}05$.

Testwahl. Da beobachtete Häufigkeiten eines 3fach gestuften Merkmals (3 Diagnosegruppen) mit erwarteten Häufigkeiten zu vergleichen sind, und zudem eine größere Stichprobe untersucht wurde, wählen wir als Auswertungsverfahren den *Mehrfelder-Chi-Quadrat-Test*.

Testanwendung. Als beobachtete Häufigkeiten wurden ermittelt: $b_1 = 74$; $b_2 = 36$ und $b_3 = 155$.
  Als erwartete Häufigkeiten errechnen wir $e_1 = 0{,}25 \cdot 265 = 66{,}25$; $e_2 = 0{,}12 \cdot 265 = 31{,}80$; $e_3 = 0{,}63 \cdot 265 = 166{,}95$.
  Nach Gl. 2.9 ergibt sich

$$\chi^2 = \frac{(74 - 66{,}25)^2}{66{,}25} + \frac{(36 - 31{,}80)^2}{31{,}80} + \frac{(155 - 166{,}95)^2}{166{,}95} = 2{,}32$$

Man ermittelt diesen Wert auch über Gl. 2.10:

$$\chi^2 = \left(\frac{74^2}{66{,}25} + \frac{36^2}{31{,}80} + \frac{155^2}{166{,}95} \right) - 265 = 2{,}32$$

Entscheidung. In Tafel B des Anhangs finden wir für Fg = 2, $\alpha = 0{,}05$ und zweiseitigem Test einen Grenzwert von $\chi^2 = 5{,}99$. Der erhaltene χ^2-Wert erlaubt also die Beibehaltung von H_0.

Interpretation. Es kann nicht davon ausgegangen werden, daß die im Stuttgarter Raum angetroffene Verteilung der Diagnosegruppen bedeutsam von der Regionalstatistik abweicht.

Prüfung auf Normalverteilung

> Eine Normalverteilung ist durch den Mittelwertparameter μ und den Streuungsparameter σ festgelegt (vgl. S. 34). Da μ und σ intervallskalierte Daten voraussetzen, kann der Test auf Normalverteilung nur bei einem intervallskalierten Merkmal durchgeführt werden.

Hierbei geht man wie folgt vor:

Man unterteilt das Merkmal in k gleich große Kategorien und zählt aus, wie viele Individuen einer Stichprobe des Umfangs N auf die einzelnen Kategorien entfallen. Dies sind die beobachteten Häufigkeiten b_i. Für die Bestimmung der Anzahl der Kategorien hat sich die Faustregel $k \approx \sqrt{N}$ bewährt.

Als nächstes sind die gemäß H_0 bzw. nach dem Normalverteilungsmodell erwarteten Häufigkeiten zu bestimmen. Wir errechnen aus den Stichprobendaten $\bar{x}$ und s als Schätzwerte für μ und σ, um sodann die Kategoriengrenzen KG_j in u-Werte der Standardnormalverteilung zu überführen.

$$u\,(KG_j) = \frac{KG_j - \bar{x}}{s} \tag{2.11}$$

Da die theoretische Normalverteilung beidseitig unbegrenzt ist, setzen wir die untere Grenze der untersten Kategorie $-\infty$ und die obere Grenze der obersten Kategorie $+\infty$. Anhand Tafel A des Anhangs können wir nun feststellen, welche Flächenanteile der Standardnormalverteilung auf die einzelnen Kategorien entfallen. Hierfür wird pro Kategorie der für den kleineren u-Wert (untere Kategoriengrenze) tabellierte Flächenanteil vom Flächenanteil des größeren u-Werts (obere Kategoriengrenze) abgezogen. In Abb. 2.1 ist das Vorgehen für eine Kategorie mit den Grenzen $u = -1$ und $u = 0$ verdeutlicht.

Tafel A entnehmen wir als Flächenanteil zwischen $u = 1$ und $u = +\infty$ den Wert 0,16. Wegen der Symmetrie der Verteilung ist dies auch der Flächenanteil zwischen $u = -\infty$ und $u = -1$ (vgl. Abb. 2.1 a). Zwischen $u = -\infty$ und $u = 0$ befindet sich ein Flächenanteil von 0,5 (Abb. 2.1 b). Damit befindet sich zwischen $u = -1$ und $u = 0$ eine Fläche von $0,5 - 0,16 = 0,34$ (Abb. 2.1 c).

Die resultierenden Teilflächen sind die π_i-Werte bzw. die Wahrscheinlichkeiten, mit denen ein Individuum in Kategorie i fallen würde, falls das Merkmal normalverteilt wäre. Sie addieren sich zu 1.

Zu den erwarteten Häufigkeiten kommen wir, wenn wir – wie üblich – die π_i-Werte mit N multiplizieren: $e_i = \pi_i \cdot N$.

Damit sind die b_i- und die e_i-Werte bekannt, und wir können in Gl. 2.9 bzw. 2.10 einsetzen. Da wir bei der Bestimmung der erwarteten Häufigkeiten $\bar{x}$, s und N der beobachteten Verteilung „benutzt" haben ($\bar{x}$ und s als Schätzwerte der Populationsparameter μ und σ), sind nur k–3 Summanden in Gl. 2.9 frei variierbar, d. h. der χ^2-Wert hat k–3 Freiheitsgrade.

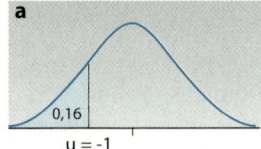 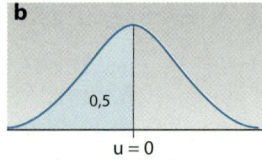 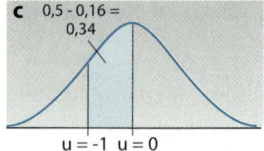

Abb. 2.1. Bestimmung von Flächenanteilen der Standardnormalverteilung

Auch bei diesem Test ist darauf zu achten, daß die erwarteten Häufigkeiten genügend groß sind. Die oben genannte Faustregel (mindestens 80% aller e_i-Werte > 5) gilt auch hier als Orientierung. Falls diese Regel verletzt ist, können benachbarte Kategorien zusammengefaßt werden, so daß statt k eine reduzierte Anzahl von k' Kategorien resultiert. Allerdings muß $k' > 3$ sein, weil der Test sonst (wegen $Fg = k'-3 \leq 0$) nicht durchführbar ist.

Beispiel 2.5. Lösungszeiten für ein Puzzle bei Hirnorganikern

Problem. Eine Stichprobe von N = 90 Patienten mit hirnorganischen Schäden wird hinsichtlich der Fähigkeit untersucht, aus einzelnen Teilstücken eine vorgegebene Figur zusammenzusetzen (Puzzle-Test). Es soll überprüft werden, ob die Bearbeitungszeiten normalverteilt sind.

Nullhypothese. Die Bearbeitungszeiten sind normalverteilt.

Alternativhypothese. Die Bearbeitungszeiten sind nicht normalverteilt (*ungerichtete* Alternativhypothese).

Signifikanzniveau. Als Signifikanzniveau wird $\alpha = 0,05$ festgelegt.

Testwahl. Da für eine größere Stichprobe überprüft werden soll, ob ein intervallskaliertes Merkmal normalverteilt ist, kommt der Goodness-of-Fit-Test auf Normalverteilung zur Anwendung.

Testanwendung. Zur Bestimmung der beobachteten Häufigkeiten werden die Bearbeitungszeiten zunächst in Kategorien eingeteilt. Wir wählen k = 9 Kategorien ($\sqrt{90} = 9,49$), die in der 1. Spalte der Tabelle 2.1 aufgeführt sind. Die Zuordnung der 90 Patienten zu diesen Kategorien führt zu den in Spalte 2 genannten beobachteten Häufigkeiten.

Die 90 Bearbeitungszeiten haben einen Mittelwert von $\bar{x} = 106,78$ und eine Standardabweichung von s = 21,48 Sekunden. Mit Hilfe dieser Werte bestimmen wir über Gl. 2.11 die u-Werte für die Kategoriengrenzen. Für die untere Grenze der untersten Kategorie setzen wir $-\infty$ ein. Die obere Grenze dieser Kategorie ergibt sich zu $(69,9-106,78)/21,48 = -1,71$. Dementsprechend wurden alle Werte der 3. Spalte bestimmt.

Nun sind über Tafel A des Anhangs die auf die einzelnen Kategorien entfallenden Flächenanteile der Standardnormalverteilung zu ermitteln. Die 1. Kategorie erstreckt sich von $-\infty$ bis $-1{,}71$. Hierfür entnehmen wir Tafel A eine Fläche von 0,044. Die zweite Kategorie hat die Grenzen $-1{,}71$ und $-1{,}25$. Zwischen $-\infty$ und $-1{,}25$ befindet sich ein Flächenanteil von 0,106 und zwischen $-\infty$ und $-1{,}71$ der bereits bekannte Flächenanteil von 0,044. Damit befindet sich zwischen $-1{,}71$ und $-1{,}25$ ein Flächenanteil von $0{,}106-0{,}044=0{,}062$. Auf diese Weise ergeben sich die in Spalte 4 genannten Werte, die sich – bis auf Rundungsungenauigkeiten – zu 1 addieren.

Die in Spalte 5 aufgeführten erwarteten Häufigkeiten erhält man einfach durch Multiplikation der Flächenanteile mit $N=90$ (z. B. $0{,}044 \cdot 90 = 3{,}96$). Diese Werte addieren sich – gerundet – zu $N=90$.

Die letzte Spalte von Tabelle 2.1 enthält die für jede Kategorie nach Gl. 2.9 errechnete χ^2-Komponente, die addiert den Gesamt-χ^2-Wert von 2,77 ergeben. Hierbei wurden die 1. und die 2. Kategorie zu einer Kategorie zusammengefaßt, da die erwartete Häufigkeit in der 1. Kategorie unter 5 liegt ($e_1=3{,}96$). Für die zusammengefaßte 1. Kategorie errechnet man folgende χ^2-Komponente: $(13-9{,}54)^2/9{,}54=1{,}25$. Die reduzierte Kategorienanzahl beträgt nunmehr $k'=8$. (Da nur eine Kategorie bzw. 11% aller Kategorien die Voraussetzung $e>5$ nicht erfüllt, ist diese Maßnahme nicht unbedingt erforderlich. Sie dient hier v. a. zu Demonstrationszwecken).

Entscheidung. Der ermittelte χ^2-Wert hat $k'-3=8-3=5$ Freiheitsgrade. Tafel B entnehmen wir für $\alpha=0{,}05$ einen kritischen Wert von $\chi^2=11{,}07$. Da der empirische χ^2-Wert (2,77) kleiner als der kritische ist, wird die H_0 beibehalten.

Interpretation. Die Normalverteilungshypothese kann nicht verworfen werden, obschon Bearbeitungszeiten in aller Regel eher lognormal (linksgipflig) als normalverteilt sind.

Die H_0 als „Wunschhypothese"

Gelegentlich ist man daran interessiert, die H_0 als „Wunschhypothese" beizubehalten. Dies ist beispielsweise der Fall, wenn man davon ausgehen möchte, daß ein Merkmal normalverteilt ist, um z. B. parametrisch auswerten zu können. Hier wäre also eigentlich das Risiko, einen *Fehler vom Typus II* zu begehen, möglichst klein zu halten (niedrige Wahrscheinlichkeit, die H_0 fälschlicherweise anzunehmen bzw. niedrige *β-Fehlerwahrscheinlichkeit*).

Eine niedrige *β*-Fehlerwahrscheinlichkeit kann man indirekt sicherstellen, indem man ein möglichst hohes „Signifikanzniveau" wählt, denn durch diese Maßnahme erleichtert man Entscheidungen zugunsten der Alternativhypothese, was gleichzeitig bedeutet, daß die Nullhypothese (also die „Wunschhypothese") seltener zu Unrecht beibehalten wird.

Tabelle 2.1. Durchführung des „Goodness-of-Fit"-Tests auf Normalverteilung

Kategorien	Beobachtete Häufigkeiten	u-Werte der Kategorien- grenzen	Flächen- anteile	Erwartete Häufigkeiten	χ^2-Komponenten $(b_i - e_i)^2/e_i$
60–69,9	5 } 13	$-\infty$ bis $-1{,}71$	0,044	3,96 } 9,54	1,25
70–79,9	8	$-1{,}71$ bis $-1{,}25$	0,062	5,58	
80–89,9	7	$-1{,}25$ bis $-0{,}78$	0,111	9,99	0,89
90–99,9	12	$-0{,}78$ bis $-0{,}32$	0,157	14,13	0,32
100–109,9	17	$-0{,}32$ bis $0{,}15$	0,181	16,29	0,03
110–119,9	15	$0{,}15$ bis $0{,}62$	0,173	15,57	0,02
120–129,9	13	$0{,}62$ bis $1{,}08$	0,128	11,52	0,19
130–139,9	7	$1{,}08$ bis $1{,}55$	0,080	7,20	0,01
140–149,9	6	$1{,}55$ bis $+\infty$	0,061	5,49	0,05
	90		$\approx 1{,}0$	≈ 90	$\chi^2 = 2{,}77$

Kleine χ^2-Werte bzw. χ^2-Werte mit einer hohen Überschreitungswahrscheinlichkeit (P') sprechen also für die Beibehaltung der H_0 bzw. für eine gute Anpassung der empirischen Verteilung an die gemäß H_0 postulierte Verteilung. Wie gut die Anpassung ist, läßt sich anhand der folgenden Richtlinien abschätzen:

Richtlinien zur Abschätzung der Güte der Anpassung

- Gute Anpassung: P' > 0,5
- Mäßige Anpassung: $0{,}5 \geq$ P' > 0,2
- Schwache Anpassung: $0{,}2 \geq$ P' > 0,05
- Unzureichende Anpassung: P' $\leq 0{,}05$

Bezogen auf unser Beispiel stellen wir über Tafel B fest, daß der empirische χ^2-Wert sogar noch kleiner ist als der kritische χ^2-Wert für $\alpha = 0{,}5$ (2,77 < 4,35), d. h. die Überschreitungswahrscheinlichkeit P' ist in unserem Beispiel größer als 0,5. Die Anpassung der empirischen Verteilung an die Normalverteilung ist also als „gut" zu bezeichnen.

Bei diesen Richtlinien sollte man jedoch bedenken, daß es mit wachsendem Stichprobenumfang zunehmend schwieriger wird, eine gute oder auch nur eine mäßige Anpassung zu erzielen.

Anmerkungen. Der Goodness-of-Fit-Test versagt bei kleinen Stichproben bzw. bei zu vielen Kategorien mit zu kleinen erwarteten Häufigkeiten. In diesem Falle wird empfohlen, den in den Abschnitten 4.2.1 und 4.2.2 behandelten *Kolmogoroff-Smirnov-Anpassungstest* (kurz: KSA-Test oder KSA-Test mit *Lil-*

liefors-Schranken) einzusetzen. Für kleine Stichproben geeignet ist ebenfalls der sog. Nullklassentest (vgl. Bortz, Lienert & Boehnke, 1990, Abschn. 5.1.4).

Wichtig ist auch eine „visuelle" Überprüfung der Verteilungsform. Zu bezweifeln ist, daß eine Population normalverteilt sei, wenn die Stichproben augenscheinlich asymmetrisch (meist mit langem Auslauf nach rechts und einem Gipfel nahe 0) oder symmetrisch, aber mit weit auslaufenden Ästen (hyperexzessiv) verteilt sind. *Linksgipflig* (rechtsschief) verteilt sind in der Regel:

- Zeitmeßwerte (wie Klinikaufenthaltsdauer),
- dosisabhängige Wirkungsindikatoren,
- viele Laborwerte mit 0 als unterer Grenze sowie
- Stichprobenwerte aus Mischpopulationen (wie Hyper- und Normotoniker).

Rechtsgipflig (linksschief) verteilt sind oft Testwerte von Neurose- und Psychomatosefragebogen bei einschlägig diagnostizierten Patienten.

2.3
Der Vergleich zweier unabhängiger Stichproben bezüglich eines zweifach gestuften Merkmals

Im letzten Abschnitt ging es um die Analyse eines kategorialen Merkmals, das an einer Stichprobe erhoben wurde. Wir fragten nach der Anpassung der beobachteten Häufigkeitsverteilung an eine gemäß H_0 erwartete Verteilung.

Im folgenden geht es um das in der Forschungspraxis weitaus häufiger auftauchende Problem, ob sich 2 Stichproben bezüglich eines kategorialen Merkmals unterscheiden, wobei zunächst nur 2fach gestufte Merkmale betrachtet werden, wie Eintritt oder Ausbleiben einer Behandlungswirkung.

Die Daten, die für die folgenden Auswertungsverfahren geeignet sind, können auf unterschiedliche Weise entstanden sein:

- Man erhebt ein alternatives Merkmal (z. B. Behandlungserfolg: Ja oder Nein) an Zufallsstichproben, die aus 2 Populationen (wie Männer und Frauen ab 60 Jahren) gezogen wurden.
- Man bildet aus einer Stichprobe per Zufallsaufteilung (Randomisierung) 2 Gruppen (z. B. eine zu behandelnde Experimentalgruppe und eine nicht zu behandelnde Kontrollgruppe) und zählt nach erfolgter Behandlung wiederum für jede Gruppe aus, wie sich die Individuen auf die beiden Kategorien der geprüften Alternative (z. B. Zustand gebessert oder nicht gebessert) verteilen.
- Man zieht eine Zufallsstichprobe aus einer Population und klassifiziert die N Individuen dieser Stichprobe nicht nur nach einem Merkmal, sondern nach 2 Merkmalen, und zählt aus, wie häufig die 4 resultierenden Merkmalskombinationen besetzt sind (wie Prognose und Diagnose einer Erkrankung).

Die 1. Vorgehensweise *(quasiexperimenteller Ansatz)* hat gegenüber der 2. Vorgehensweise *(experimenteller Ansatz)* eine geringere *interne Validität* (vgl. z. B. Bortz & Döring, 1995, Kap. 2.3). Beim 3. Ansatz kann es sich als nachteilig erweisen, daß man keinen Einfluß auf die Größe der durch die Alternativmerkmale gebildeten Stichproben hat.

Für die Auswertung von Daten dieser Art behandeln wir im folgenden den exakten Fisher-Yates-Test für kleine Stichproben (Abschn. 2.3.1) und den asymptotischen Vierfelder-Chi-Quadrat-Test für größere Stichproben (Abschn. 2.3.2). In Abschn. 5.1.2 werden wir weitere Auswertungs- bzw. Interpretationsvarianten für Daten dieser Art kennenlernen.

2.3.1
Der Fisher-Yates-Test

Zielsetzung

Wir haben in 2 Stichproben ein alternatives Merkmal erhoben, dessen Kategorien wir vereinfachend mit + (z. B. Behandlungserfolg) und mit – (z. B. kein Behandlungserfolg) bezeichnen. Es soll nun überprüft werden, ob sich der +-Anteil in der einen Stichprobe vom +-Anteil in der anderen Stichprobe unterscheidet. Die Nullhypothese formulieren wir mit H_0: $\pi_{1(+)} = \pi_{2(+)}$(bzw. $\pi_{1(-)} = \pi_{2(-)}$), wenn die Alternativhypothese ungerichtet ist ($\pi_{1(+)} \neq \pi_{2(+)}$). Bei gerichteter H_1 (z. B. $\pi_{1(+)} > \pi_{2(+)}$) lautet die H_0: $\pi_{1(+)} \leq \pi_{2(+)}$. $\pi_{1(+)}$ und $\pi_{2(+)}$ bezeichnen hierbei die Wahrscheinlichkeiten für Behandlungserfolge in der 1. und der 2. Population, denen die Stichproben entnommen wurden.

Werden 2 alternative Merkmale an einer Stichprobe untersucht, ist es sachlogisch naheliegender, nach dem Zusammenhang beider Merkmale zu fragen (z. B. gibt es zwischen den Symptomen A und B einen Zusammenhang?). Hier würde man mit der Nullhypothese keinen Zusammenhang und mit der Alternativhypothese einen gerichteten oder ungerichteten Zusammenhang behaupten. Natürlich kann man auch hier die Nullhypothese als Unterschiedshypothese formulieren: Individuen, die das Symptom A (z. B. Fieber) aufweisen, unterscheiden sich in bezug auf das Symptom B (z. B. Husten) nicht von Individuen, bei denen das Symptom A fehlt. Wie wir in Abschn. 2.3.2 sehen werden, erfordern beide Hypothesenvarianten denselben Test.

Zuvor aber wenden wir uns der Durchführung des Fisher-Yates-Tests zu, der ebenfalls zur *Überprüfung einer Unterschieds- bzw. Zusammenhangshypothese* herangezogen werden kann. (Wir demonstrieren hier nur den für praktische Zwecke wichtigeren einseitigen Test; zum zweiseitigen Test vgl. Bortz, Lienert & Boehnke, 1990, S. 112 f. oder Tafel D im Anhang.)

Durchführung

Wurde ein Alternativmerkmal in 2 Stichproben ausgezählt, kann man die resultierenden Häufigkeiten in einer sog. Vierfeldertafel anordnen (s. Tabelle 2.2).

Die Buchstaben a, b, c und d in Tabelle 2.2 symbolisieren hierbei die entsprechenden beobachteten Häufigkeiten. Man kann nun unter Bezugnahme auf die jeweils beobachteten und als festliegend anzusehende Randsummenverteilung die Punktwahrscheinlichkeit des zufälligen Auftretens einer beobachteten Vierfelder-Häufigkeitsverteilung nach Fisher (1956, S. 98) und Yates (1934) in folgender Weise über die *hypergeometrische Verteilung* exakt bestimmen:

Tabelle 2.2. Vierfeldertafel

	Merkmal		Zeilensummen
	+	–	
Stichprobe 1	a	b	$a+b=N_1$
2	c	d	$c+d=N_2$
Spaltensummen	a+c	b+d	N

$$p = \frac{(a+b)! \cdot (c+d)! \cdot (a+c)! \cdot (b+d)!}{N! \cdot a! \cdot b! \cdot c! \cdot d!} \qquad (2.12)$$

Die so gewonnene Punktwahrscheinlichkeit p ist jedoch für die statistische Entscheidung über H_0 noch keine zureichende Information. Wir haben nur die Zufälligkeit einer bestimmten Vierfeldertafel erhalten und müssen zusätzlich noch alle Punktwahrscheinlichkeiten ermitteln, die sich aus Verteilungen von a, b, c und d mit gleichen Randsummen, aber in Richtung von H_1 extremeren Felderhäufigkeitsverteilungen ableiten, um die Überschreitungswahrscheinlichkeit P für die Beurteilung von H_0 zu erhalten.

Wir demonstrieren dieses Vorgehen anhand eines Beispiels.

Beispiel 2.6. Differentialdiagnose zwischen Typhus und Paratyphus

Problem. Angenommen, wir wollen die *Spezifität* der sog. Widalreaktion als Typhus-Diagnostikum überprüfen. $N_1 = 5$ bakteriologisch festgestellte Typhusfälle werden mit $N_2 = 10$ Paratyphusfällen hinsichtlich des Ausfalls der Reaktion verglichen (vgl. Tabelle 2.3).

Nullhypothese. Die Widalreaktion ist unspezifisch, d. h. positive Reaktionen sind bei Typhusfällen genauso wahrscheinlich wie bei Paratyphusfällen.

Alternativhypothese. Die Widalreaktion ist spezifisch, d. h. die Typhusfälle zeigen häufiger positive Reaktionsausfälle als die typhusähnlichen Krankheitsfälle (*gerichtete* H_1: $\pi_{1(+)} > \pi_{2(+)}$).

Signifikanzniveau. Wir wählen $\alpha = 0,05$ für einen einseitigen Test.

Testwahl. Da die Anteilswerte der +-Variante eines alternativen Merkmals in 2 Stichproben zu vergleichen sind und die beiden Stichproben relativ klein sind, wählen wir den *exakten Fisher-Yates-Test*.

Testanwendung. Zunächst ermitteln wir die Punktwahrscheinlichkeit der Verteilung in Tabelle 2.3 nach Gl. 2.12.

$$p = \frac{5! \cdot 10! \cdot 7! \cdot 8!}{15! \cdot 4! \cdot 1! \cdot 3! \cdot 7!} = 0,09324$$

Nun prüfen wir, wieviel extremere Häufigkeitsverteilungen bei gleichbleibenden Randsummen möglich wären. Wir „verschieben" in jeder Stichprobe ein Individuum in Richtung der Erwartung unter H_1! (vgl. Tabelle 2.4).

Bestimmen wir nun die Punktwahrscheinlichkeit dieser (extremeren) Verteilung! Sie wird wesentlich geringer sein als die der beobachteten Verteilung.

$$p = \frac{5! \cdot 10! \cdot 7! \cdot 8!}{15! \cdot 5! \cdot 0! \cdot 2! \cdot 8!} = 0,00699$$

Eine noch extremere Verteilung als die letztgewonnene zu erhalten ist unmöglich, da bereits ein Feld (b) mit der Häufigkeit 0 besetzt ist.

Die Wahrscheinlichkeit, daß unsere beobachtete oder eine noch extremere Verteilung zufällig zustande kommt (H_0), ergibt sich durch Addition der beiden Punktwahrscheinlichkeiten.

$$P = 0,09324 + 0,00699 = 0,10023$$

Entscheidung. Da $P > \alpha$ ist, behalten wir H_0 bei.

Interpretation. Wir vertrauen nicht auf die Spezifität der Widalreaktion als Indikator einer Erkrankung an Bauchtyphus, obschon sie klinischerseits als serologischer Indikator für die Differentialdiagnose zwischen Typhus und Paratyphus gilt, wenn ein Titer 1:200 überschritten wird.

Tabelle 2.3. Daten für einen Fisher-Yates-Test

	Ausfall der Diazoreaktion		
	+	–	Summe
Typhus-fälle	4 a	1 b	$5 = N_1$
Paray-phusfälle	c 3	d 7	$10 = N_2$
Summe	7	8	$15 = N$

Tabelle 2.4. Extremere Verteilung zu Tabelle 2.3

	Reaktionsausfall		
	+	–	Σ
Typhus Paratyphus	5 2	0 8	5 10
Σ	7	8	15

Der tabellierte Fisher-Yates-Test

Die Durchführung des Fisher-Yates-Tests ist ohne Benutzung eines Taschenrechners mit Fakultätenautomatik recht aufwendig. Man verwendet deshalb einfachheitshalber Tafel D des Anhangs, die für $N \leq 15$ gilt und wie folgt aufgebaut ist:

Wir suchen zunächst den zu $N = N_1 + N_2$ gehörenden Zahlenblock auf und bestimmen S_1 als kleinste Randsumme sowie S_2 als zweitkleinste Randsumme, wobei auch $S_1 = S_2$ sein kann. X ist die beobachtete Häufigkeit in der Zelle, die zu S_1 und S_2 gehört. Damit liegt die Zeile fest, der die einseitige Überschreitungswahrscheinlichkeit (P) oder die zweiseitige Überschreitungswahrscheinlichkeit (P') der beobachteten Aufteilung zu entnehmen ist.

Für unser Beispiel gilt $N = 15$, $S_1 = 5$, $S_2 = 7$ und damit $X = 4$. (Anzahl der +-Reaktionen in der Typhusgruppe). Tafel D hat in dieser Zeile den Wert $P = 0,100$. Dieser Wert entspricht dem über Gl. 2.12 bereits errechneten Wert.

2.3.2
Der Vierfelder-Chi-Quadrat-Test

Zielsetzung

> Der Vierfelder-Chi-Quadrat-Test hat die gleiche Zielsetzung wie der Fisher-Yates-Test: Wir wollen überprüfen, ob sich 2 unabhängige Stichproben bezüglich eines Alternativmerkmals signifikant unterscheiden bzw. ob zwischen 2 an einer Stichprobe erhobenen Alternativmerkmalen ein signifikanter Zusammenhang besteht. Der rechnerisch aufwendige Fisher-Yates-Test kann bei größeren Stichproben durch den rechnerisch einfachen Vierfelder-Chi-Quadrat-Test ersetzt werden.

Durchführung

Wie wir gesehen haben, ist bei Anwendung des Chi-Quadrat-Tests stets eine Information über die erwarteten Häufigkeiten unter H_0 erforderlich. Die erwarteten Häufigkeiten müssen nun, wenn die Population selbst nicht bekannt ist, aufgrund einer spezifizierten Nullhypothese aus den Stichproben geschätzt werden. Auf diesem Prinzip beruht auch der folgende Test:

Haben wir N Individuen, von denen N_1 der Stichprobe 1 und N_2 der Stichprobe 2 angehören, nach Vorhandensein (+) oder Fehlen (–) eines Merkmales bzw. nach seiner größeren oder geringeren Ausprägung kategorisiert, so resultiert eine Vierfeldertafel nach Art der Tabelle 2.2. Die Nullhypothese soll zunächst lauten: Beide Stichproben stammen aus einer Grundgesamtheit mit einem Anteil von π positiven Merkmalsausprägungen, oder anders formuliert: Die beobachteten Anteile von $p_1 = a/N_1$ und $p_2 = c/N_2$ unterscheiden sich von π nur zufällig.

Da wir nun aber π nicht kennen, schätzen wir es aus den beiden vereinten Stichproben: $\pi = (a+c)/N$. Wie üblich multiplizieren wir diese Wahrscheinlichkeit mit den jeweiligen Stichprobenumfängen $N_1 = a+b$ und $N_2 = c+d$ und erhalten so die erwarteten Häufigkeiten.

$$e_a = \frac{a+c}{N} \cdot (a+b); \; e_c = \frac{a+c}{N} \cdot (c+d)$$

Die erwarteten Häufigkeiten für die Felder b und d, nämlich e_b und e_d, ergeben sich aus analogen Überlegungen.

$$e_b = \frac{b+d}{N} \cdot (a+b); \; e_d = \frac{b+d}{N} \cdot (c+d)$$

Man erkennt, daß sich die erwarteten Häufigkeiten für ein Feld aus dem Produkt der Zeilensumme und der Spaltensumme für dieses Feld, dividiert durch die Gesamtanzahl N aller Individuen, ergibt. Da diese Regel auch für größere Tafeln mit k Zeilen und m Spalten gilt (vgl. Abschn. 2.4.3), formulieren wir allgemein

$$e_{ij} = \frac{\text{Zeilensumme } i \cdot \text{Spaltensumme } j}{N} \tag{2.13}$$

Nun möge die Nullhypothese lauten: Zwei an einer Stichprobe erhobene Alternativmerkmale seien voneinander unabhängig. Für diese Nullhypothese führen die folgenden Überlegungen zu den erwarteten Häufigkeiten:

Gemäß dem *Multiplikationstheorem* für voneinander unabhängige Ereignisse (vgl. Abschn. 1.1.2) ergibt sich die Wahrscheinlichkeit für eine Ereigniskombination aus dem Produkt der Wahrscheinlichkeiten für die beiden kombinierten Einzelereignisse. Wenden wir diese Regel auf eine Vierfeldertafel an, erhält man die Wahrscheinlichkeit p(a) – d. h. die Wahrscheinlichkeit, daß ein Individuum bei Unabhängigkeit der Merkmale 1 und 2 in das Feld a fällt – als Produkt der Wahrscheinlichkeiten für die +-Kategorie des einen Merkmals ($\pi_{1(+)}$) und der +-Kategorie des anderen Merkmals ($\pi_{2(+)}$). Diese Wahrscheinlichkeiten werden üblicherweise aus den Randsummen geschätzt:

$$\pi_{1(+)} = (a+b)/N; \; \pi_{2(+)} = (a+c)/N$$

Damit ergibt sich

$$p(a) = \frac{(a+b)}{N} \cdot \frac{(a+c)}{N}$$

Wir multiplizieren diese Wahrscheinlichkeit mit N und erhalten so die bereits bekannte erwartete Häufigkeit für das Feld a:

$$e_a = \frac{(a+b) \cdot (a+c)}{N}$$

Entsprechende Überlegungen führen zu den ebenfalls bereits bekannten erwarteten Häufigkeiten der Felder b, c und d. Wir sehen also, daß es für die erwarteten Häufigkeiten unerheblich ist, ob wir die Nullhypothese als *Unterschiedshypothese* (kein Unterschied zwischen 2 Stichproben in bezug auf ein Alternativmerkmal) oder als *Zusammenhangshypothese* formulieren (kein Zusammenhang zwischen 2 Alternativmerkmalen).

Zur Beurteilung, ob die beobachteten Vierfelderhäufigkeiten a, b, c, d mit den unter H_0 erwarteten Häufigkeiten e_a, e_b, e_c, e_d hinreichend gut übereinstimmen, bilden wir die Prüfgröße χ^2 analog zu Gl. 2.9.

$$\chi^2 = \sum_{i=1}^{2} \sum_{j=1}^{2} \frac{(b_{ij} - e_{ij})^2}{e_{ij}} = \frac{(a - e_a)^2}{e_a} + \frac{(b - e_b)^2}{e_b} + \frac{(c - e_c)^2}{e_c} + \frac{(d - e_d)^2}{e_d} \quad (2.14)$$

Führt man diese Summe algebraisch aus, so erhält man folgenden einfacher zu berechnenden Ausdruck mit Zeilen- und Spaltensummen als Nennerfaktoren:

$$\chi^2 = \frac{N \cdot (a \cdot d - b \cdot c)^2}{(a+b) \cdot (c+d) \cdot (a+c) \cdot (b+d)} \quad (2.15)$$

Der resultierende numerische χ^2-Wert ist – da bei festliegenden Randsummen nur eine Felderhäufigkeit frei gewählt werden kann – nach 1 Freiheitsgrad (Fg) anhand von Tafel B des Anhangs zufallskritisch zu beurteilen.

Die Gl. 2.15 entspricht einem zweiseitigen Test. Wünscht man einseitig zu testen oder eine genauere Angabe der Überschreitungswahrscheinlichkeit für eine bestimmte Vierfelderanordnung, so kann man von der Beziehung $\chi^2 = u^2$, die bei χ^2 mit einem Freiheitsgrad gilt, Gebrauch machen und die zu

$$u = \frac{\sqrt{N} \cdot (a \cdot d - b \cdot c)}{\sqrt{(a+b) \cdot (c+d) \cdot (a+c) \cdot (b+d)}} \quad (2.16)$$

gehörige Überschreitungswahrscheinlichkeit P in Tafel A des Anhangs nachlesen. Für den einseitigen Test gilt:

$$u_{0,05} = 1{,}65 \,, \quad u_{0,01} = 2{,}23 \quad \text{und} \quad u_{0,001} = 3{,}29 \,.$$

Die χ^2- bzw. die u-Statistik sind stetig verteilt und werden hier nach Art großer Stichproben ($N > 60$) eines asymptotischen Tests auf diskret verteilte Häufigkeitswerte angewendet. Man sollte deshalb die folgende *Kontinuitätskorrektur* berücksichtigen, wenn die Stichprobe von nur mäßigem Umfang ist ($20 < N \leq 60$):

$$\chi^2 = \frac{N \cdot (|a \cdot d - b \cdot c| - N/2)^2}{(a + b) \cdot (c + d) \cdot (a + c) \cdot (b + d)} \qquad (2.17)$$

Wie alle χ^2-Tests setzt auch der Vierfelder-Chi-Quadrat-Test voraus, daß jedes Individuum eindeutig nur *einer* Merkmalskombination zugeordnet ist und daß die erwarteten Häufigkeiten nicht zu klein sind (e > 5). Der Vierfelder-Chi-Quadrat-Test entscheidet jedoch auch dann noch valide, wenn N > 8 ist und keine Randwahrscheinlichkeit unter 0,2 liegt. Wenn die Voraussetzungen für einen validen Vierfelder-Chi-Quadrat-Test verletzt sind, sollte der exakte Test von Fisher und Yates (vgl. Abschn. 2.3.1) eingesetzt werden.

Beispiel 2.7. Familiäre Belastung und Manifestationsalter von Epilepsien

Fragestellung. Es soll untersucht werden, ob zwischen familiärer Belastung (+, –) und dem Manifestationsalter (prä-, postpuberal) jugendlicher Epilepsien ein Zusammenhang besteht.

Nullhypothese. Die beiden Merkmale sind voneinander unabhängig. Alternativ hierzu können wir auch formulieren: Zwischen Epileptikern mit hoher familiärer Belastung und Epileptikern mit geringer familiärer Belastung gibt es keinen Unterschied im Manifestationsalter der Epilepsien.

Alternativhypothese. Zwischen den beiden Merkmalen besteht ein Zusammenhang. Oder: Epilepsien manifestieren sich bei einer hohen familiären Belastung in einem anderen Alter als bei geringer familiärer Belastung (*ungerichtete* Alternativhypothese).

Signifikanzniveau. Da die Konsequenzen einer fälschlichen Annahme von H_1 nicht übermäßig gravierend sind, wählen wir $\alpha = 0{,}05$.

Testwahl. Es ist zu überprüfen, ob zwischen 2 Alternativmerkmalen ein signifikanter Zusammenhang besteht. Wegen des Stichprobenumfangs (N = 40) wählen wir statt des exakten Fisher-Yates-Tests den *asymptotischen Vierfelder-Chi-Quadrat-Test.*

Testdurchführung. N = 40 Epileptiker werden je binär nach Belastung und Manifestationsalter (7–12, 13–18 Jahre) klassifiziert und in einer Vierfeldertafel angeordnet (vgl. Tabelle 2.5).
Nach Gl. 2.17 ermittelt man

$$\chi^2 = \frac{(40 \cdot (|5 \cdot 24 - 5 \cdot 6| - 40/2)^2}{10 \cdot 30 \cdot 11 \cdot 29} = 2,05$$

Entscheidung. Dieser χ^2-Wert ist gemäß Tafel B für Fg = 1 nicht signifikant (χ^2_{crit} = 3,84 > 2,05), d. h. die H_0 wird beibehalten. Ohne Kontinuitätskorrektur wäre das Ergebnis mit χ^2 = 3,39 ebenfalls nicht signifikant.

Interpretation. Mit der Untersuchung kann nicht belegt werden, daß zwischen familiärer Belastung und dem Manifestationsalter jugendlicher Epilepsien ein Zusammenhang besteht – ein Zusammenhang, der klinischerseits vermutet wird, und zwar in dem Sinne, daß bei hoher familiärer Belastung Epilepsien bereits in jüngerem Alter auftreten als ohne solch eine Belastung. Mit dieser klinisch begründeten Alternative wäre wie folgt einseitig zu testen:

Einseitiger Test. Unter der obigen Vermutung, daß früh auftretende Epilepsien eine Folge erblicher Belastung seien, wäre der Nullhypothese die folgende Alternative gegenüberzustellen: Es besteht eine Kontingenz in dem Sinne, daß kindliche Epilepsien bei familiärer Belastung früher manifest werden als ohne familiäre Belastung. Da die Häufigkeiten der Vierfeldertafel die Richtung dieser Kontingenz bestätigen, testen wir einseitig mit $u = \sqrt{\chi^2} = \sqrt{2,05}$ = 1,43. Nach Tafel A hat dieser u-Wert eine Überschreitungswahrscheinlichkeit von P = 0,0764, d. h. die H_0 müßte auch bei einseitiger Fragestellung beibehalten werden.

Hätten wir auf die hier angemessene Kontinuitätskorrektur verzichtet, wäre der einseitige Test mit $u = \sqrt{3,39}$ = 1,84 signifikant geworden. Wir sehen an diesem Beispiel, daß die Kontinuitätskorrektur – wie auf S. 58 f. bereits erwähnt – zu eher konservativen Testentscheidungen führt. Weniger konservativ als die Kontinuitätskorrektur ist die sog. *Delta-Option* (vgl. Clogg & Eliason, 1988), bei der man jede der Vierfelder-Frequenzen um 1/2 erhöht, ehe

Tabelle 2.5. Daten für einen Vierfelder-χ^2-Test

	Manifestationsalter		
	7–12	13–18	$\sum$
Familiäre +	5	5	10
Belastung –	6	24	30
$\sum$	11	29	40

χ^2 berechnet wird. Diese Korrektur wurde von Plackett (1974, S. 44) empfohlen, auch und gerade für Tafeln, die eine Nullfrequenz enthalten.

Anmerkungen. Zur Quantifizierung des Zusammenhangs zweier Alternativmerkmale im Sinne einer sog. Vierfelder-Korrelation gibt es einige interessante Maßzahlen, auf die wir in Abschnitt 5.1 ausführlicher eingehen.

Wurden – wie bei multizentrischen, an k verschiedenen Kliniken oder neurologischen Praxen durchgeführten Studien – merkmalsidentische Vierfeldertafeln (über den Zusammenhang zwischen familiärer Belastung und dem Manifestationsalter der Epilepsie) erhoben, stellt sich die Frage, ob sich die k Tafeln zu einer Gesamt-Vierfeldertafel zusammenfassen bzw. agglutinieren lassen, um den Merkmalszusammenhang an den vereinigten Stichproben zu überprüfen. Die Agglutinierung bereitet Probleme, wenn sich die Stichprobenumfänge und korrespondierenden Randwahrscheinlichkeiten der Vierfeldertafeln deutlich unterscheiden, weil dann evtl. in Einzeltafeln vorhandene Zusammenhänge zwischen den untersuchten Merkmalen durch die Zusammenfassung verdeckt werden können. In diesem Falle sollte die Nullhypothese der Unabhängigkeit beider Merkmale nach einer bei Bortz, Lienert & Boehnke (1990, Kap. 5.2.3) beschriebenen Methode überprüft werden.

2.4
Der Vergleich mehrerer unabhängiger Stichproben bezüglich eines zwei- oder mehrfach gestuften Merkmals

Im letzten Abschnitt stellten wir uns die Aufgabe, 2 Stichproben von Alternativen daraufhin zu untersuchen, ob sie als Zufallsstichproben aus einer durch die 4 Randsummen repräsentierten Grundgesamtheit stammen. Vergleichen wir nun mehrere – sagen wir k – Stichproben dieser Art miteinander, und lassen nicht nur Alternativmerkmale, sondern kategoriale Merkmale mit m Abstufungen zu, benötigen wir zur Überprüfung von Stichprobenunterschieden die in diesem Abschnitt behandelten Verfahren.

Untersuchungstechnisch lassen sich – ähnlich wie beim Vierfelder-Chi-Quadrat-Test – 3 Varianten der Datenerhebung unterscheiden:

- Je eine Zufallsstichprobe (von Patienten) wird aus k Populationen (z. B. Patienten mit der Epilepsiediagnose Grand Mal, Petit Mal oder Fokalanfälle, k = 3) gezogen, und bezüglich m = 2 oder m = 3 Erstmanifestationsaltersstufen verglichen (quasiexperimenteller Ansatz mit k „natürlichen" Stichproben).
- Aus einer einzigen Population (von Epileptikern) werden nach Zufall k Stichproben gezogen, die unterschiedlich behandelt werden (mit Phenytoin, Barbital oder Carbamazepin bei k = 3 Stichproben); die Behandlungserfolge werden durch m = 2 Kategorien (Erfolg, Mißerfolg) beurteilt (experimenteller Ansatz mit k randomisierten Stichproben).

- Aus einer einzigen Population (von Epileptikern) wird nach Zufall eine einzige Stichprobe von N Epileptikern gezogen und diese nach k Diagnosen und m Erfolgsstufen bzw. nach den $k \times m$ Merkmalskombinationen kreuzklassifiziert (epidemiologischer Ansatz mit einer einzigen bivariaten Stichprobe).

Während bei den beiden ersten Datenerhebungsvarianten Stichprobenunterschiede interessieren, steht bei der dritten Variante die Frage nach dem Zusammenhang des k-fach und des m-fach gestuften Merkmals im Vordergrund. Für die statistische Auswertung ist es unerheblich, um welche dieser 3 Erhebungsvarianten es sich handelt, denn in jedem Falle lassen sich die Daten in einer sog. $k \times m$-Kontingenztafel anordnen, die nach einheitlichen Regeln ausgewertet wird.

Wir beginnen mit den Besonderheiten der Auswertung einer $k \times 2$-Kontingenztafel und behandeln in Abschn. 2.4.1 die für kleine Stichproben erforderliche exakte Analyse nach Freeman & Halton (1951) sowie in Abschn. 2.4.2 den für größere Stichproben zulässigen $k \times 2$-Chi-Quadrat-Test. Die Analyse von $k \times m$-Kontingenztafeln ist Gegenstand von Abschn. 2.4.3. In Abschn. 2.4.4 schließlich werden wir ein Verfahren kennenlernen, mit dem man eine überproportionale bzw. unterproportionale Besetzung einzelner Felder einer $k \times m$-Tafel identifizieren kann.

2.4.1
Der Freeman-Halton-Test

Zielsetzung

Vergleichen wir k Stichproben bezüglich eines Alternativmerkmals, so erhalten wir als Datenschema eine $k \times 2$-Tafel (vgl. Tabelle 2.6).

Tabelle 2.6. $k \times 2$-Tafel

	Merkmalsalternative		$\sum$
	+	–	
Stichprobe 1	a_1	b_1	N_1
Stichprobe 2	a_2	b_2	N_2
$\vdots$	$\vdots$	$\vdots$	$\vdots$
Stichprobe i	a_i	b_i	N_i
$\vdots$	$\vdots$	$\vdots$	$\vdots$
Stichprobe k	a_k	b_k	N_k
$\sum$	N_a	N_b	N

Die in Tabelle 2.6 verwendeten Symbole haben folgende Bedeutung:

- N = Anzahl der Individuen in allen k Stichproben,
- N_i = Anzahl der Individuen der Stichprobe i,
- N_a = Anzahl der Individuen mit der Positivvariante des Merkmals,
- N_b = Anzahl der Individuen mit der Negativvariante des Merkmals,
- a_i = Anzahl der Individuen mit der Positivvariante in der Stichprobe i,
- b_i = Anzahl der Individuen mit der Negativvariante in der Stichprobe i.

Die zu überprüfende Nullhypothese für den Vergleich der k Stichproben lautet:

$$H_0: \pi_1 = \pi_2 = \ldots = \pi_i = \ldots = \pi_k$$

In Worten: Der Anteil der Positivvariante des Merkmals ist in allen k Populationen, denen die Stichproben entnommen wurden, identisch.

Ein vergleichbares Datenschema erhält man, wenn 2 Stichproben bezüglich eines k-fach gestuften Merkmals untersucht wurden (H_0: beide Stichprobenverteilungen gehören derselben Population an) oder eine Stichprobe nach den $k \times 2$ Kombinationen der Merkmalskategorien aufgeteilt wurden (H_0: zwischen dem k-fach und dem 2fach gestuften Merkmal besteht kein Zusammenhang). Für den im folgenden behandelten Freeman-Halton-Test sind alle 3 Nullhypothesen äquivalent.

Durchführung

Der Freeman-Halton-Test stellt eine Verallgemeinerung des in Abschn. 2.3.1 behandelten Fisher-Yates-Tests dar. Die Punktwahrscheinlichkeit, die beobachteten Häufigkeiten a_i und b_i einer $k \times 2$-Tafel bei fixierten Randsummen per Zufall zu erhalten, ergibt sich nach der *Polynomialverteilung* zu

$$p = \frac{N_a! \cdot N_b! \cdot N_1! \cdot N_2! \cdot \ldots \cdot N_k!}{N! \cdot a_1! \cdot a_2! \cdot \ldots \cdot a_k! \cdot b_1! \cdot b_2! \cdot \ldots \cdot b_k!} \tag{2.18}$$

Wie kommt man nun von der Punktwahrscheinlichkeit p zu der für eine Testentscheidung notwendigen Überschreitungswahrscheinlichkeit? Freeman & Halton geben folgende Testvorschrift: Man erstelle alle bei festen Randsummen möglichen $k \times 2$-Feldertafeln, berechne deren Punktwahrscheinlichkeit p und summiere alle jene p*-Werte, die kleiner oder gleich sind der Punktwahrscheinlichkeit p der beobachteten $k \times 2$-Felder-Tafel (p* ≤ p):

$$P' = \sum p^* \tag{2.19}$$

Durch diese Testvorschrift werden implizit all jene Tafeln als extremer von H_0 abweichend definiert, deren Realisationswahrscheinlichkeit unter H_0 geringer ist als die der beobachteten Tafel. Es wird damit also eine Über-

Beispiel 2.8. Behandlungserfolge bei Zwangs- und Angstneurotikern

Problem. Zwei unabhängige Gruppen von Neurotikern, $N_A = 5$ Zwangsneurotiker und $N_B = 12$ Angstneurotiker, wurden verhaltenstherapeutisch (über 12 Wochen hinweg 2mal pro Woche) behandelt. Die Behandlungswirkung wurde von unbeteiligten Therapeuten (blind) als $Z_1 = $ gut, $Z_2 = $ mäßig und $Z_3 = $ unbefriedigend beurteilt bzw. zensiert. Beide Gruppen ($k = 2$) und die 3 Zensuren ($m = 3$) konstituieren die in Tabelle 2.7 dargestellte 2×3-Feldertafel.

Nullhypothese: Beide Gruppen von Patienten wurden gleich (homogen) zensiert.

Alternativhypothese. Beide Gruppen wurden inhomogen zensiert, wobei nicht nur zwischen besseren und schlechteren Erfolgszensuren, sondern auch zwischen mittleren und extremeren unterschieden werden soll (sog. *Omnibusalternative*).

Signifikanzniveau. Weil die Untersuchung nur einen erkundenden Charakter hat, setzen wir $\alpha = 0{,}10$.

Testwahl. Zwei kleine Stichproben sind bezüglich eines 3fach gestuften Merkmals zu vergleichen. Es wird deshalb mit dem *Freeman-Halton-Test* ausgewertet.

Testanwendung. Wir berechnen zunächst nach Gl. 2.18 die Punktwahrscheinlichkeit der beobachteten Tafel.

$$p = \frac{5! \cdot 12! \cdot 6! \cdot 8! \cdot 3!}{17! \cdot 0! \cdot 3! \cdot 2! \cdot 6! \cdot 5! \cdot 3!} = 0{,}0271$$

Nun sind alle 2×3-Tafeln zu erstellen, die bei fixierten Randsummen möglich sind. Hierbei empfiehlt es sich, wie folgt vorzugehen:

Da eine 2×3-Tafel 2 Freiheitsgrade hat (vgl. S. 87), können wir 2 Frequenzen der Tafel frei wählen. Die übrigen ergeben sich als Differenzen zu den Randsummen. Wir wählen zweckmäßigerweise 2 Felder (die rechtsseitigen) der schwächer besetzten Zeile (der oberen Zeile) in Tabelle 2.7 und permutieren deren Frequenzen, wobei wir darauf achten, daß die Spaltensummen nicht überschritten werden. In der Aufstellung in Tabelle 2.8 wurde so permutiert, daß die Summe dieser beiden Frequenzen zunächst (in den Tafeln 1–4) gleich der zugehörigen Randsumme ist und sich dann schrittweise um 1 vermindert (Tafeln 5–8 usw.). Als Ergebnis dieses Vorgehens erhalten wir 18 Tafeln, die wir zeilenweise durchnumeriert haben (vgl. Tabelle 2.8). Die beobachtete Tafel ist Tafel 2 (umrandet).

Wie man sich leicht überzeugen kann, haben alle Tafeln die gleichen Zeilen- und Spaltensummen wie die beobachtete Tafel. Um den exakten

$k \times 2$-Felder-Test lege artis anzuwenden, müssen wir die Punktwahrscheinlichkeiten p aller 18 Tafeln nach Gl. 2.18 berechnen. Das Ergebnis zeigt Tabelle 2.9.

Die Wahrscheinlichkeit der beobachteten Tafel mit $p = 0{,}0271$ (unterstrichen) wird von 8 weiteren p-Werten (mit * signiert) unterschritten. Die Summe dieser 9 p-Werte ergibt $P' = 0{,}0882$ als Überschreitungswahrscheinlichkeit.

Um sicher zu sein, daß tatsächlich alle möglichen Häufigkeitsanordnungen geprüft wurden, empfiehlt es sich, die Summe aller p-Werte zu berechnen. Diese muß 1 ergeben. Man beachte, daß der Zähler in Gl. 2.18 für alle p-Werte konstant bleibt (Produkt der Fakultäten aller Zeilen- und Spaltensummen), was die Auswertung vereinfacht.

Entscheidung. Da $P' = 0{,}0882 < 0{,}10 = \alpha$, verwerfen wir die Nullhypothese.

Interpretation. Zwangs- und Angstneurotiker werden unterschiedlich zensiert, wobei nach Inspektion von Tabelle 2.7 Angstneurotiker erfolgreicher therapiert wurden als Zwangsneurotiker.

Tabelle 2.7. Daten für einen Freeman-Halton-Test

	Zensuren			
	Z_1	Z_2	Z_3	
Zwangsneurotiker	0	3	2	$N_a = 5$
Angstneurotiker	6	5	1	$N_b = 12$
N_i	6	8	3	$N = 17$

Tabelle 2.8. Tafelvarianten zu Tabelle 2.7

Tafel Nr.	Tafelvarianten				Bemerkungen
1–4	$\begin{matrix}0 & 2 & 3\\6 & 6 & 0\end{matrix}$	$\boxed{\begin{matrix}0 & 3 & 2\\6 & 5 & 1\end{matrix}}$	$\begin{matrix}0 & 4 & 1\\6 & 4 & 2\end{matrix}$	$\begin{matrix}0 & 5 & 0\\6 & 3 & 3\end{matrix}$	Die unterstrichenen Frequenzen ergeben als Zeilensumme 5
5–8	$\begin{matrix}1 & 1 & 3\\5 & 7 & 0\end{matrix}$	$\begin{matrix}1 & 2 & 2\\5 & 6 & 1\end{matrix}$	$\begin{matrix}1 & 3 & 1\\5 & 5 & 2\end{matrix}$	$\begin{matrix}1 & 4 & 0\\5 & 4 & 3\end{matrix}$	Die unterstrichenen Frequenzen ergeben als Zeilensumme 4
9–12	$\begin{matrix}2 & 0 & 3\\4 & 8 & 0\end{matrix}$	$\begin{matrix}2 & 1 & 2\\4 & 7 & 1\end{matrix}$	$\begin{matrix}2 & 2 & 1\\4 & 6 & 2\end{matrix}$	$\begin{matrix}2 & 3 & 0\\4 & 5 & 3\end{matrix}$	Die unterstrichenen Frequenzen ergeben als Zeilensumme 3
13–15	$\begin{matrix}3 & 0 & 2\\3 & 8 & 1\end{matrix}$	$\begin{matrix}3 & 1 & 1\\3 & 7 & 2\end{matrix}$	$\begin{matrix}3 & 2 & 0\\3 & 6 & 3\end{matrix}$		Die unterstrichenen Frequenzen ergeben als Zeilensumme 2
16–17	$\begin{matrix}4 & 0 & 1\\2 & 8 & 2\end{matrix}$	$\begin{matrix}4 & 1 & 0\\2 & 7 & 3\end{matrix}$			Die unterstrichenen Frequenzen ergeben als Zeilensumme 1
18	$\begin{matrix}5 & 0 & 0\\1 & 8 & 3\end{matrix}$				Die unterstrichenen Frequenzen ergeben als Zeilensumme 0

Tabelle 2.9. Punktwahrscheinlichkeiten der Tafeln in Tabelle 2.8

$p_1 = 0,0045^*$	$p_2 = 0,0271^*$	$p_3 = 0,0339$	$p_4 = 0,0090^*$
$p_5 = 0,0078^*$	$p_6 = 0,0815$	$p_7 = 0,1629$	$p_8 = 0,0679$
$p_9 = 0,0024^*$	$p_{10} = 0,0582$	$p_{11} = 0,2036$	$p_{12} = 0,1357$
$p_{13} = 0,0097^*$	$p_{14} = 0,0776$	$p_{15} = 0,0905$	
$p_{16} = 0,0073^*$	$p_{17} = 0,0194^*$		$\sum p^* = 0,0882 = P'$
$p_{18} = 0,0010^*$			$\sum p = 1,0000$

schreitungswahrscheinlichkeit für einen zweiseitigen Test ermittelt. Wir illustrieren diese Testvorschrift am Zahlenbeispiel der Testautoren (Beispiel 2.8).

Hinweise

Krauth (1973) empfiehlt, für alle Tafeln nach Gl. 2.20 (S. 86) χ^2-Werte zu berechnen. Es werden dann diejenigen Tafeln ausgewählt, deren χ^2-Wert mindestens so groß ist wie der χ^2-Wert der beobachteten Tafel. Die Summe der Punktwahrscheinlichkeiten dieser Tafeln ergibt die zweiseitige Überschreitungswahrscheinlichkeit. Bei diesem Vorgehen werden tatsächlich all jene Tafeln zusammengefaßt, die vergleichbar oder extremer von der unter H_0 erwarteten Tafel abweichen als die empirische Tafel.

Handelt es sich – wie in unserem Beispiel – beim k-stufigen Merkmal um Kategorien eines ordinalen Merkmals, läßt sich der Test verschärfen, indem man der H_0 statt einer Omnibusalternativhypothese eine einseitige *Trendalternativhypothese* gegenüberstellt. Diese könnte im Beispiel etwa lauten, daß die Häufigkeiten über die Zensuren hinweg (von gut bis schlecht) bei Zwangsneurotikern zunehmen und bei Angstneurotikern abnehmen.

Um diese Hypothese zu prüfen, bildet man $i \cdot a_i$ als Trendindikator ($i = 1, \ldots$ k). Für die von uns beobachtete Tafel im Beispiel 2.8 erhält man $1 \cdot 0 + 2 \cdot 3 + 3 \cdot 2 = 12$. Es werden nun aus Tabelle 2.8 diejenigen Tafelvarianten herausgesucht, deren Trendindikatoren den Wert 12 erreichen oder überschreiten. Es sind dies die Tafeln 1 ($1 \cdot 0 + 2 \cdot 2 + 3 \cdot 3 = 13$) und 5 ($1 \cdot 1 + 2 \cdot 1 + 3 \cdot 3 = 12$). Die einseitige Überschreitungswahrscheinlichkeit ergibt sich nun als Summe der Punktwahrscheinlichkeiten der Tafeln 1, 2 (beobachtete Tafel) und 5. Tabelle 2.9 entnehmen wir hierfür:

$$P = 0,0045 + 0,0271 + 0,0078 = 0,0394$$

Die Trendhypothese könnte also für $\alpha = 0,05$ angenommen werden.

2.4.2 Der k × 2-Felder-Chi-Quadrat-Test

Zielsetzung

Wie beim Freeman-Halton-Test geht es um den Vergleich von 2 unabhängigen Stichproben bezüglich eines k-fach gestuften Merkmals oder um den Vergleich von k unabhängigen Stichproben bezüglich eines 2 fach gestuften Merkmals oder um den Zusammenhang eines k-fach und eines 2 fach gestuften Merkmals. Für alle 3 Fragestellungen ist der k × 2-Felder-Chi-Quadrat-Test geeignet, sofern die Stichproben genügend groß sind.

Durchführung

Wir übertragen zunächst die erhobenen Daten in eine k×2-Tafel nach Art der Tabelle 2.6. Wie beim Vierfelder-Chi-Quadrat-Test schätzen wir aus den Randsummen der beobachteten Tafel erwartete Häufigkeiten, die in üblicher χ^2-Manier mit den beobachteten Häufigkeiten zu vergleichen sind. Für die Bestimmung der erwarteten Häufigkeiten verwenden wir erneut Gl. 2.13, so daß z. B. für das Feld a_1 in Tabelle 2.6 als erwartete Häufigkeit $N_a \cdot N_1 / N$ resultiert.

Die beobachteten und die erwarteten Häufigkeiten (b_{ij} und e_{ij}) werden in folgende χ^2-Formel eingesetzt:

$$\chi^2 = \sum_{i=1}^{k} \sum_{j=1}^{2} \frac{(b_{ij} - e_{ij})^2}{e_{ij}} \qquad (2.20)$$

Mit der Symbolik von Tabelle 2.6 erhält man

$$\chi^2 = \frac{(a_1 - e_{a_1})^2}{e_{a_1}} + \frac{(a_2 - e_{a_2})^2}{e_{a_2}} + \ldots + \frac{(a_k - e_{a_k})^2}{e_{a_k}}$$
$$+ \frac{(b_1 - e_{b_1})^2}{e_{b_1}} + \frac{(b_2 - e_{b_2})^2}{e_{b_2}} + \ldots + \frac{(b_k - e_{b_k})^2}{e_{b_k}} \qquad (2.21)$$

Ähnlich wie die Vierfelder-χ^2-Formel läßt sich auch diese Gleichung zur sog. *Brandt-Snedecor-Formel* vereinfachen, die ohne Berechnung der erwarteten Häufigkeiten auskommt.

$$\chi^2 = \frac{N^2}{N_a \cdot N_b} \cdot \left[\left(\sum_{i=1}^{k} \frac{a_i^2}{N_i} \right) - \frac{N_a^2}{N} \right] \qquad (2.22)$$

Diese Gleichung läßt sich auch so umformen, daß die χ^2-Beiträge der k Zeilen in Tabelle 2.6 als Summanden deutlich werden (*Gebhardt-Lienert-Formel*):

$$\chi^2 = \sum_{i=1}^{k} \chi_i^2 = \sum_{i=1}^{k} \frac{N}{N_i} \cdot \left(\frac{a_i^2}{N_a} + \frac{b_i^2}{N_b} \right) - N_i \qquad (2.23)$$

Überschreitet der nach Gl. 2.21, 2.22, 2.23 ermittelte und nach $k-1$ Freiheitsgraden beurteilte χ^2-Wert den kritischen Wert der Tafel B des Anhangs, ist die Nullhypothese abzulehnen.

> Der Test ist allerdings nur dann valide, wenn mindestens 80% aller erwarteten Häufigkeiten größer als 5 und die restlichen 20% größer als 1 sind. Auch hier ist natürlich darauf zu achten, daß jedes Individuum nur einem der $k \times 2$-Felder zugeordnet werden darf.

Beispiel 2.9. Schizophrene Erkrankungen bei Männern und Frauen

Problem. Wir wollen wissen, ob die verschiedenen Formen der Schizophrenie Männer und Frauen gleich häufig befallen. Dazu wird eine Stichprobe von Hebephrenien, eine von Katatonien und eine 3. von paranoiden Schizophrenien hinsichtlich des Alternativmerkmals „Geschlecht" untersucht. Die Ergebnisse sind in Tabelle 2.10 zusammengefaßt.

Nullhypothese. Die verschiedenen Formen der Schizophrenie kommen bei Männern genau so häufig vor wie bei Frauen. Oder: Zwischen dem Geschlecht und der Art der Schizophrenie gibt es keinen Zusammenhang.

Alternativhypothese. Männliche und weibliche Schizophrene unterscheiden sich hinsichtlich der Art der Schizophrenie. Oder: Zwischen dem Geschlecht und der Art der Schizophrenie besteht ein Zusammenhang (*ungerichtete* Alternativhypothese).

Signifikanzniveau. Da wir die Annahme von H_1 nicht allzu sehr erschweren wollen, begnügen wir uns mit $\alpha = 0{,}05$.

Testwahl. Die Stichproben sind genügend groß, so daß wir für die statistische Überprüfung des Zusammenhangs der Merkmale Geschlecht und Art der Schizophrenie problemlos den $k \times 2$-Chi-Quadrat-Test verwenden können.

Testanwendung. Über Gl. 2.22 errechnet man folgenden χ^2-Wert:

$$\chi^2 = \frac{324^2}{151 \cdot 173} \cdot \left[\left(\frac{30^2}{55} + \frac{60^2}{115} + \frac{61^2}{154} \right) - \frac{151^2}{324} \right] = 5{,}85$$

Diesen Wert ermittelt man auch nach Gl. 2.23:

$$\chi^2 = \frac{324}{55} \cdot \left(\frac{30^2}{151} + \frac{25^2}{173} \right) - 55$$

$$+ \frac{324}{115} \cdot \left(\frac{60^2}{151} + \frac{55^2}{173} \right) - 115$$

$$+ \frac{324}{154} \cdot \left(\frac{61^2}{151} + \frac{93^2}{173} \right) - 154$$

$$= 1{,}39 + 1{,}43 + 3{,}03$$

$$= 5{,}85$$

Man erkennt, daß die χ^2-Komponente für die Gruppe der Paranoiden am größten ist ($\chi_3^2 = 3{,}03$), d. h. in dieser Gruppe besteht – wie auch Tabelle 2.10 zu entnehmen ist – der größte Häufigkeitsunterschied zwischen Männern und Frauen.

Entscheidung. $\chi^2 = 5{,}85$ erreicht den für Fg $= 3-1 = 2$ abzulesenden kritischen Wert von $\chi_{crit}^2 = 5{,}99$ nicht, d. h. die H_0 ist beizubehalten.

Interpretation. Die Untersuchung konnte nicht nachweisen, daß zwischen dem Geschlecht von Schizophrenen und der Art der Schizophrenie ein statistisch bedeutsamer Zusammenhang besteht. Weitere Untersuchungen sind jedoch wegen des relativ hohen χ^2-Werts zu empfehlen.

Trendtest

Ähnlich wie der Freeman-Halton-Test (vgl. Abschn. 2.4.1) läßt sich auch der k $\times$ 2-Felder-Chi-Quadrat-Test durch die Formulierung einer Trendalternativhypothese verschärfen, die nur für eine der m $= 2$ stichprobenartig untersuchten Populationen gültig sein soll.

Nach Pfanzagl (1974, S. 193) wird folgende bei Gültigkeit von H_0 asymptotisch normalverteilte Prüfgröße berechnet:

Tabelle 2.10. Daten für einen k $\times$ 2-χ^2-Test

Stichprobe	männlich	weiblich	$\sum$
Hebephrene	30	25	55
Katatone	60	55	115
Paranoide	61	93	154
$\sum$	151	173	324

$$T = \frac{N \cdot \sum_{i=1}^{k} i \cdot a_i - N_a \cdot \sum_{i=1}^{k} i \cdot N_i}{\sqrt{N_a \cdot N_b \cdot [N \cdot \sum_{i=1}^{k} i^2 \cdot N_i - (\sum_{i=1}^{k} i \cdot N_i)^2]/(N-1)}} \qquad (2.24)$$

Datenrückgriff. Vereinfachend wollen wir annehmen, wir hätten im Beispiel 2.9 für die Frauen (deren Häufigkeiten wir mit a_i kennzeichnen) folgende Trendhypothese aufgestellt:

Hebephrene $(i=1) <$ Katatone $(i=2) <$ Paranoide $(i=3)$.

Für die Bestimmung des T-Werts nach Gl. 2.24 sind die folgenden Teilauswertungen vorzunehmen:

$$\sum_{i=1}^{k} i \cdot a_i = 1 \cdot 25 + 2 \cdot 55 + 3 \cdot 93 = 414$$

$$\sum_{i=1}^{k} i \cdot N_i = 1 \cdot 55 + 2 \cdot 115 + 3 \cdot 154 = 747$$

$$\sum_{i=1}^{k} i^2 \cdot N_i = 1^2 \cdot 55 + 2^2 \cdot 115 + 3^2 \cdot 154 = 1901$$

Für T ergibt sich also

$$T = \frac{324 \cdot 414 - 173 \cdot 747}{\sqrt{173 \cdot 151 \cdot (324 \cdot 1901 - 747^2)/(324-1)}}$$
$$= \frac{4905}{2164,24} = 2,27 > 1,65 = u_{0,05}$$

Gemäß Tafel A könnte die Trendhypothese also für $\alpha = 0,05$ angenommen werden. Inhaltlich wäre zu interpretieren, daß der für Frauen postulierte Trend tatsächlich bei den untersuchten Frauen deutlicher zu erkennen ist als bei den Männern.

Einzelvergleiche von Kategorien

Ein signifikanter $k \times 2$-Chi-Quadrat-Test signalisiert, daß die untersuchten k Stichproben in bezug auf ein Alternativmerkmal nicht als homogen anzusehen sind. Häufig will man nun erfahren, zwischen welchen Stichproben signifikante Unterschiede bestehen bzw. welche Stichprobenvergleiche am meisten zum Gesamt-χ^2-Wert beitragen.

Diese Frage läßt sich durch (additive) Zerlegung der Gesamttafel in Teiltafeln (Vierfeldertafeln) beantworten (Kimball, 1954). Die Auswahl dieser Teiltafeln ist allerdings nicht beliebig, denn hierbei könnten abhängige Teiltafeln entstehen, deren Interpretation schwierig ist (vgl. Bortz, Lienert &

a_1	b_1
a_2	b_2

1. Teiltafel

$a_1 + a_2$	$b_1 + b_2$
a_3	b_3

2. Teiltafel

$a_1 + a_2 + a_3$	$b_1 + b_2 + b_3$
a_4	b_4

3. Teiltafel

a_1	b_1
a_2	b_2
a_3	b_3
a_4	b_4

Gesamttafel

Abb. 2.2. Zerlegung einer 4×2-Tafel in 3 unabhängige Teiltafeln

Boehnke, 1990, S. 128 f.). Zudem müssen die Einzelvergleiche vor der Auswertung festgelegt werden. Einzelvergleiche, die erst angesichts der Daten ausgewählt werden, haben ohne Bonferoni-Korrektur (vgl. S. 101) nur heuristischen Wert. Wie man zu unabhängigen Teiltafeln kommt, veranschaulicht Abb. 2.2 für eine 4×2-Tafel

Das hierbei deutlich werdende Konstruktionsprinzip kann entsprechend auf Tafeln mit $k > 4$ erweitert werden.

Gehören die Kategorien zu einem gruppiert-ordinalen (z. B. Stadien der Krebsentwicklung) bzw. kardinalen Merkmal (z. B. Altersgruppen), werden in aufsteigender (oder auch absteigender) Reihenfolge aufeinander folgende Kategorien sukzessiv zusammengefaßt. Bei Kategorien eines nominalen Merkmals sollte die Reihenfolge der Zusammenfassungen inhaltlich gut begründet sein.

Für die resultierenden Vierfelder-Teiltafeln werden nach folgenden Gleichungen χ^2-Werte berechnet (zur Notation s. Tabelle 2.6):

- 1. Tafel:

$$\chi_1^2 = \frac{N^2 \cdot (a_1 \cdot b_2 - a_2 \cdot b_1)^2}{N_a \cdot N_b \cdot N_1 \cdot N_2 \cdot (N_1 + N_2)} \tag{2.25}$$

- 2. Tafel

$$\chi_2^2 = \frac{N^2 \cdot [b_3 \cdot (a_1 + a_2) - a_3 \cdot (b_1 + b_2)]^2}{N_a \cdot N_b \cdot N_3 \cdot (N_1 + N_2) \cdot (N_1 + N_2 + N_3)} \tag{2.26}$$

- 3. Tafel:

$$\chi_3^2 = \frac{N^2 \cdot [b_4 \cdot (a_1 + a_2 + a_3) - a_4 \cdot (b_1 + b_2 + b_3)]^2}{N_a \cdot N_b \cdot N_4 \cdot (N_1 + N_2 + N_3) \cdot (N_1 + N_2 + N_3 + N_4)} \tag{2.27}$$

Tabelle 2.11. Erste Teiltafel zu Beispiel 2.9

	Männlich	Weiblich
Hebephrene	30	25
Katatone	60	55

Tabelle 2.12. Zweite Teiltafel zu Beispiel 2.9

	Männlich	Weiblich
Hebephrene + Katatone	90	80
Paranoide	61	93

Die χ^2-Werte der Teiltafeln haben jeweils einen Freiheitsgrad und die Summe der χ^2-Werte ergibt den Gesamt-χ^2-Wert der vollständigen Tafel. Die Formeln für Teiltafeln, die aus einer $k \times 2$-Tafel mit $k > 4$ zu bilden wären, sind hieraus leicht ableitbar. Man erkennt, daß die Teiltafeln nicht mit dem üblichen Vierfelder-Chi-Quadrat-Test ausgewertet werden (Gl. 2.15); die verwendeten Randsummen im Nenner sind nicht auf die jeweiligen Teiltafeln, sondern auf die Gesamttafel bezogen.

Zur Illustration des Vorgehens greifen wir noch einmal auf das Beispiel 2.9 (schizophrene Erkrankungen bei Männern und Frauen) zurück.

Datenrückgriff. Wir wollen einmal annehmen, man hätte vor der Untersuchung die Hypothesen formuliert, daß (1) Männer und Frauen sowohl bei hebephrenen als auch bei katatonen Patienten ungefähr gleich häufig vorkommen, daß aber (2) an Paranoia mehr Frauen erkranken als Männer. Die 1. Teilhypothese wäre an der in Tabelle 2.11 dargestellten Teiltafel zu überprüfen. Für diese Teiltafel erwarten wir keinen signifikanten Zusammenhang.

In der 2. Teiltafel werden hebephrene und katatone Patienten zusammengefaßt und den paranoiden Patienten gegenübergestellt (Tabelle 2.12). Hier erwarten wir, daß der einseitige Test zu einem signifikanten Ergebnis führt.

Die 1. Teiltafel werten wir nach Gl. 2.25 aus:

$$\chi_1^2 = \frac{324^2 \cdot (30 \cdot 55 - 60 \cdot 25)^2}{151 \cdot 173 \cdot 55 \cdot 115 \cdot 170} = 0{,}08$$

Dieser Wert ist für Fg = 1 wie erwartet nicht signifikant.
Für die 2. Teiltafel ergibt sich nach Gl. 2.26

$$\chi_2^2 = \frac{324^2 \cdot (93 \cdot 90 - 61 \cdot 80)^2}{151 \cdot 173 \cdot 154 \cdot 170 \cdot 324} = 5{,}77$$

Auch dieser χ^2-Wert hat einen Freiheitsgrad. Da wir einseitig testen, transformieren wir den χ^2-Wert in einen u-Wert der Standardnormalverteilung: $\sqrt{5{,}77} = 2{,}40$ (vgl. S. 38). Der kritische Wert für den einseitigen Test und $\alpha = 0{,}05$ lautet $u_{crit} = 1{,}65$ (vgl. Tafel A im Anhang). Unser empirischer u-Wert ist größer, d. h. die H_0 wird verworfen.

Zusammenfassend können wir interpretieren, daß sich hebephrene und katatone Patienten in bezug auf das Geschlecht nicht signifikant unterscheiden, daß aber unter Paranoikern weibliche Patienten häufiger anzutreffen sind als männliche Patienten.

Die beiden χ^2-Werte addieren sich zum Gesamt-χ^2-Wert: $0{,}08 + 5{,}77 = 5{,}85$. Man beachte, daß der 2. χ^2-Wert (auch bei zweiseitigem Test) signifikant ist, obwohl der Test für die gesamte Tafel zu keinem signifikanten Ergebnis führt. Dies liegt daran, daß die Gesamtkontingenz der 3×2-Tafel praktisch ausschließlich durch die 2. Teiltafel erklärt wird, die im Unterschied zur Gesamttafel (mit Fg = 2) nur einen Freiheitsgrad hat.

2.4.3
Der k × m-Felder-Chi-Quadrat-Test

Zielsetzung

Betrachten wir abschließend noch den allgemeinsten Fall, nämlich den Vergleich von k Stichproben zu m Merkmalskategorien.

> Die Nullhypothese lautet hier, daß die Anteile der m Kategorien in allen k Populationen die gleichen sind und durch die Durchschnittsanteile der k Stichproben geschätzt werden können. Die Alternativhypothese besagt, daß mindestens eine der k Populationen hinsichtlich ihrer Anteile von den übrigen k–1 Populationen abweicht. Auf Zusammenhänge abzielend können wir auch formulieren: Zwischen einem k-fach und einem m-fach gestuften Merkmal besteht kein Zusammenhang bzw. keine Kontingenz (H_0). Die entsprechende Alternativhypothese würde einen ungerichteten Zusammenhang (Kontingenz) behaupten.

Durchführung

Bezeichnet man analog der k × 2-Feldertafel die Stichproben (Zeilen) mit 1, 2, ... , k und die Merkmalskategorien (-stufen, -klassen) mit a, b, ... , m, so erhält man das Schema der Tabelle 2.13.

Um zu prüfen, ob die k Populationen homogen auf den m Merkmalsstufen verteilt sind, kann man für jede beobachtete Häufigkeit nach der Regel Zeilensumme·Spaltensumme/Gesamtsumme (s. Gl. 2.13) eine erwartete Häufigkeit berechnen und damit in die allgemeine χ^2-Formel (analog zu Gl. 2.20)

Tabelle 2.13. k × m-Tafel

Merkmalskategorien		a	b	...	m	$\sum$
	1	a_1	b_1	...	m_1	N_1
	2	a_2	b_2	...	m_2	N_2
	.	.	.		.	.
Stichproben	.	.	.		.	.
	.	.	.		.	.
	k	a_k	b_k	...	m_k	N_k
	$\sum$	N_a	N_b	...	N_m	N

einsetzen. Formalisiert man diese Prozedur entsprechend der Brandt-Snedecor-Formel für k Stichproben, ergibt sich die Prüfgröße

$$\chi^2 = \frac{N}{N_a} \cdot \sum_{i=1}^{k} \frac{a_i^2}{N_i} + \frac{N}{N_b} \cdot \sum_{i=1}^{k} \frac{b_i^2}{N_i} + \dots + \frac{N}{N_m} \cdot \sum_{i=1}^{k} \frac{m_i^2}{N_i} - N \qquad (2.28)$$

die nach (k–1)·(m–1). Freiheitsgraden zu beurteilen ist, wobei m die Zahl der Kategorien bezeichnet und i = 1, ... , k durchläuft.

Sind – was öfter der Fall ist – die Stichproben von gleichem Umfang ($N_i = n$), dann vereinfacht sich die obige Gleichung wie folgt:

$$\chi^2 = \frac{N}{n} \cdot \left(\sum_{i=1}^{k} a_i^2/N_a + \sum_{i=1}^{k} b_i^2/N_b + \dots + \sum_{i=1}^{k} m_i^2/N_m \right) - N \qquad (2.29)$$

Bei Anwendung dieser Gleichungen wird vorausgesetzt, daß die erwarteten Häufigkeiten nicht zu klein sind (etwa 80% der erwarteten Häufigkeiten größer als 5 und keine kleiner als 1). Wie man verfährt, wenn diese Voraussetzung nicht erfüllt ist, wird auf S. 99 unter der Überschrift „Kleine Stichproben" erörtert.

Beispiel 2.10. Ein neues Antibiotikum zur Behandlung verschiedener bakterieller Infektionen

Problem. Ein neues vollsynthetisches Antibiotikum wurde an einer Stichprobe von N = 90 Kindern, die an eitriger Mittelohrentzündung litten, angewandt und der Therapieerfolg (++, +, –) nach m = 3 Stufen beurteilt. Gleichzeitig wurde untersucht, welcher von k = 3 Erregern der Entzündung zugrunde lag. Die 3 × 3-Feldertafel der Tabelle 2.14 faßt die Ergebnisse zusammen.

Nullhypothese. Der Behandlungserfolg ist unabhängig von der Art des Erregers.

Alternativhypothese. Zwischen der Art des Erregers und dem Behandlungserfolg besteht eine Kontingenz (*ungerichtete* Alternativhypothese).

Signifikanzniveau. Da das neue Antibiotikum bei irrtümlicher Annahme von H_1 zu Unrecht nur bei bestimmten Erregern zum Einsatz kommt, erschweren wir die Annahme von H_1 und setzen $\alpha = 0{,}01$.

Testwahl. Es sind 3 Stichproben bezüglich eines dreifach gestuften Merkmals zu vergleichen. Da die Stichproben genügend groß sind, kommt der $k \times m$-Felder-Chi-Quadrat-Test zum Einsatz.

Testanwendung. Die Stichprobenumfänge sind mit $N_1 = 40$, $N_2 = 20$ und $N_3 = 30$ ungleich groß, so daß wir den χ^2-Wert nach Gl. 2.28 berechnen.

$$
\begin{aligned}
\chi^2 &= \frac{90}{50} \cdot \left(\frac{28^2}{40} + \frac{17^2}{20} + \frac{5^2}{30} \right) \\
&+ \frac{90}{10} \cdot \left(\frac{9^2}{40} + \frac{1^2}{20} + \frac{0^2}{30} \right) \\
&+ \frac{90}{30} \cdot \left(\frac{3^2}{40} + \frac{2^2}{20} + \frac{25^2}{30} \right) \\
&- 90 \\
&= 62{,}79 + 18{,}67 + 63{,}78 - 90 \\
&= 55{,}24
\end{aligned}
$$

Entscheidung. Wir entnehmen Tafel B des Anhangs den kritischen Wert für $Fg = (3-1) \cdot (3-1) = 4$ und $\alpha = 0{,}01$: $\chi^2_{\text{crit}} = 13{,}28$. Dieser Wert ist kleiner als der empirische χ^2-Wert, d. h. die H_0 wird verworfen.

Interpretation. Der Behandlungserfolg hängt von der Art des Erregers ab. Tabelle 2.14 ist zu entnehmen, daß das neue Antibiotikum offenbar v. a. bei Pyocyaneus-Bakterien versagt. Man beachte jedoch, daß die Patienten nicht nach Zufall mit verschiedenen Erregern infiziert wurden (keine randomisierten Stichproben), sondern ihre Erreger spontan aquirierten. Damit sind Erregertyp und Individualität der Patienten konfundiert, so daß nicht zu entscheiden ist, ob der Erregertyp oder die unterschiedliche Ansprechbarkeit der Patienten auf die Behandlung für das signifikante Ergebnis verantwortlich ist.

Einzelvergleiche von Kategorien

Ähnlich wie eine $k \times 2$-Tafel kann auch eine $k \times m$-Tafel in unabhängige Teiltafeln zerlegt werden. Auch hier sei jedoch darauf hingewiesen, daß der Nachweis einer Kontingenz in einer Teiltafel inferenzstatistisch nur dann

Tabelle 2.14. 3×3-Tafel des Beispiels 2.10

Erreger	Behandlungserfolg			
	++	+	–	$\sum$
Staphylokokken	28	9	3	40
Streptokokken	17	1	2	20
Pyocyaneus-Bakterien	5	0	25	30
$\sum$	50	10	30	90

Sinn macht, wenn entsprechende Hypothesen vor der Datenerhebung formuliert wurden. Beliebige Zusammenfassungen und Überprüfungen von Teiltafeln führen bestenfalls zu heuristischen Erkenntnissen, deren Bestand nur mit neuem Datenmaterial gesichert werden kann.

Die Zerlegung in unabhängige Teiltafeln wird im folgenden für eine 3×3-Tafel demonstriert. Die hierbei deutlich werdenden Konstruktionsregeln sind für größere Tafeln zu verallgemeinern.

In Abb. 2.3 wird gezeigt (mit der Symbolik von Tabelle 2.13), wie eine 3×3-Tafel in 4 unabhängige Teiltafeln zerlegt werden kann.

Das allgemeine Konstruktionsprinzip läßt sich wie folgt beschreiben: Im Feld unten rechts steht eine einzelne Häufigkeit (z. B. c_3). Oberhalb dieses Feldes befindet sich die Summe der restlichen Häufigkeiten derselben Spalte ($c_1 + c_2$) und links neben diesem Feld die Summe der restlichen Häufigkeiten derselben Zeile ($a_3 + b_3$). Das Feld oben links enthält die Summe aller Häufigkeiten, die sich links von Spalte 3 und gleichzeitig oberhalb der Zeile 3 befinden.

Die χ^2-Werte der 4 Teiltafeln errechnet man mit folgenden Gleichungen:

- 1. Teiltafel

$$\chi_1^2 = \frac{N}{N_a \cdot N_b \cdot (N_a + N_b)} \cdot \left(\frac{K_{11}^2}{N_1} + \frac{K_{12}^2}{N_2} - \frac{K_{13}^2}{N_1 + N_2} \right) \qquad (2.30)$$

mit: $K_{11} = a_1 \cdot N_b - b_1 \cdot N_a$
   $K_{12} = a_2 \cdot N_b - b_2 \cdot N_a$
   $K_{13} = K_{11} + K_{12}$

- 2. Teiltafel

$$\chi_2^2 = \frac{N}{(N_a + N_b) \cdot N_c \cdot (N_a + N_b + N_c)} \cdot \left(\frac{K_{21}^2}{N_1} + \frac{K_{22}^2}{N_2} - \frac{K_{23}^2}{N_1 + N_2} \right) \qquad (2.31)$$

mit: $K_{21} = (a_1 + b_1) \cdot N_c - c_1 \cdot (N_a + N_b)$
   $K_{22} = (a_2 + b_2) \cdot N_c - c_2 \cdot (N_a + N_b)$
   $K_{23} = K_{21} + K_{22}$

a_1	b_1
a_2	b_2

1. Teiltafel

$a_1 + b_1$	c_1
$a_2 + b_2$	c_2

2. Teiltafel

$a_1 + a_2$	$b_1 + b_2$
a_3	b_3

3. Teiltafel

$a_1 + b_1 + a_2 + b_2$	$c_1 + c_2$
$a_3 + b_3$	c_3

4. Teiltafel

a_1	b_1	c_1
a_2	b_2	c_2
a_3	b_3	c_3

Gesamttafel

Abb. 2.3. Zerlegung einer 3×3-Tafel in 4 unabhängige Teiltafeln

- 3. Teiltafel

$$\chi_3^2 = \frac{N}{N_a \cdot N_b \cdot (N_a + N_b)} \cdot \left(\frac{K_{31}^2}{N_1 + N_2} + \frac{K_{32}^2}{N_3} - \frac{K_{33}^2}{N_1 + N_2 + N_3} \right) \qquad (2.32)$$

mit: $K_{31} = (a_1 + a_2) \cdot N_b - (b_1 + b_2) \cdot N_a$
$K_{32} = a_3 \cdot N_b - b_3 \cdot N_a$
$K_{33} = K_{31} + K_{32}$

- 4. Teiltafel

$$\chi_4^2 = \frac{N}{(N_a + N_b) \cdot N_c \cdot (N_a + N_b + N_c)} \cdot \left(\frac{K_{41}^2}{N_1 + N_2} + \frac{K_{42}^2}{N_3} - \frac{K_{43}^2}{N_1 + N_2 + N_3} \right) \qquad (2.33)$$

mit: $K_{41} = (a_1 + b_1 + a_2 + b_2) \cdot N_c - (c_1 + c_2) \cdot (N_a + N_b)$
$K_{42} = (a_3 + b_3) \cdot N_c - c_3 \cdot (N_a + N_b)$
$K_{43} = K_{41} + K_{42}$

Die χ^2-Werte der Teiltafeln haben jeweils einen Freiheitsgrad. Eine allgemeine Formel zur Berechnung des χ^2-Werts einer Teiltafel aus einer beliebigen $k \times m$-Tafel findet man bei Bortz, Lienert & Boehnke (1990, S. 150, Gl. 5.75).

Datenrückgriff. Zur Veranschaulichung des Vorgehens greifen wir noch einmal auf die Daten des Beispiels 2.10 (Antibiotikum) zurück. Wir nehmen an, daß vor der Datenerhebung folgende Teilhypothesen formuliert wurden ($\alpha = 0{,}01$; ungerichtete Alternativhypothesen):

Tabelle 2.15. Zerlegung von Tab. 2.14 in vier unabhängige Teiltafeln

Erreger	++	+
Staphylokokken	28	9
Streptokokken	17	1

a)

Erreger	++, +	–
Staphylokokken	37	3
Streptokokken	18	2

b)

Erreger	++	+
Staphylokokken oder Streptokokken	45	10
Pyocyaneus-Bakterien	5	0

c)

Erreger	++, +	–
Staphylokokken oder Streptokokken	55	5
Pyocyaneus-Bakterien	5	25

d)

- 1. Teilhypothese: Die Behandlungserfolge ++ und + unterscheiden sich bei Patienten mit Staphylokokken und mit Streptokokken (vgl. Tabelle 2.15 a).
- 2. Teilhypothese: Erfolgreiche Behandlungen (++, +) und nichterfolgreiche Behandlungen (–) kommen bei Patienten mit Staphylokokken und Streptokokken unterschiedlich häufig vor (vgl. Tabelle 2.15 b).
- 3. Teilhypothese: Erneut betrachten wir nur Behandlungserfolge (++ oder +). Außerdem fassen wir Patienten mit Staphylokokken und mit Streptokokken zu einer Kokken-Gruppe zusammen und fragen, ob sich diese Gruppe von der Patientengruppe mit Pyocyaneus-Bakterien in bezug auf ++ und + unterscheidet (vgl. Tabelle 2.15 c).
- 4. Teilhypothese: Wir fragen, ob sich die Kokken-Gruppe und die Pyocyaneus-Bakterien-Gruppe in bezug auf Behandlungserfolg (++, +) bzw. Mißerfolg (–) unterscheiden (vgl. Tabelle 2.15 d).

Die Teiltafeln, anhand derer wir die 4 Teilhypothesen prüfen, sind in Tabelle 2.15 zusammengefaßt.

Es erfolgt nun die Auswertung dieser Teiltafeln.

Für Tabelle 2.15 a errechnen wir nach Gl. 2.30:

$$K_{11} = 28 \cdot 10 - 9 \cdot 50 = -170$$

$$K_{12} = 17 \cdot 10 - 1 \cdot 50 = 120$$

$$K_{13} = (-170) + 120 = -50$$

$$\chi_1^2 = \frac{90}{50 \cdot 10 \cdot 60} \cdot \left(\frac{-170^2}{40} + \frac{120^2}{20} - \frac{-50^2}{60} \right) = 4{,}2025$$

Dieser Wert ist für $\alpha = 0{,}01$ und zweiseitigen Test nicht signifikant.

Tabelle 2.15 b wird über Gl. 2.31 ausgewertet:

$$K_{21} = 37 \cdot 30 - 3 \cdot 60 = 930$$

$$K_{22} = 18 \cdot 30 - 2 \cdot 60 = 420$$

$$K_{23} = 930 + 420 = 1350$$

$$\chi_2^2 = \frac{90}{60 \cdot 30 \cdot 90} \cdot \left(\frac{930^2}{40} + \frac{420^2}{20} - \frac{1350^2}{60} \right) = 0{,}0375$$

Auch dieser Wert ist nicht signifikant.

Für Tabelle 2.15 c verwenden wir Gl. 2.32:

$$K_{31} = 45 \cdot 10 - 10 \cdot 50 = -50$$

$$K_{32} = 5 \cdot 10 - 0 \cdot 50 = 50$$

$$K_{33} = (-50) + 50 = 0$$

$$\chi_3^2 = \frac{90}{50 \cdot 10 \cdot 60} \cdot \left(\frac{-50^2}{60} + \frac{50^2}{30} - \frac{0^2}{90} \right) = 0{,}3750$$

Dies ist erneut ein nichtsignifikanter χ^2-Wert.

Die letzte Teiltafel (Tabelle 2.15 d) wird über Gl. 2.33 ausgewertet:

$$K_{41} = 55 \cdot 30 - 5 \cdot 60 = \quad 1350$$

$$K_{42} = 5 \cdot 30 - 25 \cdot 60 = -1350$$

$$K_{43} = 1350 + (-1350) = 0$$

$$\chi_4^2 = \frac{90}{60 \cdot 30 \cdot 90} \cdot \left(\frac{1350^2}{60} + \frac{-1350^2}{30} - \frac{0^2}{90} \right) = 50{,}6250$$

Dieser Wert ist statistisch signifikant (vgl. Tafel B für $\alpha = 0{,}01$, Fg = 1 und zweiseitigen Test).

Kontrolle: Die 4 χ^2-Werte der Teiltafeln ergeben zusammen den auf S. 94 bereits errechneten Gesamt-χ^2-Wert (4,2025 + 0,0375 + 0,3750 + 50,6250 = 55,24).

Zusammenfassend kann also interpretiert werden, daß das Antibiotikum bei Patienten mit Staphylokokken und Streptokokken, wie klinisch denn auch zu erwarten, keine differentielle Wirkung erzielt. Fassen wir die Patienten mit diesen Erregern zu einer Gruppe zusammen, ergibt sich gegenüber Patienten mit Pyocyaneus-Bakterien ebenfalls kein Unterschied, wenn nur die Erfolgskategorien ++ und + betrachtet werden. Unterscheiden wir jedoch lediglich erfolgreiche (++ oder +) und nichterfolgreiche (–) Behandlungen, ist festzustellen, daß es zwischen den Behandlungserfolgen bei Staphylo-Streptokokken und Pyocyaneus-Bakterien erhebliche Unterschiede gibt. Rein deskriptiv (wir hatten eine ungerichtete Alternativhypothese formuliert!) ist Tabelle 2.15 d zu entnehmen, daß das Antibiotikum bei Patienten mit Pyocyaneus-Bakterien offenbar versagt.

Abschließend sei darauf hingewiesen, daß es in der Forschungspraxis nicht üblich ist, alle Teiltafeln, die zu einem vollständigen Satz unabhängiger Teiltafeln gehören, durchzutesten. Meistens lassen sich nur für eine oder zwei Teiltafeln inhaltlich begründete Hypothesen formulieren (im Beispiel etwa für Tabelle 2.15 d), die dann nach dem hier beschriebenen Vorgehen zu prüfen wären.

Kleine Stichproben

Wie bei allen bislang behandelten χ^2-Tests gilt auch beim k × m-Chi-Quadrat-Test die Forderung von Cochran (1954), daß in der Regel mindestens 80% aller $e_{ij} > 5$ und kein $e_{ij} < 1$ sein sollte und daß jede Beobachtung nur einer der k × m-Merkmalskombinationen eindeutig zugeordnet werden kann. Ist eine χ^2-Prüfung einer Kontingenztafel wegen zu kleiner erwarteter Häufigkeiten fragwürdig, dann stellt sich dem Anwender das Problem, welche Alternativen in Betracht zu ziehen sind.

Eine Alternative besteht darin, Zeilen und/oder Spalten der Kontingenztafel zusammenzufassen. Derartige Zusammenfassungen müssen jedoch sachlogisch zu rechtfertigen sein, wie es z. B. bei der Zusammenfassung benachbarter Kategorien eines ordinal skalierten Merkmals (wie schwacher und fehlender Behandlungserfolg in Tabelle 2.10) der Fall wäre. Führt die Zusammenfassung zu genügend großen erwarteten Häufigkeiten, kann die χ^2-Prüfung anhand der reduzierten Tafel vorgenommen werden.

Oftmals verbietet die Untersuchungsfrage jedoch das Zusammenlegen von Merkmalskategorien. In diesem Falle kann eines der folgenden Alternativverfahren zur Anwendung kommen:

Alternativverfahren bei kleinen Stichproben

- Ist die Kontingenztafel klein (2 × 3 oder 3 × 3 Felder) und sind alle Felder schwach besetzt, dann kommt ein exakter Kontingenztest in Betracht (vgl. Bortz, Lienert u. Boehnke, 1990, S. 140 ff.).
- Haben schwach besetzte Kontingenztafeln höchstens 5 × 5 Felder und sind alle erwarteten Häufigkeiten größer als 1, wählt man den Craddock-Flood-Chi-Quadrat-Test (vgl. Bortz, Lienert u. Boehnke, 1990, S. 139 f.).
- Haben Kontingenztafeln mit niedrigen Besetzungszahlen deutlich mehr als 5 × 5 Felder, dann prüft man, selbst wenn die erwarteten Häufigkeiten teilweise kleiner als 1 sind, mittels eines für diese Bedingungen modifizierten χ^2-Test (Haldane-Dawson-Test, vgl. Bortz, Lienert u. Boehnke, 1990, S. 137 ff.).

2.4.4
Der Fuchs-Kenett-Ausreißertest (FKA-Test) als Einfeldertest

Zielsetzung

> Die im letzten Abschnitt behandelte Zerlegung einer k × m-Tafel in (k–1) · (m–1) unabhängige Teiltafeln ermöglicht es, spezifische Hypothesen über Teilkontingenzen im Kontext einer Gesamttafel zu überprüfen oder auch eine Gesamtkontingenz im nachhinein detailliert zu interpretieren. Häufig jedoch stellt man fest, daß ein Feld oder auch mehrere – meist 4-Felder – mit überraschend hohen bzw. niedrigen Häufigkeitszahlen besetzt sind. Man will nun erfahren, ob diese „Ausreißerfrequenzen" ein Produkt des Zufalls sind oder ein besonders interpretationswürdiges Forschungsergebnis darstellen.

Wie man hierbei vorgehen kann, wird im folgenden beschrieben:

Durchführung

Ob ein Feld über- oder unterfrequentiert ist, erfährt man durch einen Vergleich der beobachteten Häufigkeit b_{ij} mit der entsprechenden über Gl. 2.13 errechneten erwarteten Häufigkeit e_{ij}. Die Differenz $b_{ij}-e_{ij}$ bezeichnen wir als Residuum.

Zur Analyse von derartigen Residuen wurde eine Reihe von Verfahren vorgeschlagen, die jedoch alle mehr oder weniger problematisch sind. (Einen Überblick hierzu geben Lautsch & v. Weber, 1995, Kap. 1.3). Einer dieser Vorschläge läuft darauf hinaus, jedes Residuum über die entsprechende χ^2-Komponente $(b_{ij}-e_{ij})^2/e_{ij}$ mit Fg=1 zu überprüfen und die signifikanten Komponenten als Indikatoren für Ausreißerfrequenzen anzusehen.

Daß diese Vorgehensweise nicht unproblematisch ist, verdeutlichen die folgenden Überlegungen: Zwar addieren sich die χ^2-Komponenten der einzelnen Felder zum Gesamt-χ^2-Wert; dies trifft aber nicht auf die Freiheitsgrade zu. Wenn jede χ^2-Komponente tatsächlich einen Freiheitsgrad hätte, würden sich die Freiheitsgrade der gesamten Tafel zu Fg=k·m addieren. Tatsächlich hat eine k × m-Tafel aber nur (k–1) · (m–1) Freiheitsgrade.

Der Grund für diese Diskrepanz liegt darin, daß die χ^2-Komponenten der k × m-Felder nicht unabhängig voneinander sind. Dieser Sachverhalt läßt sich am einfachsten an einer Vierfeldertafel (mit Fg=1) veranschaulichen. Wenn ein Residuum der Vierfeldertafel bekannt ist, kennt man gleichzeitig alle übrigen Residuen, denn die Residuen sind hier betragsmäßig alle gleich groß. Wenn also eine Feldbesetzung als Ausreißerfrequenz identifiziert wurde, sind zwangsläufig auch die übrigen 3 Felder mit Ausreißerfrequenzen besetzt. Da sich die Residuen zu Null addieren, hat man in diesem Fall immer 2 überfrequentierte (positive Residuen) und 2 unterfrequentierte Felder (negative Residuen).

Tabelle 2.16. Beispiel für eine 3×3-Tafel mit einer Ausreißerfrequenz

	+	0	–
+	<u>13</u> (5)	1 (5)	1 (5)
0	1 (5)	7 (5)	7 (5)
–	1 (5)	7 (5)	7 (5)

Entsprechendes gilt – wie Tabelle 2.16 verdeutlicht – auch für $k \times m$-Tafeln. Hier ist $a_1 = f_{++} = 13$ offenbar ein Ausreißer (die erwarteten Häufigkeiten sind in Klammern gesetzt).

Auch hier addieren sich die Residuen zu Null, d. h. ein stark überfrequentiertes Feld muß durch ein stark unterfrequentiertes Feld (oder – wie in Tabelle 2.16 – durch mehrere mäßig unterfrequentierte Felder) „kompensiert" werden. Diese Abhängigkeit ist bei den sog. Einfeldertests zu berücksichtigen.

Der folgende, ausführlicher dargestellte Ausreißertest von Fuchs & Kenett (1980) beachtet, daß ein stark überfrequentiertes Feld ein oder mehrere unterfrequentierte Felder nach sich zieht. Zur Durchführung des Tests berechnet man für jedes Feld folgende, aus dem Residuum abgeleitete Prüfgröße u_{ij} des FKA-Tests:

$$u_{ij} = \frac{b_{ij} - e_{ij}}{\sqrt{e_{ij} \cdot (1 - \text{Zeilensumme } i/N - \text{Spaltensumme } j/N + e_{ij}/N)}} \qquad (2.34)$$

Die Prüfgrößen u_{ij} sind bei genügend großen Stichproben (mindestens 80% aller $e_{ij} > 5$) standardnormalverteilt und können somit über Tafel A des Anhangs zufallskritisch bewertet werden. Allerdings ist hierbei das Signifikanzniveau über eine sog. *Bonferoni-Korrektur* der Anzahl der simultanen Tests anzupassen. Führt man $r = k \cdot m$ simultane Tests durch, gilt ein Testergebnis erst dann für ein bestimmtes Signifikanzniveau α als statistisch signifikant, wenn die Überschreitungswahrscheinlichkeit den Wert α^* nicht überschreitet, wobei

$$\alpha^* = \alpha/r \qquad (2.35)$$

Dies ist die Signifikanzschranke für eine multiple Testprozedur mit einseitigen Tests. Bei zweiseitigen Tests ist α^* zu halbieren.

Wird der FKA-Test beispielsweise mit $\alpha = 0{,}05$ über eine 3×2-Tafel durchgeführt, muß die einseitige Überschreitungswahrscheinlichkeit eines u_{ij}-Werts den Wert $\alpha^* = 0{,}05/6 = 0{,}0083$ erreichen oder unterschreiten, um von einer statistisch bedeutsamen Ausreißerfrequenz ausgehen zu können.

Datenrückgriff. Zur Verdeutlichung der praktischen Anwendung des FKA-Tests wollen wir noch einmal das Beispiel 2.10 (Antibiotikum) heranziehen. Wir interessieren uns für die Frage, ob es Kategorien des Behandlungserfolgs

Tabelle 2.17. Erwartete Häufigkeiten für Tabelle 2.14

Erreger	Behandlungserfolg			
	++	+	–	Σ
Staphylokokken	22,22	4,44	13,33	40
Streptokokken	11,11	2,22	6,67	20
Pyocyaneus-Bakterien	16,67	3,33	10,00	30
Σ	50	10	30	90

(++, +, –) gibt, die bei einem oder mehreren Erregern statistisch bedeutsam über- bzw. unterfrequentiert sind.

Zur Anwendung von Gl. 2.34 berechnen wir zunächst die erwarteten Häufigkeiten e_{ij} für Tabelle 2.14. Nach Gl. 2.13 errechnen wir $e_{11} = 40 \cdot 50/90 = 22,22$; $e_{12} = 40 \cdot 10/90 = 4,44$ etc. Tabelle 2.17 faßt die erwarteten Häufigkeiten zusammen.

Zunächst müssen wir feststellen, daß 3 von 9 e_{ij}-Werten kleiner als 5 sind, womit die Voraussetzung für einen validen $k \times m$-Felder-Chi-Quadrat-Test nach Gl. 2.28 – höchstens 20% aller e_{ij}-Werte kleiner als 5 – verletzt ist. Nun ist jedoch der χ^2-Wert der Tafel so groß ($\chi^2_{emp} = 55,24$ gegenüber $\chi^2_{crit} = 13,28$), daß die H_0 trotz nicht erfüllter Voraussetzung bedenkenlos mit $\alpha = 0,01$ verworfen werden kann. Sicherheitshalber wurde noch ein Craddock-Flood-Test (vgl. S. 99) durchgeführt, der diese Entscheidung bestätigt.

Nun jedoch zurück zum FKA-Test, den wir trotz der z. T. zu kleinen erwarteten Häufigkeiten für explorative Zwecke durchführen wollen. Mit den erwarteten Häufigkeiten der Tabelle 2.17 errechnen wir nach Gl. 2.34 u_{ij}-Werte, wie z. B.

$$u_{11} = \frac{28 - 22,22}{\sqrt{22,22 \cdot (1 - 40/90 - 50/90 + 22,22/90)}} = 2,47$$

$$u_{12} = \frac{9 - 4,44}{\sqrt{4,44 \cdot (1 - 40/90 - 10/90 + 4,44/90)}} = 3,08$$

etc.

Eine Aufstellung aller u_{ij}-Werte enthält Tabelle 2.18.

Diese u_{ij}-Werte sind mit einem kritischen u-Wert zu vergleichen. Da wir $\alpha = 0,01$ gewählt haben (vgl. S. 94), dürfen die u_{ij}-Werte für den Nachweis einer Ausreißerfrequenz höchstens eine Überschreitungswahrscheinlichkeit von $\alpha^* = 0,01/9 = 0,0011$ aufweisen (Gl. 2.35). Gemäß Tafel A ist dies der Wert $u = 3,06$. Dieser Wert schneidet von einer Seite der Standardnormalverteilung einen Flächenanteil von 0,0011 (bzw. 0,11%) ab, d. h. dieser Wert wäre für einseitige Tests zu verwenden. Da wir jedoch keine gerichteten Hypothesen formuliert haben, müssen wir zweiseitig testen, d. h., wir benötigen 2 kriti-

Tabelle 2.18. u_{ij}-Werte des FKA-Einfeldertests

Erreger	Behandlungserfolg		
	++	+	–
Staphylokokken	2,47	3,08	–4,65**
Streptokokken	3,01	–0,98	–2,51
Pyocyaneus-Bakterien	–5,25**	–2,37	7,12**

** signifikant

sche Werte, die von beiden Seiten der Standardnormalverteilung insgesamt 0,11% der Fläche abschneiden bzw. von einer Seite die Hälfte von 0,11%, also 0,055%. Tafel A im Anhang entnehmen wir hierfür $u_{crit} = \pm 3{,}26$. Alle u_{ij}-Werte der Tabelle 2.18, deren Absolutbetrag größer als 3,26 ist, hätten bei einem FKA-Einzeltest eine zweiseitige Überschreitungswahrscheinlichkeit von höchstens $P' = 0{,}00055$. Im Kontext einer multiplen Testprozedur über alle u_{ij}-Werten „kumulieren" sich die Überschreitungswahrscheinlichkeiten zu $\alpha = 0{,}01$, d. h alle $|u_{ij}| \geq 3{,}26$ können für $\alpha = 0{,}01$ als statistisch signifikant gelten.

Die signifikanten u_{ij}-Werte sind in Tabelle 2.18 mit ** gekennzeichnet. Dem Vorzeichen eines u_{ij}-Werts ist zu entnehmen, ob das Feld überfrequentiert (positives Vorzeichen) oder unterfrequentiert ist (negatives Vorzeichen). Wir haben 3 signifikante Felder ermittelt, die wie folgt zu interpretieren sind:

Ein Behandlungsmißerfolg (–) kommt bei Patienten mit Staphylokokken äußerst selten vor. Bei Patienten mit Pyocyaneus-Bakterien hingegen sind sehr gute Behandlungserfolge (++) die Ausnahme und Mißerfolge (–) besonders häufig zu verzeichnen, wie dies denn auch klinisch plausibel erscheint.

Hinweis: Eine Alternative zur Berechnung der u_{ij}-Werte findet man bei Kotze u. Hawkins (1984).

2.5
Der Vergleich abhängiger Stichproben
bezüglich eines zwei- oder mehrfach gestuften Merkmals

Wenn wir ein- und dieselbe Stichprobe von Individuen zwei- oder mehrmal – etwa in einem gewissen zeitlichen Abstand oder unter veränderten Bedingungen – auf ein bestimmtes Merkmal hin untersuchen, so haben wir es nicht mehr mit unabhängigen, sondern mit abhängigen (korrelierenden oder gepaarten) Stichproben zu tun (vgl. auch S. 17 u. 158 ff.). Dabei liefert also jedes Individuum 2 oder mehr Beobachtungen.

Abhängige Stichproben erhalten wir auch, wenn wir nach einem bestimmten Kriterium *Parallelstichproben* („matched samples") bilden. Hierbei werden

Paare, Tripel, Quadrupel etc. von Individuen mit gleichen Merkmalsausprägungen (z. B. gleichen Gewichts oder gleicher Antigensensibilität) zusammengestellt und die Individuen einer jeden merkmalshomogenen Gruppe nach Zufall einer der 2, 3, 4 usw. Stichproben zugeteilt.

Im folgenden behandeln wir zunächst Fragestellungen, die sich ergeben, wenn eine Stichprobe hinsichtlich eines Alternativmerkmals 2mal untersucht wird (bzw. zwei Parallelstichproben bezüglich eines Alternativmerkmals einmal untersucht werden). Der dafür einschlägige *Test von McNemar* (1947) wird im Abschn. 2.5.1 behandelt.

Untersuchen wir 2mal (oder einmal an 2 Parallelstichproben) ein mehrfach gestuftes Merkmal, sind 2 Problemstellungen zu unterscheiden: Zum einen können wir fragen, ob die Merkmalsverteilungen bei der 1. Untersuchung (oder bei der 1. Stichprobe) mit der Merkmalsverteilung bei der 2. Untersuchung (oder der 2. Stichprobe) übereinstimmt. Diese Hypothese überprüfen wir im Abschnitt 2.5.2 mit dem *Marginalhomogenitätstest von Lehmacher* (1980). Sollte diese Hypothese zutreffen, kann es dennoch zwischen der 1. und 2. Messung (bzw. zwischen den beiden parallelen Stichproben) zu Veränderungen gekommen sein. Ob dies der Fall ist, zeigt uns der im Abschn. 2.5.3 behandelte *Symmetrietest von Bowker* (1948).

Ein weiteres wichtiges Verfahren, der *Q-Test von Cochran* (1950), kommt zum Einsatz, wenn eine Stichprobe mehrmals (m-fach) bezüglich eines Alternativmerkmals untersucht wird (Abschn. 2.5.4). Bei Anwendung auf m Parallelstichproben überprüft der Q-Test die Unterschiedlichkeit der m Parallelstichproben in bezug auf ein Alternativmerkmal, analog dem McNemar-Symmetrietest für m = 2 Parallelstichproben, den wir nachfolgend vorwegnehmen.

2.5.1
Der Chi-Quadrat-Test von McNemar

Zielsetzung

Betrachten wir den Fall, daß ein- und dieselbe Gruppe von Patienten 2mal (etwa während und nach einer Erkrankung) hinsichtlich eines Alternativmerkmals, z. B. des Auftretens einer biologischen Reaktion (+, –), untersucht worden ist, dann sieht das Tafelschema von McNemar wie in Tabelle 2.19 dargestellt aus.

In Tabelle 2.19 erscheint die Zahl der Patienten, die in der Untersuchung I positiv und in der Untersuchung II negativ reagierte, im Feld b; im Feld c dagegen finden sich die Patienten mit negativer Reaktion in Untersuchung I und mit positiver Reaktion in Untersuchung II. Die Zahl der Patienten, deren Reaktion unverändert positiv oder negativ geblieben ist, steht in den Feldern a und d.

Wenn wir nun ausschließlich die Fälle b und c betrachten, in denen eine Veränderung der Reaktion zustande kam, so erwarten wir unter der Annahme, daß diese Veränderung rein zufälliger Natur ist (H_0), daß die eine Hälfte

Tabelle 2.19. McNemar-Tafel

Untersuchung I	Untersuchung II	
	+	-
+	a	b
-	c	d

der Veränderungen in Richtung von + nach – (Feld b) und die andere in Richtung von – nach + (Feld c) führt. Die Überprüfung dieser Nullhypothese ist Aufgabe des McNemar-Tests.

Wurden 2 Parallelstichproben untersucht (z. B. eine behandelte Experimentalgruppe und eine hierzu parallelisierte, nichtbehandelte Kontrollgruppe; geprüft wird jeweils das Vorhandensein oder Ausbleiben einer biologischen Reaktion), enthält das Feld a die Anzahl aller Paare, bei denen sowohl der behandelte als auch der nichtbehandelte Paarling die Reaktion zeigen. In Feld d stehen dementsprechend alle Paare, bei denen beide Paarlinge keine Reaktion zeigen. Die „sensiblen" Felder sind auch hier wieder die Felder b und c. Die Häufigkeit für das Feld b gibt an, bei wie vielen Paaren der behandelte Paarling positiv und der nichtbehandelte Paarling negativ reagierte. Umgekehrt enthält Feld c die Anzahl aller Paare mit negativer Reaktion beim behandelten und positiver Reaktion beim nicht behandelten Paarling.

Auch hier wäre bei Gültigkeit der Nullhypothese (keine Behandlungswirkung) zu erwarten, daß die Felder b und c gleich häufig besetzt sind, d. h. der McNemar-Test wäre auch bei dieser Fragestellung die Methode der Wahl.

Durchführung

Unter H_0 gilt für die beobachteten Häufigkeiten b und c eine erwartete Häufigkeit von $e_b = e_c = (b+c)/2$, d. h. wir erwarten eine *symmetrische Häufigkeitsverteilung* um die durch die Felder a und d verlaufende Symmetrieachse. Je mehr b und c von ihrem Durchschnitt $(b+c)/2$ abweichen, umso weniger werden wir auf die Geltung der Nullhypothese vertrauen.

Wie üblich vergleichen wir die beobachteten und die erwarteten Häufigkeiten über die allgemeine χ^2-Formel: $\chi^2 = (b_i - e_i)^2/e_i$. In diesem Falle erhält man

$$\chi^2 = \frac{\left(b - \frac{b+c}{2}\right)^2}{\frac{b+c}{2}} + \frac{\left(c - \frac{b+c}{2}\right)^2}{\frac{b+c}{2}} \tag{2.36}$$

Algebraisch vereinfacht resultiert daraus die übliche Formel des χ^2-Tests von McNemar.

$$\chi^2 = \frac{(b-c)^2}{b+c} \ , \ \text{mit Fg} = 1 \tag{2.37}$$

Berücksichtigt man – was bei $(b+c) < 30$ zweckmäßig erscheint –, daß die Frequenzen diskret, χ^2 aber stetig verteilt ist, ergibt sich die kontinuitätskorrigierte χ^2-Formel zu

$$\chi^2 = \frac{(|b-c|-1)^2}{b+c} \ , \ \text{mit Fg} = 1 \tag{2.38}$$

Den resultierenden χ^2-Wert beurteilen wir nach Tafel B des Anhangs im üblichen (zweiseitigen) Sinn. Wurde über die Größenordnung von b und c ($b > c$ oder $b < c$) bereits vor der Durchführung des Versuchs eine begründete Voraussage gemacht, dann ist auch ein einseitiger Test zulässig: Man bildet zu diesem Zweck $u = \sqrt{\chi^2}$ und vergleicht diesen u-Wert mit dem kritischen Wert gemäß Tafel A des Anhangs oder verwendet in Tafel B die kritischen Werte für den einseitigen Test.

Voraussetzungen des McNemar-Tests

- Die Untersuchungseinheiten – Individuen oder Individuenpaare – sind zufallsmäßig und wechselseitig unabhängig aus einer definierten Population entnommen worden.
- Die Untersuchungseinheiten können eindeutig und vollständig in ein Vierfelderschema für abhängige Stichproben eingeordnet werden.
- Die erwarteten Häufigkeiten sind $e_b = e_c > 5$. Ist diese Voraussetzung nicht erfüllt, rechnet man mit der Häufigkeit des Feldes b (oder c) einen Binomialtest (vgl. Abschn. 2.1.1) mit $\pi = 1/2$ und $N = b+c$ als Parameter.

Ein Beispiel soll die Anwendung des McNemar-Tests bzw. – wie er auch genannt wird – des Vierfelder-Symmetrietests auf die Therapieerfolgsforschung veranschaulichen.

Beispiel 2.11. Evaluation eines leistungsaktivierenden Präparats

Problem. Ein Kombinationspräparat, das Vitamine, Hormone und Nervennährstoffe enthält, soll die allgemeine Leistungsfähigkeit erhöhen.

Versuchsplan. Ein praktischer Arzt behandelt eine Stichprobe von 38 Patienten in einem Abstand von einem Monat einmal mit dem Vollpräparat (Verum) und ein 2. Mal mit einem Leerpräparat (Plazebo) nach Art eines sog. *Überkreuzungsplans*. (Die Patienten beginnen je zur Hälfte mit dem einen bzw. dem anderen Präparat). Aufgrund der Aussagen der Patienten stuft der Arzt die Wirkung als „gering" oder „stark" ein. (Den Patienten wurde erklärt, es handle sich um 2 verschiedene Mittel, die man individuell ausprobieren müsse).

Nullhypothese. Voll- und Leerpräparat sind gleich wirksam (wobei für das Leerpräparat der Suggestivfaktor zählt).

Alternativhypothese. Das Vollpräparat ist wirksamer als das Leerpräparat (*gerichtete* Alternativhypothese).

Signifikanzniveau. $\alpha = 0,05$.

Testwahl. Da ein- und dieselbe Stichprobe 2mal untersucht wird, liegen zwei abhängige (Daten-)Stichproben vor. Da außerdem die Ergebnisse alternativ bewertet werden, ist der *Test von McNemar* einschlägig.

Testanwendung. Die Zuordnungen nach der jeweiligen Behandlung der 38 Patienten zeigt Tabelle 2.20.

Unsere Erwartung unter H_1, daß das Vollpräparat stärker wirkt als das Leerpräparat, daß also $b > c$ ist, scheint der Dateninspektion nach zuzutreffen. Die Prüfung nach Gl. 2.38 ergibt:

$$\chi^2 = \frac{(|15 - 4| - 1)^2}{15 + 4} = 5,26$$

Entscheidung. Bei dem gebotenen einseitigen Test lesen wir in Tafel B für Fg = 1 bei $\alpha = 0,05$ einen kritischen χ^2-Wert von 2,71 ab. Unser Wert von 5,26 übersteigt ihn weit und ist somit auf der 5%-Stufe signifikant.

Da der McNemar-Test mit dem Binomialtest (vgl. Abschn. 2.2.1) identisch ist, wenn man $x = \min(b, c)$ und $N = b + c$ setzt, kann man auch in Tafel C für den Binomialtest mit $\pi = 1/2$ den einseitigen P-Wert ablesen: Für $x = 4$ und $N = 15 + 4 = 19$ gilt $P = 0,0074 + 0,0018 + 0,0003 + 0,0000 = 0,0095 < \alpha = 0,05$ bei einseitigem Test. Bei kleinem N ($N \leq 20$) ist der exakte Binomialtest dem asymptotischen McNemar-Test vorzuziehen.

Interpretation. Die Wirkung des Vollpräparats (des Vitaminpräparats) übersteigt die des Leerpräparats (der Suggestion) wesentlich.

Tabelle 2.20. Daten für einen McNemar-Test

Wirkung		Leerpräparat		
		Stark	**gering**	Σ
Vollpräparat	stark	9	15	24
	gering	4	10	14
Σ		13	25	38

Anwendungsvarianten

- Am häufigsten kommt der McNemar-Test zum Einsatz, wenn – wie beschrieben – überprüft werden soll, ob ein signifikanter Anteil der untersuchten Probanden zwischen einer Erst- und einer Zweitmessung eines Alternativmerkmals die Merkmalskategorie gewechselt hat („test for significance of change"). Der McNemar-Test ist jedoch auch zu verwenden, wenn die Differenz zweier Prozentwerte aus abhängigen Stichproben auf Signifikanz getestet werden soll.

  Im Beispiel 2.11 stellen wir fest, daß das Vollpräparat bei

$$P_1 = \frac{a+b}{N} \cdot 100\% = \frac{24}{38} \cdot 100\% = 63\%$$

  aller Patienten wirksam war, das Leerpräparat hingegen nur bei

$$P_2 = \frac{a+c}{N} \cdot 100\% = \frac{13}{38} \cdot 100\% = 34\%$$

  Es resultiert damit eine Differenz von $P_1 - P_2 = 29\%$. Da die im Beispiel geprüfte Verteilung der „Veränderer" nicht mit der H_0 zu vereinbaren war, ist auch diese Prozentwertedifferenz signifikant. (Ausführlicher hierzu vgl. Bortz, Lienert & Boehnke, 1990, S. 162 f.).

  Beim Vergleich zweier Prozentwerte aus abhängigen Stichproben ist jedoch zu beachten, daß die Prozentwerte allein nicht ausreichen, um den Test durchführen zu können. Hierfür ist es erforderlich, daß mindestens eines der 4 Felder der McNemar-Tafel bekannt ist, denn erst dann läßt sich unter Zuhilfenahme der Prozentzahlen die vollständige McNemar-Tafel rekonstruieren.

- Die zweite, bereits angesprochene Anwendungsvariante ist der Vergleich von 2 parallelisierten Stichproben bezüglich eines Alternativmerkmals. Hier besagt ein signifikanter McNemar-Test, daß (z. B.) die +-Kategorie eines Alternativmerkmals in der einen Stichprobe prozentual häufiger besetzt ist als in der anderen Stichprobe. Auch hier reichen jedoch Angaben wie z. B.: „In der einen Stichprobe befinden sich x% in der +-Kategorie und in der anderen y%" für eine Testdurchführung nicht aus. Erneut muß mindestens ein Feld der McNemar-Tafel (z. B. das Feld a mit allen Paaren, bei denen beide Paarlinge zur +-Kategorie gehören) bekannt sein, um den McNemar-Test durchführen zu können.

- Eine weitere Anwendungsvariante ergibt sich, wenn *Zuwachsraten* in 2 Merkmalen zu vergleichen sind. Hierzu betrachten wir z. B. eine Stichprobe von N Patienten, die einmal vor und ein 2. Mal nach einer (wirksamen) Behandlung hinsichtlich zweier Besserungsmerkmale untersucht worden ist. Bei Behandlung einer Virusgrippe z. B. sinkt das Fieber X und es sinkt zugleich auch die Pulsfrequenz Y. Wir bilden für jeden Patienten $d_x = x_2 - x_1$ und $d_y = y_2 - y_1$ und tragen die Vorzeichenpaare der Differenzen in ein Vierfelderschema ein.

  Aus den 4 Vorzeichenkombinationen der d_x- und der d_y-Werte (++, +−, −+, −−) ergeben sich dann die Besetzungszahlen für die McNemar-Tafel.

(Ein Zahlenbeispiel aus der Testpsychologie findet man bei Bortz, Lienert & Boehnke, 1990, S. 163 f.).

2.5.2
Der Marginalhomogenitätstest von Lehmacher

Zielsetzung

Die Nullhypothese des McNemar-Tests behauptet – wie im letzten Abschnitt ausgeführt – daß Veränderungen von + nach – (z. B. Genesungen) gleich häufig vorkommen wie von – nach + (Neuerkrankungen). Es wird also nicht behauptet, daß überhaupt keine Veränderungen eintreten, sondern lediglich, daß die Veränderungen zur Hauptdiagonale der McNemar-Tafel (der Krankgebliebenen und der Nichterkrankten) symmetrisch sind.

Wird nun ein McNemar-Test signifikant, wissen wir, daß die Veränderer (von + nach – bzw. von – nach +) asymmetrisch verteilt sind. (Hier und im folgenden konzentrieren wir uns auf die wiederholte Messung eines Merkmals. Die Überlegungen gelten analog für die Untersuchung von Parallelstichproben). Wir wissen in diesem Fall aber auch, daß der Prozentwert für die +-Kategorie aufgrund der 1. Untersuchung (Felder a + b) signifikant vom Prozentwert der +-Kategorie in der 2. Untersuchung (Felder a + c) abweicht. Kurz formuliert: Falls signifikante Veränderungen (von + nach – oder umgekehrt) eintreten, so müssen sich diese in den Randverteilungen der McNemar-Tafel widerspiegeln.

Diese Aussage gilt in dieser Form nur für Alternativmerkmale. Haben wir ein k-fach gestuftes Merkmal (k > 2) 2mal untersucht, ist es durchaus denkbar, daß zwischen 2 beliebigen Kategorien i und j asymmetrische Veränderungen vorkommen (z. B. signifikant mehr Wechsler von i nach j als umgekehrt), ohne daß sich diese in einem signifikanten Unterschied zwischen den Merkmalsverteilungen für die beiden Untersuchungszeitpunkte widerspiegeln. Aus der Tatsache, daß sich die Merkmalsverteilungen nicht unterscheiden, kann bei einem k-fach gestuften Merkmal also nicht geschlossen werden, daß zwischen beliebigen Kategorienpaaren nur unwesentliche bzw. symmetrische Veränderungen stattfinden.

Ein „klassisches" Beispiel hierfür ist die Wahlanalyse. Wenn man feststellt, daß sich die Wahlergebnisse der Parteien bei 2 zu vergleichenden Wahlen nicht verändert haben, bedeutet dies noch lange nicht, daß alle Wähler ihrer Partei „treu" geblieben sind bzw. daß nur symmetrische Veränderungen eintraten. Zwei identische Wahlergebnisse können auch dann resultieren, wenn x% der Wähler von Partei A zu Partei B „gewandert" sind, x% von B nach C und x% von C nach A die oder kurz: wenn sich die Wählerwanderungen im Saldo ausgleichen.

Ähnliches gilt für Symptomverschiebungen, bei denen es bei einigen Patienten zu Symptomänderungen kommt, ohne daß sich dadurch die Gesamthäufigkeiten der Symptome bei N Patienten ändern müssen.

Der folgende Test von Lehmacher prüft, ob die Verteilung eines kategorialen Merkmals bei wiederholter Untersuchung gleichgeblieben ist. Klinischerseits prüft er, ob trotz eines eventuellen Symptomwandels (analog zur Wählerwanderung) die Symptomanteile gleichgeblieben sind (H_0 der Marginalsymmetrie). Wie man auf Wählerwanderung oder Symptomwandel prüft, wird mittels des in Abschn. 2.5.3 behandelten Bowker-Symmetrietests untersucht.

Durchführung

Die Durchführung des Marginalhomogenitätstests ist denkbar einfach. Die Untersuchungsergebnisse werden zunächst in eine $k \times k$-Tafel eingetragen (vgl. Tabelle 2.21).

Mit b_{12} z. B. wird eine beobachtete Häufigkeit gekennzeichnet, die angibt, wie viele Individuen von Kategorie 1 (in der 1. Untersuchung) zu Kategorie 2 (in der 2. Untersuchung) wechselten und b_{21} kennzeichnet umgekehrt die Anzahl der Wechsler von Kategorie 2 zu Kategorie 1. Mit b_{ij} ($i = 1 \ldots k$, $j = 1 \ldots k$) bezeichnen wir allgemein die Wechsel von i nach j. In der Diagonale der Tafel sind die Individuen ohne Kategorienwechsel genannt (b_{ij} mit $i = j$).

Für die Zeilen- und Spaltensummen wird hier die sog. Punkt-Index-Notation eingeführt. Das Symbol $b_{1.}$ beispielsweise steht für die Anzahl der Individuen, die in der ersten Untersuchung zu Kategorie 1 gehören (1. Zeilensumme) und $b_{.j}$ für die Anzahl der Individuen der Kategorie j in der 2. Untersuchung (j-te Spaltensumme).

Der Marginalhomogenitätstest vergleicht nun jede Zeilensumme i mit der entsprechenden Spaltensumme j ($i = j$), d. h. also die Besetzungszahl einer Kategorie i aufgrund der 1. Untersuchung mit der Besetzungszahl derselben Kategorie aufgrund der 2. Untersuchung. Für jeden Vergleich wird folgende, bei Gültigkeit von H_0 asymptotisch χ^2-verteilte Größe errechnet:

Tabelle 2.21. Allgemeine $k \times k$-Tafel

		2. Untersuchung						
		1	2	$\cdots$	j	$\cdots$	k	$\sum$
	1	b_{11}	b_{12}		b_{1j}		b_{1k}	$b_{1.}$
	2	b_{21}	b_{22}		b_{2j}		b_{2k}	$b_{2.}$
	$\vdots$							
1. Untersuchung	i	b_{i1}	b_{i2}		b_{ij}		b_{ik}	$b_{i.}$
	$\vdots$							
	k	b_{k1}	b_{k2}		b_{kj}		b_{kk}	$b_{k.}$
	$\sum$	$b_{.1}$	$b_{.2}$		$b_{.j}$		$b_{.k}$	$b_{..} = N$

$$\chi^2 = \frac{(b_{i\cdot} - b_{\cdot j})^2}{b_{i\cdot} + b_{\cdot j} - 2 \cdot b_{ij}} \quad (i = j) \tag{2.39}$$

Es sind somit insgesamt k χ^2-Werte zu berechnen, wobei jeder χ^2-Wert einen Freiheitsgrad hat. Zwei Rand- (bzw. Marginal-)summen sind signifikant verschieden, wenn der entsprechende empirische χ^2-Wert den für ein bestimmtes Signifikanzniveau erforderlichen Schwellenwert bei ein- oder zweiseitigem Test erreicht oder überschreitet.

Dieses Vorgehen gilt allerdings nur für a priori-Hypothesen über einen Randsummenunterschied bei einer speziellen Kategorie. Hat man keine a priori-Hypothesen formuliert und will stattdessen alle Kategorien simultan überprüfen, ist das Signifikanzniveau nach Bonferoni zu adjustieren, d. h. der kritische χ^2-Schwellenwert ist gemäß Gl. 2.35 für $\alpha^* = \alpha/k$ festzusetzen.

Vorausgesetzt wird bei diesem Test, daß die erwarteten Häufigkeiten der Zeilen- und Spaltensummen $c_{i\cdot} = e_{\cdot j} = (b_{i\cdot} + b_{\cdot j})/2$ $(i = j)$ nicht kleiner als 10 sind.

Beispiel 2.12. Stabilität von Abwehrmechanismen

Problem. Abwehrmechanismen haben nach der Freudschen Theorie die Funktion, die äußere Realität sowie auch eigene Gefühle und Wünsche zu entstellen bzw. zu verzerren, um dadurch neurotisierende Konflikte zu entschärfen. Es soll nun überprüft werden, ob das für ein Individuum typische Abwehrverhalten zeitstabil ist (also eher „trait"-Charakter hat) oder entwicklungsbedingten Veränderungen unterliegt.

Versuchsplan. Bei 280 Jugendlichen im Adoleszenzalter wird mittels eines geeigneten diagnostischen Verfahrens der dominante bzw. am häufigsten eingesetzte Abwehrmechanismus bestimmt. Das Verfahren möge die folgenden Abwehrmechanismen erfassen:
- K (Kompensation),
- I (Identifikation),
- P (Projektion),
- R (Rationalisierung),
- S (sonstiges).

Dieselbe Stichprobe wird in einer Follow-up-Studie im frühen Erwachsenenalter erneut geprüft. Es interessiert zunächst die Frage, ob die einzelnen Abwehrmechanismen beim 1. Untersuchungszeitpunkt genauso häufig registriert werden wie beim 2. Untersuchungszeitpunkt oder ob im frühen Erwachsenenalter bestimmte Abwehrmechanismen häufiger zum Tragen kommen als in der Adoleszenz.

Nullhypothese. Die Art des dominierenden Abwehrmechanismus ändert sich nicht beim Übergang von der Adoleszenz zum frühen Erwachsenenalter.

Alternativhypothese. Im frühen Erwachsenenalter dominieren andere Abwehrmechanismen als in der Adoleszenz (*ungerichtete* Alternativhypothese).

Signifikanzniveau. Die Studie hat eher erkundenden Charakter, so daß wir uns mit $\alpha = 0,05$ begnügen wollen. Da wir nicht erwarten, daß ein bestimmter Abwehrmechanismus einem besonderen entwicklungsbedingten Wandel unterliegt, sind k = 5 simultane Tests durchzuführen, d. h. α ist auf $\alpha^* = 0,05/5 = 0,01$ zu adjustieren.

Testwahl. Ein 5stufiges nominales Merkmal wird wiederholt an einer Stichprobe untersucht. Es interessiert die Frage, ob sich die Merkmalsverteilungen für die beiden Untersuchungszeitpunkte unterscheiden. Diese Fragestellung überprüfen wir mit dem *Marginalhomogenitätstest*.

Testanwendung. Die Untersuchung möge zu den in Tabelle 2.22 zusammengefaßten Ergebnissen geführt haben.

Der Tabelle 2.22 entnehmen wir beispielsweise folgende Informationen: In der 1. Untersuchung wurde bei 36 Probanden (bzw. 12,9%) Kompensation (K) als dominanter Abwehrmechanismus festgestellt. In der 2. Untersuchung entfielen auf diesen Abwehrmechanismus 44 Probanden bzw. 15,7%. Ist dieser Unterschied signifikant, wenn wir berücksichtigen, daß 18 Probanden die K-Kategorie nicht gewechselt haben?

Für diese und die übrigen Kategorien ergeben sich nach Gl. 2.39 die folgenden χ^2-Werte:

$$\chi_K^2 = \frac{(36 - 44)^2}{36 + 44 - 2 \cdot 18} = 1,45$$

$$\chi_J^2 = \frac{(75 - 70)^2}{75 + 70 - 2 \cdot 52} = 0,61$$

$$\chi_P^2 = \frac{(52 - 55)^2}{52 + 55 - 2 \cdot 33} = 0,22$$

$$\chi_R^2 = \frac{(57 - 53)^2}{57 + 53 - 2 \cdot 31} = 0,33$$

$$\chi_S^2 = \frac{(60 - 58)^2}{60 - 58 - 2 \cdot 40} = 0,11$$

Als kritischen Wert entnehmen wir Tafel B des Anhangs (für Fg = 1, $\alpha^* = 0,01$ und zweiseitigen Test): $\chi^2 = 6,63$.

Entscheidung. Alle empirischen χ^2-Werte liegen deutlich unter dem kritischen Wert, d. h. es ist davon auszugehen, daß die Rand- bzw. Marginalverteilungen im Sinne der H_0 homogen sind.

Interpretation. Die Häufigkeiten der geprüften Abwehrmechanismen haben sich beim Übergang von der Adoleszenz zum frühen Erwachsenenalter nicht signifikant verändert.

Dies muß jedoch nicht bedeuten, daß die primären Abwehrmechanismen der Probanden unverändert geblieben sind. Für eine entsprechende Analyse der „Kategorienwechsler" verwenden wir den im folgenden zu behandelnden Bowker-Test.

Tabelle 2.22. Beispieldaten für den Marginalhomogenitätstest

		2. Untersuchung					
		K	I	P	R	S	$\sum$
1. Untersuchung	K	18	1	8	7	2	36
	I	7	52	9	6	1	75
	P	2	4	33	5	8	52
	R	9	5	5	31	7	57
	S	8	8	0	4	40	60
	$\sum$	44	70	55	53	58	280

2.5.3
Der Symmetrietest von Bowker

Zielsetzung

Um die Zielsetzung des Bowker-Tests zu erklären, knüpfen wir einfachheitshalber an den McNemar-Test an: Dessen Nullhypothese behauptet, daß Veränderungen von + nach – genauso wahrscheinlich sind wie Veränderungen von – nach +.

Nun haben wir es mit der 2maligen Untersuchung eines k-fach gestuften Merkmals (k>2) zu tun und verallgemeinern dementsprechend die Nullhypothese des McNemar-Tests: Veränderungen von einer Kategorie i zu einer Kategorie j sind genauso wahrscheinlich wie Veränderungen von der Kategorie j zur Kategorie i. Wohlgemerkt: Auch hier behauptet die H_0 nicht, daß überhaupt keine Veränderungen eintreten. Veränderungen bzw. Kategorienwechsel sind durchaus mit der H_0 zu vereinbaren, so lange diese Veränderungen „symmetrisch" sind. Bezogen auf die allgemeine $k \times k$-Tafel in

Tabelle 2.21 bedeutet dies, daß gemäß H_0 von gleichen Frequenzen in denjenigen Feldern ausgegangen wird, die symmetrisch zur Hauptdiagonale (von links oben nach rechts unten) liegen: $b_{ij} = b_{ji}$. Diese Symmetriebedingung begründet den Namen „Symmetrietest".

Durchführung

Der Bowker-Test vergleicht alle symmetrisch zur Hauptdiagonale gelegenen Felder paarweise hinsichtlich ihrer Frequenzen. Wie beim McNemar-Test bleiben auch hier die Felder in der Diagonale außer acht, denen die Anzahl der Nichtwechsler zu entnehmen ist und die auch für den Bowker-Test irrelevant sind.

Zur Prüfung der H_0 des Bowker-Tests wird folgende Teststatistik berechnet:

$$\chi^2 = \sum_{i=1}^{k} \sum_{j=1}^{k} \frac{(b_{ij} - b_{ji})^2}{b_{ij} + b_{ji}} \ , \ (i > j) \quad \text{mit} \quad Fg = \binom{k}{2} = \frac{k \cdot (k-1)}{2} \tag{2.40}$$

Beispiel 2.12 (Fortsetzung)

Problem. Mit dem Marginalhomogenitätstest konnten insgesamt keine signifikanten Veränderungen der überprüften Abwehrmechanismen festgestellt werden. Wir mußten jedoch offenlassen, ob dennoch ein signifikanter Anteil der Probanden seinen primären Abwehrmechanismus geändert hat. Dieser Frage wollen wir nun nachgehen.

Nullhypothese. Falls Probanden ihren primären Abwehrmechanismus von einer Kategorie i zu einer Kategorie j geändert haben, gibt es genauso viele Probanden mit Veränderung von j nach i.

Alternativhypothese. Beim Übergang von der Adoleszenz zum frühen Erwachsenenalter kommt es zu einem Wechsel des primären Abwehrmechanismus, wobei Wechsel von einem Abwehrmechanismus i zu einem anderen Abwehrmechanismus j wahrscheinlicher sind als Wechsel in umgekehrter Richtung (*zweiseitige* Alternativhypothese).

Signifikanzniveau. $\alpha = 0,05$ (wie in Beispiel 2.12).

Testwahl. Da Kategorienwechsel bei 2maliger Untersuchung eines k-fach gestuften Merkmals interessieren, kommt der *Symmetrietest von Bowker* zum Einsatz.

Testanwendung. Wir setzen die Daten der Tabelle 2.22 in Gl. 2.40 ein und erhalten

$$\chi^2 = \frac{(1-7)^2}{1+7} + \frac{(8-2)^2}{8+2} + \frac{(7-9)^2}{7+9} + \frac{(2-8)^2}{2+8}$$

$$+ \frac{(9-4)^2}{9+4} + \frac{(6-5)^2}{6+5} + \frac{(1-8)^2}{1+8}$$

$$+ \frac{(5-5)^2}{5+5} + \frac{(8-0)^2}{8+0}$$

$$+ \frac{(7-4)^2}{7+4}$$

$$= 4{,}50 + 3{,}60 + 0{,}25 + 3{,}60 + 1{,}92 + 0{,}09 + 5{,}44 + 0{,}00 + 8{,}00 + 0{,}82$$

$$= 28{,}22$$

Dieser Wert hat $5 \cdot 4/2 = 10$ Freiheitsgrade. Tafel B im Anhang entnehmen wir als kritischen Wert für $Fg = 10$ und $\alpha = 0{,}05$: $\chi^2 = 18{,}31$.

Entscheidung. Der empirische χ^2-Wert ist größer als der kritische χ^2-Wert, d. h. die H_0 muß verworfen werden.

Interpretation. Beim Übergang von der Adoleszenz zum frühen Erwachsenenalter gibt es asymmetrische Veränderungen im primären Abwehrmechanismus (was gegen die „trait"-Hypothese spricht). Tabelle 2.22 (bzw. den einzelnen χ^2-Komponenten) ist z. B. zu entnehmen, daß 8 Probanden, die in der Adoleszenz zu Kategorie P (Projektion) gehörten, im frühen Erwachsenenalter in die Kategorie S (Sonstiges) eingestuft wurden. Umgekehrte Wechsel – von S nach P – kommen nicht vor. Wir verzeichnen ferner nur einen Wechsel von K (Kompensation) nach I (Identifikation), aber 7 Wechsel von I nach K. Ein Beispiel für symmetrische Veränderungen sind die Abwehrmechanismen P (Projektion) und R (Rationalisierung): 5 Probanden wechselten von P nach R und ebenfalls 5 Probanden von R nach P.

Man erkennt, daß der Bowker-Test für $k = 2$ mit dem McNemar-Test übereinstimmt. Der Test ist zweiseitig ausgelegt, denn er unterscheidet nicht, ob b_{ij} größer oder kleiner als b_{ji} ist.

Es wird vorausgesetzt, daß die erwarteten Häufigkeiten $e_{ij} = e_{ji} = (b_{ij} + b_{ji})/2 \geq 5$ sind bzw. – falls alle erwarteten Häufigkeiten ungefähr gleich groß sind – daß die erwarteten Häufigkeiten größer als 2 sind. Ist die Validität des Bowker-Tests wegen zu kleiner erwarteter Häufigkeiten zweifelhaft, sollte man einen exakten Test durchführen (vgl. hierzu Bortz, Lienert & Boehnke, 1990, S. 166 ff.).

Datenrückgriff. Zur Veranschaulichung des Bowker-Tests wollen wir – wie angekündigt – das Beispiel 2.12 fortführen.

Hinweis

Der Bowker-Test kann auch für jedes der $r = k \times (k-1)/2$ Paare von symmetrisch gelegenen Zellfrequenzen vorgenommen werden, wobei jede χ^2-Komponente mit Fg = 1 nach Bonferoni mit $\alpha^* = \alpha/r$ zu beurteilen ist, wenn H_1 nicht auf ein bestimmtes Frequenzpaar spezifiziert wurde.

Marginalhomogenität und Symmetrie

Wie ist nun der signifikante Bowker-Test – so wollen wir abschließend fragen – mit der auf S. 113 behaupteten Homogenität der Randverteilungen zu vereinbaren? Zur Klärung dieser Frage wählen wir exemplarisch die Kategorie S des obigen Beispiels, die in der 1. Untersuchung mit 60 Probanden praktisch genauso häufig besetzt war wie in der 2. Untersuchung (58 Probanden).

Zunächst zählen 40 Nichtwechsler zu Kategorie S aufgrund der 1. und der 2. Untersuchung. In diese Kategorie hineingewechselt sind $2 + 1 + 8 + 7 = 18$ Probanden und verlassen haben diese Kategorie $8 + 8 + 0 + 4 = 20$ Probanden. Die Wechsel sind also insgesamt einigermaßen symmetrisch, was die Homogenität der beiden Randsummen (60 und 58) erklärt.

Betrachten wir die Wechsler jedoch kategorienweise, sind erhebliche Asymmetrien festzustellen. Nur $2 + 1 = 3$ Probanden sind von K bzw. I nach S gewechselt, aber umgekehrt $8 + 8 = 16$ Probanden von S nach K oder I. Diese Asymmetrie wird durch die Austauschraten zwischen P und S sowie R und S kompensiert. Hier sind es bedeutend mehr Probanden, die in die Kategorie S hineinwechseln (8 von P nach S und 7 von R nach S, also insgesamt 15 Probanden). Diesen Probanden stehen nur 4 Probanden gegenüber, die die Kategorie S verlassen haben (0 von S nach P und 4 von S nach R).

Dieses Beispiel verdeutlicht, daß Marginalhomogenität bei Merkmalen mit mehr als 2 Kategorien nicht mit symmetrischen Veränderungen gleichzusetzen ist. Anders als beim McNemar-Test, bei dem Marginalhomogenität und Axialsymmetrie identisch sind, bei dem also gleiche Randverteilungen nur bei symmetrischen Veränderungen zustande kommen können, sind bei einer $k \times k$-Tafel auch asymmetrische Veränderungen trotz Marginalhomogenität möglich. Axialsymmetrie impliziert also Marginalhomogenität, aber Marginalhomogenität impliziert nicht Axialsymmetrie.

Einfacher argumentiert man wie folgt: Hat man via Marginalhomogenitätstest ungleiche Randverteilungen von z. B. Symptomen oder Abwehrmechanismen vor und nach einer Behandlung nachgewiesen, so müssen auch „Symptomverschiebungen" oder Abwehrmechanismusänderungen eingetreten sein.

2.5.4 Der Q-Test von Cochran

Zielsetzung

Beim McNemar-Test wird ein Alternativmerkmal 2mal an einer Stichprobe (oder einmal an 2 Parallelstichproben) untersucht. Wird das Alternativmerkmal nicht 2fach, sondern m-fach gemessen, läßt sich mit Hilfe des Q-Tests von Cochran (1950) prüfen, ob die Häufigkeiten für die Merkmalskategorien konstant bleiben (H_0) oder ob Veränderungen eintreten (H_1). Bei Anwendung auf m Parallelstichproben überprüft der Q-Test die Unterschiedlichkeit der Parallelstichproben.

> Typische Anwendungsfälle des Q-Tests sind wiederholte Überprüfungen des Behandlungserfolgs einer Therapie (+ oder –) an einer Stichprobe von Patienten (H_0: keine Veränderung des Behandlungserfolgs) oder vergleichende Untersuchungen des Erfolgs (+ oder –) von m Behandlungen an m parallelisierten Stichproben (H_0: keine Unterschiede im Erfolg der Behandlungen).

Durchführung

Für die Durchführung eines Q-Tests fertigen wir ein $N \times m$-Datenschema an (N = Anzahl der Personen, m = Anzahl der Messungen oder Behandlungen), in das wir die Reaktion einer jeden Person (z. B. positive Reaktion = +, negative Reaktion = –) eintragen (vgl. Tabelle 2.23). Bezeichnen wir weiter mit L_i die Anzahl der positiven Reaktionen des Individuums i auf die m Behandlungen (Zeilensumme = individuelle Reaktionstendenz) und mit T_j die Anzahl der positiven Reaktionen der N Individuen auf die Behandlung j (Spaltensumme = Behandlungswirkung) so ist die Prüfgröße

$$Q = \frac{(m-1) \cdot \left[m \cdot \sum_{j=1}^{m} T_j^2 - \left(\sum_{j=1}^{m} T_j \right)^2 \right]}{m \cdot \sum_{i=1}^{N} L_i - \sum_{i=1}^{N} L_i^2} \tag{2.41}$$

unter H_0 (keine Behandlungswirkung) angenähert wie χ^2 mit $m-1$ Freiheitsgraden verteilt. Der Test ist nur für *ungerichtete* Alternativhypothesen geeignet.

Individuen mit $L_i = 0$ oder $L_i = m$ tragen nicht zur Unterschiedlichkeit der Behandlungen bei. Man kann sie deshalb bei der Anwendung von Gl. 2.41 weglassen, ohne daß sich dadurch der Q-Wert, berechnet über alle N Individuen, verändert. Für den Spezialfall zweier Behandlungen ($m = 2$) geht der Q-Test in den McNemar-Test über.

Die asymptotische Gl. 2.41 sollte nur verwendet werden, wenn $N \times m \geq 24$ ist. Bei kleineren Stichproben verwendet man den vertafelten, exakten Q-Test (vgl. Bortz, Lienert & Boehnke, 1990, Tafel 46).

Beispiel 2.13. Immunisierung durch Diphtherieimpfung

Problem. Wie wir wissen, ändert sich die Reaktionsbereitschaft des Organismus, wenn er mehrmals vom gleichen Erreger befallen wird. Im Falle der Diphtherieimpfung tritt eine Immunisierung ein, von der allerdings nicht feststeht, wie lange sie anhält; dieser Frage soll nachgegangen werden.

Untersuchungsplan. 18 Kinder werden im Alter von 12 Monaten geimpft und 4mal in angemessenen zeitlichen Abständen auf ihre Diphtherieempfänglichkeit untersucht. Ein positiver Ausfall der toxininduzierten Hautreaktion (Schick-Test oder Moloney-Test) deutet auf Anfälligkeit, ein negativer Ausfall auf Immunität hin.

Nullhypothese. Die individuelle Wahrscheinlichkeit, auf den Hauttest positiv zu reagieren, bleibt während der 4 Immunitätskontrollen unverändert.

Alternativhypothese. Die individuelle Wahrscheinlichkeit, auf den Hauttest positiv zu reagieren, verändert sich (*ungerichtete* Alternativhypothese).

Signifikanzniveau. $\alpha = 0{,}01$.

Testwahl. Es handelt sich um 4 wiederholte Untersuchungen eines Alternativmerkmals; daher wenden wir den *Q-Test* an.

Testanwendung. In Tabelle 2.23 ist für jedes der $N = 18$ Kinder und jeden der $m = 4$ Untersuchungstermine der Ausfall der Hautprobe (+, –) angegeben.

Wir haben bereits die Zeilen- und Spaltensummen in der Tabelle verzeichnet und können sogleich in Gl. 2.41 einsetzen.

$$Q = \frac{(4 - 1) \cdot [(3^2 + 5^2 + 9^2 + 12^2) - 29^2]}{4 \cdot 29 - 79} = 15{,}81$$

Wenn wir die Kinder A, D, J, O und Q (mit $L_i = 0$) sowie die Kinder L und P (mit $L_i = 4$) in Gl. 2.41 nicht berücksichtigen, resultiert mit

$$Q = \frac{(4 - 1) \cdot [(1^2 + 3^2 + 7^2 + 10^2) - 21^2]}{4 \cdot 21 - 47} = 15{,}81$$

der gleiche Wert.

Entscheidung. Wir akzeptieren die H_1, denn für $Fg = 4 - 1 = 3$ ist das errechnete Q – wie Tafel B anzeigt – auf dem geforderten Niveau von $\alpha = 0{,}01$ bedeutsam (kritischer Wert: $\chi^2 = 11{,}34$).

Interpretation. Der Schutz vor einer Diphtherieerkrankung, soweit er sich an dem Ausfall des Hautreaktions-Tests ermessen läßt, unterliegt zeitbedingten Veränderungen. Den T_j-Werten ist interpretativ zu entnehmen, daß die Schutzwirkung im Verlauf der Zeit abnimmt.

Einzelvergleiche

Ergänzend zum Q-Test von Cochran können Einzelvergleiche durchgeführt werden, bei denen eine Teilmenge der Messungen (Stichproben) m_1 einer anderen Teilmenge von Messungen (Stichproben) m_2 gegenübergestellt wird ($m_1 + m_2 = m$). Im Beispiel 2.13 (Diphtherieimpfung) könnte man etwa fragen, ob die Anzahl der Positivreaktionen zu den Zeitpunkten „3 Wochen" und „2 Jahre" niedriger ausfällt als zu den Zeitpunkten „4 Jahre" und „6 Jahre".

Tabelle 2.23. Daten für einen Q-Test

Kind	nach der Diphtherieschutzimpfung				L_i	L_i^2
	1 3 Wochen	2 2 Jahre	3 4 Jahre	4 6 Jahre		
A	–	–	–	–	0	0
B	–	–	–	+	1	1
C	–	+	+	+	3	9
D	–	–	–	–	0	0
E	–	–	–	+	1	1
F	–	–	+	+	2	4
G	–	+	+	+	3	9
H	–	–	+	–	1	1
I	–	–	–	+	1	1
J	–	–	–	–	0	0
K	+	–	–	+	2	4
L	+	+	+	+	4	16
M	–	–	+	+	2	4
N	–	+	+	+	3	9
O	–	–	–	–	0	0
P	+	+	+	+	4	16
Q	–	–	–	–	0	0
R	–	–	+	+	2	4
	3	5	9	12	29	79
	T_1	T_2	T_3	T_4	$\sum L_i$	$\sum L_i^2$

Zusätzlich kann man Unterschiede innerhalb der Teilgruppen m_1 und m_2 prüfen, im Beispiel also die Anzahl der Positivreaktionen nach 3 Wochen mit der nach 2 Jahren vergleichen, und die Anzahl der Positivreaktionen nach 4 Jahren mit denen nach 6 Jahren. Mit diesen Einzelvergleichen läßt sich also der in den Daten sichtbar werdende *zeitprogrediente Trend* im Detail analysieren. (Zur Durchführung der Einzelvergleichstests vgl. Bortz, Lienert & Boehnke, 1990, S. 171 f.).

Hinweis

Wenn sich mit dem Q-Test von Cochran nicht belegen läßt, daß die k an einer Stichprobe geprüften Behandlungen unterschiedlich wirksam sind, kann man mit dem *Symmetrie-Test* von Wall (1976) feststellen, ob die k Behandlungen hoch korreliert und damit untereinander austauschbar sind. Hierüber wird ebenfalls bei Bortz, Lienert u. Boehnke (1990, Kap. 5.6.5) berichtet.

3 Testmethoden für Rangdaten

In diesem Kapitel wollen wir verteilungsfreie Testverfahren vorstellen, die angewendet werden können, wenn Daten mit mindestens ordinalem Meßniveau auszuwerten sind, also Daten, bei denen die Individuen oder Merkmalsträger in eine Rangordnung gebracht werden können (vgl. Abschn. 1.2.1 „Die Daten"). Idealerweise resultiert hierbei eine *singuläre Rangreihe,* also eine Rangreihe, bei der jeder Rangplatz mit nur einem Individuum besetzt ist. Wie wir sehen werden, sind die wichtigsten Verfahren jedoch so konzipiert, daß sie auch dann eingesetzt werden können, wenn sich mehrere Individuen einen Rangplatz teilen, wenn also Rangbindungen (vgl. S. 20) vorliegen.

Rangordnungen sind sowohl durch schätzende als auch durch messende Verfahren herzustellen. Die schätzenden Verfahren setzen dem Stichprobenumfang jedoch enge Grenzen. Nur selten können mehr als 15 Individuen in eine eindeutige Rangordnung gebracht werden. Günstiger steht es mit den messenden Verfahren. Die Grundlage der Bildung von Rangplätzen sind hier nichtnormalverteilte Meßwerte mit zweifelhaftem Intervallskalencharakter.

Wandelt man derartige Meßwerte in Ränge um, so gibt man weniger an Information preis, als wenn man sie in Alternativinformationen überführt, die nach den in Kap. 2 beschriebenen Verfahren auszuwerten wären. Von der messenden Methode der Rangordnung werden wir im folgenden ausgiebig Gebrauch machen.

Das Kapitel behandelt Verfahren, mit denen Lageunterschiede (Unterschiede in der zentralen Tendenz) zwischen unabhängigen Stichproben (Abschn. 3.1 und 3.2) und abhängigen Stichproben (Abschn. 3.3 und 3.4) überprüft werden können. In Abschn. 3.5 geht es um den Vergleich von Verlaufskurven.

3.1
Der Vergleich zweier unabhängiger Stichproben

Von den unterschiedlichen Varianten für den nonparametrischen Vergleich zweier unabhängiger Stichproben werden im folgenden die wichtigsten dargestellt:
- der Mediantest (Abschn. 3.1.1) und
- der U-Test (Abschn. 3.1.2).

Die Verfahren überprüfen, ob sich 2 Stichproben hinsichtlich ihrer „zentralen Tendenz" unterscheiden bzw. – anders formuliert – ob die Merkmalsausprägungen in der einen Stichprobe rangmäßig höher ausfallen als in der anderen.

(Verfahren zur Überprüfung von Dispersionsunterschieden werden hier nicht behandelt. Entsprechende Informationen findet man bei Bortz, Lienert & Boehnke, 1990, Kap. 6.1.6.) Abschnitt 3.1.3 schließlich behandelt sog. Pre-Posttest-Pläne für 2 unabhängige Stichproben. Mit diesen Plänen läßt sich beispielsweise prüfen, ob sich eine Experimentalgruppe, die vor und nach einer Behandlung untersucht wurde, anders verändert hat als eine nichtbehandelte Kontrollgruppe.

3.1.1
Der Mediantest

Zielsetzung

Wie bereits erwähnt, können Rangdaten auf sehr unterschiedliche Weise zustandekommen. Auf der einen Seite können Messungen mit zweifelhaftem Intervallskalencharakter vorliegen, die man für statistische Auswertungen sicherheitshalber in Rangdaten überführen möchte. Auf der anderen Seite hat man es häufig mit originären Rangreihen zu tun, die durch subjektive Schätzurteile zustande kommen.

Unabhängig davon, wie man eine Rangreihe erstellt, wird man sich zuweilen fragen, ob die ermittelte Rangreihe der Individuen wirklich stimmt oder ob – bedingt durch ungenaue Messungen oder unsichere Rangordnungsprozeduren – vielleicht auch andere Rangreihen zu rechtfertigen sind. Unter diesen Bedingungen läßt sich ein Test anwenden, der die ordinale Information der Daten nur insoweit nutzt, als zu entscheiden ist, ob ein Individuum oberhalb oder unterhalb des gemeinsamen Durchschnitts der Meßwerte beider Stichproben liegt. Zur Charakterisierung des gemeinsamen Durchschnitts aller Messungen verwenden wir den *Medianwert,* der so bestimmt wird, daß sich oberhalb und unterhalb des Medianwertes jeweils 50% aller Individuen befinden (vgl. z. B. Bortz, 1993, S. 38). Das Verfahren heißt deshalb „Mediantest".

> Die Nullhypothese, die der Mediantest prüft, besagt, daß die beiden zu vergleichenden Stichproben aus Populationen mit identischem Median stammen. Bei Gültigkeit der H_0 erwartet man in beiden Stichproben 50% aller Messungen über und 50% aller Messungen unter dem gemeinsamen Populationsmedianwert, der über die Meßwerte der zusammengefaßten Stichproben geschätzt wird.

Durchführung

Zur Überprüfung der H_0 zählen wir in jeder Stichprobe aus, wie viele Meßwerte über bzw. unter dem Median der vereinten Stichproben liegen. Diese Häufigkeiten konstituieren eine Vierfeldertafel, die wir nach Gl. 2.15 oder 2.17 bzw. bei kleinen erwarteten Häufigkeiten mit dem exakten Vierfeldertest nach Gl. 2.12 auswerten.

Bei diesem Verfahren kann es passieren, daß eine Messung oder auch mehrere Messungen mit dem Median identisch sind. Wie soll man mit diesen Messungen umgehen?

- Fällt bei ungeradzahligem $N = N_1 + N_2$ der Median auf einen Meßwert, kann dieser für die weiteren Berechnungen außer acht gelassen werden.
- Bei mehreren mediangebundenen Messungen dichotomiere man so nahe wie möglich am Median und bezeichne diesen Test als *Paramediantest* (vgl. S. 140). Gibt es 2 Möglichkeiten, paramedian zu dichotomisieren, so verfahre man nach Moosbrugger & Zistler (1993) und wähle jene Dichotomie, die der Axialsymmetrie (b = c) am nächsten kommt.

Beispiel 3.1. Soziale Isolierung und Sozialverhalten bei Schimpansen

Problem. Es soll der Einfluß früher sozialer Isolierung auf das spätere Sozialverhalten im Tierexperiment untersucht werden.

Versuchsplan. Von $N = 20$ Schimpansensäuglingen werden $N_A = 9$ zufällig ausgewählt und nach dem Abstillen bis zur Geschlechtsreife isoliert aufgezogen. Dann kehren sie in die Tiergemeinschaft zurück und werden ebenso wie die $N_B = 11$ darin verbliebenen Schimpansen von einem naiven Beurteiler auf einer 5-stufigen Ratingskala (1 = schlechtes und 5 = gutes Sozialverhalten) bewertet.

Nullhypothese. Isoliert gehaltene Schimpansen und Schimpansen, die in der Tiergemeinschaft integriert aufwachsen, unterscheiden sich nicht in ihrem Sozialverhalten.

Alternativhypothese. Isoliert gehaltene Schimpansen zeigen ein schlechteres Sozialverhalten als Schimpansen, die von vornherein in der Tiergemeinschaft integriert sind (*gerichtete* Alternativhypothese).

Signifikanzniveau. Wir wählen $\alpha = 0,05$.

Testwahl. Der Beurteiler gibt zu verstehen, daß ihm die Bewertung des Sozialverhaltens der Schimpansen erhebliche Schwierigkeiten bereitet habe. Das erhobene Datenmaterial ist deshalb offenkundig wenig reliabel, so daß man berechtigte Zweifel am Ordinalskalencharakter der Bewertungen hat. Man entscheidet deshalb, die Bewertungen am Median der vereinten Stichproben zu dichotomisieren (eher gutes oder eher schlechtes Sozialverhalten) und zur Hypothesenprüfung den *Mediantest* einzusetzen.

Testanwendung. Tabelle 3.1 zeigt die Ergebnisse der Untersuchung.
Der Median (Md) der $N_A + N_B = 20$ Bewertungen befindet sich zwischen den Stufen 2 und 3, d. h. alle Schimpansen mit den Bewertungen 1 und 2 befinden sich unterhalb und alle mit 3, 4 und 5 oberhalb des Medians. Die für beide Stichproben getrennt vorgenommene Auszählung führt zu den in Tabelle 3.2 dargestellten Häufigkeiten.
Für diese Vierfeldertafel errechnen wir nach Gl. 2.15

$$\chi^2 = \frac{20 \cdot (2 \cdot 3 - 7 \cdot 8)^2}{10 \cdot 10 \cdot 9 \cdot 11} = 5,05$$

Entscheidung. Tafel B im Anhang entnehmen wir für den einseitigen Test, $\alpha = 0,05$ und Fg = 1 einen kritischen Wert von 2,71. Der empirische Wert ist mit $\chi^2 = 5,05$ größer, d. h. die H_0 muß verworfen werden.

Da die erwarteten Häufigkeiten relativ klein sind, führen wir sicherheitshalber noch einen exakten Fisher-Yates-Test nach Gl. 2.12 durch. Die exakte einseitige Überschreitungswahrscheinlichkeit ergibt sich zu P = 0,03215 + 0,00268 + 0,00006 = 0,03489. Sie ist kleiner als $\alpha = 0,05$, so daß unsere aufgrund des χ^2-Tests getroffene Entscheidung (H_0 verwerfen) bestätigt wird.

Interpretation. Sozial isoliert aufgewachsene Schimpansen zeigen ein schlechteres Sozialverhalten als Schimpansen, die in der Tiergemeinschaft groß werden.

Hinweis

Der an sich schwache Mediantest kann effizienter sein als alle anderen Lageunterschiedstests einschließlich des parametrischen t-Tests für 2 unabhängige Stichproben, wenn Ausreißermeßwerte auftreten. Dies trifft besonders dann zu, wenn die lageniedrigere Stichprobe nach oben und die lagehöhere Stichproben nach unten „ausreißt". Man überzeuge sich, daß die Stichproben $X_1 = (4\ 5\ 6\ 7\ 8\ 18)$ und $X_2 = (0\ 8\ 9\ 10\ 10\ 11)$ nur mit dem Mediantest als lageverschieden nachgewiesen werden können, obschon beide den gleichen Mittelwert von 8 haben. Für $a = d = 5$ und $b = c = 1$ resultiert nach dem Fisher-Yates-Test immerhin ein einseitiges $P = 0,039 + 0,001 = 0,04 < 0,05 = \alpha$.

Tabelle 3.1. Benotung der Schimpansen

Isolierte Schimpansen (Gruppe A)	Integrierte Schimpansen (Gruppe B)
1	1
4	4
1	4
2	1
2	3
1	2
5	4
1	4
2	5
$N_A = 9$	4
	4
	$N_B = 11$

Tabelle 3.2. Vierfeldertafel für den Mediantest

	Gruppe A	Gruppe B	$\sum$
>Md	2	8	10
<Md	7	3	10
$\sum$	9	11	20

3.1.2
Der U-Test von Mann-Whitney

Zielsetzung

Als ein häufig verwendeter verteilungsfreier Test für den Vergleich der zentralen Tendenz zweier unabhängiger Stichproben hat sich der von Mann & Whitney (1947) entwickelte U-Test bewährt. Eine hierzu algebraisch äquivalente Testvariante – den Rangsummentest – hat Wilcoxon (1947) vorgeschlagen, auf dessen Behandlung wir verzichten. Der U-Test ist das verteilungsfreie Pendant zum parametrischen t-Test für unabhängige Stichproben (vgl. z. B. Bortz, 1993, Kap. 5.1.2).

Der U-Test prüft die Nullhypothese, daß 2 zu vergleichende Stichproben aus formgleich (homomer) verteilten Populationen mit identischem Medianwert stammen. Wird der U-Test signifikant, ist davon auszugehen, daß sich die Mediane der zugrundeliegenden Populationen unterscheiden (H_1). Mit dieser Zielsetzung haben wir in Abschn. 3.1.1 bereits den Mediantest kennengelernt. Man beachte jedoch, daß der U-Test im Vergleich zum Mediantest in der Regel eine wesentlich höhere Teststärke hat, d. h. eine tatsächlich richtige H_1 wird vom U-Test mit einer höheren Wahrscheinlichkeit „entdeckt" als vom Mediantest (Ausnahme s. oben). Dies liegt daran, daß der U-Test die in den Daten enthaltenen Ranginformationen vollständig nutzt, während der Mediantest nur auf der Basis dichotomer Informationen (Messung oberhalb/unterhalb des gemeinsamen Medians) entscheidet.

Durchführung

Es liegen Daten von 2 unabhängigen Zufallsstichproben aus formgleich, aber nicht notwendig symmetrisch oder gar normalverteilten Populationen vor. Pro Individuum wurde eine Messung der abhängigen Variablen erhoben. Die Stichprobe 1 möge N_1 und die Stichprobe 2 N_2 Messungen umfassen. Liegt nicht bereits eine originäre Rangreihe der zusammengefaßten Stichproben vor, werden die Messungen rangtransformiert, indem allen Individuen der zusammengefaßten Stichproben 1 und 2 Ränge von 1 (für den kleinsten Wert) bis $N_1 + N_2 = N$ (für den größten Wert) entsprechend ihrer Meßwertausprägungen zugeteilt werden.

Man berechnet als nächstes die Summe der Ränge für die Stichprobe 1 (T_1) und für die Stichprobe 2 (T_2). Die Summe $T_1 + T_2$ muß dann der Summe aller Zahlen von 1 bis N entsprechen. Für diese gilt

$$1 + 2 + 3 + ... + N = \frac{N \cdot (N+1)}{2} \tag{3.1}$$

so daß man folgende Kontrolle durchführen kann:

$$T_1 + T_2 = \frac{N \cdot (N + 1)}{2} \tag{3.2}$$

Aus den Rangsummen T_1 und T_2 werden nun U-Werte berechnet.

$$U_1 = N_1 \cdot N_2 + \frac{N_1 \cdot (N_1 + 1)}{2} - T_1 \tag{3.3}$$

$$U_2 = N_1 \cdot N_2 + \frac{N_2 \cdot (N_2 + 1)}{2} - T_2 \tag{3.4}$$

Auch hier ist eine einfache Rechenkontrolle möglich. Sie lautet

$$U_1 + U_2 = N_1 \cdot N_2 \tag{3.5}$$

Für den Signifikanztest benötigt man den kleineren der beiden U-Werte. Der exakte Test ist für $N_2 \leq 20$ ($N_1 \leq N_2$) im Anhang (Tafel E) tabelliert.

Hat man weder in der einen noch in der anderen Stichprobe mehr als 10 Individuen untersucht, kann man Tafel E die exakte einseitige Überschreitungswahrscheinlichkeit für den kleineren U-Wert entnehmen. Diese Überschreitungswahrscheinlichkeit ist bei zweiseitigem Test zu verdoppeln. Die H_0 ist zu verwerfen, wenn P (bzw. P') $\leq \alpha$ ist.

Befinden sich in beiden Stichproben mindestens 10, aber höchstens 20 Individuen, wird der exakte Signifikanztest über kritische Schwellenwerte durchgeführt, die ebenfalls in Tafel E aufgeführt sind. Unterschreitet der kleinere U-Wert den für ein bestimmtes α-Niveau und ein- oder zweiseitigen Test genannten kritischen Wert, ist die H_0 zu verwerfen.

Wie ist nun zu verfahren, wenn Tafel E wegen zu großer Stichproben nicht benutzt werden kann? In diesem Falle kann man von der Normalverteilungsapproximation der Prüfgröße U Gebrauch machen (asymptotischer Test; genauer hierzu s. Hilgers, 1981). Gilt die H_0, erwarten wir für U einen Durchschnittswert von

$$\mu_U = \frac{N_1 \cdot N_2}{2} \tag{3.6}$$

Die U-Werte sind bei Gültigkeit von H_0 um μ_u asymptotisch normalverteilt mit einer Streuung von

$$\sigma_U = \sqrt{\frac{N_1 \cdot N_2 \cdot (N_1 + N_2 + 1)}{12}} \tag{3.7}$$

Der empirische U-Wert wird über folgende Gleichung in einen u-Wert der Standardnormalverteilung überführt:

$$u = \frac{U - \mu_U}{\sigma_U} \tag{3.8}$$

Da die H_0-Verteilung von U symmetrisch ist, kann man sowohl den größeren als auch den kleineren U-Wert in Gl. 3.8 einsetzen. Die resultierenden u-Werte sind bis auf das Vorzeichen identisch. Bei einseitigem Test prüfen wir, ob der Unterschied in den Rangdurchschnitten der Vorhersage der gerichteten Alternativhypothese entspricht ($\bar{T}_1 > \bar{T}_2$ oder $\bar{T}_1 < \bar{T}_2$ mit $\bar{T}_1 = T_1/N_1$ und $\bar{T}_2 = T_2/N_2$). Der einseitige Test ist signifikant, wenn $|u| > 1,65$ ($\alpha = 0,05$) bzw. $|u| > 2,33$ ($\alpha = 0,01$). Bei zweiseitigem Test muß u außerhalb der Grenzen $\pm 1,96$ ($\alpha = 0,05$) oder $\pm 2,58$ ($\alpha = 0,01$) liegen, um die H_0 verwerfen zu können.

Anzumerken wäre noch, daß es sich empfiehlt, beim asymptotischen U-Test eine Kontinuitätskorrektur vorzunehmen, wenn die Stichprobenumfänge N_1 und N_2 stärker differieren.

$$u = \frac{|U - \mu_U| - 0,5}{\sigma_U} \tag{3.9}$$

> Der U-Test verliert an Schärfe, wenn die Stichproben unterschiedlich groß sind, und auch an Aussagekraft (Validität), wenn die kleinere Stichprobe mehr streut als die größere. Hier und auch bei Deckeneffekten sollte der U-Test durch den Mediantest ersetzt werden.

Beispiel 3.2. Psychogen und somatogen Erkrankte im Konzentrationsvergleich

Problem. Nach klinisch-psychologischer Erfahrung zeigen Patienten mit Erkrankungen psychogener Genese („Psychogene") im einstündigen Pauli-Rechentest (Arnold, 1961) überdurchschnittlich viele Fehler im Vergleich zu Patienten mit Erkrankungen somatogener Genese („Somatogene"). Diese Beobachtung soll exakt überprüft werden.

Untersuchungsplan. In der Inneren Abteilung einer Privatklinik werden $N = 14$ Patienten mit chronischer Gastritis behandelt; $N_1 = 6$ von ihnen lassen jeglichen objektiven Befund vermissen und erweisen sich auch als behandlungsresistent, so daß eine psychogene Ursache angenommen wird. Die restlichen $N_2 = 8$ Patienten werden gastroskopisch als somatogen erkrankt klassifiziert. Mit allen 14 Patienten wird unter dem Vorwand, den Einfluß der psychischen Anspannung auf die Magensaftsekretion kontrollieren zu wollen, der Additionstest durchgeführt. Das Fehlerprozent, die Anzahl der auf 100 Additionen entfallenden Fehler, wird ausgezählt und ergibt:
- für die psychogen Kranken: 2,0 3,7 8,3 4,3 3,1 3,2;
- für die somatogen Kranken: 1,5 3,0 4,2 2,4 0,7 1,9 3,5 2,8.

Nullhypothese. Zwischen psychogen und somatogen Magenkranken besteht kein Unterschied bezüglich der Fehlerprozentzahl im Pauli-Test.

Alternativhypothese. Psychogen Kranke zeigen höhere Fehlerprozente (*gerichtete* Alternativhypothese).

Signifikanzniveau. $\alpha = 0{,}05$.

Testwahl. Da die Fehlerprozente weder normalverteilt noch homogen variant zu sein pflegen und es sich um den Vergleich zweier unabhängiger Stichproben handelt, entschließen wir uns, statt des t-Tests den *U-Test* anzuwenden.

Auswertung. Zunächst wandeln wir die Fehlerprozente in eine gemeinsame Rangreihe und bilden die Rangsummen T_1 und T_2 (vgl. Tabelle 3.3).
   Wir kontrollieren zunächst die Rangsummen nach Gl. 3.2.

$$59 + 46 = \frac{14 \cdot 15}{2} = 105$$

Schon an dieser Stelle können wir erkennen, daß die Richtung des Unterschieds der Rangdurchschnitte unserer Erwartung entspricht. Wir errechnen $\bar{T}_1 = 59/6 = 9{,}83$ und $\bar{T}_2 = 46/8 = 5{,}75$. Die Gruppe der psychogen Erkrankten hat also im Durchschnitt höhere Rangwerte (höhere Fehlerprozente) erzielt als die Gruppe der somatogen Erkrankten.
   Zur Bestimmung der U-Werte verwenden wir Gl. 3.3 und 3.4.

$$U_1 = 6 \cdot 8 + \frac{6 \cdot 7}{2} - 59 = 10$$

$$U_2 = 6 \cdot 8 + \frac{8 \cdot 9}{2} - 46 = 38$$

Die U-Werte erfüllen die Kontrollbedingungen gemäß Gl. 3.5.

$$10 + 38 = 6 \cdot 8 = 48$$

U_1 ist der kleinere U-Wert, d. h. wir setzen für den exakten Signifikanztest gemäß Tafel E im Anhang U = 10. Tafel E ist so eingerichtet, daß $N_2 \geq N_1$ sein soll. Das trifft in unserem Falle zu. (Andernfalls müßten wir die Symbole austauschen).
   Um zu beurteilen, ob ein U = 10 einem signifikanten Unterschied entspricht, suchen wir den Zahlenblock mit $N_2 = 8$ auf. Für U = 10 und $N_1 = 6$ entnehmen wir diesem Zahlenblock eine einseitige Überschreitungswahrscheinlichkeit von P = 0,041.

Entscheidung. H_0 wird verworfen, da das erhaltene $P < \alpha$ ist. H_1 wird für zutreffend erklärt.

Interpretation. Psychogen Magenkranke neigen (möglicherweise wegen stressbedingter Konzentrationsstörungen) zu schlechteren Rechenleistungen (im Pauli-Test) als somatogen Kranke.

t-Test-Vergleich. Prüfen wir unsere Ausgangsdaten mit dem klassischen t-Test, resultiert ein nichtsignifikanter Wert. Wir konnten also – offenbar zufolge nichtnormaler Meßwertverteilung – mit dem U-Test „erfolgreicher" arbeiten als mit dem t-Test.

Tabelle 3.3. Daten für einen U-Test

$N_1 = 6$ Psychogen Kr.	4	11	14	13	8	9			$T_1 = 59$
$N_2 = 8$ Somatogen Kr.	2	7	12	5	1	3	10	6	$T_2 = 46$

Der U-Test bei Rangbindungen

Wir wollen in der Folge eine Modifikation des U-Tests betrachten, die dann anzuwenden ist, wenn das (stetig verteilte) Merkmal nur bis zu einem Genauigkeitsgrad gemessen wurde, der bedingt, daß verschiedene Meßwerte doppelt oder mehrfach auftreten, was zur Mittelung von Rangplätzen im Sinne der Ausführungen in Abschn. 1.2.1 „Rangplätze" veranlaßt. Für den Umgang mit diesem *Rangbindungsproblem* gibt es 2 Vorschläge:

- Vorschlag 1 lautet: Wenn gleiche Ränge (Rangbindungen) innerhalb einer Stichprobe und/oder innerhalb der anderen Stichprobe auftreten, brauchen sie nicht berücksichtigt zu werden.
- Vorschlag 2 lautet: Wenn Rangbindungen zwischen den beiden Stichproben auftreten, bildet man sog. *Mittelränge und verfährt mit diesen wie ohne Rangbindungen.*

Um zu verdeutlichen, wie man gemäß Vorschlag 2 bei der Bestimmung des U-Werts vorgeht, greifen wir nochmals auf Beispiel 3.2 (Psychogen und somatogen Erkrankte) zurück. Wir wollen einmal annehmen, man hätte die Fehlerprozentwerte ganzzahlig gerundet. Das Ergebnis zeigt folgende Aufstellung:

- psychogen Kranke: 2 4 8 4 3 3,
- somatogen Kranke: 2 3 4 2 1 2 4 3.

Bringen wir diese Werte in eine gemeinsame Rangreihe, ist zu beachten, daß die Meßwerte 2, 3 und 4 jeweils 4mal vorkommen. Der Meßwert 1 erhält den Rangplatz 1. Der Meßwert 2 taucht 4mal auf, d. h. es sind die Rangplätze 2, 3, 4 und 5 zu verteilen. Für diese Rangplatzgruppe ergibt sich ein Mittelrang, d.h. ein durchschnittlicher Rangplatz von 3,5. Mit diesen Überlegungen ermitteln wir für die 4 Messungen mit dem Wert 3 einen durchschnittlichen Rangplatz von 7,5 und für die vier Messungen mit dem Wert 4 einen durchschnittlichen Rangplatz von 11,5. Der Meßwert 8 schließlich erhält Rangplatz 14.

Tabelle 3.4 faßt die Rangtransformation zusammen:

Aus den in Tabelle 3.4 genannten T-Werten errechnen wir über Gl. 3.3 und 3.4 die entsprechenden U-Werte:

$$U_1 = 6 \cdot 8 + \frac{6 \cdot 7}{2} - 55{,}5 = 13{,}5$$

$$U_2 = 6 \cdot 8 + \frac{8 \cdot 9}{2} - 49{,}5 = 34{,}5$$

U_1 ist der kleinere Wert, d. h. wir setzen $U = 13{,}5$.

Tabelle 3.4. U-Test mit Rangbindungen (kleine Stichproben)

	Rangplätze								
Psychogen Kranke:	3,5	11,5	14	11,5	7,5	7,5			$T_1 = 55,5$
Somatogen Kranke:	3,5	7,5	11,5	3,5	1	3,5	11,5	7,5	$T_2 = 49,5$

Zur Ermittlung der einseitigen Überschreitungswahrscheinlichkeit verwenden wir ersatzweise Tafel E im Anhang, obwohl diese Tafel exakt nur für Rangreihen *ohne* Bindungen gilt. Tafel E führt bei Rangbindungen jedoch zu konservativen Entscheidungen. Wir lesen dort für $N_2 = 8$ und $N_1 = 6$ eine Überschreitungswahrscheinlichkeit zwischen $P = 0{,}091$ (für $U = 13$) und $P = 0{,}114$ (für $U = 14$) ab, d. h. die H_0 wäre beizubehalten.

Hat man über Tafel E bei Rangbindungen einen signifikanten U-Wert ermittelt, ist man mit der Ablehnung von H_0 immer auf der „sicheren Seite". Liegt die Überschreitungswahrscheinlichkeit gemäß Tafel E hingegen nur geringfügig über dem Signifikanzniveau, so daß die H_0 beizubehalten wäre, könnte dies eine Folge des konservativen Testens sein. In diesem Falle sollte die Durchführung eines exakten U-Tests für Rangbindungen und kleine Stichproben erwogen werden, der bei Bortz, Lienert & Boehnke, 1990, S. 208 ff. beschrieben ist.

Hat man *große* Stichproben ($N_1 > 20$ oder $N_2 > 20$) untersucht, kommt der *asymptotische U-Test* gemäß Gl. 3.8 in Betracht. Rangbindungen führen in diesem Falle zu einer Verkleinerung der Streuung der U-Werte. Es empfiehlt sich deshalb, die Streuungsformel (Gl. 3.7) wie folgt zu korrigieren:

$$\sigma_{U\,(corr)} = \sqrt{\frac{N_1 \cdot N_2}{N \cdot (N-1)} \cdot \left(\frac{N^3 - N}{12} - C\right)} \quad \text{mit} \quad C = \sum_{i=1}^{m} \frac{t_i^3 - t_i}{12} \qquad (3.10)$$

Das Korrekturglied C in Gl. 3.10 berücksichtigt sowohl die Anzahl der Rangbindungsgruppen (m) als auch deren Länge t_i (d. h. die Anzahl der in einer Rangbindungsgruppe i zusammengefaßten Rangplätze). Wir werden die Berechnung von C weiter unten an einem Beispiel erläutern.

Zunächst wollen wir darauf aufmerksam machen, daß die Streuung $\sigma_{U\,(corr)}$ kleiner wird, je mehr Rangbindungsgruppen vorkommen und je länger die Rangbindungsgruppen sind. Gibt es keine Rangbindungen (wenn also jeder Rangplatz eine eigene „Bindungsgruppe" der Länge 1 bildet), ist $m = N$ und $t_i = 1$, so daß das Korrekturglied 0 wird. In diesem Falle erhält man nach Gl. 3.7 und 3.10 identische Werte für die Streuung.

Hat man es jedoch mit Rangbindungen zu tun, ist σ_U stets größer als $\sigma_{U\,(corr)}$, d. h. der u-Wert gemäß Gl. 3.8 ist bei Verwendung der rangbindungskorrigierten Streuung größer als bei Verwendung der unkorrigierten Streuung. Ein Verzicht auf die Rangbindungskorrektur begünstigt also auch hier Entscheidungen zugunsten von H_0 (konservative Entscheidung).

Das folgende Beispiel wird diesen Sachverhalt verdeutlichen:

Beispiel 3.3. Neuroleptikum und Tranquilizer bei Schizophrenie

Problem. Es soll überprüft werden, ob ein neuentwickeltes Neuroleptikum (Fluphenazin) die psychotische Symptomatik von schizophrenen Patienten stärker dämpft als ein Standardneuroleptikum (Haloperidol).

Versuchsplan. 54 akut schizophrene Patienten werden nach Zufall in eine Experimentalgruppe ($N_1 = 27$) und eine Kontrollgruppe ($N_2 = 27$) eingeteilt (Randomisierung). In einem Doppelblindversuch erhält die Experimentalgruppe das neue Neuroleptikum und die Kontrollgruppe Haloperidol. Nach einer Behandlungsdauer von 4 Wochen beurteilt ein Psychiater (als erfahrener Experte) blind, d. h. ohne die Gruppenzugehörigkeit der Patienten zu kennen, die Patienten anhand der folgenden Kategorien: Ohne Befund (o. B.) – schwache Symptomatik – mittlere Symptomatik – starke Symptomatik, wobei die 4 Kategorien in etwa den Stufen 1–2, 3, 4 und 5–6 der 7stufigen CGI-Skala des „Clinical Global Rating" entsprechen (CIPS, 1996). Die 4 Kategorien konstituieren eine Ordinalskala.

Nullhypothese. Patienten mit den o.g. Behandlungen unterscheiden sich nicht in ihrer psychotischen Symptomatik.

Alternativhypothese. Die Experimentalbedingung führt zu weniger (bzw. schwächeren) psychotischen Symptomen als die Kontrollbedingung (*gerichtete* H_1).

Signifikanzniveau. Das Signifikanzniveau wird auf $\alpha = 0{,}05$ festgesetzt.

Testwahl. Zwei Stichproben sollen hinsichtlich der Ausprägung eines ordinalen Merkmals verglichen werden. Da das Merkmal nur in 4 ordinal gestuften Kategorien erfaßt wird, müssen bei $N = 54$ Patienten zwangsläufig Rangbindungen auftreten. Die Größe der Stichproben rechtfertigt die Anwendung des *asymptotischen U-Tests* bei Rangbindungen.

Oberflächlich gesehen könnte man meinen, der $k \times 2$-Felder-Chi-Quadrat-Test sei die Methode der Wahl. Diese naheliegende Auswertungsstrategie (man betrachte hierzu die beiden 1. Zeilen von Tabelle 3.5, die in der Tat eine 4×2-Tafel darstellen) wäre jedoch falsch, da der χ^2-Test die in den Daten enthaltenen Informationen nicht vollständig ausschöpft, weil er die Ordnung der 4 Urteilskategorien nicht berücksichtigt.

Testanwendung. Tabelle 3.5 zeigt in den beiden 1. Zeilen, wie der Psychiater die Patienten der Experimentalgruppe und der Kontrollgruppe eingestuft hat.

Wegen der 4stufigen Ratingskala sind die 54 Patienten auf 4 Rangbindungsgruppen zu verteilen. Wie viele Patienten auf die einzelnen Rangbindungsgruppen entfallen, ist der Zeile „Gesamt" zu entnehmen. In der Kategorie „o. B." z. B. befinden sich 14 Patienten, d. h. der durchschnittliche Rangplatz dieser Patienten entspricht der Summe der Zahlen 1 bis 14 dividiert durch 14 (105/14 = 7,5). Der durchschnittliche Rangplatz der 19 Patienten in der Kategorie „schwach" resultiert aus der Summe der Zahlen 15 bis 33 dividiert durch 19 (456/19 = 24) etc.

Man erkennt, daß die Bestimmung der durchschnittlichen Rangplätze auf eine recht mühsame Zählarbeit hinausläuft, die man sich jedoch erheblich vereinfachen kann, wenn man folgende Gleichung verwendet:

$$\bar{R}_j = \frac{R_{\min(j)} + R_{\max(j)}}{2} \tag{3.11}$$

Wir bezeichnen den durchschnittlichen Rangplatz einer Kategorie j mit $\bar{R}_j$. Er ergibt sich, wenn man die Summe aus dem niedrigsten ($R_{\min(j)}$) und dem höchsten ($R_{\max(j)}$) aller in dieser Kategorie zu vergebenen Rangplätze durch 2 dividiert.

Angewendet auf die Daten der Tabelle 3.5 erhalten wir für die 1. Kategorie:

$$\bar{R}_1 = \frac{1 + 14}{2} = 7,5$$

Für die Kategorie 2 ist 15 der niedrigste und 33 der höchste Rangplatz. Diese Grenzwerte entnimmt man einfachheitshalber der Zeile „Gesamt kumuliert", in der die Häufigkeiten der Zeile „Gesamt" sukzessiv aufaddiert (kumuliert) sind. Der obere Grenzwert entspricht der kumulierten Häufigkeit in dieser Kategorie (33) und der untere Grenzwert der um 1 erhöhten kumulierten Häufigkeit der vorangegangenen Kategorie (14 + 1 = 15).

$$\bar{R}_2 = \frac{15 + 33}{2} = 24$$

Auf diese Weise ermitteln wir auch die übrigen in der Zeile „$\bar{R}_j$" eingetragenen Werte:

$$\bar{R}_3 = \frac{34 + 48}{2} = 41$$

$$\bar{R}_4 = \frac{49 + 54}{2} = 51,5$$

Nun sind die Rangsummen T_1 und T_2 zu bestimmen. Hierzu multiplizieren wir zeilenweise die Häufigkeiten in der Experimentalgruppe (f_{1j}) und die Häufigkeiten in der Kontrollgruppe (f_{2j}) mit den durchschnittlichen Rangplätzen $\bar{R}_j$. (Zum Beispiel $f_{11} \cdot \bar{R}_1 = 8 \cdot 7,5 = 60$ oder $f_{23} \cdot \bar{R}_3 = 9 \cdot 41 = 369$) und summieren die entsprechenden Produkte. Das Ergebnis ist bereits in

Tabelle 3.5 eingetragen: $T_1 = 673$ und $T_2 = 812$. (Kontrolle nach Gl. 3.2: $673 + 812 = 54 \cdot 55/2 = 1485$).

Als mittleren Rangplatz für die Experimentalgruppe errechnen wir 673/ 27 = 24,9 (dies entspricht etwa dem Rangplatz 24 für die Kategorie „schwache Symptomatik") und für die Kontrollgruppe ergibt sich 812/ 27 = 30,1 (schwache bis mittlere Symptomatik). Unsere Vorhersage gemäß H_1 ist also zumindest der Tendenz nach richtig.

Aus den T-Werten ermitteln wir über Gl. 3.3 und 3.4 die U-Werte:

$$U_1 = 27 \cdot 27 + \frac{27 \cdot 28}{2} - 673 = 434$$

$$U_2 = 27 \cdot 27 + \frac{27 \cdot 28}{2} - 812 = 295$$

Kontrolle nach Gl. 3.5: $434 + 295 = 27 \cdot 27 = 729$.

Für den asymptotischen Test benötigen wir ferner μ_U und $\sigma_{U(corr)}$. Wir erhalten nach Gl. 3.6

$$\mu_U = \frac{27 \cdot 27}{2} = 364,5$$

Um die Streuung σ_{corr} nach Gl. 3.10 ausrechnen zu können, beginnen wir mit der Bestimmung des Korrekturglieds C. Wie bereits erwähnt, haben wir es mit m = 4 Rangbindungsgruppen zu tun. Die Länge der Rangbindungsgruppen entnehmen wir Tabelle 3.5, Zeile „Gesamt": $t_1 = 14$, $t_2 = 19$, $t_3 = 15$ und $t_4 = 6$. Damit ergibt sich für C:

$$C = \frac{14^3 - 14}{12} + \frac{19^3 - 19}{12} + \frac{15^3 - 15}{12} + \frac{6^3 - 6}{12} = 1095$$

Eingesetzt in Gl. 3.10 resultiert für $\sigma_{U(corr)}$:

$$\sigma_{u(corr)} = \sqrt{\frac{27 \cdot 27}{54 \cdot 53} \cdot \left(\frac{54^3 - 54}{12} - 1095 \right)} = 55,34$$

Mit diesen Werten erhält man über Gl. 3.8 den u-Wert der Standardnormalverteilung (wobei wir σ_U durch $\sigma_{U(corr)}$ ersetzen).

$$\mu_{U(corr)} = \frac{434 - 364,5}{55,34} = 1,26$$

(Hätten wir statt $U_1 = 434$ den Wert $U_2 = 295$ eingesetzt, würde u = –1,26 resultieren.)

Entscheidung. Tafel A des Anhangs entnehmen wir für $\alpha = 0,05$ und einseitigem Test einen kritischen Wert von $u = 1,65$. Der empirische Wert ist kleiner, d. h. die H_0 ist beizubehalten.

Interpretation. Es kann nicht davon ausgegangen werden, daß das neue Neuroleptikum die psychotische Symptomatik schizophrener Patienten stärker dämpft als das Standardneuroleptikum.

Testvergleiche. Hätte man auf die Bindungskorrektur der Streuung σ_U verzichtet, würde man nach Gl. 3.7 $\sigma_U = 57,8$ bzw. nach Gl. 3.8 $u = 1,20$ errechnen. Dieser u-Wert ist ein wenig kleiner als der bindungskorrigierte u-Wert, d. h. ein Verzicht auf die Bindungskorrektur würde zu einer tendenziell konservativen Entscheidung führen. (In unserem Beispiel ist in beiden Fällen die H_0 beizubehalten).

Eine χ^2-Auswertung der 4×2-Tafel nach Gl. 2.22 führt zu $\chi^2 = 2,03$ mit Fg $= 3$. Dieser χ^2-Wert hat mit $P' \approx 0,5$ eine sehr viel größere Überschreitungswahrscheinlichkeit als der u-Wert mit $P = 0,10$. Auch wenn beide Ergebnisse nicht signifikant sind, verdeutlicht dieser Vergleich, daß der U-Test bei Fragestellungen der hier geprüften Art eine wesentlich höhere Teststärke aufweist als der $k \times 2$-Felder-Chi-Quadrat-Test oder auch der hier legitime Mediantest.

Hinweis

Gelegentlich sind die Meßwerte in den zu vergleichenden Stichproben wegen eines Deckeneffektes *gestutzt* (Beispiel: Lebensqualitätswerte können nach voller Genesung nicht mehr verbessert werden). In diesem Falle kann z.B. ein Verfahren von Gehan (1965, a,b) eingesetzt werden, das bei Krauth (1988, S. 68) beschrieben wird.

Tabelle 3.5. U-Test mit Rangbindungen (große Stichproben)

	Intensität der psychotischen Symptomatik				
	o.B.	schwach	mittel	stark	$\sum$
Experimentalgruppe (f_{1j})	8	11	6	2	27
Kontrollgruppe (f_{2j})	6	8	9	4	27
Gesamt	14	19	15	6	54
Gesamt kumuliert	14	33	48	54	
$\bar{R}_j$	7,5	24	41	51,5	
$f_{1j} \cdot \bar{R}_j$	60	264	246	103	$673 = T_1$
$f_{2j} \cdot \bar{R}_j$	45	192	369	206	$812 = T_2$

3.1.3
Pretest-Posttest-Pläne für 2 unabhängige Stichproben (Solomon-Pläne)

Zielsetzung

Im letzten Beispiel wurde zum Wirkungsnachweis eines neuen Medikamentes eine behandelte Experimentalgruppe mit einer nichtbehandelten (bzw. Standard-behandelten) Kontrollgruppe verglichen. Die hierbei verwendeten Daten wurden nach der Behandlung erhoben, wobei wir implizit unterstellt haben, daß die beiden Gruppen vor der Behandlung in bezug auf das untersuchte Merkmal vergleichbar bzw. äquivalent waren. Diese Vorgehensweise ist korrekt, weil durch die Randomisierung und Doppelblindauswertung sichergestellt ist, daß die zu vergleichenden Gruppen vor der Behandlung tatsächlich äquivalent sind. Nach der Behandlung festgestellte Unterschiede zwischen Experimental- und Kontrollgruppe können also konklusiv auf die Behandlung zurückgeführt werden (wobei wir allerdings die Wirksamkeit von behandlungsspezifischen Störfaktoren ausschließen müssen).

In der klinischen Forschung kommt es jedoch nicht selten vor, daß man (z. B. aus ethischen oder untersuchungstechnischen Gründen) auf eine Randomisierung ebenso wie auf eine Blindanordnung verzichten muß. Man spricht von einer *offenen Studie*, in der sowohl der Arzt als auch der Patient weiß, welches Arzneimittel verabreicht wird. Offene Studien werden oft ersatzweise an 2 Behandlungszentren (Kliniken, Praxen) durchgeführt, wobei eine neue Behandlung dem einen (nach Los ausgewählten) Zentrum und die erprobte Standardbehandlung dem anderen Zentrum zugewiesen wird.

Wenn man trotz ungleicher (inhomogener) Stichproben von Patienten annehmen darf, daß sich in beiden Stichproben gleiche (H_0) oder unterschiedliche (H_1) Behandlungswirkungen manifestieren würden, dann kann ein Solomon-Plan (Solomon, 1949) mit Einschränkung konklusiv in bezug auf die Besserungsraten von Behandlung und Kontrolle interpretiert werden.

Eine weitere Indikation für ein Solomon-Design ist gegeben, wenn trotz Randomisierung die interindividuellen Ausgangslagen sehr verschieden sind, so daß es großer Stichproben bedarf, wenn man nur auf ein Posttest-Ergebnis rekurriert, das die interindividuellen Unterschiede einbezieht. Ein Solomon-Plan schaltet diese Unterschiede aus, weil er nur die *Besserungsraten* der einzelnen Patienten berücksichtigt, nicht die Schweregrade ihrer Erkrankung. Diese Indikation trifft besonders auf kleine Stichproben mit großen Streuungen zu, bei denen trotz Randomisierung „durch Zufall" erhebliche Gruppenunterschiede zustandekommen können. Diese werden eliminiert, wenn man nur die *Zuwachsraten* bzw. Veränderungen von einem Zustand vor der Behandlung zu einem solchen nach der Behandlung betrachtet und diese Zuwachsraten der Behandlungsgruppe mit jenen der Kontrollgruppe vergleicht, wie dies das Solomon-Design vorsieht.

Beispiel 3.4. Zwei konzentrationsfördernde Medikamente im Vergleich

Problem. Zwei vermeintlich konzentrationsfördernde Medikamente A (Methylphenidat) und B (Metamphetamin) sollen hinsichtlich ihrer Wirksamkeit verglichen werden, und zwar in einem offenen Versuchsplan, bei dem Medikament A in der Kinderneurologie einer Klinik I und Medikament B in einer Klinik II verabreicht werden. Beide Kliniken sollen je 5 unterschiedlich hyperative und konzentrationsgestörte und nach schulpsychologischer Empfehlung zu behandelnde Kinder einmal vor und ein 2. Mal nach der Behandlung (mit A oder B) auf ihre Konzentrationsfähigkeit mit einem Vigilanztest untersuchen.

Nullhypothese. Die Vigilanztestverbesserung ist unter A gleich jener unter B.

Alternativhypothese. Die Vigilanztestverbesserungen unterscheiden sich (*ungerichtete* Alternativhypothese).

Signifikanzniveau. Da man bislang noch keine systematischen Erfahrungen mit den Medikamenten gemacht hat, wählen wir $\alpha = 0,05$.

Testwahl. Es geht um den Vergleich von Differenzen aus 2 unabhängigen Stichproben. Über die Verteilungseigenschaften der Differenzwerte ist nichts bekannt. Zudem sind die geprüften Stichproben sehr klein, so daß wir verteilungsfrei mit dem *U-Test für Paardifferenzen* auswerten.

Testanwendung. Tabelle 3.6 zeigt die Testwerte der Schüler.

Wir bilden zunächst für jeden Schüler die Differenz d_i der beiden Messungen. Auf diese Differenzen wird der in Abschn. 3.1.2 beschriebene U-Test angewendet, d. h. man überführt die Differenzen in eine gemeinsame Rangreihe $R(d_i)$ und ermittelt $T_1 = 17$ und $T_2 = 38$. Daraus resultieren nach Gl. 3.3 und 3.4 $U_1 = 23$ und $U_2 = 2$, d. h. wir prüfen über $U = 2$ als dem kleineren Wert. Tafel E entnehmen wir als einseitige Überschreitungswahrscheinlichkeit $P = 0,016$, die für den zweiseitigen Test zu verdoppeln ist: $P' = 2 \cdot 0,016 = 0,032$.

Entscheidung. Die Überschreitungswahrscheinlichkeit ist kleiner als das Signifikanzniveau ($0,032 < 0,05$), d. h. die H_0 ist zu verwerfen.

Interpretation. Die beiden Medikamente sind in ihrer Wirkung nicht vergleichbar. Medikament A wirkt offenbar beim hyperkinetischen Syndrom von Schulkindern in höherem Maße konzentrationsfördernd als Medikament B.

> Unabhängig von der jeweiligen untersuchungsspezifischen Zielsetzung läuft die Auswertung von Solomon-Designs auf den Vergleich zweier unabhängiger Stichproben hinaus, wobei die Veränderungen der einen mit denen der anderen Gruppe verglichen werden. Die zu prüfende Nullhypothese besagt, daß die durchschnittlichen Veränderungsraten in beiden, den Gruppen zugrunde liegenden Populationen gleich sind, und mit der Alternativhypothese werden (gerichtet oder ungerichtet) unterschiedliche Veränderungsraten postuliert.

Mit dieser Zielsetzung entspricht der im folgenden behandelte Test dem Interaktionsnachweis in der parametrischen Varianzanalyse mit einem 2 fach gestuften Gruppierungsfaktor und einem 2 fach gestuften Meßwiederholungsfaktor.

Durchführung

Für die Auswertung eines Solomon-Plans benötigen wir keinen neuen Test, sondern können auf den bereits bekannten U-Test (oder ggf. den Mediantest) zurückgreifen. Wir ermitteln zunächst für jedes Individuum der Experimental- und Kontrollgruppe die Differenz zwischen Pretestwert und Posttestwert und bringen sodann die Differenzen in eine gemeinsame Rangreihe. Über die Ränge der „Paardifferenzen" wird ein U-Test berechnet, der deshalb nach Buck (1975) auch *U-Test für Paardifferenzen* genannt wird. Sollte sich die Experimentalgruppe stärker verändert haben als die Kontrollgruppe, sind die Differenzwerte und damit auch die Ränge der Differenzen in der Experimentalgruppe größer als in der Kontrollgruppe, was für die Gültigkeit von H_1 spräche.

Tabelle 3.6. Veranschaulichung des U-Tests für Paardifferenzen

	1. Messung	2. Messung	d_i	$R(d_i)$
	16	22	−6	2
	17	21	−4	4
Medikament A	13	19	−6	2
	18	18	0	7
	19	25	−6	2
				$T_1 = 17$
	14	15	−1	6
	15	14	1	8,5
Medikament B	18	17	1	8,5
	20	18	2	10
	14	17	−3	5
				$T_2 = 38$

3.2
Der Vergleich mehrerer unabhängiger Stichproben

Sind allgemein k unabhängige Stichproben von nichtnormalverteilten Meßwerten zu vergleichen, oder hat man eine Rangreihe über alle Individuen aus
k Stichproben gebildet – etwa im Rating durch Experten oder durch sog. Paarvergleiche –, interessiert häufig die Frage, ob sich die Stichproben hinsichtlich
ihrer zentralen Tendenz unterscheiden. Zur Überprüfung dieser Frage werden
wir im folgenden 2 Verfahren kennenlernen: den *erweiterten Mediantest*
(Abschn. 3.2.1) und den H-Test von Kruskal und Wallis (Abschn. 3.2.2). Ferner gehen wir auf ein Verfahren ein, mit dem man überprüfen kann, ob die
Größenordnung der Durchschnittsränge von k Stichproben mit einer hypothetisch festgelegten Reihenfolge der Durchschnittsränge zu vereinbaren ist: den
Trendtest von Jonckheere (Abschn. 3.2.3). Eine Verallgemeinerung der Solomon-Pläne auf k Stichproben (Abschn. 3.2.4) beschließt dieses Teilkapitel.

3.2.1
Die Extension des Mediantests

Zielsetzung

Zu vergleichen sind k unabhängige Stichproben aus Populationen mit unbekannter Verteilung (Ratings, Meßwerte) bezüglich einer ordinalskalierten abhängigen Variablen. Wie beim Mediantest für 2 unabhängige Stichproben
(vgl. Abschn. 3.1.1) hat man es mit einem Datenmaterial zu tun, das wenig
reliabel ist, so daß die Rangreihe aller Individuen wenig zuverlässig erscheint. Die Ranginformationen werden deshalb nur insoweit genutzt, als für
jedes Individuum zu entscheiden ist, ob es sich oberhalb oder unterhalb des
Medianwerts aller Messungen befindet.

> Dementsprechend lautet die mit dem extendierten Mediantest geprüfte
> Nullhypothese: Die k Stichproben stammen aus Populationen mit identi
> schen Medianwerten. Die Alternativhypothese negiert diese Annahme.

Durchführung

Wir bringen die $N = N_1 + N_2 + \ldots + N_k$ Messungen in eine gemeinsame Rangreihe und bestimmen den Medianwert dieser Rangreihe. Für jede Stichprobe
wird nun ausgezählt, wie viele Individuen Rangplätze oberhalb des Medians
bzw. unterhalb des Medians erhalten haben. Diese Häufigkeiten tragen wir in
eine $k \times 2$-Feldertafel ein, die über Gl. 2.22 bzw. – bei zu kleinen erwarteten
Häufigkeiten – über den exakten Freeman-Halton-Test (vgl. Abschn. 2.4.1)
ausgewertet wird.

Beispiel 3.5. Vergleich unterschiedlicher Behandlungen von Schlafstörungen

Problem. Es soll überprüft werden, wie sich ein Schlafmittel S (Glutethimid) und ein Tranquilizer T (Flunitrazepam) bzw. deren Kombination mit einem Plazebo P auf die Schlafdauer von Patienten mit Durchschlafstörungen auswirken. 40 Patienten werden per Zufall in vier Gruppen zu je 10 Patienten eingeteilt und aufgefordert, vor dem Einschlafen die ihnen zugewiesenen Tablettenkombinationen einzunehmen:

- 1. Gruppe: Plazebo + Plazebo (PP),
- 2. Gruppe: Plazebo + Schlafmittel (PS),
- 3. Gruppe: Plazebo + Tranquilizer (PT),
- 4. Gruppe: Schlafmittel + Tranquilizer (ST).

Am nächsten Vormittag werden die Patienten nach ihrer Schlafdauer (in Stunden) befragt.

Nullhypothese. Die Art der Tablettenkombination hat keinen Einfluß auf die Schlafdauer.

Alternativhypothese. Die Schlafdauer hängt davon ab, welche Tablettenkombination eingenommen wurde (*ungerichtete* Alternativhypothese).

Signifikanzniveau. $\alpha = 0,05$.

Testwahl. Es geht um den Vergleich der zentralen Tendenz in 4 unabhängigen Stichproben. Abhängige Variable ist die Selbsteinschätzung der Schlafdauer. Da derartige Selbsteinschätzungen in der Regel ziemlich ungenau sind, entschließt man sich, die Patienten nur danach zu klassifizieren, ob sie eher überdurchschnittlich ($> Md$) oder eher unterdurchschnittlich ($< Md$) lange geschlafen haben. Die Auswertung dieser Daten kann deshalb mit der *Extension des Mediantests* erfolgen.

Testanwendung. Die von den Patienten genannten Schlafzeiten sind in Tabelle 3.7 eingetragen.

Für die 40 Werte in Tabelle 3.7 ist nun der Medianwert zu bestimmen, also der Wert, der die Gesamtstichprobe in 2 Hälften teilt.

2 Patienten haben 4 h, 5 Patienten 5 h, 7 Patienten 6 h und 7 Patienten 7 h geschlafen. Zusammengenommen sind es also 21 Patienten, die 4–7 h geschlafen haben. Der Medianwert liegt somit zwischen 7 h und 8 h (genau bei 7,14 h), d. h. bei den 7 Patienten mit 7stündiger Schlafdauer kann nicht entschieden werden, ob sich ihre Meßwerte oberhalb oder unterhalb des Medianwerts befinden. (Man beachte, daß 7 die Mitte des Intervalls 6,5–7,5 ist). Da sich die 7 mit dem Medianwert verbundenen Messungen über die 4 Stichproben verteilen, müssen sie einheitlich als sub- oder als supramedian gezählt werden. Wir entscheiden uns für eine submediane Zählung, weil die dadurch entstehende Aufteilung (21 Patienten unterhalb

und 19 Patienten oberhalb des Medians) der Idealaufteilung des Median-splits (20:20) am nächsten kommt *(Paramediandichotomie)*.

Nun müssen wir nur noch pro Gruppe auszählen, wie viele Patienten 4–7 h (submedian) bzw. 8–10 h (supramedian) geschlafen haben. Das Resultat zeigt Tabelle 3.8.

Um zu überprüfen, ob sich die 4 Gruppen bezüglich des Alternativ-merkmals „Schlafdauer" signifikant unterscheiden, werten wir die 4×2-Tafel über Gl. 2.22 aus:

$$\chi^2 = \frac{40^2}{21 \cdot 19} \cdot \left(\frac{8^2}{10} + \frac{4^2}{10} + \frac{6^2}{10} + \frac{3^2}{10} - \frac{21^2}{40} \right) = 5{,}91$$

Entscheidung. Tafel B des Anhangs entnehmen wir für Fg = 3 und $\alpha = 0{,}05$ einen kritischen Wert von $\chi^2 = 7{,}81$. Der empirische Wert ist kleiner als der kritische Wert, d. h. die H_0 ist beizubehalten.

Interpretation. Es kann nicht davon ausgegangen werden, daß die Selbst-einschätzungen der Schlafzeiten von der Art der verabreichten Medika-mente abhängen. Man kann also nicht sagen, daß PP am wenigsten und ST am stärksten wirkt, obwohl Tabelle 3.8 dies nahelegt.

Bei Meßwerten, die mit dem Median der Gesamtstichprobe verbunden sind, verfährt man – wie das Beispiel zeigt – entsprechend den Vorschlägen auf S. 123.

Tabelle 3.7. Beispiel für den k-Stichproben-Mediantest

Schlafdauer in Stunden			
PP	PS	PT	ST
6	7	7	6
5	8	6	8
8	6	8	8
5	9	6	8
4	8	5	7
7	10	8	9
7	6	9	7
4	5	7	9
9	8	5	9
6	9	9	8

Tabelle 3.8. 4×2-Tafel der Daten aus Tabelle 3.7

	PP	PS	PT	ST	$\sum$
4–7 h	8	4	6	3	21
8–10 h	2	6	4	7	19
$\sum$	10	10	10	10	40

Hinweis

Der k-Stichproben-Mediantest fordert nicht, daß die k Stichproben aus formgleich (homomer) verteilten Populationen stammen, sondern läßt im Unterschied zu folgendem Test auch ungleich (inhomomer) verteilte Populationen zu, ohne an Wirksamkeit zu verlieren.

3.2.2
Der H-Test von Kruskal & Wallis

Zielsetzung

Sind k unabhängige Stichproben (die z. B. k verschiedenen Behandlungen ausgesetzt worden sind) hinsichtlich ihrer zentralen Tendenz zu vergleichen, wenden wir ein Verfahren an, das der parametrischen Varianzanalyse weitgehend entspricht; ein verteilungsfreies Verfahren dieser Art stellt der H-Test von Kruskal & Wallis (1952) dar.

Im Unterschied zur Extension des Mediantests, die in Abschn. 3.2.1 behandelt wurde, schöpft dieses Verfahren die ordinalen Informationen der Rangdaten vollständig aus. Der H-Test hat deshalb eine höhere Teststärke als der extendierte Mediantest, es sei denn, daß Ausreißerwerte nach beiden Richtungen in mindestens einer der k Stichproben auftreten oder daß die Stichproben aus Populationen mit Deckeneffekten stammen.

Mit dem H-Test überprüfen wir die Nullhypothese, daß die k Stichproben aus Populationen mit identischen Medianwerten stammen. Es wird vorausgesetzt, daß die Merkmalsverteilungen in den k Populationen bei Gültigkeit von H_0 formgleich sind. Bei Gültigkeit von H_1 ist davon auszugehen, daß sich mindestens 2 Medianwerte unterscheiden (ungerichtete Alternativhypothese).

Durchführung

Wir vereinigen die k Stichproben zu einer Gesamtstichprobe mit dem Umfang N und teilen allen Meßwerten Ränge von 1 bis N zu. Daraufhin sortieren wir die Ränge nach den k Einzelstichproben und betrachten die Rangsummen T_j (j = 1 . . . k) bzw. Rangdurchschnitte ($\bar{T}_j = T_j/N_j$).

Bei Geltung von H_0 erwarten wir, daß die Rangdurchschnitte nicht erheblich voneinander abweichen. Gibt es hingegen deutliche Unterschiede, so vermuten wir mit Recht, daß die Alternativhypothese zutrifft.

Kruskal & Wallis haben nun eine Prüfgröße H definiert, die sich unter H_0 asymptotisch nach χ^2 mit k–1 Freiheitsgraden verteilt. Im allgemeinen Fall unterschiedlicher Stichprobenumfänge N_j berechnet sie sich zu

$$H = \frac{12}{N \cdot (N+1)} \cdot \sum_{j=1}^{k} \frac{T_j^2}{N_j} - 3 \cdot (N+1) \tag{3.12}$$

Sind die Stichproben gleich groß, ist also $N_j = N/k$, rechnet man bequemer nach der vereinfachten Gleichung

$$H = \frac{12 \cdot k}{N^2 \cdot (N+1)} \cdot \sum_{j=1}^{k} T_j^2 - 3 \cdot (N+1) \tag{3.13}$$

Beispiel 3.6. Anoxämische Empfindlichkeit der peripheren Nerven bei verschiedenen Tierarten

Problem. Es soll festgestellt werden, ob das Nervengewebe verschiedener Tierarten gegen Sauerstoffmangel gleich empfindlich ist.

Methode. Das Peronäus-Nerv-Muskel-Präparat von 6 Katzen, 5 Rhesusaffen und 9 Meerschweinchen wird im Gebiet der Nerven unter Anoxämie gesetzt. Gemessen wird die Zeit, in der der Nerv für elektrische Reize leitfähig bleibt.

Nullhypothese. Alle $k = 3$ Spezies sind gegen neuronalen Sauerstoffmangel gleich empfindlich.

Alternativhypothese. Es bestehen Unterschiede in der anoxämischen Empfindlichkeit der peripheren Nerven zwischen den Tierarten (*ungerichtete Alternativhypothese*).

Signifikanzniveau. Wir begnügen uns mit einem $\alpha = 0,05$, da der Nachweis von Unterschieden mit phylogenetischen Theorien in Einklang stünde.

Testwahl. Ursprünglich war eine einfache Varianzanalyse beabsichtigt. Da aber die Leitfähigkeitszeiten schief verteilt und die Stichproben zudem relativ klein sind, entscheiden wir uns für den *H-Test*.

Testanwendung. In Tabelle 3.9 sind die Leitfähigkeitszeiten in Ränge transformiert und auf 3 Gruppen verteilt worden.

Wir haben bereits die 3 Rangsummen gebildet und können in Gl. 3.12 einsetzen.

$$H = \frac{12}{20 \cdot (20+1)} \cdot \left(\frac{92^2}{6} + \frac{30^2}{5} + \frac{88^2}{9} \right) - 3 \cdot (20+1)$$

$$= \frac{1}{5 \cdot 7} \cdot (1411 + 180 + 860) - 63 = 7,03$$

Da 2 Rangbindungsgruppen aufgetreten sind (2mal Rangplatz 1,5; 3mal Rangplatz 9), können wir auch den rangbindungskorrigierten Wert nach Gl. 3.14 berechnen. Der Korrekturfaktor beträgt

$$C = 1 - \frac{(2^3 - 2) + (3^3 - 3)}{20^3 - 20} = 0,996$$

so daß man erhält

$$H_{corr} = \frac{7,03}{0,996} = 7,06$$

Die Korrektur verändert den H-Wert also nur unwesentlich.

Entscheidung. Laut Tafel B des Anhangs ist ein $\chi^2 = 7,06$ für Fg $= 3-1 = 2$ auf der geforderten Stufe ($\alpha = 0,05$) signifikant ($\chi^2_{(crit)} = 5,99$). H_0 wird zugunsten von H_1 verworfen.

Interpretation. Die peripheren Nerven von Katzen, Meerschweinchen und Affen zeigen unterschiedliche Widerstandsfähigkeit gegenüber Sauerstoffmangel. Den Rangdurchschnitten ($\bar{T}_1 = 14,3$, $\bar{T}_2 = 6,0$, $\bar{T}_3 = 9,8$) entnehmen wir, daß Katzen über die längste Leitfähigkeitszeit verfügen.

Tabelle 3.9. Daten für einen H-Test

Tierart	Meßwerte		Ränge		
	Leitfähigkeit – Zeit in min.	als Rang	Katzen $N_1 = 6$	Affen $N_2 = 5$	Meerschw. $N_3 = 9$
Affe	12	1,5		1,5	
Affe	12	1,5		1,5	
Meerschw.	13	3			3
Affe	15	4		4	
Meerschw.	16	5			5
Katze	17	6	6		
Meerschw.	19	7			7
Meerschw.	20	9			9
Affe	20	9		9	
Meerschw.	20	9			9
Meerschw.	23	11			11
Meerschw.	25	12			12
Katze	26	13	13		
Affe	28	14		14	
Meerschw.	30	15			15
Katze	33	16	16		
Meerschw.	37	17			17
Katze	40	18	18		
Katze	45	19	19		
Katze	55	20	20		
			$T_1 = 92$	$T_2 = 30$	$T_3 = 88$

Ähnlich wie für den U-Test besteht auch für den H-Test die Möglichkeit einer Korrektur, wenn Meßwerte in einer oder mehreren Stichproben numerisch gleich sind. Die Korrekturformel für H lautet

$$H_{corr} = \frac{H}{C} \quad \text{mit} \quad C = 1 - \frac{\sum_{i=1}^{m}(t_i^3 - t_i)}{N^3 - N} \tag{3.14}$$

Wie beim U-Test mit Rangbindungen steht auch hier m für die Anzahl der Rangbindungsgruppen und t_i für die Länge der Bindungsgruppe i.

Der asymptotische Test ist für k = 3 nur verläßlich, wenn mindestens ein N_j-Wert größer als 8 ist. Für k = 4 sollte mindestens ein N_j-Wert größer als 4 und für k = 5 mindestens ein N_j-Wert größer als 3 sein. Sind diese Bedingungen nicht erfüllt, dann muß ein exakter Test durchgeführt werden. Für diesen Fall

---

Beispiel 3.7. Geburtskomplikationen und kognitiv-soziale Entwicklung

Problem. Es wird gefragt, ob perinatale Anoxämie, Rhesusinkompatibilität oder Frühgeburt die kognitiv-soziale Entwicklung von Kindern in unterschiedlichem Grade hemmen, wie dies aus Sicht der Neonatalpädiatrie vermutet wird.

Versuchsplan. $N_1 = 15$ Kinder mit perinataler Anoxämie („blue baby" mit einem Apgar-Index unter 7), $N_2 = 18$ Kinder mit Rhesusinkompatibilität (icterus neonatorum) und $N_3 = 19$ Kinder mit einer Frühgeburt („too-small-for-the-date-baby" mit relativem Untergewicht) werden im Alter von 3 Jahren von einem Kinderpsychologen hinsichtlich ihres Entwicklungsstandes beurteilt. Zu Kontrollzwecken untersucht der Kinderpsychologe zusätzlich eine Kontrollgruppe (4) mit $N_4 = 20$ Kindern ohne erkennbare Geburtsprobleme. Der Entwicklungsstand der insgesamt N = 72 Kindern wird auf folgender Ratingskala eingestuft:
- stark zurückgeblieben,
- wenig zurückgeblieben,
- normal entwickelt,
- überdurchschnittlich entwickelt.

Die 4 Kategorien bilden eine 4stufige Ordinalskala.

Nullhypothese. Die Art der Geburtsproblematik hat keinen Einfluß auf den Entwicklungsstand.

Alternativhypothese. Der Entwicklungsstand der Dreijährigen hängt von der Art der Geburtsproblematik ab (*ungerichtete* Alternativhypothese).

Signifikanzniveau. $\alpha = 0,05$.

Testwahl. Es sind 4 Stichproben bezüglich der durchschnittlichen Ausprägung eines ordinalen Merkmals zu vergleichen. Es handelt sich damit um eine Fragestellung, für deren Beantwortung der H-Test einschlägig ist. Aufgrund des methodischen Vorgehens ist mit 4 großen Rangbindungsgruppen zu rechnen, weshalb der *H-Test* in der Variante *für gruppierte Daten* zum Einsatz kommt.

Testanwendung. Tabelle 3.10 zeigt in den ersten 4 Zeilen, wie der Kinderpsychologe die 72 Kinder beurteilt hat.

Mit den 4 Urteilskategorien und den 4 Gruppen entspricht das Datenschema einer 4×4-Kontingenztafel, für deren Auswertung im Prinzip auch der $k \times m$-Felder-Chi-Quadrat-Test in Frage käme (vgl. Abschn. 2.4.3). Hierbei würde man jedoch nicht berücksichtigen, daß die 4 Häufigkeitswerte zeilenweise den Besetzungszahlen für die Kategorien eines ordinalen Merkmals entsprechen. Die ordinale Information bliebe bei einer Auswertung über den $k \times m$-Chi-Quadrat-Test unberücksichtigt.

Um über Gl. 3.12 auswerten zu können, benötigen wir die Rangsummen (T-Werte) für die 4 Gruppen. Hierfür fragen wir zunächst nach den Rangwerten (Rangdurchschnitte $\bar{R}_j$) der 10 Kinder in der Kategorie „stark zurückgeblieben", der 22 Kinder in der Kategorie „wenig zurückgeblieben", der 33 Kinder in der Kategorie „normal entwickelt" und der 7 Kinder in der Kategorie „überdurchschnittlich entwickelt". Diese sind mit Gl. 3.11 leicht zu berechnen.

$$\bar{R}_1 = \frac{1 + 10}{2} = 5{,}5$$

$$\bar{R}_2 = \frac{11 + 32}{2} = 21{,}5$$

$$\bar{R}_3 = \frac{33 + 65}{2} = 49$$

$$\bar{R}_4 = \frac{66 + 72}{2} = 69$$

(Im einzelnen vgl. hierzu die Ausführungen auf S. 133).

Diese Durchschnittsränge sind in Tabelle 3.10 in der Zeile „$\bar{R}_j$" eingetragen. Zu den Rangsummen (T_j) kommt man nun, indem man pro Gruppe die Besetzungszahlen für die Urteilskategorien mit den entsprechenden Rangwerten $\bar{R}_j$ multipliziert und die Produkte addiert. (Zum Beispiel für die erste Gruppe: $1 \times 5{,}5 + 6 \times 21{,}5 + 6 \times 49 + 2 \times 69 = 5{,}5 + 129 + 294 + 138 = 566{,}5 = T_1$).

Zur Kontrolle überprüfen wir, ob die Summe der T-Werte der Summe aller Zahlen von 1 bis 72 ($72 \times 73/2$ gemäß Gl. 3.1) entspricht.

$$566{,}5 + 380{,}5 + 778{,}5 + 902{,}5 = 72 \cdot 73/2 = 2628.$$

Wir können nun den (zunächst unkorrigierten) H-Wert nach Gl. 3.12 ausrechnen.

$$H = \frac{12}{72 \cdot 73} \cdot \left(\frac{566,5^2}{15} + \frac{380,5^2}{18} + \frac{778,5^2}{19} + \frac{902,5^2}{20} \right) - 3 \cdot 73 = 14,02$$

Die t_i-Werte für den Korrekturfaktor C entsprechen den Häufigkeiten in der Zeile „Gesamt". Mit diesen Werten ergibt sich

$$C = 1 - \frac{(10^3 - 10) + (22^3 - 22) + (33^3 - 33) + (7^3 - 7)}{72^3 - 72}$$

$$= 1 - \frac{47856}{373176} = 0,871$$

Hieraus folgt über Gl. 3.14

$$H_{corr} = \frac{14,02}{0,871} = 16,08$$

Entscheidung. Die Stichprobenumfänge sind für den asymptotischen H-Test genügend groß, so daß wir den kritischen Wert für $\alpha = 0,05$ und Fg = 4−1 = 3 Tafel B des Anhangs entnehmen können. Er lautet $\chi^2_{crit} = 7,82$. Dieser Wert ist kleiner als der empirische Wert, d. h. die H_0 ist zu verwerfen.

Interpretation. Es konnte gezeigt werden, daß der Entwicklungsstand Dreijähriger von der Art der hier geprüften Geburtskomplikationen abhängt.

Tabelle 3.10. Beispiel für einen H-Test mit gruppierten Daten

	Entwicklungsstand				
	stark zurück- geblieben	wenig zurück- geblieben	normal entwickelt	überdurch- schnittlich entwickelt	$\sum$
Anoxämie (f_{1j})	1	6	6	2	15
Rhesusinkompatibilität (f_{2j})	9	4	5	0	18
Frühgeburt (f_{3j})	0	7	10	2	19
Kontrolle (f_{4j})	0	5	12	3	20
Gesamt	10	22	33	7	72
Gesamt kumuliert	10	32	65	72	
$\bar{R}_j$	5,5	21,5	49	69	
$f_{1j} \cdot \bar{R}_j$	5,5	129	294	138	$566,5 = T_1$
$f_{2j} \cdot \bar{R}_j$	49,5	86	245	0	$380,5 = T_2$
$f_{3j} \cdot \bar{R}_j$	0	150,5	490	138	$778,5 = T_3$
$f_{4j} \cdot \bar{R}_j$	0	107,5	588	207	$902,5 = T_4$

stehen Tabellen mit kritischen Schwellenwerten für $\alpha \approx 0,05$ bzw. $\alpha \approx 0,01$ zur Verfügung (vgl. Tafel F des Anhangs).

Gruppierte Daten

Wenn das erhobene Merkmal nur wenige Merkmalskategorien aufweist (z. B. Ratingskalen, Schulnoten, soziale Schicht) und gleichzeitig die untersuchte Stichprobe groß ist, muß es zwangsläufig zu großen Rangbindungsgruppen für die Individuen mit identischen Messungen kommen. Wir wollen im folgenden an einem Beispiel veranschaulichen, wie man in diesem Falle den H-Test möglichst ökonomisch durchführen kann. Hierbei erweitern wir das bereits bekannte Auswertungsschema für den U-Test mit gruppierten Daten (vgl. Tabelle 3.5) auf den Vergleich von k Gruppen.

Einzelvergleiche

Wir haben mit dem H-Test einen Mehrstichprobentest kennengelernt, der Unterschiede in der zentralen Tendenz zwischen k Stichproben zu prüfen gestattet. Ein signifikantes Ergebnis dieses Tests besagt lediglich, daß die Nullhypothese gleicher zentraler Tendenz nicht zutrifft bzw. daß mindestens eine der k Populationen eine andere zentrale Tendenz aufweist als eine andere der k Populationen. Jede weitergehende Spezifizierung der Aussage aufgrund eines solchen globalen Tests ist nur datenexplorativ.

> Interessieren nicht nur globale Unterschiede in der zentralen Tendenz, sondern Unterschiede zwischen einzelnen Populationen, müssen differentielle Tests in Form von Einzelvergleichen (Kontrasten) durchgeführt werden. Das im folgenden behandelte Einzelvergleichsverfahren basiert auf dem Prinzip der *impliziten* α-*Fehlerprotektion*, bei dem das vereinbarte α-Fehlerrisiko für den gesamten Satz der im Einzelvergleichsverfahren zu treffenden Entscheidungen gilt (eine *explizite* α-*Fehlerprotektion* liegt vor, wenn man bei r durchgeführten Vergleichen – hier U-Tests – ein $\alpha^* = \alpha/r$ zugrundelegt; vgl. Gl. 2.35).

Will man alle k Stichproben paarweise miteinander vergleichen, ermittelt man folgende kritische Differenz:

$$D_{T(crit)} = \sqrt{H_{(N_j, k, \alpha)} \cdot \frac{N \cdot (N+1)}{12} \cdot \left(\frac{1}{N_j} + \frac{1}{N_{j'}} \right)} \qquad (3.15)$$

wobei $H_{(N_j, k, \alpha)}$ = kritischer H-Wert für ein vorgegebenes α-Niveau und eine vorgegebene N_1, N_2, . . . , N_k-Konstellation gemäß Tafel F im Anhang, N_j, $N_{j'}$ = Stichprobenumfänge der verglichenen Stichproben j und j'.

Für k- und N_j-Konstellationen, die in Tafel F nicht verzeichnet sind, ersetzt man den kritischen H-Wert durch den für k – 1 Freiheitsgraden und α Tafel B zu entnehmenden χ^2-Schrankenwert.

$D_{\bar{T}(crit)}$ wird mit allen Rangdurchschnittsdifferenzen $|\bar{T}_j - \bar{T}_{j'}|$ verglichen. Einzelvergleiche, für die $|\bar{T}_j - \bar{T}_{j'}| \geqslant D_{\bar{T}(crit)}$ gilt, sind signifikant.

Datenrückgriff. Zur Veranschaulichung des Verfahrens verwenden wir die Daten des Beispiels 3.7 (Geburtskomplikationen). Wir berechnen zunächst die mittleren Rangplätze für die 4 Gruppen:

- $\bar{T}_1 = 566{,}5/15 = 37{,}77$,
- $\bar{T}_2 = 380{,}5/18 = 21{,}14$,
- $\bar{T}_3 = 778{,}5/19 = 40{,}97$,
- $\bar{T}_4 = 902{,}5/20 = 45{,}13$.

Der größte Unterschied besteht zwischen der 2. Gruppe (Rhesusinkompatibilität) und der 4. Gruppe (Kontrolle). Er beträgt $45{,}13 - 21{,}14 = 23{,}99$. Wir prüfen nun über Gl. 3.15, ob dieser Unterschied für $\alpha = 0{,}05$ signifikant ist. Da die Stichprobenumfänge für den asymptotischen Test genügend groß sind, verwenden wir in Gl. 3.15 statt des kritischen H-Werts den kritischen χ^2-Wert für $\alpha = 0{,}05$ und Fg $= 3$. Er lautet $\chi^2_{crit} = 7{,}82$.

$$D_{\bar{T}(crit)} = \sqrt{7{,}82 \cdot \frac{72 \cdot 73}{12} \cdot \left(\frac{1}{18} + \frac{1}{20} \right)} = 19{,}01$$

Diese kritische Differenz wird von der größten empirischen Differenz überschritten, d. h. der Unterschied $\bar{T}_4 - \bar{T}_2 = 23{,}99$ ist signifikant. Dies gilt – mit einer kritischen Differenz von 19,23 – auch für die zweitgrößte Differenz $\bar{T}_3 - \bar{T}_2 = 19{,}83$. Alle übrigen Differenzen sind nicht signifikant.

Inhaltlich würde man also interpretieren, daß sowohl die Kontrollgruppenkinder als auch Kinder mit Frühgeburt besser entwickelt sind als Kinder mit Rhesusinkompatibilität.

Hinweis

Sind die Meßwertreihen der zu vergleichenden Stichproben *gestutzt*, kann – ähnlich wie der Gehan-Test als Ersatz für den U-Test (vgl. S. 135) – ein Verfahren von Schemper (1983) eingesetzt werden, das bei Krauth (1988, S. 217–223) beschrieben wird.

3.2.3
Der Trendtest von Jonckheere

Zielsetzung

Der H-Test beantwortet uns die Frage, ob zwischen Stichprobenmedianwerten signifikante Unterschiede nachweisbar sind; welcher Art diese Unterschiede sind, darüber können wir – im Hinblick auf die Grundgesamtheiten – keine nähere Aussage machen. Die zugrundeliegende H_1 ist in der vorliegenden allgemeinen Form eine bloße Negation der H_0.

In vielen Experimenten, besonders solchen, deren Bedingungsvariation quantitativer Natur ist, sind wir in der Lage, die Hypothese H_1 näher zu präzisieren, etwa dahin, daß die Medianwerte der Grundgesamtheiten $\mu(\mathrm{Md})_i$ einer bestimmten (schwach monotonen) Rangordnung folgen.

$$\mu(\mathrm{Md})_1 \leq \mu(\mathrm{Md})_2 \leq \dots \leq \mu(\mathrm{Md})_k$$

Hierbei sollte mindestens ein „ $\leq$ "-Zeichen durch ein „$<$"-Zeichen ersetzbar sein. Die H_0 hingegen behauptet Gleichheit aller Populationsmediane.

Man stelle sich etwa vor, daß man k unabhängige Zufallsstichproben von Versuchstieren (Mäusen) mit steigenden Dosen eines nicht völlig atoxischen, neu entwickelten Konservierungsmittels (etwa zur Schimmelbekämpfung bei Marmeladen) „behandelt" oder daß man in der Arbeitsmedizin Arbeitsleistungen unter zunehmender Lärmbeeinträchtigung durchführen läßt. In diesen und ähnlichen Fällen ist man durchaus imstande, bereits vor dem Ablauf des Experiments eine begründete Annahme über die zu erwartende Reihenfolge der Medianwerte der abhängigen Variablen zu vertreten, etwa in der Form: Die Leberzellen der Mäuse mit der niedrigsten Giftdosis werden am wenigsten, die mit der höheren Dosis mehr und die mit der höchsten Dosis am meisten geschädigt sein.

Eine solche Spezifizierung der Alternativhypothese bedeutet jedoch nur dann einen Gewinn, wenn ein Test verfügbar ist, der auf die Hypothese einer bestimmten Rangordnung der Medianwerte besonders gut anspricht. Diese Qualifikation besitzt der „k sample test against ordered alternatives" von Jonckheere (1954).

Durchführung

Der Trendtest von Jonckheere ist von seinem Rationale her ein additives Verfahren einseitiger U-Tests (vgl. Abschn. 3.1.2). Die Prüfgröße lautet:

$$S = \sum_{i<j}^{k} \left[N_i \cdot N_j - \left(T_i - \frac{N_i \cdot (N_i + 1)}{2} \right) \right] \tag{3.16}$$

Die Summe durchläuft hier alle Stichprobenpaarvergleiche, d. h. beispielsweise für $k=3$, daß zunächst die Stichprobe $i=1$ mit Stichprobe $j=2$ verglichen wird, sodann Stichprobe $i=1$ mit Stichprobe $j=3$ und schließlich Stichprobe $i=2$ mit Stichprobe $j=3$. Der Index i bezieht sich immer auf diejenige Stichprobe, für die wir gemäß H_1 den kleineren Medianwert erwarten. Dementsprechend steht der Index j in jedem Vergleich für die Stichprobe mit dem größeren erwarteten Medianwert.

Um T_i zu bestimmen, werden die Messungen der beiden jeweils verglichenen Stichproben – wie beim U-Test üblich – in eine gemeinsame Rangreihe gebracht. T_i berechnet sich dann als Summe der Rangplätze der Stichprobe mit gemäß H_1 kleinerem Medianwert.

Ob die Prüfgröße S signifikant ist, ermittelt man exakt über Tafel G des Anhangs, die für $k = 3$ und $N_i(N_j) \leq 5$ ausgelegt ist. Die dort angegebenen Überschreitungswahrscheinlichkeiten gelten exakt nur für Rangreihen ohne Bindungen.

Für größere Stichproben kann ein asymptotischer Test durchgeführt werden. Hierfür berechnet man zunächst den Erwartungswert von S

$$\mu_S = \frac{N^2 - \sum_{j=1}^{k} N_j^2}{4} \tag{3.17}$$

und die Streuung von S

$$\sigma_S = \sqrt{\frac{N^2 \cdot (2 \cdot N + 3) - \sum_{j=1}^{k} N_j^2 \cdot (N_j + 3)}{72}} \tag{3.18}$$

S wird dann über folgende Gleichung in einen u-Wert der Standardnormalverteilung transformiert:

$$u = \frac{S - \mu_s}{\sigma_S} \tag{3.19}$$

Ein S-Wert ist signifikant, wenn u bei einseitigem Test den kritischen u-Wert für ein vorgegebenes α-Niveau erreicht oder überschreitet.

Bevor wir den Rechengang anhand eines Beispiels verdeutlichen, muß geklärt werden, wie Verbundränge zu behandeln sind. Wie alle Rangtests setzt auch der vorliegende eine stetige Merkmalsverteilung voraus, wodurch die Existenz gleicher Meßwerte per definitionem ausgeschlossen wird. Wegen begrenzter Meßgenauigkeit werden wir aber in der Praxis des öfteren auf Ranggleichheit stoßen. Wie verfahren wir in solchen Fällen? Befinden sich die gleichen Ränge innerhalb der Stichproben, so brauchen wir auf sie keine Rücksicht zu nehmen, denn sie beeinflussen den numerischen Wert der Prüfgröße nicht.

Anders verhält es sich, wenn gleiche Ränge zwischen den Stichproben auftauchen. Hier lautet die Regel: Man löse die Ranggleichheit in einer Weise auf, die der Beibehaltung von H_0 zugute kommt (konservatives Vorgehen). Die Ränge für identische Messungen in 2 verschiedenen Stichproben werden so aufgeteilt, daß die höheren Rangplätze derjenigen Stichprobe zugeteilt werden, für die gemäß H_1 der kleinere Medianwert erwartet wird. Auch diese Vorgehensweise wird in Beispiel 3.8 demonstriert. Hat man es – wie etwa bei Ratingskalen – mit großen Rangbindungsgruppen zu tun, prüft man besser nach Pfanzagl (1974, S. 193) als nach Jonckheere.

> Die Anwendung des nonparametrischen Trendtests nach Jonckheere setzt – wie die Durchführung eines einseitigen Tests – voraus, daß eine inhaltlich begründete Trendhypothese a priori, d. h. vor der Datenerhebung aufgestellt wurde. Eine empirisch ermittelte Ordnungsrelation im nachhinein als Trendhypothese aufzustellen und mit einem Trendtest zu überprüfen (bzw. zu „bestätigen"), ist wissenschaftlich nicht legitim, denn mit diesem Vorgehen lassen sich letztlich beliebige theoriefreie Ordnungsrelationen bestätigen.

Beispiel 3.8. Psychopharmaka und Psychotherapie bei leichter Depression (I)

Problem. Der Einsatz von Psychopharmaka bei der Behandlung leichter endogener Depressionen wird kritisch gesehen. Ein Ärzte- und Psychologenteam plant eine Untersuchung zur Auswirkung verschiedener Behandlungsmethoden auf die subjektive Befindlichkeit von Patienten, bei denen die Eingangsdiagnose „leichte endogene Depression" gestellt wurde.

Versuchsplan. 15 Patienten werden per Zufall 3 Behandlungsgruppen zugewiesen. Die 1. Gruppe (a_1) mit $N_1 = 5$ Patienten wird psychotherapeutisch behandelt. In der 2. Gruppe (a_2) wird die psychotherapeutische Behandlung durch ein Plazebo ergänzt. Da ein Patient dieser Gruppe die Behandlung vorzeitig abbricht, ist $N_2 = 4$. Die 3. Gruppe (a_3) mit $N_3 = 5$ Patienten erhält zusätzlich zur Psychotherapie ein Antidepressivum. Der Behandlungserfolg wird über eine 15stufige Rating-Skala (1 = keine Verbesserung, 15 = extreme Verbesserung) erfaßt.

Nullhypothese. Die 3 Behandlungsarten haben keine unterschiedliche Wirkung.

Alternativhypothese. Man vermutet, daß die Kombination Psychotherapie plus Plazebo wirksamer ist als die Psychotherapie allein. Außerdem wird davon ausgegangen, daß die Kombination Psychotherapie plus Antidepressivum wirksamer ist als die Kombination Psychotherapie plus Plazebo. Gemäß H_1 sollten die Populationsmediane also in der Reihenfolge $a_1 < a_2 < a_3$ stehen (*gerichtete* Alternativhypothese).

Signifikanzniveau. $\alpha = 0{,}05$.

Testwahl. Es sind 3 unabhängige Stichproben hinsichtlich ihrer zentralen Tendenz auf einem ordinalen Merkmal zu vergleichen. Da für die Größenordnung der Populationsmediane hypothetisch eine Rangfolge vorgegeben ist, kommt der *Trendtest von Jonckheere* zum Einsatz.

Testanwendung. Tabelle 3.11 zeigt, wie die Behandlungserfolge bei den 14 Patienten eingestuft wurden.

Nun sind 3 Stichprobenpaarvergleiche durchzuführen (a_1 mit a_2, a_1 mit a_3 und a_2 mit a_3). Für jeden Stichprobenpaarvergleich wird die gemeinsame Rangreihe der Meßwerte der jeweils verglichenen Stichproben aufgestellt (vgl. Tabelle 3.12).

In Tabelle 3.12 wird deutlich, wie mit Rangbindungen identischer Messungen aus verschiedenen Stichproben verfahren wurde. Der Meßwert 6 kommt sowohl in der Stichprobe a_1 als auch in der Stichprobe a_2 vor (vgl. Tabelle 3.11). In der gemeinsamen Rangreihe dieser beiden Stichproben würden wir normalerweise diesen beiden Meßwerten den Durchschnitt der Rangplätze 7 und 8, also 7,5, zuordnen. Im Sinne eines konservativen

Vorgehens haben wir jedoch den höheren Rangplatz, also Rangplatz 8, an diejenige Stichprobe vergeben, für die wir gemäß H_1 einen kleineren Rangdurchschnitt erwarten, also an die Stichprobe a_1. Der niedrigere Rangplatz, also Rangplatz 7 wird Stichprobe a_2 zugeschlagen, für die ein höherer Rangdurchschnitt erwartet wird. Diese Maßnahme erschwert also eine Entscheidung zugunsten von H_1.

In gleicher Weise wurde mit den beiden Dreiermessungen im Stichprobenvergleich a_2 mit a_3 verfahren: Der Rangplatz 3 fällt an die Stichprobe a_2 und der Rangplatz 2 an die Stichprobe a_3.

Die 3 Rangsummen T_1 bis T_3 sind bereits in Tabelle 3.12 eingetragen, so daß wir in Gl. 3.16 einsetzen können:

$$
\begin{aligned}
S = &\; 5 \cdot 4 - \left(25 - \frac{5 \cdot 6}{2} \right) \\
&+ 5 \cdot 5 - \left(19 - \frac{5 \cdot 6}{2} \right) \\
&+ 4 \cdot 5 - \left(16 - \frac{4 \cdot 5}{2} \right) \\
= &\; 10 + 21 + 14 \\
= &\; 45
\end{aligned}
$$

Entscheidung. Tafel G entnehmen wir für die Stichprobenkonstellation 5,5,4, daß $S = 45$ bei Gültigkeit von H_0 mit einer Überschreitungswahrscheinlichkeit von $P = 0,082$ auftritt. Dieser Wert überschreitet das α-Niveau von 0,05, so daß die H_0 beizubehalten ist. (Man beachte, daß $P = 0,082$ der exakten Überschreitungswahrscheinlichkeit wegen der Rangbindungen nur ungefähr entspricht).

Asymptotischer Test. Zu Demonstrationszwecken wollen wir auch den asymptotischen Test durchführen. Gl. 3.17 ergibt

$$
\mu_S = \frac{14^2 - (5^2 + 4^2 + 5^2)}{4} = 32,5
$$

und Gl. 3.18

$$
\sigma_S = \sqrt{\frac{14^2 \cdot 31 - (25 \cdot 8 + 16 \cdot 7 + 25 \cdot 8)}{72}} = 8,79
$$

Man erhält also nach Gl. 3.19

$$
u = \frac{45 - 32,5}{8,79} = 1,42
$$

Dieser Wert hat nach Tafel A des Anhangs eine einseitige Überschreitungswahrscheinlichkeit von $P = 0,0778$, die etwa der Überschreitungswahrscheinlichkeit des exakten Tests entspricht. Auch nach dem asymptotischen Test wäre die H_0 also beizubehalten.

Interpretation. Die Annahme, daß die Kombination Psychotherapie plus Antidepressivum wirksamer sei als die Kombination Psychotherapie plus Plazebo und daß diese wiederum wirksamer sei als Psychotherapie allein, konnte statistisch nicht abgesichert werden, obwohl die Daten diesem Trend entsprechen.

Weiter setzt der Jonckheere-Test wie der H-Test voraus, daß die k Stichproben aus homomeren, d.h. bis auf Lagetrend formgleichen Populationen stammen. Daran wäre zu zweifeln, wenn eine Stichprobe links- und eine andere der k Stichproben rechtsgipflig verteilt erscheint, aber auch, wenn eine Stichprobe stark und eine andere schwach streut. In diesen Fällen sollte der extendierte Mediantest in der Trendvariante von Pfanzagl (1974, S. 193) den J-Test ersetzen.

3.2.4
Pretest-Posttest-Pläne für k unabhängige Stichproben

Zielsetzung

In Abschn. 3.1.3 haben wir eine „klassische" Versuchsanordnung der klinischen Forschung kennengelernt, den Pretest-Posttest-Vergleich für 2 unab-

Tabelle 3.11. Ausgangsdaten für den Trendtest

a_1	a_2	a_3
2	1	3
4	3	8
4	6	8
5	9	9
6		11

Tabelle 3.12. Ränge für die 3 Stichprobenpaarvergleiche

a_1	a_2	a_1	a_3	a_2	a_3
2	1	1	2	1	2
4,5	3	3,5	7,5	3	5,5
4,5	7	3,5	7,5	4	5,5
6	9	5	9	8	7
8		6	10		9
$T_1=25$		$T_2=19$		$T_3=16$	

hängige Stichproben (sog. Solomon-Pläne). Mit Plänen dieser Art kann man beispielsweise überprüfen, ob sich eine behandelte Experimentalgruppe bezüglich eines behandlungsrelevanten Merkmals anders verändert als eine nichtbehandelte Kontrollgruppe.

Diesen Plan wollen wir nun für k unabhängige Stichproben erweitern. Die k Stichproben können mehrere unterschiedlich behandelte Patientengruppen sein, mehrere Experimentalgruppen und eine oder mehrere Kontrollgruppen, mehrere Patientengruppen unterschiedlicher Symptomatik bei gleicher Behandlung oder auch mehrere Patientengruppen aus unterschiedlichen Kliniken oder Praxen, wie dies in multizentrischen Studien die bei weitem wichtigste Anwendung ist. Unabhängig vom konkreten Anwendungsfall wird die Nullhypothese geprüft, daß sich die Veränderungen – gemessen als Pretest-Posttest-Differenz – in den verglichenen Poulationen nicht unterscheiden.

Die Alternativhypothese kann ungerichtet (H_1: Es gibt Unterschiede in den durchschnittlichen Veränderungsraten) oder als *Trendhypothese* gerichtet formuliert sein (H_1: Die durchschnittlichen Veränderungsraten weisen eine bestimmte Reihenfolge auf).

Durchführung

Für die Auswertung von Pretest-Posttest-Plänen mit 2 Stichproben haben wir in Abschn. 3.1.2 den U-Test für Paardifferenzen kennengelernt. Nun sind Differenzen aus k unabhängigen Stichproben zu vergleichen, so daß wir auf den bereits bekannten H-Test zurückgreifen können (vgl. Abschn. 3.2.2). Wurde die Alternativhypothese als Trendhypothese formuliert, werten wir die Differenzen nach dem im letzten Abschnitt behandelten Trendtest von Jonckheere aus.

Das konkrete Vorgehen wird im folgenden Beispiel erläutert. Hierbei verwenden wir erneut die in Beispiel 3.8 angesprochene inhaltliche Problematik, die allerdings diesmal mit einem Pretest-Posttest-Plan untersucht wird.

Beispiel 3.9. Psychopharmaka und Psychotherapie bei leichter Depression (II)

Problem. Siehe Beispiel 3.8.

Versuchsplan. Über einen Depressionsfragebogen wird bei N = 14 Patienten mit neurotischer Depression ein Hamilton-Depressivitätsscore ermittelt (Pretest). Die 14 Patienten werden dann zufällig auf 3 Gruppen aufgeteilt: Gruppe a_1 mit $N_1 = 5$ Patienten erhält eine psychotherapeutische Behandlung, Gruppe a_2 mit $N_2 = 4$ Patienten erhält Psychotherapie plus Plazebo und Gruppe a_3 mit $N_3 = 5$ Patienten Psychotherapie plus Antidepressivum. Nach Abschluß der Behandlung ermittelt man für jeden Patienten erneut einen Depressivitätsscore (Posttest).

Nullhypothese. Die Art der Behandlung hat keinen Einfluß darauf, wie sich die Depressivität zwischen Pre- und Posttest verändert.

Alternativhypothese. In diesem Beispiel sollen 2 Alternativhypothesen geprüft werden. Die 1. Alternativhypothese behauptet unterschiedliche Veränderungsraten für die 3 Behandlungen (*ungerichtete* H_1). Die 2. Alternativhypothese übernehmen wir aus Beispiel 3.8: Es wird behauptet, daß die Veränderungen unter a_1 am geringsten sind, gefolgt von a_2 und a_3 ($a_1 < a_2 < a_3$; *gerichtete* H_1).

Signifikanzniveau. $\alpha = 0{,}05$.

Testwahl. Es sind 3 kleine Stichproben von Differenzen zu vergleichen, über deren Verteilung nichts bekannt ist. Wir testen deshalb verteilungsfrei und wählen für die Überprüfung der ungerichteten H_1 den *H-Test* und zur Überprüfung der gerichteten H_1 den *Trendtest von Jonckheere*.

Testanwendung. Tabelle 3.13 zeigt für die 3 Gruppen die Ergebnisse der Pre- und Posttests sowie die Differenzen zwischen den Pretest- und Posttestscores.
    Wir beginnen zunächst mit der Überprüfung der ungerichteten H_1, also dem H-Test. Hierfür sind die Differenzen aus den 3 vereinten Stichproben in eine gemeinsame Rangreihe zu bringen. Tabelle 3.14 zeigt das Ergebnis.
    Mit den dort genannten T-Werten errechnen wir über Gl. 3.12 folgenden H-Wert:

$$H = \frac{12}{14 \cdot 15} \cdot \left(\frac{32^2}{5} + \frac{20^2}{4} + \frac{53^2}{5} \right) - 3 \cdot 15 = 4{,}52$$

Nun bereiten wir die Durchführung des Trendtests nach Jonckheere vor. Es sind 3 Stichprobenpaarvergleiche durchzuführen; für jeden Vergleich ist die gemeinsame Rangreihe der Differenzen aus den beiden jeweils vereinten Stichproben aufzustellen (vgl. Tabelle 3.15).
    Mit den in Tabelle 3.15 genannten T-Werten setzen wir zur Bestimmung von S in Gl. 3.16 ein.

$$\begin{aligned}
S &= 5 \cdot 4 - \left(28 - \frac{5 \cdot 6}{2} \right) \\
&\quad + 5 \cdot 5 - \left(19 - \frac{5 \cdot 6}{2} \right) \\
&\quad + 4 \cdot 5 - \left(13 - \frac{4 \cdot 5}{2} \right) \\
&= 7 + 21 + 17 \\
&= 45
\end{aligned}$$

(Daß dieser S-Wert mit dem S-Wert aus Beispiel 3.8 übereinstimmt, ist ein Zufallsergebnis).

Entscheidungen. Den H-Test führen wir exakt über Tafel F durch. Dort wird für $\alpha \approx 0{,}05$ und die Stichprobenkonstellation 5,5,4 ein kritischer H-Wert von 5,64 genannt. Der empirische Wert ist mit H = 4,52 kleiner, d. h. die H_0 des H-Tests ist beizubehalten.

Für den Trendtest entnehmen wir Tafel G, daß ein S = 45 bei Gültigkeit von H_0 die bereits aus Beispiel 3.8 bekannte Überschreitungswahrscheinlichkeit von P = 0,082 hat. Wegen $P \geq \alpha = 0{,}05$ ist also auch die H_0 des Trendtests beizubehalten.

Interpretation. Es konnte nicht gezeigt werden, daß sich die Wirksamkeit der 3 Behandlungsmethoden unterscheidet. Auch die gerichtete Hypothese über die postulierte Abfolge in der Wirksamkeit der 3 Behandlungsmethoden konnte nicht gestützt werden.

Tabelle 3.13. Ausgangsdaten für einen Pretest-Posttest-Vergleich mit 3 Stichproben

a_1			a_2			a_3		
Pretest	Posttest	Diff.	Pretest	Posttest	Diff.	Pretest	Posttest	Diff.
18	20	−2	19	18	1	20	15	5
17	14	3	22	20	2	21	16	5
16	13	3	16	14	2	20	15	5
19	15	4	18	12	6	16	9	7
21	13	8				17	8	9

Tabelle 3.14. Gemeinsame Rangreihe der Differenzen für alle 3 Stichproben

a_1	a_2	a_3
1	2	9
5,5	3,5	9
5,5	3,5	9
7	11	12
13		14
$T_1 = 32$	$T_2 = 20$	$T_3 = 53$

Tabelle 3.15. Gemeinsame Rangreihen der Differenzen für 3 Stichprobenpaarvergleiche

a_1	a_2		a_1	a_3		a_2	a_3
1	2		1	6		1	5
5,5	3,5		2,5	6		2,5	5
5,5	3,5		2,5	6		2,5	5
7	8		4	8		7	8
9			9	10			9
$T_1 = 28$			$T_2 = 19$			$T_3 = 13$	

Hinweis

Wie im Zweistichprobenfall sollten die Differenzen bis auf Lageunterschiede im H-Test eingipflig symmetrisch verteilt sein. Wenn dies offensichtlich nicht zutrifft, sollten für jede der k Stichproben nur die Vorzeichen der Differenzen ausgezählt und in eine $k \times 2$-Feldertafel als Frequenzen eingetragen und via χ^2 ausgewertet werden, wenn die Erwartungswerte nicht allzu klein sind.

Der Solomon-H-Test sollte insbesondere auch vermieden und durch einen χ^2-Test ersetzt werden, wenn Boden- oder Deckeneffekte (wie Nullen und Höchstwerte einer Symptom- oder Befindensskala) in mindestens einer der k Stichproben von Zuwachswerten auftreten. Bei Bodeneffekten mit vielen Nulldifferenzen in jeder oder den meisten der k Stichproben, wie sie bei Zählwerten psychiatrischer Skalen die Regel sind, sollten die Nulldifferenzen einer jeden der k Stichproben ausgezählt und deren Frequenzen in eine $k \times 3$-Tafel (mit +, –, 0) eingetragen werden.

3.3
Der Vergleich zweier abhängiger Stichproben

Wir haben in Abschn. 3.1 Rangtests für 2 unabhängige Stichproben kennengelernt, wobei eine Zufallsgruppe von N_1 Individuen beispielsweise der Behandlung 1 und eine 2. Zufallsgruppe von N_2 Individuen der Behandlung 2 unterworfen worden ist. Man kann jedoch die Präzision dieses Experiments steigern, wenn man Paare von Messungen bildet und vergleicht.

Wie lassen sich Paare von Meßwerten gewinnen?

- Die häufigste, wenngleich nicht immer die beste Art, Paare von Meßwerten zu gewinnen, besteht darin, ein- und dieselbe Stichprobe von Individuen einmal unter der Behandlung 1 (z. B. experimentelle Bedingung) und ein 2. Mal unter der Behandlung 2 (z. B. Kontrolle) zu messen. Dies ist jedoch nur möglich, wenn eine solche Meßwiederholung an ein- und demselben Individuum überhaupt durchführbar ist und wenn zugleich keinerlei Wechselwirkung zwischen Behandlungen und Individuen zustandekommt, etwa derart, daß eine vorausgehende Untersuchung das Individuum hinsichtlich des untersuchten Merkmals verändert und damit das Ergebnis der nachfolgenden Untersuchung beeinflußt. Ein derartiger *Transfer* ist beispielsweise bei Leistungstests in der Psychologie oder auch bei Symptomfragebögen in der Psychopathologie nicht auszuschließen, selbst wenn zwischen beiden Beobachtungen (Messungen) ein genügend großes Zeitintervall liegt („Wash-out-Periode" bei Arzneimitteln).

- Eine in der experimentellen Medizin gebräuchliche Methode der intraindividuellen Meßwiederholung besteht darin, daß man einen sog. *Rechts-Links-Vergleich* durchführt: Man erzeugt an paarigen Organen (Extremitäten, Nieren, Augen) oder an symmetrischen Orten der Körperoberfläche (Haut) Krankheitsherde (z. B. durch Röntgenbestrahlung lokale Entzündungen) und entscheidet nach Los, welcher der beiden Herde behandelt wird und welcher zur Kontrolle verbleibt. Allerdings sichert dieses Verfahren keineswegs, daß Wechselwirkungen ausbleiben, da z. B. eine Lokalbehandlung eines Pilzherds auf der linken Vorderpfote eines Versuchstieres das Versuchstier (via Blut- oder Lymphweg) allgemein, und damit auch gegenüber dem Pilzherd auf der rechten Pfote, resistenter machen kann.

- Gelingt es nicht, je ein Individuum 2mal zu untersuchen oder muß man Wechselwirkungen (*Carry-over-Effekte*) befürchten, die die Behandlungswirkungen u. U. vollständig überdecken, dann geht man die via regia der Versuchsplanung und bildet Paare von möglichst gleichartigen Individuen, wobei man nach Los (oder einem anderen Zufallsprozeß) entscheidet, welcher Paarling der Behandlungs- und welcher der Kontrollstichprobe zugeteilt wird. Die so entstehenden *Parallelstichproben* sollen eine möglichst geringe Merkmalsvariation innerhalb der Paare im Vergleich zur Merkmalsvariation zwischen den Paaren aufweisen. Man erreicht dies meist durch Paarung nach meß- oder schätzbaren Merkmalen, die mit dem untersuchten Merkmal möglichst hoch korreliert sind.

  Oft dient als *Paarungskriterium* ein qualitatives Merkmal, wie etwa die Paarung von Versuchstieren, die dem gleichen Wurf entstammen oder die Paarung von Versuchstieren gleicher Rasse oder gleicher Spezies. Bestimmte verteilungsfreie Tests (wie der Vorzeichentest in Abschn. 3.3.1) lassen heterogene Paare (mit homogenen Paarlingen) wie Paare von Mäusen, Ratten oder Meerschweinchen ausdrücklich zu, um die induktive Basis evolutionsbiologisch zu verbreitern. Gelegentlich dient aber auch das untersuchte quantitative Merkmal, wenn es (wie Puls und Blutdruck) über mehrere Zeitpunkte (Tage) gemessen wird und sich als gleichbleibend („stationär") erweist, als Paarungskriterium, indem man es in einem Vortest erfaßt und Paare gleicher oder ähnlicher Vortestwerte bildet. Auch hier muß, wie oben, nach Los entschieden werden, welcher Paarling behandelt und welcher kontrolliert wird.

Ob man eine Beobachtung an ein- und demselben Individuum wiederholt oder 2 Paarlinge beobachtet, in beiden Fällen erhält man 2 abhängige Stichproben (oder auch korrelierte, parallele, verbundene oder paarige Stichproben, um die gängigsten Synonyme zu nennen) mit der Besonderheit, daß diese Stichproben wegen der Paarung stets den gleichen Umfang haben müssen. Im parametrischen Fall werden solche Meßreihen mit dem t-Test für abhängige Stichproben verglichen (vgl. z.B. Bortz, 1993, Kap. 5.1.3).

Bei unbekannter Merkmalsverteilung und kleinen Stichproben sollte auf den t-Test verzichtet werden. Stattdessen ist entweder ein verteilungsfreies Verfahren einzusetzen, das nur die Richtung des Unterschieds innerhalb der Meßwertpaare berücksichtigt, (Vorzeichentest; vgl. Abschn. 3.3.1) oder ein Verfahren, das zusätzlich auch die Größenordnung der Meßwertdifferenzen in Rechnung stellt (Vorzeichenrangtest; vgl. Abschn. 3.3.2). Während der Vorzeichentest keinerlei Voraussetzungen über die Verteilung der Vor-/Nachunterschiede macht und daher nachfolgend als erster behandelt wird, verlangt der Vorzeichenrangtest, daß die Unterschiedswerte (Zuwachswerte von Paarling 1 zu Paarling 2 oder von Vortest zu Nachtest) aus einer symmetrischen (wenngleich nicht normalen) Verteilung stammen. Doch davon später in Abschn. 3.3.2.

3.3.1
Der Vorzeichentest

Zielsetzung

Zunächst behandeln wir in diesem Abschnitt einen auch bei größeren Stichproben einfach und ökonomisch durchzuführenden Test, den Vorzeichentest. Der Vorzeichentest ist vermutlich der historisch älteste Test überhaupt.

> Ausgehend von Meßwertpaaren eines stetigen Merkmals überprüft der Test die Nullhypothese, daß der 1. Meßwert eines Meßwertpaares mit gleicher Wahrscheinlichkeit, nämlich der Wahrscheinlichkeit $\pi = 0{,}5$, größer oder kleiner ist als der 2. Meßwert. Der Test betrachtet also pro Meßwertpaar nur das Vorzeichen der Differenz der beiden Messungen, was den Namen „Vorzeichentest" begründet.

Gemäß der Nullhypothese wird erwartet, daß positive Differenzen genauso häufig vorkommen wie negative Differenzen. Die Alternativhypothese behauptet, daß ein bestimmtes Vorzeichen (+ oder –) häufiger auftritt als das andere (gerichtete H_1) bzw. daß sich die Frequenzen für + und – in irgendeiner Weise unterscheiden (ungerichtete H_1).

Durchführung

Man hat Meßwerte x_{Ai} und x_{Bi} (i = 1, ... , N) aus 2 abhängigen Stichproben A und B erhoben. Für jedes Meßwertpaar wird ermittelt, ob die Differenz x_{Ai}– x_{Bi} positiv oder negativ ist. Man stellt die Anzahl der positiven und die Anzahl der negativen Differenzen fest und definiert die Prüfgröße x als Häufigkeit des selteneren Vorzeichens.

Gilt die Nullhypothese, so ist x als Prüfgröße mit den Parametern N und $\pi = 0{,}5$ *binomial* verteilt, so daß man die Wahrscheinlichkeit eines beobachteten samt aller extremeren x-Werte exakt nach Tafel C des Anhangs bestimmen kann. Die dort genannten Überschreitungswahrscheinlichkeiten gelten für einseitige Tests und sind für zweiseitige Tests zu verdoppeln (vgl. Abschn. 2.1.1).

Für größere Stichproben (N > 25) ermittelt man die Überschreitungswahrscheinlichkeit asymptotisch über Gl. 2.5, dem χ^2-Test für Alternativdaten (vgl. Abschn. 2.1.2). Für 25 < N < 60 sollte die kontinuitätskorrigierte Gl. 2.6 eingesetzt werden.

Aus der Art, wie die Prüfgröße x bestimmt wird, geht hervor, daß die exakte Größe der Messungen x_{Ai} und x_{Bi} nicht unbedingt bekannt sein muß. Der Test ist auch dann anwendbar, wenn man pro Meßwertpaar lediglich entscheiden kann, ob $x_{Ai} > x_{Bi}$ (positives Vorzeichen) oder $x_{Ai} < x_{Bi}$ ist (negatives Vorzeichen). Dieser Tatbestand erweitert die Einsatzmöglichkeiten des Vorzeichentests erheblich.

Für die praktische Anwendung des Vorzeichentests ist es ferner bedeutsam, daß er lediglich Homogenität innerhalb, nicht aber zwischen den Meßwertpaaren voraussetzt – im Unterschied zum Vorzeichenrangtest, den wir im nächsten Abschnitt behandeln. Das bedeutet für die Versuchsplanung, daß Individuen unterschiedlicher Art, Tiere verschiedener Rasse, Versuchspersonen verschiedener Schulbildung, Patienten verschiedenen Geschlechts etc. in den Versuch mit einbezogen werden können, sofern sie 2 Meßwerte der gleichen Variablen liefern, wie z. B. je einen Meßwert vor und nach einer Behandlung.

Bevor wir den Vorzeichentest an einem Beispiel erläutern, ist noch zu klären, wie mit *Nulldifferenzen* (bzw. mit Angaben wie „keine Veränderung" oder „kein Unterschied") umzugehen ist. Viele Autoren plädieren dafür, die Nulldifferenzen einfach außer acht zu lassen, d. h. den Stichprobenumfang um die Anzahl der Nulldifferenzen zu reduzieren. Man beachte jedoch, daß dieses Vorgehen Entscheidungen zugunsten von H_1 begünstigt, denn letztlich sind Nulldifferenzen ein Beleg für die Richtigkeit von H_0.

Wir empfehlen folgendes Vorgehen: Ist die Anzahl der Nulldifferenzen geradzahlig, erhält die eine Hälfte der Nulldifferenzen ein positives, die andere ein negatives Vorzeichen. Bei ungeradzahliger Anzahl läßt man eine Nulldifferenz außer acht und reduziert damit N auf N–1 (zur Begründung vgl. Bortz, Lienert & Boehnke, 1990, S. 257 f. oder Wittkowski, 1989).

Beispiel 3.10. Ein neues NSAR bei Morbus Bechterew

Problem. Zur Behandlung von rheumatoider Arthritis wurde ein neues, magenfreundliches, nichtsteroidales Antirheumatikum (NSAR) entwickelt. Es soll geprüft werden, ob dieses Medikament auch zur Behandlung akuter entzündlicher Schübe bei Patienten mit Morbus Bechterew eingesetzt werden kann.

Versuchsplan. Vor einem größeren Feldversuch soll das Medikament zunächst nur an einer kleinen Stichprobe erprobt werden. $N = 20$ Bechterewpatienten mit akuter Schmerzsymptomatik werden gebeten, statt der bisher bei Schmerzschüben verordneten Medikamente das neue NSAR einzunehmen. Nach einer Behandlungsdauer von 14 Tagen werden die Patienten gefragt, ob die neue Behandlung wirksamer ist als die alte Behandlung (+), weniger wirksam (–) oder gleich wirksam (0).

Nullhypothese. Die Behandlung mit dem neuen Medikament ist genauso wirksam wie die alte Behandlung.

Alternativhypothese. Das neue NSAR ist wirksamer als die alte Behandlung (*gerichtete* H_1).

Signifikanzniveau. Wegen des Vorstudiencharakters der Untersuchung begnügen wir uns mit $\alpha = 0{,}05$.

Testwahl. Obwohl die Patienten nur Vorzeichen generieren, handelt es sich implizit um einen Vergleich zweier abhängiger Stichproben, nämlich der Wirksamkeitseinschätzung der alten und der neuen Behandlung durch dieselben Patienten. Da die Größe der individuell eingeschätzten Unterschiede nicht bekannt ist, sondern nur deren Richtung, verwenden wir zur Hypothesenprüfung den *Vorzeichentest*.

Testanwendung. Die Befragung der Patienten ergab: 13mal +, 2mal – und 5mal 0. Das seltenere Vorzeichen (–) wurde 2mal genannt, d. h. wir setzen $x = 2$. Lassen wir die 5 Nulldifferenzen (bzw. die Antworten „gleich wirksam") außer acht, reduziert sich der Stichprobenumfang von $N = 20$ auf $N' = 15$. Als einseitige Überschreitungswahrscheinlichkeit für $x = 2$ und $N' = 15$ entnehmen wir Tafel C des Anhangs $P = 0{,}004$.

Wählen wir den hier empfohlenen konservativen Test, bleibt nur eine Nulldifferenz unberücksichtigt, so daß wir N auf $N' = 19$ reduzieren. Zwei Nulldifferenzen werden der Plus-Kategorie und die restlichen 2 der Minus-Kategorie zugeschlagen, d. h. die Prüfgröße ist auf $x = 4$ zu erhöhen. Für $N' = 19$ und $x = 4$ entnehmen wir Tafel C eine einseitige Überschreitungswahrscheinlichkeit von $P = 0{,}01$. Man erkennt also, daß das Weglassen der

Nulldifferenzen zu einer kleineren Überschreitungswahrscheinlichkeit führt und damit Entscheidungen zugunsten von H_1 begünstigt.

Entscheidung. Die Überschreitungswahrscheinlichkeit P ist auch bei konservativem Umgang mit den Nulldifferenzen kleiner als $\alpha = 0,05$, d. h. wir verwerfen die H_0 und akzeptieren die H_1.

Interpretation. Das neue NSAR ist aus der Sicht der Patienten wirksamer als die Medikamente, die sie sonst bei Schmerzschüben eingenommen haben. Diese Interpretation ist jedoch nur legitim, wenn man einen sog. *Novitätseffekt* als Transferwirkung ausschließen kann; denn ein neues Mittel wird der Schmerzpatient „autosuggestiv" als wirksamer einschätzen (und u. U. auch tatsächlich empfinden) als das bislang genutzte Mittel.

Konklusiv wäre nur eine *Überkreuzungsplan*-Behandlung, bei der die Patienten 14 Tage lang das übliche und 14 Tage lang das neue Medikament einnehmen. Hierbei ist es wichtig, daß die Patienten nicht erfahren, in welcher Phase sie welches Medikament einnehmen – beispielsweise, indem man in Unkenntnis der Patienten für das alte Medikament eine rote und für das neue eine blaue, aber sonst formgleiche Pille wählt, und über die Abfolge der beiden Farben pro Patient nach Los entscheidet. Die Patienten sind dann zu befragen, unter welcher „Farbe" weniger Beschwerden auftraten.

Asymptotischer Test. Der Vollständigkeit halber führen wir für $x = 4$ und $N' = 19$ auch einen asymptotischen Test durch (χ^2-Test für Alternativdaten). Die erwarteten Häufigkeiten für die Plus- und die Minus-Kategorie ergeben sich zu $e_+ = e_- = 0,5 \cdot 19 = 9,5$. Über Gl. 2.6 errechnen wir

$$\chi^2 = \frac{(|4 - 9,5| - 0,5)^2}{9,5} + \frac{(|15 - 9,5| - 0,5)^2}{9,5} = 5,26$$

Wegen $Fg = 1$ können wir den χ^2-Wert in einen u-Wert der Standardnormalverteilung überführen: $u = \sqrt{\chi^2} = \sqrt{5,26} = 2,29$. Dieser u-Wert hat gemäß Tafel A des Anhangs eine einseitige Überschreitungswahrscheinlichkeit von $P = 0,011$, d. h. das Ergebnis des exakten (konservativen) Tests wird bestätigt.

3.3.2
Der Vorzeichenrangtest von Wilcoxon

Zielsetzung

Ähnlich wie der Vorzeichentest prüft auch der Vorzeichenrangtest von Wilcoxon (1945), ob sich 2 abhängige Stichproben in ihrer zentralen Tendenz unterscheiden. Allerdings wird jetzt genauer getestet: Während der Vorzeichentest nur die Richtung des Unterschieds von jeweils 2 paarigen Messungen berücksichtigt, verwertet der Vorzeichenrangtest auch die Größe des Unterschieds.

Hierbei muß allerdings vorausgesetzt werden, daß die paarigen Messungen hinreichend genau sind, so daß auch die Differenzen einigermaßen reliabel erscheinen. „Einigermaßen reliabel" bedeutet in diesem Zusammenhang, daß zumindest die Größenordnung der Differenzen stimmen muß. (Kann man bei ausreichender Meßgenauigkeit die genauen Differenzen auswerten, sollte – zumindest bei größeren Stichproben – der t-Test für abhängige Stichproben eingesetzt werden). Ist auf die Größenordnung der Differenzen kein Verlaß (oder kennt man – wie im Beispiel 3.10 – nur die Vorzeichen der Differenzen), sollte besser der „anspruchslosere" Vorzeichentest eingesetzt werden.

Durchführung

Man hat 2 abhängige Stichproben von Meßwerten erhoben (z. B. Blutzuckerwerte für 2 parallele Stichproben von Typ II-Diabetikern mit paarweise annähernd gleichen Blutzucker-Basiswerten, von denen ein ausgeloster Paarling mit einem neuen Antidiabetikum A, der andere mit einem Standard-Antidiabetikum B von Sulfonylharnstoffderivaten behandelt wurde) und bildet zunächst für alle Meßwertpaare ($i = 1, \dots N$) die Differenzen der unter den Behandlungen A und B gewonnenen Meßwerte (Nüchtern-Blutzucker in mg%).

$$d_i = x_{Ai} - x_{Bi} \qquad (3.20)$$

Dann ordnet man diesen Differenzen nach ihrem Absolutbetrag (!) Rangwerte von 1 (für die absolut niedrigste Differenz) bis N (für die absolut höchste Differenz) zu. Schließlich werden die Rangwerte in 2 Klassen geteilt, in solche mit positivem Vorzeichen der zugehörigen Differenz und in solche mit negativem Vorzeichen. Es wird zunächst davon ausgegangen, daß Nulldifferenzen nicht vorkommen.

Zur Definition der Prüfgröße T berechnen wir nun die Summe der Ränge T_-, denen ein negatives Vorzeichen zugeordnet wurde sowie die Summe der Ränge T_+, denen ein positives Vorzeichen zugeordnet wurde, wobei

$$T_+ = N \cdot (N + 1)/2 - T_- \qquad (3.21)$$

Als Prüfgröße T betrachten wir die kleinere der beiden Rangsummen.

$$T = \min(T_+, T_-) \tag{3.22}$$

Für den exakten Signifikanztest von T verwenden wir Tafel H des Anhangs, die für Stichprobenumfänge von N = 4 bis N = 50 gilt. Die Tafel enthält kritische Schwellenwerte für T, die vom empirischen T-Wert erreicht oder *unterschritten* werden müssen, um die H_0 bei ein- oder zweiseitigem Test auf dem vorgegebenen Signifikanzniveau verwerfen zu können. Zusätzlich enthält Tafel H die exakten einseitigen Überschreitungswahrscheinlichkeiten der Prüfgröße T für N = 3 bis 20.

Für N > 50 kann asymptotisch getestet werden. Wie man leicht einsieht, ist der Erwartungswert für T unter H_0 gleich der Hälfte der Summe aller Ränge $N \cdot (N+1)/2$, also

$$\mu_T = \frac{N \cdot (N+1)}{4} \tag{3.23}$$

Die T-Werte der Prüfverteilung sind für N > 50 um diesen Erwartungswert mit einer Standardabweichung von

$$\sigma_T = \sqrt{\frac{N \cdot (2 \cdot N + 1) \cdot (N+1)}{24}} \tag{3.24}$$

angenähert normalverteilt, so daß die Überschreitungswahrscheinlichkeit eines beobachteten T-Werts über die Standardnormalverteilung nach

$$u = \frac{T - \mu_T}{\sigma_T} \tag{3.25}$$

oder für N ≤ 60 mit Kontinuitätskorrektur nach

$$u = \frac{|T - \mu_T| - 0{,}5}{\sigma_T} \tag{3.26}$$

beurteilt werden kann.

Als Prüfgröße T dient im asymptotischen Test entweder die Summe der Ränge mit positivem Vorzeichen T_+ oder die Summe mit negativem Vorzeichen T_-, da eine Einschränkung auf die kleinere der beiden Rangsummen wegen der Symmetrie der Prüfverteilung nicht erforderlich ist.

Der Vorzeichenrangtest setzt voraus, daß die N Paare von Beobachtungen wechselseitig unabhängig sind und daß die Paare der Stichprobe aus einer homogenen Population von Paaren stammen müssen. Stammen die Beobachtungspaare von je ein- und demselben Individuum, so müssen folglich diese Individuen aus einer definierten Population von Individuen stammen und dürfen nicht – wie beim Vorzeichentest – aus verschiedenen Populationen stammen.

Bezüglich der Populationsverteilungen ist zu fordern, daß die Population der Differenzen bei Gültigkeit von H_0 um 0 symmetrisch (wenngleich nicht normal) verteilt sein muß.

Der Vorzeichenrangtest erfaßt Unterschiede in der zentralen Tendenz zwischen A und B auch dann valide, wenn sie von Unterschieden der Dispersion begleitet sind (zu Dispersionsmaßen vgl. z. B. Bortz, 1993, Kap. 1.4.2). Damit ist der Vorzeichenrangtest auch auf Untersuchungspläne mit Behandlungen anzuwenden, die gleichzeitig auf die zentrale Tendenz und auf die Dispersion verändernd wirken. Es muß allerdings damit gerechnet werden, daß die Effizienz des Vorzeichenrangtests zur Erfassung von Unterschieden in der zentralen Tendenz durch simultan auftretende Dispersionsänderungen u. U. sogar geringer ist als die des im Prinzip schwächeren Vorzeichentests.

Beispiel 3.11. Vergleich zweier blutdrucksenkender Medikamente bei Diabetikern

Problem. Bluthochdruck bei Diabetikern birgt die Gefahr von Niereninsuffizienz (diabetische Nephropathie). Es soll überprüft werden, welches von 2 blutdrucksenkenden Medikamenten (ein ACE-Hemmer und ein Kalziumantagonist), die sich bei der Behandlung hypertonischer Normalpatienten bewährt haben, bei Diabetikern zu bevorzugen ist.

Versuchsplan. Es werden 2 parallele Stichproben A und B mit jeweils N = 14 hypertonischen Diabetikern gebildet. Die Parallelisierung erfolgt nach den Kriterien „Höhe des Blutdrucks", „Geschlecht", „Alter", „Körpergewicht" sowie „Schwere des Diabetes", d. h. jedes der 14 gebildeten Patientenpaare ist bezüglich dieser Merkmale homogen. Stichprobe A wird mit dem ACE-Hemmer und Stichprobe B mit dem Kalziumantagonisten behandelt. Nach einer Behandlungsdauer von 2 Monaten ermittelt man den (systolischen) Blutdruck der Patienten.

Nullhypothese. Die beiden Medikamente unterscheiden sich nicht in der Beeinflussung des Blutdrucks bei Diabetikern.

Alternativhypothese. Die beiden Medikamente unterscheiden sich in ihren Auswirkungen auf den Blutdruck von Diabetikern (*ungerichtete* H_1).

Signifikanzniveau. $\alpha = 0{,}05$.

Testwahl. Es sind 2 abhängige Stichproben hinsichtlich ihrer zentralen Tendenz zu vergleichen. Da die Verteilung des untersuchten Merkmals (Blutdruck bei Diabetikern) unbekannt ist und die geprüften Stichproben klein sind, kommt der *Vorzeichenrangtest* zum Einsatz. Der schwächere Vorzeichentest wird hier nicht verwendet, weil er nur die Richtung, aber nicht die Größe der Blutdruckunterschiede bei den zu vergleichenden Patienten berücksichtigen würde.

Testanwendung. Die Untersuchungsergebnisse sowie deren Aufbereitung für den Vorzeichenrangtest sind in Tabelle 3.16 zusammengefaßt.

In der Spalte „d_i" ist für jedes Patientenpaar die Differenz der systolischen Blutdruckwerte eingetragen. Das Vorzeichen der Differenz wurde hierbei in Klammern gesetzt, weil für die Rangordnung der Differenzen (letzte Spalte) der Absolutbetrag der Differenzen maßgeblich ist. Die Rangplätze werden schließlich mit dem Vorzeichen der Differenzen versehen.

Die Addition der Rangplätze mit negativem Vorzeichen ergibt $T_- = 25$ und für die Rangplätze mit positivem Vorzeichen errechnet man $T_+ = 80$ (Kontrolle gemäß Gl. 3.21: $80 = 14 \cdot 15/2 - 25$). Damit hat unsere Prüfgröße nach Gl. 3.22 den Wert $T = 25$.

Entscheidung. Tafel H des Anhangs entnehmen wir für den zweiseitigen Test und $\alpha = 0{,}05$ den kritischen Wert $T_{crit} = 21$. Dieser Wert wird von $T = 25$ weder erreicht noch unterschritten, d. h., die H_0 ist beizubehalten. (Bei einseitigem Test wäre die H_0 wegen $P = 0{,}045 < 0{,}05$ gemäß Tafel H, Teil II zu verwerfen gewesen.)

Interpretation. Aufgrund der Untersuchung kann nicht behauptet werden, daß der Blutdruck von Diabetikern durch die beiden Medikamente unterschiedlich beeinflußt wird.

Tabelle 3.16. Ausgangsdaten für einen Vorzeichenrangtest

Nr. des Patientenpaares	Blutdruckwerte		Differenz (d_i)	Rangplatz für $\|d_i\|$
	A	B		
1	170	174	(−) 4	−3
2	211	188	(+)23	+14
3	181	168	(+)13	+10
4	174	162	(+)12	+9
5	166	167	(−) 1	−1
6	178	171	(+) 7	+5
7	190	172	(+)18	+11
8	177	172	(+) 5	+4
9	169	180	(−)11	−8
10	173	183	(−)10	−7
11	158	155	(+) 3	+2
12	193	172	(+)21	+13
13	151	159	(−) 8	−6
14	179	160	(+)19	+12
				$\overline{T_- = 25}$

Null- und Verbunddifferenzen

Beim Vorzeichenrangtest sind 2 Typen von Verbundwerten von Bedeutung:
- sog. Nulldifferenzen, die auftreten, wenn trotz geforderter Stetigkeit des untersuchten Merkmals identische Messungen x_{Ai} und x_{Bi} auftreten, so daß $d_i = 0$ wird;
- verbundene Differenzen, die auftreten, wenn 2 oder mehr Differenzen ihrem Absolutbetrag nach identisch ausfallen.

Für den Umgang mit *Nulldifferenzen* wird folgendes Verfahren empfohlen: Treten p Nulldifferenzen auf, erhalten diese einheitlich den Rang $(p+1)/2$, wobei die eine Hälfte der Ränge mit einem positiven und die andere mit einem negativen Vorzeichen versehen wird. Ist p ungeradzahlig, wird der Rang für eine Nulldifferenz je zur Hälfte T_+ und T_- zugeschlagen.

Verbunddifferenzen werden wie üblich dadurch aufgelöst, daß dem Betrag nach identischen Differenzen einheitlich der mittlere Rangplatz zugewiesen wird. Diese Rangplätze werden dann mit dem jeweiligen Vorzeichen der algebraischen Differenz $d_i = x_{Ai} - x_{Bi}$ versehen.

Die hier vorgeschlagene Behandlung der Verbunddifferenzen beeinflußt die Streuung der Prüfverteilung von T, d. h. die in Tafel H aufgeführten kritischen T-Werte (bzw. die exakten P-Werte) gelten nur approximativ. Der über Tafel H durchgeführte Test führt in diesem Falle jedoch zu konservativen Entscheidungen.

Bei größeren Stichproben (N > 50) prüfen wir T über die Normalverteilungsapproximation gemäß Gl. 3.25 oder 3.26 mit Kontinuitätskorrektur, wobei σ_T bezüglich der Verbundränge, die sich nicht auf Nulldifferenzen beziehen (diese sind durch die gleichmäßige Verteilung auf T_+ und T_- gewissermaßen neutralisiert), folgendermaßen zu korrigieren ist:

$$\sigma_{T(corr)} = \sqrt{\frac{N \cdot (N+1) \cdot (2 \cdot N + 1) - \sum_{i=1}^{m} (t_i^3 + t_i)/2}{24}} \qquad (3.27)$$

mit m = Anzahl der Verbundwertgruppen und t_i = Länge der Verbundgruppe i.

Das folgende Beispiel verdeutlicht den Umgang mit Null- und Verbunddifferenzen. Das Beispiel wurde so konstruiert, daß viele identische Differenzen auftreten, so daß es sich lohnt, die auf S. 133 (oder S. 146) bereits beschriebene Rangordnungsprozedur für gruppierte Daten (hier: gruppierte Differenzen) analog anzuwenden.

Beispiel 3.12. Zustandsangst und Angstbereitschaft bei Kindern

Problem. Es soll untersucht werden, ob sich Testwerte auf Skalen zur sog. manifesten Angst trotz gegenteiliger theoretischer Postulate durch potentiell angstinduzierende Reize manipulieren lassen.

Versuchsplan. 56 Kinder aus 2 Parallelklassen von Viertklässlern werden mit einer kurzen Angstskala für Kinder getestet. Anschließend wird ihnen ein sog. Zombiefilm gezeigt. Direkt nach Ende des Films erhebt man erneut Angstwerte.

Nullhypothese. Die Angstwerte bleiben nach dem Betrachten des Zombiefilms unverändert.

Alternativhypothese. Der Zombiefilm erhöht die Angstwerte der Kinder (*gerichtete* H_1).

Signifikanzniveau. Da man sich von dieser Untersuchung einen wichtigen Beitrag zur Klärung der Frage erwartet, wie sich Brutalität und Gewalt in Fernsehfilmen auf die Psyche von Kindern auswirken, setzen wir $\alpha = 0{,}01$.

Testwahl. Die eingesetzte Angstskala für Kinder ist nicht sehr reliabel; deshalb soll nur die ordinale Information der Testwertdifferenzen genutzt werden. Für den Vergleich der beiden abhängigen Stichproben wählen wir deshalb statt des t-Tests den *Vorzeichenrangtest*.

Testanwendung. Von den 56 Kindern liegen jeweils 2 Testwerte vor. Wir verzichten auf die Wiedergabe dieser Testwerte und betrachten sogleich die pro Kind gebildete Testwertdifferenz. Tabelle 3.17 a zeigt in den ersten beiden Spalten, wie häufig welche Differenzen vorkommen (z. B. einmal die Differenz –4).

Für die Berechnung der Rangsummen T_+ und T_- ist es empfehlenswert, eine kleine Hilfstabelle (Tabelle 3.17 b) anzulegen. Hier betrachten wir die Absolutbeträge der Differenzen und ermitteln deren Häufigkeit. Für die Differenz $|1|$ beispielsweise ergibt sich als Häufigkeit der Wert 19, der sich aus den Häufigkeiten 15 (für –1) und 4 (für +1) zusammensetzt. Wir kumulieren diese Häufigkeiten, um nach dem auf S. 133 beschriebenen Verfahren die mittleren Rangplätze der Rangbindungsgruppen errechnen zu können. Beispiel: Für die Differenz $|1|$ ergibt sich ein mittlerer Rangplatz von $(9 + 27)/2 = 18$.

Nun können wir uns der letzten Spalte in Tabelle 3.17 a zuwenden. Hier sind – dem Prozedere des Vorzeichenrangtests entsprechend – die Ränge mit dem Vorzeichen der jeweiligen Differenz zu versehen. Die Differenz $|4|$ hat einen mittleren Rangplatz von 55 erhalten. Eine Viererdifferenz hat ein negatives Vorzeichen, d. h. der Beitrag dieses Rangplatzes zu T_- beträgt $1 \cdot -55 = -55$. In gleicher Weise ermitteln wir die übrigen Teilbeträge der Rangsummen T_+ und T_- ($4 \cdot -51 = -204$; ...; $1 \cdot +51 = +51$; $2 \cdot +55 = +110$).

Zuletzt betrachten wir die Differenz Null, die laut Anweisung in die Rangordnungsprozedur einbezogen wird. Es kommen 8 Nulldifferenzen vor, so daß sich ein mittlerer Rangplatz von $(1 + 8)/2 = 4{,}5$ ergibt. Die auf die Nulldifferenzen entfallende Rangsumme beträgt folglich $8 \cdot 4{,}5 = 36$. Die Hälfte dieser Rangsumme, also 18, wird zu T_+ und zu T_- gezählt (± 18).

Nun können wir wie üblich T_+ und T_- bestimmen. Es ergeben sich $T_+ = 441$ und $T_- = 1155$.

(Kontrolle: $56 \cdot 57/2 = 441 + 1155 = 1596$).

Für den asymptotischen Test benötigen wir ferner μ_T und σ_T. Wir errechnen nach Gl. 3.23

$$\mu_T = \frac{56 \cdot 57}{4} = 798$$

Für die bindungskorrigierte Streuung gemäß Gl. 3.27 ermitteln wir zunächst

$$\sum_{i=1}^{m} (t_i^3 - t_i)/2 = (19^3 - 19 + 21^3 - 21 + 5^3 - 5 + 3^3 - 3)/2 = 8112$$

Da die Nulldifferenzen hierbei nicht berücksichtigt werden, gibt es $m = 4$ Rangbindungsgruppen, deren Länge t_i der 2. Spalte von Tabelle 3.17 b zu entnehmen ist.

Wir setzen in Gl. 3.27 ein und erhalten

$$\sigma_T = \sqrt{\frac{56 \cdot 57 \cdot 113 - 8112}{24}} = 121{,}21$$

Als u-Wert ergibt sich nach Gl. 3.25 unter Verwendung von T_-

$$u = \frac{1155 - 798}{121{,}21} = 2{,}95$$

Den gleichen Wert (mit negativem Vorzeichen) errechnen wir für T_+.

Entscheidung. Tafel A des Anhangs ist für $\alpha = 0{,}01$ ein kritischer Wert von $u_{crit} = 2{,}33$ zu entnehmen. Der empirische u-Wert ist größer, d. h. die H_0 ist abzulehnen.

Interpretation. Es ist davon auszugehen, daß sich kindliche Angst durch angstinduzierende Reize manipulieren läßt. Offenbar wurde durch den Zombiefilm die Zustandsangst („state anxiety") erhöht. Ob sie als Angstbereitschaft („trait anxiety") überdauert, muß offenbleiben bis zu einer späteren Wiederbefragung der 56 Kinder.

Tabelle 3.17 a, b. Vorzeichenrangtest mit gruppierten Differenzen

a)

Differenz d_j	Häufigkeit $f(d_j)$	$f(d_j) \cdot \bar{R}(|d_j|)$
−4	1	−55
−3	4	−204
−2	16	−608
−1	15	−270
0	8	±18
+1	4	+72
+2	5	+190
+3	1	+51
+4	$\dfrac{2}{56}$	$\dfrac{+110}{T_+ = 441}$ $T_- = 1155$

b)

$|d_j|$	Häufigkeit $f(|d_j|)$	kumulierte Häufigkeit	Rangplatz $\bar{R}_j$
0	8	8	4,5
1	19	27	18
2	21	48	38
3	5	53	51
4	$\dfrac{3}{56}$	56	55

Hinweis

Sind die Differenzen des Vorzeichenrangtests extrem schief oder hyperdispers verteilt, ist der Raviv-Test (1978) anzuwenden, der bei Krauth (1988) beschrieben ist und von Lienert (1984) modifiziert wurde (vgl. hierzu auch Lam u. Longnecker, 1983).

Gelegentlich trifft man bei paarigen Meßwerten auf einen sog. Wilder-Effekt (vgl. Yin, 1992); er äußert sich darin, daß die Pretestwerte (wie Blutdruckwerte vor der Behandlung) wesentlich stärker streuen (etwa von 100 bis 250) als die Posttestwerte (etwa von 120 bis 150) nach Behandlung mit einem rhythmusstabilisierenden Betarezeptorenblocker. In diesem Fall sind blutdrucksenkende mit blutdruckstreuungsmindernden Wirkungen verknüpft. Diese Verknüpfung manifestiert sich in einer Korrelation zwischen Differenzen und Summen der Meßwertpaare. Ist diese Korrelation signifikant positiv (beim Wilder-Effekt), dann sollte der Wilcoxon-Test durch den Vorzeichentest ersetzt werden, um Lageänderungen (Blutdrucksenkungen) nachzuweisen.

Ein verteilungsfreier Test zum Nachweis von Streuungsänderungen existiert derzeit für paarige Stichproben noch nicht. Einen heuristischen Ansatz für die Konstruktion eines solchen Tests findet man bei Bortz, Lienert & Boehnke, 1990, S. 292 ff.

3.4
Der Vergleich mehrerer abhängiger Stichproben

Haben wir statt zweier abhängiger Stichproben mehrere (k) abhängige Stichproben hinsichtlich ihrer zentralen Tendenz zu vergleichen, so benötigen wir eine Methode höheren Allgemeinheitsgrades. Eine solche Methode wurde von Friedman (1937) entwickelt (vgl. Abschn. 3.4.1).

> Die Rangvarianzanalyse von Friedman fragt global nach Unterschieden in der zentralen Tendenz der k abhängigen Stichproben. Kann man eine begründete Trendhypothese aufstellen, die z. B. besagt, daß k Behandlungsstufen einen zunehmend stärkeren Einfluß auf die untersuchte Variable ausüben, sollte der im Abschn. 3.4.2 behandelte Trendtest von Page (1963) eingesetzt werden.

3.4.1
Die Rangvarianzanalyse von Friedman

Zielsetzung

Der Friedman-Test dient in der Hauptsache zur Analyse sog. *Kendall-Pläne* (Kendall, 1938), bei denen eine Stichprobe von N Individuen unter k Bedingungen untersucht worden ist. Die zu prüfende Nullhypothese besagt, daß sich die durchschnittlichen Messungen der Individuen unter k Bedingungen nicht unterscheiden. Die Alternativhypothese hierzu ist ungerichtet; sie behauptet, daß mindestens 2 Bedingungen unterschiedlich wirken.

Nicht immer werden gemäß einem Kendall-Plan Versuchs- und Beobachtungswiederholungen an derselben Stichprobe möglich sein, da die Zeit, der Lernfortschritt oder allgemein die Wiederholungssituation als systematische Variablen wirksam werden. Im Falle der Nichtwiederholbarkeit wird man – wie beim Vergleich von 2 parallelen Stichproben – ein Kontrollmerkmal einführen, das mit dem untersuchten Merkmal möglichst hoch korreliert. Die Individuen einer Gesamtstichprobe sind dann in Gruppen („Blöcken") zu je k Individuen so aufzuteilen, daß die Individuen einer Gruppe bezüglich des Kontrollmerkmals möglichst gut übereinstimmen. Bei mehreren Kontrollmerkmalen wird man anstreben, daß die Individuen einer Gruppe bezüglich aller Kontrollmerkmale homogen sind. Die k Individuen einer jeden der N Gruppen werden dann nach Zufall auf die k Bedingungen verteilt. Auch hier geht es um die Frage, ob sich die k abhängigen Stichproben hinsichtlich ihrer zentralen Tendenz unterscheiden oder nicht.

> Mit dieser Zielsetzung ist der Friedman-Test das verteilungsfreie Pendant zur einfaktoriellen parametrischen Varianzanalyse mit Meßwiederholungen oder zu Blockplänen. Für k = 2 Bedingungen entspricht er dem Vorzeichentest.

Durchführung

Ordnet man die N Individuen (bzw. die N Gruppen oder „Blöcke") als Zeilen und die k Behandlungen als Spalten an, so ergibt sich das in Tabelle 3.18 dargestellte Datenschema der $N \times k$ Meßwerte x_{ij} ($i = 1, \ldots, N$; $j = 1, \ldots, k$).

Unter der Hypothese, daß die verschiedenen Bedingungen keinen Einfluß auf die Verteilung der Meßwerte nehmen (H_0), werden sich die Rangplätze der N Individuen nach Zufall auf die k Bedingungen verteilen. Bildet man also unter H_0 die Rangsumme für jede der k Bedingungen, so werden diese nicht oder nur zufällig voneinander abweichen. Üben einzelne Bedingungen jedoch einen systematischen Einfluß aus (H_1), werden die k Bedingungen unterschiedliche Rangsummen ergeben.

Friedman hat nun eine Statistik χ_r^2 angegeben, die eine Entscheidung darüber gestattet, ob bestimmte Rangsummenunterschiede noch als zufallsbedingt angesehen werden dürfen oder nicht. Bezeichnen wir die Spalten-Rangsummen für die k Bedingungen mit T_j, so ist χ_r^2 definiert als

$$\chi_r^2 = \frac{12}{N \cdot k \cdot (k+1)} \cdot \sum_{j=1}^{k} T_j^2 - 3 \cdot N \cdot (k+1) \tag{3.28}$$

Tabelle 3.18. Datenschema für den Friedman-Test

Individuen	Behandlungen					
	1	2	$\cdots$	j	$\cdots$	k
1	x_{11}	x_{12}	$\cdots$	x_{1j}	$\cdots$	x_{1k}
2	x_{21}	x_{22}	$\cdots$	x_{2j}	$\cdots$	x_{2k}
.	.	.		.		.
.		.		.		
.	.	.		.		.
i	x_{i1}	x_{i2}	$\cdots$	x_{ij}		x_{ik}
.		.		.		.
N	x_{N1}	x_{N2}	$\cdots$	x_{Nj}	$\cdots$	x_{Nk}

Ob ein χ_r^2-Wert signifikant ist, prüft man exakt über Tafel I des Anhangs, die für k = 3 Bedingungen mit N = 3 bis 9 Individuen bzw. für k = 4 Bedingungen mit N = 3 oder 4 Individuen ausgelegt ist. Die H_0 ist für $P' \leq \alpha$ zu verwerfen.

Bei mehr Bedingungen und/oder Individuen folgt χ_r^2 bei Gültigkeit von H_0 asymptotisch der χ^2-Verteilung mit k–1 Freiheitsgraden, so daß zur Signifikanzprüfung Tafel B des Anhangs herangezogen werden kann.

Bei Vorliegen von Rangbindungen läßt sich der Friedman-Test unter Verwendung von Gl. 3.29 verschärfen.

$$\chi_{r\,(corr)}^2 = \frac{\chi_r^2}{1 - c} \quad \text{mit} \quad c = \frac{1}{N \cdot k \cdot (k^2 - 1)} \cdot \sum_{i=1}^{m} (t_i^3 - t_i) \tag{3.29}$$

Hierbei steht m – wie üblich – für die Anzahl der Verbundwertgruppen und t_i für die Länge der Verbundwertgruppe i.

Der Friedman-Test setzt voraus, daß die N Individuen wechselseitig unabhängig sind, daß also nicht etwa ein- und dasselbe Individuum 2mal oder mehrmals im Untersuchungsplan auftritt. Im übrigen gelten die gleichen Annahmen wie beim Vorzeichentest, d. h. auch hier können z. B. Versuchstiere verschiedener Spezies zur Verbreiterung der evolutionsbiologischen Induktionsbasis zugrundegelegt werden. Bei *Blockplänen* brauchen nur die k Individuen eines Blocks der gleichen Spezies anzugehören.

Beispiel 3.13. Erregungsinduzierende Wirkung verschiedener Präparate im Tierversuch

Problem. Ein neuer zentralerregender Stoff (ein Oxazolidin) ohne Suchtgefährdung soll in 2 Dosen (ED = einfache Dosis, DD = doppelte Dosis) auf seine Wirkung im Vergleich zu einem Leerpräparat (LP) und zu einem bekannten zentralerregenden Stoff (Koffein = CO) untersucht werden. Es sind also k = 4 Bedingungen zu vergleichen.

Versuchsplan. 20 Ratten werden nach dem Grad ihrer Spontanaktivität (gemessen in einem Vortest) in N = 5 Gruppen zu je 4 eingeteilt. Gruppe I zeigt die stärkste, Gruppe V die geringste Aktivität; die Ratten innerhalb einer Gruppe sind etwa gleich aktiv (Parallelstichproben). Daraufhin werden sie einzeln in eine einseitig drehbar aufgehängte zylindrische Lauftrommel gesetzt, die Drogen injiziert und die Anzahl der Umdrehungen als Maß für den Grad der zentralen Erregung registriert.

Nullhypothese. Die 4 Präparate bewirken den gleichen Grad an Spontanmotorik.

Alternativhypothese. Die 4 Präparate bewirken einen unterschiedlichen Grad an Spontanmotorik (*ungerichtete* Alternativhypothese).

Signifikanzniveau. $\alpha = 0{,}05$.

Testwahl. Es sind 4 abhängige Stichproben zu vergleichen. Da über die Verteilung der Umdrehungszahlen nichts bekannt ist und die zu vergleichenden Stichproben mit N = 5 zudem recht klein sind, testen wir verteilungsfrei nach *Friedman*.

Testanwendung. Es resultieren die in Tabelle 3.19 dargestellten Umdrehungszahlen.

Wir bilden innerhalb jeder Gruppe eine eigene Rangordnung und summieren zur Ermittlung der T_j-Werte die Werte innerhalb der Spalten (Tabelle 3.20).

Zur Berechnung des Friedmanschen χ_r^2-Wertes setzen wir die T_j-Werte in Gl. 3.28 ein.

$$\chi_r^2 = \frac{12}{5 \cdot 4 \cdot (4+1)} \cdot (12^2 + 13{,}5^2 + 18^2 + 6{,}5^2) - 3 \cdot 5 \cdot (4+1) = 8{,}1$$

Unter Berücksichtigung der Rangbindung erhält man für Gl. 3.29

$$c = \frac{1}{5 \cdot 4 \cdot 15} \cdot (2^3 - 2) = 0{,}02$$

und damit

$$\chi_{r(corr)}^2 = \frac{8{,}1}{1 - 0{,}02} = 8{,}3$$

Entscheidung. Da die Konstellation k = 4 und N = 5 in Tafel I des Anhangs nicht mehr aufgeführt ist, testen wir asymptotisch über Tafel B. Dort lesen wir für $\alpha = 0{,}05$ und Fg = 3 einen kritischen χ^2-Wert von $\chi_{crit}^2 = 7{,}82$ ab. Der von uns ermittelte $\chi_{r(corr)}^2$-Wert ist größer, d. h. wir verwerfen die H_0 zugunsten von H_1.

Interpretation. Die Ratten zeigen unter den 4 Bedingungen eine unterschiedliche Spontanaktivität.

Einzelvergleiche

Führt der Friedman-Test zu einem signifikanten Resultat, empfiehlt es sich, ähnlich wie bei der Ablehnung der globalen H_0 beim Vergleich mehrerer unabhängiger Stichproben (H-Test, vgl. Abschn. 3.2.2), Einzelvergleiche durchzuführen, die eine detailliertere Ergebnisinterpretation gestatten. Auch hier wollen wir über ein Verfahren berichten, mit dem man feststellen kann, zwischen welchen Untersuchungsbedingungen (Stichproben) ein signifikanter Unterschied besteht.

Tabelle 3.19. Daten einen Friedman-Test

Gruppe	Co	ED	DD	LP	Zeilen-summe
I	14	11	16	13	54
II	13	12	15	12	52
III	12	13	14	11	50
IV	11	14	13	10	48
V	10	15	12	9	46
Spaltensumme	60	65	70	55	250

Tabelle 3.20. Rangwerte für Tabelle 3.19

Gruppe	Co	ED	DD	LP	Zeilen-summe
I	3	1	4	2	(10)
II	3	1,5	4	1,5	(10)
III	2	3	4	1	(10)
IV	2	4	3	1	(10)
V	2	4	3	1	(10)
Spaltensumme T_j	12	13,5	18	6,5	(50)

Unter Verwendung der χ_r^2-Prüfgröße des Friedman-Tests berechnet man bei kleineren Stichproben folgende kritische Differenz für den Paarvergleich der Rangdurchschnitte zweier abhängiger Stichproben j und j':

$$D_{\bar{T}(crit)} = \sqrt{\chi_{r(k,N,\alpha)}^2 \cdot \frac{k \cdot (k+1)}{6 \cdot N}} \tag{3.30}$$

$\chi_{r(k,N,\alpha)}^2$ ist der in Tafel I nachzulesende kritische Schwellenwert für ein zuvor festgesetztes α-Niveau. Für Konstellationen von N und k, die in Tafel I nicht aufgeführt sind, ersetzt man $\chi_{r(k,N,\alpha)}^2$ durch den entsprechenden Schwellenwert der χ^2-Verteilung für k–1 Freiheitsgrade (vgl. Tafel B).

Zwei Stichproben j und j' sind signifikant verschieden, wenn $|\bar{T}_j - \bar{T}_{j'}|$ ≥ $D_{\bar{T}(crit)}$ ist.

Datenrückgriff. Für Beispiel 3.13 (erregungsinduzierte Wirkung verschiedener Präparate) entnehmen wir Tafel B den bereits bekannten kritischen χ^2-Wert von 7,82 (Fg = 3, α = 0,05). Eingesetzt in Gl. 3.30 resultiert

$$D_{\bar{T}\,(\text{crit})} = \sqrt{7{,}82 \cdot \frac{4 \cdot 5}{6 \cdot 5}} = 2{,}28$$

Als durchschnittliche Ränge für die 4 Stichproben ergeben sich $\bar{T}_1 = 12/5 = 2{,}4$; $\bar{T}_2 = 13{,}5/5 = 2{,}7$; $\bar{T}_3 = 18/5 = 3{,}6$ und $\bar{T}_4 = 6{,}5/5 = 1{,}3$. Demnach unterscheiden sich nur die Stichproben 3 und 4 auf dem $\alpha = 0{,}05$-Niveau ($3{,}6 - 1{,}3 = 2{,}3 > 2{,}28$). Die doppelte Oxazolidin-Dosis (DD) führt zu einer signifikant höheren Motilität der Ratten als das Leerpräparat (LP). Hinsichtlich der übrigen Paarvergleiche ist die H_0 (keine Unterschiede in der zentralen Tendenz) beizubehalten.

3.4.2
Der Trendtest von Page

Zielsetzung

Sind dieselben Auswertungsbedingungen wie beim Friedman-Test gegeben, und kann darüber hinaus eine Voraussage über die Rangordnung der Behandlungswirkungen gemacht werden, dann ist die Anwendung des schärferen L-Tests von Page (1963) indiziert. Dieser Test stellt der Nullhypothese nicht – wie der Friedman-Test – eine Lokations-Alternativhypothese gegenüber, sondern eine Trend-Alternativhypothese, die besagt, daß die Behandlungsarten oder -intensitäten 1 bis k einen zunehmend stärkeren Einfluß auf die untersuchte Variable ausüben und einen Anstieg der Populationsmediane bewirken.

Zwischen L-Test und Friedman-Test besteht die gleiche Relation wie zwischen dem Trend-Test von Jonckheere und dem H-Test von Kruskal-Wallis: Stets ist der erstere unter sonst gleichen Bedingungen effizienter als der letztere.

Durchführung

Bezeichnen wir die nach aufsteigenden Rangzahlen geordneten Spalten mit j und deren Rangsummen mit T_j ($j = 1, \ldots, k$), so ist die Prüfstatistik des L-Tests definiert durch die Produktsumme

$$L = \sum_{j=1}^{k} j \cdot T_j \tag{3.31}$$

Die exakten Signifikanzschranken dieser Prüfstatistik sind bis $k = 9$ Behandlungen und $N \leq 20$ Individuen (oder N Blöcke von k Individuen) in Tafel J des Anhangs verzeichnet; sie entsprechen einem einseitigen Test.

Für größere Werte von k und N als in Tafel J angegeben, ist L unter H_0 angenähert normalverteilt mit einem Erwartungswert von

$$\mu_L = \frac{N \cdot k \cdot (k+1)^2}{4} \tag{3.32}$$

und einer Standardabweichung von

$$\sigma_L = \sqrt{\frac{N \cdot k^2 \cdot (k^2 - 1) \cdot (k + 1)}{144}} \tag{3.33}$$

Wir testen daher die Nullhypothese asymptotisch über den kritischen Bruch

$$u = \frac{L - \mu_L}{\sigma_L} \tag{3.34}$$

und beurteilen diesen gemäß der gerichteten Trendhypothese mit einem einseitigen Test über Tafel A des Anhangs.

Beispiel 3.14. Zur Trainierbarkeit des Ruhepulses bei Adipositas

Problem. Es geht um die Frage, ob ein leichtes Lauftraining dazu beiträgt, den meist erhöhten Ruhepuls adipöser Patienten zu senken.

Versuchsplan. Über einen Zeitraum von 8 Wochen führen 6 Patienten mit Adipositas unter medizinischer Aufsicht ein leichtes Laufbandtraining durch. Jeweils am Ende einer Woche wird der Ruhepuls gemessen, d.h. es werden pro Patient 8 Meßwerte erhoben.

Nullhypothese. Der Ruhepuls der Patienten verändert sich während des Trainings nicht.

Alternativhypothese. Der Ruhepuls sinkt während der Trainingsphase (*gerichtete* H_1).

Signifikanzniveau. Da die Beeinflussung des Ruhepulses durch körperliches Training zumindest bei gesunden Patienten unumstritten ist, setzen wir $\alpha = 0,01$.

Testwahl. Es sind 8 kleine abhängige (Daten-)stichproben zu vergleichen. Die Alternativhypothese ist als Trendhypothese formuliert, die wegen der unbekannten Verteilung des Ruhepulses bei adipösen Patienten verteilungsfrei mit dem *Trendtest von Page* überprüft wird.

Testanwendung. Tabelle 3.21 zeigt die 8 Ruhepulswerte der 6 Patienten.

Die Messungen werden pro Patient (also zeilenweise) unter Berücksichtigung der Rangbindungen in Rangwerte transformiert (vgl. Tabelle 3.22).

Die Rangsummen für die 8 Wochen sind in der Zeile T_j aufgeführt. Beim Laufindex j ist zu beachten, daß gemäß H_1 ein aufsteigender Trend von der 8. zur 1. Woche erwartet wird. Dementsprechend erhält die achte Woche den Index $j = 1$ und die 1. Woche den Index $j = 8$. Schließlich errechnen wir für Gl. 3.31 die Produkte $j \cdot T_j$, deren Summe die Prüfgröße $L = 1\,155$ ergibt.

Entscheidung. In Tafel J lesen wir ab, daß für $k = 8$, $N = 6$ und $\alpha = 0,01$ ein kritischer L-Wert von $L_{crit} = 1\,063$ erwartet wird. Dieser Wert wird vom beobachteten L-Wert überschritten ($1\,155 > 1\,063$), so daß die H_0 zugunsten von H_1 zu verwerfen ist.

Interpretation. Es ist davon auszugehen, daß der Ruhepuls adipöser Patienten während eines leichten Lauftrainings sinkt, womit der Kreislauf entlastet wird.

Asymptotischer Test. Zu Demonstrationszwecken wollen wir auch den asymptotischen Page-Test durchführen. Nach Gl. 3.32 ergibt sich

$$\mu_L = \frac{6 \cdot 8 \cdot 9^2}{4} = 972$$

Für die Streuung errechnet man nach Gl. 3.33

$$\sigma_L = \sqrt{\frac{6 \cdot 8^2 \cdot (8^2 - 1) \cdot 9}{144}} = 38,88$$

Als u-Wert der Standardnormalverteilung erhält man also gemäß Gl. 3.34

$$u = \frac{1155 - 972}{38,88} = 4,71$$

Auch dieser Wert ist für $\alpha = 0,01$ bei einseitigem Test signifikant ($4,71 > 2,33 = u_{crit}$).

Hinweis

Der Page-Test setzt wie der Friedman-Test voraus, daß keine Transferwirkungen von einer zur nächsten Messung eintritt. Diese Bedingung ist am besten zu erfüllen, wenn – auf unser Beispiel bezogen – $N = 6$ Blöcke mit jeweils $k = 8$ Individuen gebildet werden und – nach Losentscheid – jeder Adipöse eines Blockes entweder 1mal, 2mal, 3mal usw. bis 8mal vortrainiert wird.

Tabelle 3.21. Ausgangsdaten für einen Trendtest nach Page

Nr. des Patienten	Wochen							
	1	2	3	4	5	6	7	8
1	80	81	78	78	79	75	70	71
2	72	75	73	70	73	71	69	66
3	79	81	80	81	75	74	70	68
4	62	59	58	59	56	57	56	56
5	73	72	69	67	68	66	59	63
6	85	83	76	79	81	83	79	84

Tabelle 3.22. Rangwerte für Tabelle 3.21

Nr. des Patienten	Wochen								
	1	2	3	4	5	6	7	8	$\sum$
1	7	8	4,5	4,5	6	3	1	2	36
2	5	8	6,5	4	6,5	3	2	1	36
3	5	7,5	6	7,5	4	3	2	1	36
4	8	6,5	5	6,5	2	4	2	2	36
5	8	7	6	4	5	3	1	2	36
6	8	5,5	1	2,5	4	5,5	2,5	7	36
T_j:	41	42,5	29	29	27,5	21,5	10,5	15	216
j (gemäß H_1):	8	7	6	5	4	3	2	1	
$j \cdot T_j$:	328	297,5	174	145	110	64,5	21	15	1155

Hierbei fallen Transferwirkungen außer acht und die Untersuchungsanlage ist geeignet, Trainingseffekte nachzuweisen. Bei möglichen Transferwirkungen (durch Kreislaufadaptation) können – wie in unserem Beispiel – antikonservative Entscheidungen zugunsten von H_1 nicht ausgeschlossen werden. Es wäre deshalb wünschenswert, das Ergebnis dieses Beispiels mit einem *Blockplan* zu verifizieren.

Nachfolgend wollen wir Methoden kennenlernen, die auch bei vorhandenen Transferwirkungen ihre Gültigkeit behalten; es handelt sich um wiederholte Messungen an je einem Individuum, die als Verlaufskurven bezeichnet und ausgewertet werden.

3.5
Beurteilung von Verlaufskurven

Für die Kontrolle von Behandlungswirkungen ist es häufig unerläßlich, daß bestimmte diagnostisch relevante Merkmale (Blutdruck, Temperatur, Blutsenkung etc.) über einen längeren Zeitraum beobachtet werden. Die wiederholte Registrierung eines Merkmals führt zu einer Meßwertserie, die sich grafisch als Verlaufskurve darstellen läßt.

Wenn nun in einem klinischen Versuch eine Stichprobe von Patienten behandelt und eine weitere Stichprobe nicht (oder anders) behandelt wird, stellt sich die Frage, ob sich die beiden Stichproben von Verlaufskurven bezüglich ihres generellen Trends unterscheiden. Zur Beantwortung dieser Frage werden wir in Abschn. 3.5.1 den T_1-Test von Krauth (1973) kennenlernen.

Hat man die beiden zu vergleichenden Stichproben parallelisiert, resultieren 2 abhängige Stichproben von Verlaufskurven, für deren Vergleich Krauth (1973) den T_2-Test vorschlägt (Abschn. 3.5.2). Dieser Test ist auch dann anwendbar, wenn für ein- und dieselbe Stichprobe Verlaufskurven z. B. vor und nach einer Behandlung zu vergleichen sind.

3.5.1
Der T_1-Test für den Behandlungs-Kontrollgruppen-Vergleich

Zielsetzung

Bei der Anwendung des T_1-Tests sollte man bereits vor Untersuchungsbeginn eine möglichst genaue Erwartung über den durchschnittlichen Trend der Verlaufskurven in der behandelten Gruppe formulieren können (z. B. steigender, fallender, zyklischer oder phasischer Trend). Die hier zu prüfende Nullhypothese besagt, daß sich die Verlaufskurven unter der Behandlungsbedingung nicht von den Verlaufskurven unter der Kontrollbedingung unterscheiden. Die entsprechende Alternativhypothese wird typischerweise gerichtet formuliert. Der vorhergesagte Verlaufskurventrend kommt unter Behandlung häufiger vor als in der Kontrollgruppe.

Wichtig ist an dieser Stelle der Hinweis, daß der T_1-Test Niveauunterschiede in den Verlaufskurven *nicht* berücksichtigt. Ist man hieran interessiert, bildet man pro Patient den Durchschnittswert der individuellen Messungen und vergleicht die Durchschnittswerte von Experimental- und Kontrollgruppe mit dem Mediantest (vgl. Abschn. 3.1.1) bzw. dem U-Test (vgl. Abschn. 3.1.2).

Durchführung

Die Gestalt einer Verlaufskurve wird beim T_1-Test durch die Vorzeichen der Differenzen aufeinanderfolgender Messungen (*Folgedifferenzen*) beschrieben. Man hat beispielsweise bei einem Patienten während einer Diabetesbehandlung an 5 aufeinanderfolgenden Tagen die folgenden Blutzuckerwerte gemessen: 180, 171, 146, 160 und 139. Bilden wir die Differenzen aufeinanderfolgender Messungen, resultiert das folgende, aus 4 Vorzeichen bestehende *Vorzeichenmuster*: –, –, +, –. Ein Minuszeichen deutet auf einen fallenden und ein Pluszeichen auf einen steigenden Blutzuckergehalt hin. Da jede Differenz positiv oder negativ ausfallen kann, sind in diesem Beispiel $2 \cdot 2 \cdot 2 \cdot 2 = 2^4 = 16$ verschiedene Vorzeichenmuster möglich (allgemein: 2^{n-1} mit n = Anzahl der Messungen). Wenn man in Rechnung stellt, daß 2 aufeinanderfolgende Messungen auch identisch sein können (Differenz = 0), ergeben sich bei n = 5 Messungen bereits $3 \cdot 3 \cdot 3 \cdot 3 = 3^4 = 81$ verschiedene „Vorzeichen"-Muster (allgemein: 3^{n-1}).

Man sieht also, daß die Anzahl der Vorzeichenmuster mit wachsender Anzahl der Messungen exponentiell steigt. Es empfiehlt sich deshalb, die möglichen Vorzeichenmuster vor Untersuchungsbeginn in 2 Gruppen einzuteilen: Eine Gruppe umfaßt alle Vorzeichenmuster, die man für die Verlaufskurven der behandelten Patienten erwartet (z. B. alle Muster, in denen höchstens ein Pluszeichen vorkommt), und die 2. Gruppe enthält die erwarteten Vorzeichenmuster der Kontrollgruppe (z. B. alle restlichen Vorzeichenmuster).

Ist der Versuch abgeschlossen, wird jede Verlaufskurve – getrennt nach Experimental- und Kontrollgruppe – danach klassifiziert, ob ihr Vorzeichenmuster für (Gruppe 1) oder gegen (Gruppe 2) die erwartete Behandlungswirkung spricht. Die so resultierenden Häufigkeiten werden in eine Vierfeldertafel eingetragen, die wir exakt über Gl. 2.12 bzw. asymptotisch über Gl. 2.17 auswerten. Das folgende Beispiel wird diesen Sachverhalt konkretisieren.

Beispiel 3.15. Vigilanzverläufe unter Tranquilizer

Problem. Es ist bekannt, daß Tranquilizer, in therapeutischer Dosis verabreicht, die Wachsamkeit (Vigilanz) nicht beeinflussen. Aus der Literatur ist weiterhin bekannt, daß z. B. bei 2stündigen Vigilanzversuchen die Vigilanz, gemessen an der Zahl der Fehlreaktionen auf kritische Reize, zwischen der 1. und der 2. halben Stunde rapide abnimmt, um dann allmählich wieder anzusteigen. Gefragt wird nun, ob dieser unter Normalbedingungen (oder Placebo) zu beobachtende Vigilanzverlauf durch Tranquilizer verändert wird.

Versuchsplan. Eine Stichprobe von $N_1 = 10$ Versuchspersonen (Vpn) wurde mit einem Placebo und eine weitere Stichprobe mit $N_2 = 9$ Vpn mit einem Tranquilizer (Diazepam) behandelt. Beide Stichproben nahmen an einem 2stündigen, halbstündig auszuwertenden Vigilanzversuch teil. Registriert wurde die Zahl der je halbe Stunde erbrachten Fehlreaktionen in den beiden Stichproben, d. h. pro Individuum resultierte eine aus 4 Messungen bestehende Verlaufskurve.

Nullhypothese. Sowohl die Plazebo- als auch die Tranquilizerbedingung führen zu einem Verlauf, der durch Häufung des Vorzeichenmusters –, +, + (Abfall von der 1. zur 2. Halbstunde und Anstieg von der 2. zur 3. sowie von der 3. zur 4. halben Stunde) gekennzeichnet ist.

Alternativhypothese. Plazebo und Tranquilizer bedingen unterschiedliche Verlaufskurven in dem Sinne, daß eine Häufung des Vorzeichenmusters –, +, + nur unter der Plazebobedingung zu beobachten ist (*gerichtete* H_1).

Signifikanzniveau. Wir vereinbaren $\alpha = 0,05$ für den einseitig in Aussicht genommenen Vierfeldertest.

Testwahl. Da ein parametrischer Test zur Überprüfung der spezifischen, unter der Plazebobedingung erwarteten Verlaufskurvengestalt nicht zur Verfügung steht, vergleichen wir die Verlaufskurven mit dem T_1-*Test*.

Testanwendung. In Tabelle 3.23 sind die Fehlreaktionen zu den 4 Meßzeitpunkten t_1 bis t_4 sowie die Vorzeichenmuster der Verlaufskurven der 19 Vpn zusammengestellt.

Wie man sieht, zeigen 7 der 10 Plazeboabfolgen das unter der H_0 vorausgesagte Vorzeichenmuster –, +, +, während in der Tranquilizergruppe nur eine Abfolge dieses Muster zeigt. Hypothesengemäß erstellen wir eine Vierfeldertafel mit den Zeilen „Muster –, +, +" und „andere Muster" und den Spalten Plazebo und Tranquilizer. Die Zuordnung der 19 Vorzeichenmuster zu den 4 Feldern ergibt Tabelle 3.24.

Die Auswertung dieser Vierfeldertafel nach Gl. 2.17 führt zu folgendem Ergebnis:

$$T_1 = \chi^2 = \frac{19 \cdot (|7 \cdot 8 - 1 \cdot 3| - 9,5)^2}{8 \cdot 11 \cdot 10 \cdot 9} = 4,54 \quad \text{mit} \quad \text{Fg} = 1$$

Entscheidung. Da der beobachtete χ^2-Wert gemäß Tafel B die einseitige 5%-Schranke von $\chi^2_{\text{crit}} = 2,71$ überschreitet, verwerfen wir die H_0 und akzeptieren H_1.

Interpretation. Wie man aus den Spaltenmittelwerten der Tabelle 3.23 ersieht, verläuft die durchschnittliche Verlaufskurve unter Plazebo gemäß H_0, während die durchschnittliche Verlaufskurve unter Tranquilizer monoton fällt. Eine – vermutlich kompensatorische – Vigilanzsteigerung nach initialem Vigilanzabfall erfolgt somit nur unter Plazebo, aber nicht unter Tranquilizerbehandlung. Diese Behandlung bewirkt – wie es die unterschiedlichen Vorzeichenmuster nahelegen – offenbar eine „Heterogenisierung" der individuellen Verläufe, so daß der monotone Abfall der Durchschnittswerte möglicherweise ein Artefaktergebnis ist. Wie ein Vergleich des Niveaus (Mittelwerte) beider Durchschnittskurven erkennen läßt, sind die Vigilanzleistungen insgesamt unter beiden Behandlungen etwa gleich.

Zusatzauswertung. Wäre der Vigilanzverlauf unter Normalbedingungen nicht bekannt gewesen, so hätte H_1 global in dem Sinne formuliert werden müssen, daß die Verteilung der Verlaufskurven auf die $2^3 = 8$ möglichen Vorzeichenmuster unter der Tranquilizerbedingung anders ausfällt als unter der Plazebobedingung. In diesem Falle gäbe es kein Kriterium für eine hypothesengemäße Zusammenfassung von Vorzeichenmustern, d. h. alle Vorzeichenmuster müßten getrennt ausgezählt werden. Für unser Beispiel ergäbe sich die in Tabelle 3.25 wiedergegebene 8×2-Tafel.

Man erkennt, daß die Muster +, +, + und −, −, − überhaupt nicht vorkommen. Wir können diese Muster deshalb außer acht lassen und werten die verbleibende 6×2-Tafel über Gl. 2.22 aus:

$$T_1 = \chi^2 = \frac{19^2}{10 \cdot 9} \cdot \left(\frac{0^2}{2} + \frac{1^2}{2} + \frac{0^2}{1} + \frac{7^2}{8} + \frac{1^2}{2} + \frac{1^2}{4} - \frac{10^2}{19} \right) = 8,47$$

Dieser χ^2-Wert ist für Fg = 5 und $\alpha = 0{,}05$ bei dem hier gebotenen zweiseitigen Test gemäß Tafel B nicht signifikant ($\chi^2_{\text{crit}} = 11{,}07$). Man beachte allerdings, daß die erwarteten Häufigkeiten für den asymptotischen Test zu klein sind, d. h. hier sollte der in Abschn. 2.4.1 beschriebene exakte Freeman-Halton-Test eingesetzt werden.

Tabelle 3.23. Daten für den T_1-Test

Nr. der Vp	Plazebo				Vorzeichen-muster	Nr. der Vp	Tranquilizer				Vorzeichen-muster
	t_1	t_2	t_3	t_4			t_1	t_2	t_3	t_4	
1	11	9	10	11	− + +	1	10	8	7	9	− − +
2	6	2	5	4	− + −	2	8	9	8	7	+ − −
3	9	3	4	6	− + +	3	4	5	7	6	+ + −
4	10	7	9	10	− + +	4	7	8	6	8	+ − +
5	8	5	7	8	− + +	5	12	10	9	10	− − +
6	8	6	9	10	− + +	6	9	7	5	6	− − +
7	5	4	3	5	− − +	7	8	6	7	8	− + +
8	12	8	9	10	− + +	8	7	6	8	5	− + −
9	7	8	6	7	+ − +	9	7	9	10	6	+ + −
10	8	5	7	8	− + +						
Mittel-werte	8,4	5,7	6,9	7,9			8,0	7,6	7,4	7,2	

Tabelle 3.24. Vierfeldertafel für die Vorzeichenmuster aus Tabelle 3.23

	Plazebo	Tranquilizer	$\sum$
Muster – + +	7	1	8
andere Muster	3	8	11
$\sum$	10	9	19

Tabelle 3.25. 8×2-Tafel für die Vorzeichenmuster aus Tabelle 3.23

	Plazebo	Tranquilizer	$\sum$
+ + +	0	0	0
+ + –	0	2	2
+ – +	1	1	2
+ – –	0	1	1
– + +	7	1	8
– + –	1	1	2
– – +	1	3	4
– – –	0	0	0
$\sum$	10	9	19

Hinweise

Hat man mehr als 2 Stichproben von Verlaufskurven zu vergleichen und die Vorzeichenmuster in 2 Gruppen (eine gemäß der H_1 und eine gemäß der H_0 erwartete Vorzeichenmustergruppe) eingeteilt, erfolgt die Auswertung über den in Abschn. 2.4.2 beschriebenen $k \times 2$-Chi-Quadrat-Test bzw. – bei kleinen Stichproben – über den Freeman-Halton-Test. Wenn zusätzlich die Vorzeichenmuster in mehr als 2 Gruppen eingeteilt bzw. nach allen möglichen Vorzeichenmustern ausgezählt werden, kann die Auswertung bei genügend großen Stichproben über den $k \times m$-Chi-Quadrat-Test erfolgen (vgl. Abschn. 2.4.3).

Sind benachbarte Werte identisch, so daß Nulldifferenzen auftreten, können die entsprechenden „Vorzeichen"-Muster je nach Fragestellung zur Gruppe der gemäß H_0 bzw. H_1 erwarteten Muster gezählt werden.

3.5.2
Der T_2-Test für den Vor-/Nachbehandlungsvergleich

Zielsetzung

Die Zielsetzung des T_2-Tests entspricht im Prinzip der Zielsetzung des T_1-Tests mit dem Unterschied, daß der T_2-Test keine unabhängigen, sondern

2 abhängige Stichproben von Verlaufskurven vergleicht. Hierbei kann es sich um 2 parallelisierte Stichproben handeln oder (der Überschrift dieses Abschnitts entsprechend) um eine Stichprobe, für die wiederholt – etwa vor und nach einer Behandlung – Verlaufskurven ermittelt wurden.

> Auch bei diesem Verfahren ist darauf zu achten, daß man vor Untersuchungsbeginn den Kurventyp festlegt, den man gemäß H_1 erwartet. Die H_1 besagt dann, daß dieser Kurventyp unter Behandlungsbedingungen (oder nach der Behandlung) wahrscheinlicher ist als unter Kontrollbedingungen (bzw. vor der Behandlung). Dementsprechend geht die Nullhypothese davon aus, daß sich die Verlaufskurven unter Kontroll- und Behandlungsbedingungen bis auf Niveaudifferenzen nicht unterscheiden.

Durchführung

Wie beim T_1-Test werden die Verlaufskurven durch die Vorzeichen der Differenzen aufeinanderfolgender Messungen (Folgedifferenzen) charakterisiert (ggf. inklusive Nulldifferenzen). Der H_1 entspricht dann ein bestimmtes Vorzeichenmuster oder auch eine Gruppe von Vorzeichenmustern, die alle als mit der H_1 vereinbar angesehen werden. Der Nullhypothese werden üblicherweise die restlichen Vorzeichenmuster zugeordnet.

Beim Vor- und Nachbehandlungsvergleich erhält man für jeden Patienten 2 Verlaufskurven bzw. für N Patienten insgesamt $2 \times N$ Verlaufskurven. (Bei parallelisierten Stichproben sind jeweils 2 Verlaufskurven einander zugeord-

Tabelle 3.26. Daten für den T_2-Test

Kind-Nr.	Behandlungsphase					Vorzeichen-muster				Kontrollphase					Vorzeichen-muster			
	t_1	t_2	t_3	t_4	t_5					t_1	t_2	t_3	t_4	t_5				
1	24	23	23	20	18	–	0	–	–	20	21	23	23	23	+	+	0	0
2	21	22	19	19	17	+	–	0	–	18	23	24	24	25	+	+	0	+
3	23	22	20	18	18	–	–	–	0	20	21	20	22	22	+	–	+	0
4	26	24	23	22	19	–	–	–	–	21	22	24	24	25	+	+	0	+
5	22	23	24	23	23	+	+	–	0	22	20	24	26	28	–	+	+	+
6	27	24	21	20	17	–	–	–	–	19	19	22	20	26	0	+	–	+
7	25	22	23	22	19	–	+	–	–	20	22	24	25	25	+	+	+	0
8	26	19	19	18	17	–	0	–	–	18	19	18	17	20	+	–	–	+
9	24	19	19	19	18	–	0	0	–	22	22	21	21	20	0	–	0	–
10	28	22	22	20	20	–	0	–	0	24	24	25	22	26	0	+	–	+
11	25	24	19	19	18	–	–	0	–	23	23	22	20	20	0	–	–	0
12	22	21	19	17	15	–	–	–	–	18	19	21	21	22	+	+	0	+

Tabelle 3.27. McNemar-Tafel für die Vorzeichenmuster in Tabelle 3.26

		Behandlung		
		Muster gemäß H_1	Muster gemäß H_0	$\sum$
Kontrolle	Muster gemäß H_1	2 a	0 b	2
	Muster gemäß H_0	c 7	d 3	10
	$\sum$	9	3	12

net). Sollte die Alternativhypothese zutreffen, müßte der Anteil der gemäß H_1 erwarteten Vorzeichenmuster vor der Behandlung (oder unter Kontrollbedingungen) signifikant kleiner sein als nach der Behandlung (oder unter Experimentalbedingungen). Da es sich um abhängige Stichproben handelt, bedeutet dies, daß Veränderungen von einem H_0-Vorzeichenmuster zu einem H_1-Vorzeichenmuster wahrscheinlicher sind als Veränderungen in umgekehrter Richtung. Der H_0 zufolge müßten Veränderungen in beide Richtungen gleich wahrscheinlich sein. Diese gerichtete Hypothese prüfen wir – wie das folgende Beispiel zeigt – mit einem einseitigen McNemar-Chi-Quadrat-Test (vgl. Abschn. 2.5.1).

Beispiel 3.16. Hypermotilität bei Kindern

Problem. $N = 12$ verhaltensschwierige Kinder mit Hypermotilitätssyndrom wurden hinsichtlich ihrer Spontanbewegungen telemetrisch gemessen, und zwar die ersten 5 Tage unter motilitätsdämpfender Behandlung und die nächsten 5 Tage unter Kontrollbedingungen, jeweils zur gleichen Tageszeit (Spielzeit).

Nullhypothese. Die Behandlung ist unwirksam, d. h. die unter der motilitätsdämpfenden Behandlung und die unter der Kontrollbedingung beobachteten Verlaufskurven unterscheiden sich nicht.

Alternativhypothese. Es wird erwartet, daß die Anzahl der Spontanbewegungen unter der Behandlungsbedingung sinkt. Dementsprechend sollte das Vorzeichenmuster –, –, –, – unter Behandlungsbedingungen wahrscheinlicher sein als unter Kontrollbedingungen. Da man nicht ausschließen kann, daß aufeinanderfolgende Messungen identisch sind (Nulldifferenzen), wird das unter H_1 erwartete Vorzeichenmuster auf schwach monoton fallende Muster „liberalisiert", so daß anstelle von maximal 2 Minusdifferenzen auch Nulldifferenzen auftreten können. Damit sprechen die folgenden 11 Vorzeichenmuster für die Gültigkeit von H_1:

```
0  0  -  -      0  -  -  -      -  -  -  -
0  -  0  -      -  0  -  -
0  -  -  0      -  -  0  -
-  0  0  -      -  -  -  0
-  0  -  0
-  -  0  0
```

Bei den übrigen Vorzeichenmustern soll nicht auf eine Behandlungswirkung geschlossen werden (H_0). Gemäß H_1 wird erwartet, daß Veränderungen von einem H_1-Muster zu einem H_0-Muster häufiger vorkommen als Veränderungen in umgekehrter Richtung (*gerichtete* Alternativhypothese).

Signifikanzniveau. Es wird $\alpha = 0,05$ vereinbart.

Testwahl. Da wegen der relativ ungenauen Hypermotilitätsmessung nur die Vorzeichen aufeinanderfolgender Messungen interessieren, wird statt einer varianzanalytischen Auswertung der T_2-*Test* in Aussicht genommen.

Testanwendung. Tabelle 3.26 zeigt die Meßwerte der 12 Kinder für die Meßzeitpunkte t_1 bis t_5 in der Behandlungsphase und in der Kontrollphase.

Die hieraus resultierenden Vorzeichenmuster (inklusive Nulldifferenzen) sind ebenfalls in Tabelle 3.26 eingetragen.

Als nächstes muß nun überprüft werden, wie sich die Vorzeichenmuster von der Behandlungsphase zur Kontrollphase verändert haben. Je nach Art der Veränderung werden die 12 Kinder einem der vier Felder einer McNemar-Tafel zugeordnet (vgl. Tabelle 3.27).

Das erste Kind zeigt in der Behandlungsphase ein gemäß H_1 erwartetes Vorzeichenmuster, nicht jedoch in der Kontrollphase. Dementsprechend wird dieses Kind dem Feld c zugeordnet. Insgesamt sind es 7 Kinder, deren Vorzeichenmuster von einem H_1-Muster in der Behandlungsphase zu einem H_0-Muster in der Kontrollphase wechseln. Ein H_1-Muster in der Behandlungs- und in der Kontrollphase wird bei 2 Kindern beobachtet (Kind Nr. 9 und Nr. 11) und ein H_0-Muster in beiden Phasen bei 3 Kindern (Nr. 2, 5 und 7). Veränderungen von einem H_0-Muster zu einem H_1-Muster kommen nicht vor.

Die Auswertung der McNemar-Tafel (Tabelle 3.27) nach Gl. 2.38 führt zu folgendem Resultat:

$$\chi^2 = \frac{\left(|0 - 7| - 0,5\right)^2}{7} = 6,04$$

Entscheidung. Gemäß Tafel B des Anhangs erwarten wir für Fg$= 1$, $\alpha = 0,05$ und einseitigem Test einen kritischen χ^2-Wert von $\chi^2_{\text{crit}} = 2,71$. Da der beobachtete χ^2-Wert größer ist, wird die H_0 zugunsten von H_1 verworfen.

Interpretation. Der signifikante χ^2-Wert ist darauf zurückzuführen, daß sich 7 Vorzeichenmuster von einem H_1-Muster zu einem H_0-Muster verändern. Dies bedeutet, daß die Behandlung zu einer zunehmenden Reduzierung der Hypermotilität führt, daß aber die Wirkung der Behandlung mit ihrem Absetzen wieder schwindet, was zu einem abermaligen Anstieg der Hypermotilität führt. Die Behandlung wirkt offenbar nur symptomatisch und nicht ätiologisch, da mit Absetzung der Behandlung das Symptom (die Hypermotilität) wieder auftritt.

Exakter Test. Weil die erwarteten Häufigkeiten für den McNemar-Test mit $e = (0+7)/2 = 3,5$ eigentlich zu klein sind, führen wir zusätzlich einen exakten Binomialtest mit $\pi = 0,5$, $N = 7$ und $x = 0$ durch (vgl. S. 53 ff.). In Tafel C liest man eine einseitige Überschreitungswahrscheinlichkeit von $P = 0,0078 < 0,05$ ab, d. h. das Ergebnis des asymptotischen McNemar-Tests wird bestätigt.

Hinweis

Weitere Methoden des verteilungsfreien Vergleichs von Verlaufskurven (*Respondenzkurven*) findet man bei Bortz, Lienert u. Boehnke (1990, Kap. 11.3.4 u. 11.4.2), Lehmacher (1985) und Immich u. Sonnemann (1975).

4 Testmethoden für Meßwerte

Will man Meßwerte mit *kardinalem Meßniveau* ohne Informationsverlust, d. h. ohne Transformation in Rangwerte, zum Zwecke der statistischen Hypothesenprüfung nutzen und kommen die dazu eigentlich indizierten parametrischen Verfahren nicht in Betracht, weil – insbesondere bei kleineren Stichproben – die untersuchten Merkmale nicht normalverteilt sind, stehen dem Anwender einige Testverfahren zur Verfügung, die Gegenstand des vorliegenden Kapitels sind. Das Problem der vollständigen Nutzung nicht normalverteilter Meßwerte zur Signifikanzprüfung wurde bereits früh von Fisher (1936) in Angriff genommen und von Pitman (1937) systematisch bearbeitet. Zur Lösung dieses Problems dient u. a. das sog. Randomisierungsverfahren, weshalb die einschlägigen Signifikanztests auch *Randomisierungstests* heißen. Mit ihrer Hilfe können 2 oder auch mehr Stichproben von Meßwerten verglichen werden (Abschn. 4.1). Dieses Prinzip wird jedoch auch verwendet, wenn es um den Vergleich einer empirischen Verteilung mit einer theoretisch erwarteten Verteilung geht (vgl. Abschn. 4.2).

Die Randomisierungstests bauen entgegen allen bisher behandelten Tests auf der Voraussetzung auf, daß die vorliegenden Stichproben genaue Abbilder der zugehörigen Populationen sind. Man spricht daher auch von „bedingten" Tests im Gegensatz zu den „unbedingten" Tests, die diese Voraussetzung nicht implizieren. Die bedingten Randomisierungstests unterscheiden sich von den unbedingten Tests dadurch, daß sie eine jeweils von den Stichproben bestimmte, also von Test zu Test verschiedene Prüfverteilung besitzen; deshalb kann die Prüfgröße nicht – wie z. B. bei den Rangtests – generell für bestimmte Stichprobenumfänge tabelliert werden. Diese Feststellung wird aus der Definition der Prüfgrößen für die Randomisierungstests unmittelbar einsichtig werden.

4.1
Der Vergleich zweier oder mehrerer Stichproben

Wie bisher unterscheiden wir auch in diesem Kapitel zwischen unabhängigen und abhängigen Stichproben. Für den Vergleich von 2 unabhängigen Stichproben werden wir in Abschn. 4.1.1 und für den Vergleich von 2 abhängigen Stichproben in Abschn. 4.1.2 den entsprechenden Randomisierungstest kennenlernen. Verallgemeinerungen auf mehr als 2 Stichproben behandelt Abschn. 4.1.3.

In den Abschn. 4.1.1 bis 4.1.3 geht es um Mittelwertunterschiede. Wollen wir beim Vergleich von 2 unabhängigen Stichproben Unterschiede beliebiger Art, also Unterschiede in den Mittelwerten, den Streuungen, den Verteilungsformen oder kurz: *Omnibusunterschiede* berücksichtigen, ist der Kolmogoroff-Smirnov-Omnibustest (KSO-Test) einzusetzen, den wir in Abschn. 4.1.4 behandeln. Abschn. 4.1.5 schließlich befaßt sich mit dem Vergleich von „Überlebenskurven".

4.1.1
Fisher-Pitmans-Randomisierungstest für 2 unabhängige Stichproben

Zielsetzung

Mit dem Fisher-Pitman-Randomisierungstest überprüfen wir die Nullhypothese, daß 2 Stichproben mit den Umfängen N_1 und N_2 aus derselben Population stammen. Die Alternativhypothese behauptet einen gerichteten oder ungerichteten Lageunterschied.

Durchführung

Wie bei allen Randomisierungstests betrachten wir auch hier sämtliche Möglichkeiten, mit denen die $N = N_1 + N_2$ Meßwerte auf 2 Stichproben mit den Umfängen N_1 und N_2 verteilt werden können. Hierfür gibt es insgesamt $\binom{N}{N_1}$ Möglichkeiten. Ist beispielsweise $N_1 = 3$ und $N_2 = 5$, resultieren $8 \cdot 7 \cdot 6 / 3 \cdot 2 \cdot 1 = 56$ Aufteilungsmöglichkeiten (vgl. S. 10). Jede der 56 Aufteilungen tritt bei Gültigkeit von H_0 mit einer Wahrscheinlichkeit von $1/\binom{N}{N_1} = 1/56$ auf.

Die Prüfgröße S des Randomisierungstests für 2 unabhängige Stichproben entspricht der Summe der in der kleineren Stichprobe beobachteten Meßwerte, wobei wir $N_1 \leq N_2$ vereinbaren. Es wird dann geprüft, bei wie vielen

Aufteilungen eine auf die kleinere Stichprobe bezogene Meßwertsumme resultiert, die genauso groß ist wie die beobachtete Summe S. Wir nennen diese Anzahl z. Ferner zählen wir aus, wie viele Aufteilungen zu einer größeren (bzw. – je nach Alternativhypothese – zu einer kleineren) Meßwertsumme in der kleineren Stichprobe führen. Diese Anzahl bezeichnen wir mit Z.

Die einseitige Überschreitungswahrscheinlichkeit für Z+z Summen, die größer (kleiner) oder gleich groß sind wie S, ergibt sich also bei Gültigkeit von H_0 zu

$$P = \frac{Z + z}{\binom{N}{N_1}} \tag{4.1}$$

Bei zweiseitigem Test sind die S-Werte zu berücksichtigen, die den Wert $S' = T - S$ überschreiten und S unterschreiten (mit T = Gesamtsumme aller Meßwerte und $S < S'$); wegen der Symmetrie der Prüfverteilung ergibt sich

$$P' = \frac{2 \cdot Z + z}{\binom{N}{N_1}} \tag{4.2}$$

Der exakte Test besteht nun wie üblich darin, daß man den resultierenden P- bzw. P'-Wert mit dem vereinbarten α-Risiko vergleicht und H_0 verwirft, wenn $P \le \alpha$ bzw. $P' \le \alpha$ ist.

Die Prüfverteilung von S ist entsprechend dem Charakter eines *bedingten Tests* ganz von den jeweils spezifischen $N_1 + N_2 = N$ Meßwerten determiniert und daher nicht tabelliert, bzw. selbst für Kleinststichproben praktisch nicht zu tabellieren.

Der exakte Test ist nur für kleine Stichproben ($N_1 + N_2 \le 15$) einigermaßen ökonomisch anwendbar; für größere Stichproben geht der Randomisierungstest asymptotisch in den parametrischen t-Test über, der z. B. bei Bortz (1993, Kap. 5.1.2) beschrieben wird.

Beispiel 4.1. Leistung unter Streß bei neurotisch disponierten Kindern

Problem. Manche neurotisch disponierte Kinder haben trotz ausreichender Intelligenz Lernschwierigkeiten und versagen besonders leicht, wenn sie überfordert werden. Diese aus der Erfahrung gewonnene Hypothese soll experimentell untersucht werden.

Versuchsplan. N = 10 durchschnittlich (mit IQ von 100 bis 110) begabte, aber nach der Hamburg-Neurose-Extraversionsskala (HANES) überdurchschnittlich (oberes Quartil) neurosebereite Hauptschulabsolventen wurden einem Schulleistungstest unterworfen. $N_1 = 3$ nach Los bestimmte Jungen hatte der Klassenlehrer unmittelbar zuvor in einer Einzelbegegnung überfordert, indem er ihnen Aufgaben stellte, die lösbar erschienen, aber unlösbar waren. Den übrigen $N_2 = 7$ Jungen blieb diese Überforderung erspart.

Nullhypothese. Die Population der Überforderten zeigt gleiche Testleistungen wie die Population der Nichtüberforderten.

Alternativhypothese. Die Population der Überforderten zeigt niedrigere Testleistungen als die Population der Nichtüberforderten (*gerichtete* Alternativhypothese).

Signifikanzniveau. Wir wählen $\alpha = 0{,}05$.

Testwahl. Da die Stichprobe 1 (aus begreiflichen Gründen) nur 3 Jungen umfaßt und die Punktwerteverteilung des Schulleistungstests rechtsgipflig ist, soll anstelle des t-Tests der *Fisher-Pitman-Test* angewendet werden, zumal er effizienter ist als der ebenfalls indizierte U-Test.

Testanwendung. Folgende Punktwerte x haben die $N_1 = 3$ Schüler der Überforderungsstichprobe und die $N_2 = 7$ Schüler der Kontrollstichprobe erzielt:

x_1: 18   24   25   S = 67
x_2:   21   29   29   30   31   31   31

Die Prüfgröße als die Summe der Meßwerte der kleineren Stichprobe 1 beträgt S = 18+24+25 = 67, und wir fragen im Sinne des einseitigen Tests, wie viele der $\binom{10}{3} = 120$ möglichen x_1-Summen (zu je 3 Meßwerten) die beobachtete Prüfgröße S = 67 erreichen oder unterschreiten.

Die niedrigste 3-Wertekombination ist S = 18+21+24 = 63; die nächstniedrigste ist S = 18+21+25 = 64 und die drittniedrigste entspricht bereits der beobachteten Kombination: S = 18+24+25 = 67 (die viertniedrigste wäre bereits größer als 67: S = 18+21+29 = 68 > 67).

Bindungen (wie 29 29 oder 31 31 31) im Beispiel sind so zu behandeln, als ob sie keine Bindungen wären. Am besten signiert man sie so, daß sie voneinander zu unterscheiden sind wie 29+, 29– oder 31+, 31= und 31–.

Die Wahrscheinlichkeit, daß die beobachtete oder eine im Sinne von H_1 extremere Prüfgröße bei Geltung von H_0 zustandegekommen ist, beträgt also bei Z = 2 (S-Werte < 67) und z = 1 (S = 67) gemäß Gl. 4.1:

$$P = \frac{2+1}{\binom{10}{3}} = \frac{3}{120} = 0{,}025$$

Entscheidung. Da $P \leq \alpha$ ist, akzeptieren wir H_1 anstelle von H_0.

Interpretation. Wir vertrauen darauf, daß Überforderung die schulische Leistungsfähigkeit (gemessen durch einen Schulleistungstest) bei neurotischer Disposition herabsetzt.

Testvergleich. Weder der U-Test (vgl. Abschn. 3.1.2) noch der (nur bedingt gerechtfertigte) t-Test hätten H_0 zu verwerfen erlaubt.

Hinweis

Man beachte, daß der Fisher-Pitman-Test im Unterschied zum U-Test form-ungleiche Populationsmeßwerte zuläßt, auch solche mit Deckeneffekten oder mit Bodeneffekten. Er bleibt auch dann effizient, wenn sich die Stichproben-umfänge deutlich unterscheiden.

4.1.2
Fishers Randomisierungstest für 2 abhängige Stichproben

Zielsetzung

Werden N Individuen vor und nach einer Behandlung bezüglich eines Merkmals untersucht, erhält man 2 abhängige Datenstichproben x_{iA} und x_{iB} ($i=1,\ldots, N$). Gefragt wird, ob sich die Meßwerte vor und nach der Be-handlung unterscheiden (H_1). Bei den Datenstichproben x_{iA} und x_{iB} kann es sich natürlich auch um Meßwerte handeln, die an parallelisierten Stich-proben unter den Bedingungen A und B erhoben wurden, wobei aller-dings nicht zugelassen wird, daß – wie im Vorzeichentest – die Paare aus verschiedenen Populationen stammen.

Durchführung

Pro Meßwertpaar wird zunächst die Differenz $d_i = x_{iA} - x_{iB}$ berechnet. Die Prüfgröße S ergibt sich hieraus als Summe der d_i-Werte:

$$S = \sum_{i=1}^{N} d_i \tag{4.3}$$

Bei Gültigkeit von H_0 (keine Behandlungswirkung) wird nun angenommen, daß positive und negative Differenzen mit gleicher Wahrscheinlichkeit zu-standekommen bzw. daß das Vorzeichen der Differenzen vom Zufall be-stimmt wird. (Nulldifferenzen bleiben bei diesem Verfahren unberücksichtigt; s. Beispiel 4.2). Dies ist der Leitgedanke zur Entwicklung der Prüfverteilung von S. Wir verändern sukzessiv alle Vorzeichen der d_i-Werte und berechnen für jede Vorzeichenkombination nach Gl. 4.3 einen S-Wert. (Wie beim Fisher-Pitman-Test für 2 unabhängige Stichproben müssen auch beim Fishers Test gebundene Differenzen wie ungebundene behandelt werden). Die so re-sultierenden S-Werte konstituieren die H_0-Verteilung bzw. die Prüfverteilung für den empirisch ermittelten S-Wert.

Nehmen wir einmal an, für N = 2 seien die Differenzen $d_1 = 8$ und $d_2 = -3$ und damit S = 5 ermittelt worden. Hier würde die Prüfverteilung aus 4 S-Werten bestehen, nämlich

- $S_1 = 8 + (-3) = 5$ (beobachteter Wert),
- $S_2 = -8 + (-3) = -11$,

- $S_3 = 8 + 3 = 11,$
- $S_4 = -8 + 3 = -5.$

Allgemein besteht die Prüfverteilung aus 2^N S-Werten.

Zur Überprüfung der H_0 stellen wir wie üblich fest, ob sich die von uns beobachtete Prüfgröße S unter den extremen S-Werten der Prüfverteilung befindet, also etwa unter den extremen 5% für $\alpha = 0,05$. Unter „extrem" sind je nach Fragestellungen zu verstehen:

- bei einseitigem Test entweder die höchsten *oder* die niedrigsten S-Werte, die jeweils 5% der (2^N) S-Werte der Prüfverteilung umfassen und
- bei zweiseitigem Test die höchsten *und* niedrigsten S-Werte, die jeweils 2,5% aller (2^N) S-Werte umfassen.

Die Überschreitungswahrscheinlichkeit P einer beobachteten Prüfgröße S läßt sich exakt bestimmen, wenn man abzählt, wie viele der 2^N möglichen S-Werte größer (kleiner) als der beobachtete S-Wert bzw. gleich groß sind. Nennt man diese Zahlen wiederum Z und z, gilt bei einseitigem Test

$$P = \frac{Z + z}{2^N} \qquad (4.4)$$

Bei zweiseitigem Test ermitteln wir entsprechend

$$P' = \frac{2 \cdot Z + z}{2^N} \qquad (4.5)$$

Vergleichen wir diesen Ansatz mit dem bereits bekannten *Vorzeichentest* (Abschn. 3.3.1) und dem *Vorzeichenrangtest* (Abschn. 3.3.2): Beim Vorzeichentest wird lediglich die Anzahl der positiven und negativen Differenzen ausgezählt, unbeschadet der Größe der Differenz. Der Vorzeichenrangtest hingegen gewichtet die Vorzeichen mit den Rangplätzen der zu ihnen gehörenden Differenzen. Beim Randomisierungstest gehen wir noch einen Schritt weiter und gewichten die Vorzeichen nicht nach Rangplätzen, sondern direkt mit den numerischen Werten der Differenzen.

Fishers Randomisierungstest für abhängige Stichproben setzt voraus, daß die N Meßwertpaare wechselseitig unabhängig und aus einer definierbaren, homogenen Population von Paaren entnommen worden sind und daß eine Population existiert, für die die erhobene Stichprobe repräsentativ ist. Stetigkeit der Merkmalsverteilung wird im Unterschied zum Vorzeichenrangtest nicht vorausgesetzt, so daß Nulldifferenzen und Verbunddifferenzen ausdrücklich zugelassen sind. Es ist für die Prüfverteilung von S belanglos, ob man die Nulldifferenzen fortläßt oder wie Verbunddifferenzen behandelt; man gelangt auf beiden Wegen zur gleichen Überschreitungswahrscheinlichkeit. Mit Verbunddifferenzen verfährt man – wie in Beispiel 4.2 gezeigt wird – so, als ob sie zu unterscheiden wären.

Der exakte Test ist nur für kleine Stichproben – etwa bis $N = 15$ – halbwegs ökonomisch durchzuführen und dies auch nur, wenn die Prüfgröße S relativ extrem liegt, so daß sich Z und z leicht abzählen lassen. Bei größeren Stichproben verwendet man den t-Test für abhängige Stichproben (vgl. z. B. Bortz, 1993, Kap. 5.1.3), dessen Voraussetzung – normalverteilte Differenzen – mit wachsendem N zunehmend an Bedeutung verliert, wenn man eingipflig symmetrische Populationsdifferenzen unterstellen darf.

Beispiel 4.2. Lebensqualität nach Hüftgelenksoperationen

Problem. Schwere Hüftgelenksdegeneration (Coxarthrose) macht gelegentlich das Einsetzen eines künstlichen Hüftgelenks (Endoprothese) erforderlich. Es soll überprüft werden, ob dieser operative Eingriff die Lebensqualität der betroffenen Patienten verbessert.

Versuchsplan. Vor einer geplanten Hüftgelenksoperation werden $N = 10$ Patienten gebeten, ihre subjektiv empfundene Lebensqualität anhand eines einschlägigen Fragebogens zu bewerten. 12 Wochen nach erfolgter Operation beurteilen die Patienten ein 2. Mal ihre Lebensqualität.

Nullhypothese. Die Hüftgelenksoperation bewirkt keine Veränderung der Lebensqualität.

Alternativhypothese. Die Hüftgelenksoperation verbessert die Lebensqualität (*gerichtete* Alternativhypothese).

Signifikanzniveau. Wir wählen $\alpha = 0{,}05$.

Testwahl. Da die Stichprobe mit $N = 10$ relativ klein ist und über die Verteilung von Testwerten der Lebensqualität bei Patienten mit Hüftgelenksarthrose nichts bekannt ist, wählen wir statt des t-Tests für abhängige Stichproben den *Randomisierungstest*.

Testanwendung. Tabelle 4.1 enthält die Lebensqualitätswerte der 10 Patienten vor und nach der Operation sowie die d_i-Werte.
   Die 3 Nulldifferenzen bleiben in der folgenden Auswertung unberücksichtigt, d. h. wir operieren mit $N' = 10 - 3 = 7$.
   Statt nun alle $2^7 = 128$ S-Werte zu ermitteln, berechnen wir nur die Zahl derjenigen S-Werte, die den beobachteten Prüfwert $S = -17$ erreichen (z) oder unterschreiten (Z). Dazu gehen wir schematisch nach Art der Tabelle 4.2 vor: Wir setzen zunächst alle 7 absteigend geordneten Beträge der Differenzen negativ und erhalten $S = -21$; dann setzen wir die letzte Differenz positiv und erhalten $S = -19$. In der 3. Zeile setzen wir die vorletzte Differenz positiv und erhalten ebenfalls $S = -19$. Damit ist die Zahl der S-Werte, die -17 unterschreiten, erschöpft, d. h. wir erhalten $Z = 3$.

Setzen wir die dritt- oder die viertletzte Differenz positiv, erhalten wir S-Werte von –17. Dieser Wert resultiert auch, wenn wir die letzten beiden Differenzen positiv setzen (beobachteter S-Wert). Also ist $z = 3$, denn wenn wir die letzte und drittletzte Differenz positiv setzen, erhalten wir bereits einen S-Wert von $-15 > -17$, der nicht mehr in die untere Ablehnungsregion der Prüfverteilung fällt.

Entscheidung. Wegen $Z + z = 3 + 3 = 6$ resultiert für $N' = 7$ nach Gl. 4.4 $P = 6/2^7 = 0{,}047$. Danach ist H_0 auf der 5%-Stufe zu verwerfen und H_1 zu akzeptieren.

Interpretation. Ein künstliches Hüftgelenk führt zu einer verbesserten Lebensqualität der Patienten.

Anmerkungen. Bei zweiseitigem Test ergeben sich $P' = (2 \cdot 3 + 3)/2^7 = 0{,}070$. Hätten wir die Nullen nicht außer acht gelassen, sondern wie verbundene Differenzen behandelt (d. h. abwechselnd mit einem positiven und einem negativen Vorzeichen versehen), würde $Z + z = 48$ und $2^N = 1024$ resultieren, d. h. wir hätten das gleiche einseitige P erhalten: $P = 48/2^{10} = 0{,}047$. Im Unterschied zum Vorzeichenrangtest sind hier also die Nulldifferenzen vorbehaltlos wegzulassen.

Der Randomisierungstest setzt voraus, daß innerhalb der Paare von Meßwerten keine *differentiellen Transfereffekte* auftreten, wenn Meßwiederholungspläne ausgewertet werden. Solche Transfereffekte können sich im Beispiel darin äußern, daß sich die Patienten auch ohne Operation unterschiedlich weiter entwickeln, etwa in dem Sinne, daß der eine Patient eine Spontanremission, der andere eine Aggravation seiner Lebensqualität erfährt.

Tabelle 4.1. Lebensqualitätswerte von 10 Patienten

Nr. d. Patienten (i)	vor der Operation (x_{iA})	nach der Operation (x_{iB})	d_i
1	17	20	–3
2	22	21	1
3	22	21	1
4	15	22	–7
5	24	24	(0)
6	22	22	(0)
7	21	23	–2
8	21	21	(0)
9	17	22	–5
10	21	23	–2
	$\bar{x}_A = 20{,}2$	$\bar{x}_B = 21{,}9$	$S = -17$

Tabelle 4.2. Bestimmung von Z und z

−7	−5	−3	−2	−2	−1	−1	S = −21	
−7	−5	−3	−2	−2	−1	+1	S = −19	Z = 3
−7	−5	−3	−2	−2	+1	−1	S = −19	
−7	−5	−3	−2	+2	−1	−1	S = −17	
−7	−5	−3	+2	−2	−1	−1	S = −17	z = 3
−7	−5	−3	−2	−2	+1	+1	S = −17	
−7	−5	−3	−2	+2	−1	+1	S = −15	

Will man eine Konfundierung von Behandlungs- und Transferwirkungen vermeiden, muß man n Paßpaare von Patienten mit initial gleicher Lebensqualität (bei gleichem Geschlecht, gleichem Alter und gleichem Röntgenbefund) bilden, und diese mittels Fishers Randomisierungstest wie folgt vergleichen: Man entscheidet bei jedem Patientenpaar per Zufall, von welchem Paarling der Lebensqualitätswert vor oder nach der Operation verwendet wird und vergleicht die $N = 2 \cdot n$ Werte der beiden abhängigen Stichproben.

4.1.3
Mehrstichprobenextensionen

Zielsetzung

Das Randomisierungsprinzip kann nach Pitman (1937) auch dazu benutzt werden, k > 2 z. B. unterschiedlich behandelte Stichproben hinsichtlich ihrer zentralen Tendenz zu vergleichen. Mit dieser – wenn man so will – *„Randomisierungsvarianzanalyse"* wird die H_0 überprüft, daß die Mittelwerte von k Populationen identisch seien bzw. daß k Stichproben aus Populationen mit identischen Mittelwerten stammen. Der Test setzt allerdings gleich große Stichproben $n = N_1 = N_2 = . . . = N_k$ voraus und unterstellt, daß die k Populationen symmetrisch verteilt sind. Ohne Symmetrieannahme prüft der Test auf Unterschiede der Medianwerte der k Populationen, desgleichen bei Stichproben aus formungleich (inhomomer) verteilten Populationen. In jedem Fall prüft der Test jedoch auf Unterschiede der zentralen Tendenz.

Durchführung

Wir behandeln im folgenden zunächst den Vergleich von k *unabhängigen* Stichproben. Der einschlägige Untersuchungsplan zum Nachweis von Mittelwertsunterschieden bei k Behandlungen gestaltet sich wie in Tabelle 4.3 dargestellt.

Tabelle 4.3. Datenschema für den Vergleich von k Stichproben

1	2	Behandlungen ...	k
x_{11}	x_{21}	...	x_{k1}
x_{12}	x_{22}	...	x_{k2}
⋮			
x_{1n}	x_{2n}	...	x_{kn}

Ausgehend von diesem Datenschema können die Meßwerte der Zeile 1 in k!-facher Weise permutiert werden, wobei jeder der k! Permutationen unter H_0 die gleiche Realisierungswahrscheinlichkeit zukommt. Für die Zeilen 1 und 2 ergeben sich demnach $(k!) \cdot (k!) = (k!)^2$ gleich wahrscheinliche Permutationen und für alle n Zeilen entsprechend $(k!)^n$ Permutationen der $N = k \cdot n$ Meßwerte. Von diesen $(k!)^n$ Permutationen bzw. Meßwertanordnungen sind jedoch nur $(k!)^{n-1}$ voneinander verschieden, da es auf die Reihenfolge der k Spalten (Behandlungen) nicht ankommt.

Man kann nun – wie in der parametrischen einfaktoriellen Varianzanalyse – einen Varianzquotienten berechnen, indem man die Varianz zwischen den k Spalten zur zusammengefaßten Varianz innerhalb der k Spalten in Beziehung setzt.

$$F_R = \frac{s_{zw}^2}{s_{in}^2} = \frac{n \cdot \sum_{j=1}^{k} (\bar{A}_j - \bar{G})^2 / (k-1)}{\sum_{j=1}^{k} \sum_{i=1}^{n} (x_{ij} - \bar{A}_j)^2 / k \cdot (n-1)} \tag{4.6}$$

mit $\bar{A}_j$ = Mittelwert der Stichprobe j;
    $\bar{G}$ = Gesamtmittelwert

Angewandt auf alle Meßwertanordnungen gewinnt man $(k!)^{n-1}$ F_R-Werte, deren Gesamtheit die Prüfverteilung für die Randomisierungsvarianzanalyse liefert.

Wie bei allen Randomisierungstests untersuchen wir nun, ob sich der empirische F_R-Wert unter den $\alpha\%$ größten F_R-Werten der F_R-Verteilung befindet oder nicht. Addiert man die F_R-Werte der Prüfverteilung, die größer oder gleich den beobachteten F_R-Werten sind und bezeichnet deren Anzahl mit Z+z, so beträgt die Überschreitungswahrscheinlichkeit eines beobachteten F_R-Werts

$$P = \frac{Z + z}{(k!)^{n-1}} \tag{4.7}$$

Diese Überschreitungswahrscheinlichkeit P entspricht formal (wie bei der parametrischen Varianzanalyse) einem einseitigen Test, da nur gegen überzufällig große und nicht auch gegen überzufällig kleine Unterschiede der zentralen Tendenz zwischen den k Stichproben (Behandlungen) geprüft wird. Wir verwenden den Test jedoch für die Überprüfung einer ungerichteten H_1, weil die Art der Unterschiede unter H_1 nicht näher spezifiziert wird (z. B. keine Trendvorhersage).

Muß man die Prüfverteilung von Hand ermitteln, ist der Pitman-Test bereits für Kleinstanordnungen von $k = 3$ Behandlungen sehr aufwendig. Hat man dagegen ein Rechenprogramm zur Verfügung, das die $k!^{n-1}$ verschiedenen Meßwertanordnungen generiert und sukzessiv zur Berechnung der F_R-Werte abruft, kann man auch relativ große Stichproben gleichen Umfangs exakt auswerten.

Ein einfaches Beispiel soll die Anwendung des Pitman-Tests verdeutlichen.

Beispiel 4.3. Fertilität von Hündinnen

Problem. Es wird gefragt, ob eine hormonale Behandlung die Fertilität von Hündinnen beeinträchtigt.

Versuchsplan. Jeweils 2 Hündinnen einer bestimmten Rasse erhalten ein ovulationsneutrales (A), ein ovulationshemmendes (B) und ein ovulationsförderndes Hormon (C). Als abhängige Variable wird die Anzahl der Welpen im darauf folgenden Wurf gezählt.

Nullhypothese. Die Art der Hormonbehandlung hat keinen Einfluß auf die Anzahl der Welpen.

Alternativhypothese. Die Anzahl der Welpen hängt von der Art der Hormonbehandlung ab (*ungerichtete* Alternativhypothese).

Signifikanzniveau. Wegen des explorativen Charakters der Studie wählen wir $\alpha = 0,10$.

Testwahl. Da nicht klar ist, ob die Daten die Voraussetzungen der parametrischen Varianzanalyse erfüllen, erfolgt die Hypothesenprüfung mit der *Randomisierungsvarianzanalyse.*

Testanwendung. Tabelle 4.4 zeigt das Ergebnis der Untersuchung.
Für Gl. 4.6 berechnen wir

$$\bar{A}_1 = 2,5; \ \bar{A}_2 = 1,0; \ \bar{A}_3 = 5,5 \quad \text{und} \quad \bar{G} = 3,0.$$

Für F_R ergibt sich also

$$F_R = \frac{2 \cdot [(2,5 - 3,0)^2 + (1,0 - 3,0)^2 + (5,5 - 3,0)^2]/(3 - 1)}{[(1 - 2,5)^2 + (4 - 2,5)^2 + (0 - 1,0)^2 + (2 - 1,0)^2 + (5 - 5,5)^2 + (6 - 5,5)^2]/3 \cdot (2 - 1)}$$

$$= \frac{10,50}{2,33} = 4,50$$

Zur Erstellung der Prüfverteilung bilden wir bei Festhalten der Werte einer Zeile, z. B. der Zeile 2, die $(3!)^{2-1} = 6$ möglichen Meßwertanordnungen durch Permutationen der Meßwerte der 1. Zeile, wie im oberen Teil der Tabelle 4.5 geschehen.

Für die 6 Meßwertanordnungen werden über Gl. 4.6 F_R-Werte berechnet, die in der letzten Zeile von Tabelle 4.5 genannt sind. Diese F_R-Werte bilden die gemäß H_0 erwartete Prüfverteilung.

Unser beobachteter F_R-Wert von 4,50 wird von keinem anderen F_R-Wert erreicht oder übertroffen, so daß $Z+z = 0+1 = 1$ ist. Nach Gl. 4.7 ergibt sich $P = 1/(3!)^{2-1} = 1/6 = 0,17$.

Entscheidung. Die Überschreitungswahrscheinlichkeit $P = 0,17$ ist größer als $\alpha = 0,10$, d. h. die H_0 kann nicht verworfen werden. Man beachte, daß ein nichtsignifikantes Ergebnis theoretisch zu erwarten war, denn für $n = 2$ und $k = 3$ kann die Überschreitungswahrscheinlichkeit niemals kleiner als 1/6 sein. Hätte man pro Behandlung 3 Hündinnen untersucht, würde die minimale Überschreitungswahrscheinlichkeit $1/(3!)^{3-1} = 1/36 = 0,03$ betragen, d. h. in diesem Falle wäre theoretisch – wenn der beobachtete F_R-Wert wie in unserem Beispiel größer wäre als alle übrigen F_R-Werte der Prüfverteilung – auch für $\alpha = 0,05$ ein signifikantes Ergebnis möglich gewesen. Für $k = 3$ sollte der Stichprobenumfang also mindestens $n = 3$ betragen.

Interpretation. Die Untersuchung war nicht geeignet, einen signifikanten Einfluß der unterschiedlichen Hormonbehandlungen auf die Fertilität von Hündinnen nachzuweisen.

Hinweis

Stammen die k Stichproben aus sehr unterschiedlich verteilten Populationen (links- bzw. rechtsgipflig, J- oder U-förmig) und sind sie unterschiedlich groß, dann prüft man nach dem *extendierten Mediantest*. Dieser Test wirkt aber hier u. U. nicht nur als Test auf Lageunterschiede, sondern als sog. Omnibustest, der u. a. auch Streuungsunterschiede erfaßt.

Abhängige Stichproben. Die Verallgemeinerung des Randomisierungsprinzips auf k unabhängige Stichproben kann auch auf k abhängige Stichproben übertragen werden. Hierfür ist es allerdings erforderlich, daß von den k Meßwerten eines jeden Patienten (oder eines „Blocks" von k Patienten bei Parallel-

Tabelle 4.4. Anzahl der Welpen

	A	B	C
	1	0	5
	4	2	6
$\sum$	5	2	11

Tabelle 4.5. Bestimmung der F_R-Werte

	1 0 5 4 2 6	1 5 0 4 2 6	0 1 5 4 2 6	0 5 1 4 2 6	5 1 0 4 2 6	5 0 1 4 2 6
$\sum$	5 2 11	5 7 6	4 3 11	4 7 7	9 3 6	9 2 7
s_{zw}^2	10,5	0,5	9,5	1,5	4,5	6,5
s_{in}^2	2,3	9,0	3,0	8,3	6,3	5,0
F_R	4,50	0,06	3,17	0,18	0,71	1,30

stichproben) der Mittelwert der jeweiligen k Meßwerte abgezogen wird. Man erhält dann sog. „ipsative" Meßwerte, über die nach dem oben beschriebenen Verfahren eine Randomisierungsvarianzanalyse durchgeführt werden kann. Weitere Einzelheiten hierzu findet man bei Bortz, Lienert & Boehnke (1990, S. 318).

4.1.4
Der Kolmogoroff-Smirnov-Omnibustest (KSO-Test)

Zielsetzung

Ein Test, der auf Verteilungsunterschiede aller Art zwischen 2 *unabhängigen* Stichproben anspricht, ist der auf dem Anpassungstest (vgl. Abschn. 4.2.1) von Kolmogoroff (1933, 1941) aufbauende und von Smirnov (1939, 1948) auf das Zweistichprobenproblem zugeschnittene Kolmogoroff-Smirnov-Test. Der Einfachheit halber führen wir für den Test die Abkürzung KSO-Test ein. Der KSO-Test geht zwar von stetig verteilten Meßwerten aus und gehört daher zu Recht in dieses Kapitel; er macht aber implizit nur von ordinaler Information Gebrauch. Daraus folgt, daß der KSO-Test nicht ebenso effizient ist wie die in den vorangegangenen Abschnitten besprochenen Randomisierungstests. Er läßt sich jedoch tabellieren und ist deshalb einfacher anzuwenden.

> Der KSO-Test ist jedoch der schärfste derzeit verfügbare Test zur Prüfung der Nullhypothese (2 Stichproben stammen aus identisch verteilten Populationen) gegenüber der Omnibusalternativhypothese, nach der die beiden Stichproben aus unterschiedlich verteilten Populationen stammen, wobei die Art des Verteilungsunterschieds (zentrale Tendenz, Dispersion, Schiefe, Exzeß etc.) nicht näher spezifiziert wird.

Durchführung

Die Vorgehensweise des KSO-Tests wollen wir an einem kleinen Zahlenbeispiel mit $N_1 = N_2$ verdeutlichen. Je 5 Vpn wurden einer Dauerbelastung unterworfen,

Tabelle 4.6. Daten für einen KSO-Test

R_i	X_1	X_2	$S_1 (x_i)$	$S_2 (x_i)$	$D_i = |S_1(x_i) - S_2 (x_i)|$
1	19		0,20	0,00	0,20
2	21		0,40	0,00	0,40
3		22	0,40	0,20	0,20
4	24		0,60	0,20	0,40
5	26		0,80	0,20	0,60
6	29		1,00	0,20	0,80
7		31	1,00	0,40	0,60
8		35	1,00	0,60	0,40
9		38	1,00	0,80	0,20
10		40	1,00	1,00	0,00

wobei Gruppe 1 prophylaktisch mit Meprobamat (als Sedativum) und Gruppe 2 mit Amphetamin (als Aktivans) vorbehandelt wurde. Als Ermüdungsindikator (X) wurde die visuelle Flimmerverschmelzungsfrequenz (FVF, Lichtblitze pro Sekunde, die wie im Fernsehen zu einem Bewegungsbild verschmolzen werden) gemessen, wobei sich für die Gruppe 1 die Meßwerte 19, 21, 24, 26 und 29 und für die Gruppe 2 die Meßwerte 22, 31, 35, 38 und 40 ergaben. Es wird nach Verteilungsunterschieden zwischen X_1 und X_2 gefragt.

Die beiden Stichproben werden zunächst in eine gemeinsame Rangreihe mit den Rangplätzen R_i ($i = 1, \ldots, N$; $N = N_1 + N_2$) gebracht (vgl. Tabelle 4.6).

Man berechnet nun für jede Stichprobe die *Verteilungsfunktion* $S_1 (X)$ und $S_2 (X)$, d. h. man bestimmt in jeder geordneten Stichprobe über alle 10 Rangplätze die kumulierten relativen Häufigkeiten. $S_1 (X)$ gibt also an, wie sich die 5 Meßwerte der Stichprobe 1 kumulativ über die 10 Rangplätze verteilen, wobei statt der absoluten Häufigkeiten die relativen Häufigkeiten kumuliert werden.

Als Prüfgröße D definieren wir den *maximalen Absolutbetrag* der Abweichungen der beiden Verteilungsfunktionen.

$$D = \max |S_1(x_i) - S_2(x_i)| \tag{4.8}$$

In unserem Beispiel resultiert D = 0,80. Ob dieser Wert statistisch signifikant ist, entscheiden wir anhand der Tafel K des Anhangs. (Die Entwicklung dieser Tafel basiert ebenfalls auf dem Randomisierungsprinzip, Einzelheiten s. Bortz, Lienert & Boehnke, 1990, S. 300 f.). Die Tafel zeigt die kritischen D-Werte für $N_1 = N_2 = 3$ bis 40 für einige ausgewählte Signifikanzstufen. H_0 ist zu verwerfen, wenn der beobachtete D-Wert größer ist als der kritische Wert.

Für $N_1 = N_2 = 5$, $\alpha = 0,05$ und zweiseitigen Test entnehmen wir dieser Tafel $D_{crit} = 4/5 = 0,8$. Dieser Wert wird zwar erreicht, aber nicht überschritten, d. h. H_0 ist auf dieser Signifikanzstufe beizubehalten.

Der obige *zweiseitige* KSO-Test prüft die H_0 der Gleichheit von 2 Populationsverteilungen: $S_1(x_i) = S_2(x_i)$. Beim *einseitigen* Test gelten die Nullhypothesen $S_1(x_i) \leqslant S_2(x_i)$ bzw. $S_1(x_i) \geqslant S_2(x_i)$. Bezogen auf unser Beispiel hätte man – wegen der vermuteten FVF-Steigerung durch Amphetamin – auch die einseitige Alternativhypothese $S_1(x_i) > S_2(x_i)$ aufstellen können, nach der man erwartet, daß sich die Verteilungsfunktion der Stichprobe 1 oberhalb der Verteilungsfunktion der Stichprobe 2 befindet. Für diesen einseitigen Test ist nicht der maximale Absolutbetrag der Differenzen D_i, sondern die maximale Differenz D_i' aller Differenzen $S_1(x_i) - S_2(x_i)$ die entsprechende Prüfgröße, die anhand Tafel K einseitig zufallskritisch zu bewerten ist. Da in unserem Beispiel $D = D' = 0{,}8$ ist, wäre die H_0 wegen $0{,}8 > 0{,}6$ zugunsten der einseitigen H_1 auf der $\alpha = 0{,}05$-Stufe zu verwerfen. Obwohl der einseitige Test v. a. auf Mittelwertsunterschiede anspricht, bedeutet das Ergebnis nicht, daß damit die H_1: $\mu_1 < \mu_2$ bestätigt ist, denn der Omnibuscharakter des KSO-Tests bleibt auch in der einseitigen Variante bestehen.

Sind die zu vergleichenden Stichproben ungleich groß ($N_1 \neq N_2$), werden die kumulierten relativen Häufigkeiten der Verteilungsfunktionen $S_1(X)$ und $S_2(X)$ unter Berücksichtigung der verschiedenen Stichprobenumfänge errechnet. Die resultierende Prüfgröße $\overset{*}{D}$ ist in diesem Falle anhand Tafel L zufallskritisch zu bewerten. Auch hier ist die H_0 zu verwerfen, wenn der tabellierte Wert vom beobachteten Wert überschritten wird. Beispiel 4.4 verdeutlicht dieses Vorgehen.

Verbundwerte, die als Folge einer begrenzt genauen Messung eines stetig verteilten Merkmals auftreten, haben keinen Einfluß auf die Prüfgröße D, wenn sie innerhalb einer Stichprobe liegen; sie werden dann wie unverbundene Meßwerte behandelt. Treten Verbundwerte zwischen den Stichproben auf, so sind sie von Belang, wenn sie den Maximalabstand mitbestimmen. Im Sinne eines konservativen Vorgehens sind die kritischen Verbundwerte dann so zu unterscheiden, daß D möglichst klein wird. Dieser Vorschlag wird ebenfalls im folgenden Beispiel aufgegriffen.

Beispiel 4.4. Risikoverhalten bei Frauen und Männern

Problem. Um etwaige Unterschiede zwischen Männern und Frauen hinsichtlich ihres Risikoverhaltens zu erfassen, wurden $N_1 = 10$ Studenten und $N_2 = 8$ Studentinnen nach Zufall aus einer größeren Zahl Freiwilliger ausgewählt und einem Risikotest unterworfen.

Nullhypothese. Studenten und Studentinnen unterscheiden sich bezüglich ihrer Risikobereitschaft nicht.

Alternativhypothese. Studenten und Studentinnen unterscheiden sich hinsichtlich ihrer Risikobereitschaft, ohne daß die Art des Unterschieds (zentrale Tendenz, Dispersion, Schiefe etc.) spezifiziert wird (*ungerichtete* Alternativhypothese).

Signifikanzniveau. Wir setzen $\alpha = 0,05$.

Testwahl. Da die H_1 als Omnibusalternativhypothese formuliert worden ist, kommt nur der Einsatz eines Omnibustests in Frage. Wir entscheiden uns für den *KSO-Test*.

Testanwendung. Tabelle 4.7 zeigt in den Spalten X_1 und X_2 die geordneten Meßwerte.

Die zwischen den beiden Stichproben im Meßwert 18 vorliegende Rangbindung wird so aufgelöst, daß der Wert 18 in Stichprobe 1 den Rangplatz 8 und der gleiche Wert in Stichprobe 2 den Rangplatz 9 erhält, denn diese Rangaufteilung führt zu einem konservativen Test (s. unten). Im nächsten Schritt bestimmen wir die Verteilungsfunktionen $S_1(x_i)$ und $S_2(x_i)$, wobei identische Werte innerhalb einer Stichprobe wie geringfügig verschiedene Werte behandelt werden.

Entscheidung. Der Spalte D_i ist $D = \max |D_i| = 0,675$ zu entnehmen. Dieser Wert ist größer als der für die Stichprobenumfänge 8 und 10 in Tafel L für $\alpha = 0,05$ und zweiseitigem Test ausgewiesene kritische Wert von 23/40 ($0,675 > 23/40 = 0,575$), d. h. die H_0 ist zu verwerfen.

Interpretation. Die Verteilungen des Risikoverhaltens männlicher und weiblicher Studierender unterscheiden sich, wobei – nach Inspektion von Tabelle 4.7 – die Risikowerte der Männer eher rechtsgipflig und die der Frauen eher linksgipflig verteilt sind.

Anmerkung. Hätten wir für den doppelt aufgetretenen Wert 18 Rangplatz 8 der Stichprobe 2 und Rangplatz 9 der Stichprobe 1 zugeteilt, würde sich die Prüfgröße $D = 0,775$ ergeben. Die von uns vorgenommene Auflösung der Rangbindung begünstigt damit eine konservative Entscheidung.

Große Stichproben

Wenn die Durchführung eines exakten Tests nicht möglich ist, weil die verfügbaren Tabellen nicht ausreichen, prüft man asymptotisch. Hierfür ermittelt man bei großem N_1 und N_2 die folgende kritische Prüfgröße D_α:

$$D_\alpha = K_\alpha \cdot \sqrt{\frac{N_1 + N_2}{N_1 \cdot N_2}} \tag{4.9}$$

Die Schranken von K_α sind für verschiedene Überschreitungswahrscheinlichkeiten ebenfalls den Tafeln K und L zu entnehmen. Die H_0 ist zu verwerfen, wenn der empirische D-Wert größer ist als D_α.

Wie beim exakten, so bleibt auch beim asymptotischen Test offen, worauf eine mögliche Signifikanz beruht. Meist handelt es sich um Unterschiede der zentralen Tendenz, die gelegentlich mit Unterschieden der Dispersion und/oder der Schiefe vereint sind.

Tabelle 4.7. Risikoverhalten männlicher und weiblicher Studierender

R_i	X_1	X_2	$S_1 (x_i)$	$S_2 (x_i)$	$D_i = |S_1(x_i) - S_2(x_i)|$
1	11		0,1	0,000	0,100
2		14	0,1	0,125	0,025
3		16	0,1	0,250	0,150
4		17	0,1	0,375	0,275
5		17	0,1	0,500	0,400
6		17	0,1	0,625	0,525
7		17	0,1	0,750	0,650
8	18		0,2	0,750	0,550
9		18	0,2	0,875	0,675
10	19		0,3	0,875	0,575
11	19		0,4	0,875	0,475
12	19		0,5	0,875	0,375
13	20		0,6	0,875	0,275
14	20		0,7	0,875	0,175
15	20		0,8	0,875	0,075
16	25		0,9	0,875	0,025
17	29		1,0	0,875	0,125
18		30	1,0	1,000	0,000
	$N_1 = 10$	$N_2 = 8$			

Der asymptotische KSO-Test findet – wie im folgenden Beispiel – hauptsächlich auf größere Stichproben gruppierter Meßwerte mit stetiger Merkmalsverteilung Anwendung.

Beispiel 4.5. Herzinfarkt und Lebensalter

Problem. Von klinischer Seite wird oft behauptet, die Gefahr, einem Herzinfarkt zu erliegen, sei im „mittleren" Alter besonders groß. Dieser Behauptung soll durch eine Reanalyse des Alters von verstorbenen und überlebenden Herzinfarktpatienten nachgegangen werden.

Daten. N = 143 Patienten wurden wegen eines Herzinfarkts in eine Klinik eingeliefert und epikritisch in $N_1 = 101$ überlebende und $N_2 = 42$ verstorbene Patienten eingeteilt. Die anschließende Klassifikation nach dem Alter zum Zeitpunkt der Erkrankung (6 Altersklassen) zeigt Tabelle 4.8 in den Spalten f_1 und f_2.

Nullhypothese. Die Altersverteilung von verstorbenen Patienten entspricht der Altersverteilung von überlebenden Patienten.

Alternativhypothese. Bei einem Herzinfarkt im mittleren Alter ist die Gefahr, der Erkrankung zu erliegen, besonders groß. Weil hieraus nicht zu folgern ist, daß durchgängig $S_1(x_i) > S_2(x_i)$ oder $S_1(x_i) < S_2(x_i)$ ist, formulieren wir die Alternativhypothese *ungerichtet*.

Signifikanzniveau. Wir setzen $\alpha = 0{,}05$ fest.

Testwahl. Die Alternativhypothese kann nicht nur durch Unterschiede in der zentralen Tendenz, sondern z. B. auch durch Dispersionsunterschiede bestätigt werden (die Altersverteilung der Verstorbenen konzentriert sich auf mittlere Altersstufen, d. h. sie hat eine kleinere Streuung als die Altersverteilung der Überlebenden). Zur Prüfung der H_1 gegen H_0 kommt deshalb nur ein Omnibustest in Frage. Da die Stichprobenumfänge genügend groß sind, entscheiden wir uns für den *asymptotischen KSO-Test,* der auch auf gruppierte Meßwerte ohne wesentliche Informationsverluste anzuwenden ist.

Testanwendung. Ausgehend von den beiden Häufigkeitsverteilungen der Überlebenden f_1 und der Verstorbenen f_2 bilden wir die Verteilungsfunktionen $S_1(x_i)$ und $S_2(x_i)$, d. h. wir berechnen die kumulierten relativen Häufigkeiten (vgl. Tabelle 4.8).

Als absolut größte Differenz und damit als Prüfgröße ergibt sich $D = 0{,}288$. Die 5%-Schranke der Prüfgröße D beträgt nach Tafel L und Gl. 4.9

$$D_{0{,}05} = 1{,}36 \cdot \sqrt{\frac{101 + 42}{101 \cdot 42}} = 0{,}250$$

Entscheidung. Da $D = 0{,}288 > 0{,}250 = D_{0{,}05}$ ist, verwerfen wir H_0 und akzeptieren H_1, wonach die Altersverteilungen der überlebenden und der verstorbenen Infarktpatienten verschieden sind.

Interpretation. Obwohl die H_0 verworfen wurde, ist die klinische Vermutung eher widerlegt als gestützt: Nicht die Infarktpatienten mittleren, sondern die höheren Alters werden stärker vom Herztod bedroht, wenn man die Häufigkeiten f_1 und f_2 nach Augenschein vergleicht.

Hinweise

In Anwendung auf gruppierte Meßwerte konkurriert der KSO-Test mit dem *k × 2-Felder-Chi-Quadrat-Test* (vgl. Abschn. 2.4.2), der ebenfalls auf Unterschiede aller Art reagiert, wenn er auf intervallskalierte Daten angewendet

Tabelle 4.8. Asymptotischer KSO-Test für gruppierte Daten

Altersklasse	f_1	f_2	$S_1(x_i)$	$S_2(x_i)$	$|S_1(x_i)-S_2(x_i)|$
31–40	2	0	$2/101 = 0{,}020$	$0/42 = 0{,}000$	0,020
41–50	15	1	$17/101 = 0{,}168$	$1/42 = 0{,}024$	0,144
51–60	34	9	$51/101 = 0{,}505$	$10/42 = 0{,}238$	0,267
61–70	43	17	$94/101 = 0{,}931$	$27/42 = 0{,}643$	0,288 ($=D$)
71–80	7	14	$101/101 = 1{,}000$	$41/42 = 0{,}976$	0,024
über 80	0	1	$101/101 = 1{,}000$	$42/42 = 1{,}000$	0,000

wird. Der KSO-Test hat gegenüber dem χ^2-Test jedoch den Vorteil, daß er auch auf Unterschiede in den auslaufenden Ästen der beiden Stichproben vorbehaltlos anspricht, während der χ^2-Test diese Unterschiede nivelliert, indem er fordert, daß schwach besetzte Extremklassen zusammengelegt werden. Man behalte jedoch im Auge, daß der KSO-Test primär auf stetig verteilte Merkmale anzuwenden ist, wohingegen der χ^2-Test primär für diskret verteilte und nominalskalierte Merkmale in Betracht kommt.

Die Frage, wann der KSO-Test optimal indiziert ist, läßt sich nach 2 Richtungen beantworten:

- wenn man lediglich erfahren will, ob 2 unabhängige Stichproben aus ein- und derselben Grundgesamtheit stammen, und
- wenn man erwartet, daß eine Behandlung im Vergleich zu einer anderen nicht nur Unterschiede in der zentralen Tendenz, sondern auch in anderen Verteilungsparametern (z. B. Dispersion, Schiefe, Exzeß) bewirkt. Letzteres ist häufig der Fall, wenn die behandelten Personen auf die Behandlungen individuell unterschiedlich reagieren (Wechselwirkung zwischen Behandlungen und Personen). Die Untersuchung individueller Behandlungswirkungen ist damit das Hauptindikationsgebiet des KSO-Tests.

4.1.5
Der KSO-Test für „Überlebenskurven"

Zielsetzung

Der KSO-Test kann auch eingesetzt werden, um die „Überlebenskurven" für 2 Gruppen von Patienten mit unterschiedlicher Behandlung oder Erkrankung miteinander zu vergleichen. Unter einer „Überlebenskurve" verstehen wir im engeren Sinn die grafische Darstellung des Anteils aller Überlebenden in aufeinander folgenden Zeitabschnitten (z. B. Jahren), aber auch den Anteil aller Patienten (oder Versuchstiere), die in aufeinan-der folgenden Zeitabschnitten symptomfrei bleiben bzw. bei denen ein un-tersuchungsrelevantes Ereignis eingetreten bzw. noch nicht eingetreten ist.

(Beispiele: Eintritt der Menarche bei unter- und übergewichtigen Mädchen, bei Frauen die Konzeptionslatenz nach Absetzen der Pille A im Vergleich mit der Pille B, der Eintritt der Menopause bei Frauen mit und ohne Nachwuchs, Genesungszeiten bei Grippeepidemien mit 2 losbestimmt verabreichten Medi-kationsstrategien oder – im Tierversuch – die Zeit bis zum Auftreten eines „experimentellen" Tumors unter 2 Bestrahlungsdichten.)

Der KSO-Test prüft in dieser Anwendung die Nullhypothese, daß die 2 zu vergleichenden Überlebenskurven übereinstimmen.

Durchführung

Die Testdurchführung beginnt mit der Ermittlung der Überlebenskurven. Wir stellen fest, wie viele Patienten in einem Zeitintervall i (i=1, . . . , k; k=Anzahl der Zeitintervalle) die Krankheit überlebt haben und dividieren diese Anzahl N_i durch N_0, den Stichprobenumfang zu Beginn der Untersu-chung.

$$p_i = \frac{N_i}{N_0} \tag{4.10}$$

Die so aus einer Stichprobe geschätzten *Überlebensraten* p_i können dann gra-fisch als Überlebenskurve dargestellt werden.

Hat man auf diese Weise 2 Überlebenskurven ermittelt, können diese nach bereits bekannter Manier über den KSO-Test verglichen werden: Man be-stimmt pro Zeitintervall i die Differenz der Überlebensraten in Gruppe 1 (p_{1i}) und in Gruppe 2 (p_{2i}) und verwendet als Prüfgröße D die ihrem Betrag nach größte Differenz (zweiseitiger Test).

$$D = \max |D_i| = \max |p_{1i} - p_{2i}| \tag{4.11}$$

Die zufallskritische Bewertung von D erfolgt wiederum über Tafel K ($N_1 = N_2$) oder über Tafel L ($N_1 \neq N_2$). Für größere Stichproben verwenden wir den asymptotischen Test (Gl. 4.9).

Hat man die begründete Vermutung, daß die Überlebensraten in Gruppe 1 über alle Zeitintervalle hinweg größer sind als in Gruppe 2, läßt sich auch ein einseitiger Test rechtfertigen. In diesem Falle ist die Prüfgröße D′ als die größte positive Differenz $\max (p_{1i} - p_{2i})$ definiert.

Das folgende Beispiel (in Anlehnung an Walter, 1975, S. 100) verdeutlicht das Vorgehen:

Beispiel 4.6. Überlebenskurven bei Nephrose

Problem. Es soll überprüft werden, ob sich die Überlebenskurven von 2 Patientengruppen, die an nephrotischem Syndrom erkrankten, unterscheiden. Für die Gruppe 1 wurde eine chronische Glomerulonephritis mit Hypertonie diagnostiziert und für Gruppe 2 eine Amyloidniere.

Versuchsplan. Gruppe 1 bestand zu Beginn der Untersuchung aus $N_{10} = 142$ Patienten und Gruppe 2 aus $N_{20} = 32$ Patienten. In den darauffolgenden Jahren wurden pro Jahr ($i = 1, \ldots, 10$) und pro Gruppe die Häufigkeiten der überlebenden Patienten N_{1i} und N_{2i} registriert (vgl. Tabelle 4.9).

Nullhypothese. Die Überlebenskurven der beiden Gruppen unterscheiden sich nicht.

Alternativhypothese. Die Überlebenskurven der beiden Gruppen sind unterschiedlich (*ungerichtete* Alternativhypothese).

Signifikanzniveau. Es wird $\alpha = 0{,}05$ gewählt.

Testwahl. Da über die Art der möglichen Kurvenunterschiede keine Aussage gemacht wurde, wählen wir zur Hypothesenprüfung den *KSO-Test*.

Testanwendung. Wir errechnen zunächst die Überlebensraten p_{1i} und p_{2i} (vgl. Tabelle 4.9).

Die Überlebenskurven sind in Abb. 4.1 (S. 213) grafisch veranschaulicht.

In der Spalte D_i der Tabelle 4.9 sind die Differenzen $|p_{1i} - p_{2i}|$ eingetragen. Die größte Differenz wird im 2. Jahr registriert ($D_2 = |0{,}72 - 0{,}53| = 0{,}19$), d.h. wir setzen $D = 0{,}19$.

Da die Stichprobenumfänge $N_1 = 142$ und $N_2 = 32$ in Tafel L nicht mehr aufgeführt sind, testen wir asymptotisch über Gl. 4.9 unter Verwendung des asymptotischen Wertes in Tafel L.

$$D_{0{,}05} = 1{,}36 \cdot \sqrt{\frac{142 + 32}{142 \cdot 32}} = 0{,}27$$

Entscheidung. Der empirische D-Wert ($D = 0{,}19$) ist kleiner als der kritische Wert ($D_{0{,}05} = 0{,}27$), d.h. die H_0 ist beizubehalten.

Interpretation. Die beiden Überlebenskurven unterscheiden sich nicht. Die Kurvenunterschiede können auf stichprobenbedingte Zufälle zurückgeführt werden.

Einseitiger Test. Hätte man vor der Datenerhebung die Hypothese formuliert, daß die Überlebensraten in Gruppe 1 oberhalb der Überlebensraten in Gruppe 2 liegen (H_1: $p_{1i} > p_{2i}$), wäre ein einseitiger Test gerechtfertigt. Für den asymptotischen einseitigen Test mit $\alpha = 0,05$ errechnet man gemäß Tafel L bzw. Gl. 4.9:

$$D_{0,05} = 1,22 \cdot \sqrt{\frac{142 + 32}{142 \cdot 32}} = 0,24$$

Auch der einseitige Test führt also zu einem nichtsignifikanten Ergebnis ($0,19 < 0,24$).

Hinweis

Wie man vorgeht, wenn Patienten aus den Beobachtungsstichproben ausscheiden, indem sie (auf Wunsch) verlegt oder vorzeitig entlassen werden, ohne daß das Event-Kriterium (Tod, Genesung) erreicht worden ist, lese man in Textbüchern der medizinischen Statistik (z. B. Walter, 1975, S. 100) nach.

Tabelle 4.9. Daten für den Vergleich von 2 Überlebenskurven

| Jahr (i) | Gruppe 1 | | Gruppe 2 | | |
	N_{1i}	p_{1i}	N_{2i}	p_{2i}	D_i
0	142	1,00	32	1,00	0,00
1	114	0,80	22	0,69	0,11
2	102	0,72	17	0,53	0,19 = D
3	87	0,61	16	0,50	0,11
4	77	0,54	15	0,47	0,07
5	64	0,45	12	0,38	0,07
6	60	0,42	12	0,38	0,04
7	54	0,38	11	0,34	0,04
8	51	0,36	9	0,28	0,08
9	48	0,34	8	0,25	0,09
10	47	0,33	8	0,25	0,08

4.2
Der Vergleich einer beobachteten Verteilung von Meßwerten mit einer erwarteten Verteilung

Gelegentlich stellt sich die Frage, ob eine Stichprobe von Meßwerten aus einer bekannten und ihren Verteilungsparametern nach genau spezifizierten

Abb. 4.1. Überlebenskurven für 2 Patientengruppen

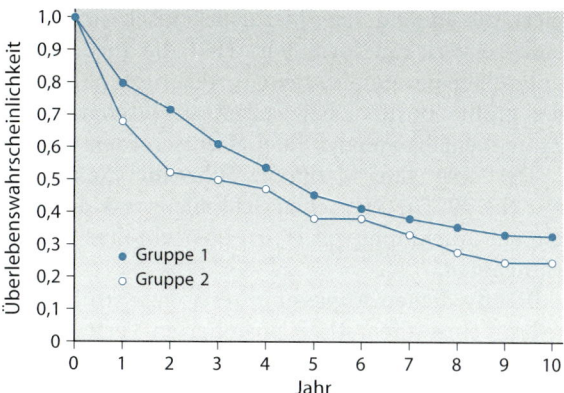

Gesamtheit stammen kann oder nicht. Ein Test für große und gruppierte Stichproben zur Beantwortung dieser Frage ist der *Chi-Quadrat-Anpassungstest* (vgl. Abschn. 2.2.2). Auf sekundär gruppierte Stichproben angewendet, bedeutet der Test jedoch einen Informationsverlust, insbesondere was die Verteilungsäste betrifft, da durch die Gruppierung die Eigenart der Ausläufe verschleiert wird.

Will man Stichproben kleinen und mittleren Umfangs ($N \leq 100$) auf Anpassung an eine bestimmte theoretische Verteilung wie die Normalverteilung, die logarithmische Normalverteilung, die Gleichverteilung etc. prüfen, wählt man besser den in seiner Grundstruktur auf Kolmogoroff (1933) zurückgehenden Kolmogoroff-Smirnov-Anpassungstest (kurz: KSA-Test). Dieser in Abschn. 4.2.1 behandelte Test setzt voraus, daß die Verteilungsparameter der theoretischen Verteilung vorgegeben sind. Werden die Verteilungsparameter jedoch aus der Stichprobe, deren Anpassung man überprüfen möchte, geschätzt, ist als Anpassungstest der in Abschn. 4.2.2 beschriebene KSA-Test mit Lilliefors-Schranken einzusetzen.

4.2.1
Der Kolmogoroff-Smirnov-Anpassungstest (KSA-Test)

Zielsetzung

Der KSA-Test vergleicht die Verteilungsfunktion S(X) einer empirischen Verteilung mit der Verteilungsfunktion F(X) einer bekannten theoretischen Verteilung, die gemäß H_0 der empirischen Verteilung zugrundeliegt.

Durchführung

Wie beim Vergleich zweier empirischer Verteilungen wird auch hier die Prüfgröße D als größte absolute Differenz der beiden Verteilungsfunktionen definiert, die anhand Tafel M zufallskritisch zu bewerten ist. Ist die Alternativhypothese gerichtet formuliert (H_1: die theoretische Verteilungsfunktion liegt unter/über der empirischen Verteilungsfunktion), wählt man als Prüfgröße D' die größte positive bzw. negative Differenz. Über die Annahme dieser H_1 kann ebenfalls anhand Tafel M entschieden werden.

Der über Tafel M durchzuführende exakte Test gilt nur für Stichproben mit $N \leq 40$. Die kritischen Schwellenwerte des asymptotischen Tests ($N > 40$), die bei Ablehnung von H_0 zu überschreiten sind, kann man ebenfalls Tafel M entnehmen.

Häufig dienen Anpassungstests dazu, zu belegen, daß eine empirische Verteilung einer theoretisch postulierten Verteilung entspricht (z. B. für die Annahme, daß eine empirische Verteilung nur zufällig von einer Normalverteilung abweicht, um parametrisch auswerten zu können). In diesem Falle will man also die H_0 beibehalten, was nur unter Inkaufnahme einer geringen β-Fehlerwahrscheinlichkeit geschehen sollte. Da jedoch die β-Fehlerwahrscheinlichkeit bei Beibehaltung von H_0 nur bestimmt werden kann, wenn gegen eine spezifische H_1 getestet wird (die bei Anpassungstests sehr selten formuliert werden kann), ist man darauf angewiesen, die β-Fehlerwahrscheinlichkeit durch ein hohes α-Fehlerniveau (z. B. $\alpha = 0,20$) niedrig zu halten. Eine in diesem Zusammenhang typische Fragestellung wird im folgenden Beispiel behandelt.

Beispiel 4.7. Verteilung von Anatomietestwerten

Problem. Ein Anatomietest wurde an einer repräsentativen Eichstichprobe von Studenten der Humanmedizin normiert. Die Testwerte sind normalverteilt mit $\mu = 5$ und $\sigma = 2$. Es wird gefragt, ob die Normen auch für Studenten der Veterinärmedizin gültig oder ob für diese Studenten spezifische Normen erforderlich sind. Zur Beantwortung dieser Frage läßt man den Test von 10 zufällig ausgewählten Studenten der Veterinärmedizin durchführen.

Nullhypothese. Die Testwerte von Studenten der Veterinärmedizin sind genauso verteilt wie die Testwerte von Studenten der Humanmedizin.

Alternativhypothese. Die Testwerte von Studenten der Veterinärmedizin sind anders verteilt als die Testwerte von Studenten der Humanmedizin (*ungerichtete* Alternativhypothese).

Signifikanzniveau. Da wir daran interessiert sind, H_0 beizubehalten (in diesem Falle wären die bereits vorliegenden Testnormen auch auf Studenten der Veterinärmedizin anzuwenden, d. h. man könnte sich den Aufwand einer speziellen Normierung für Studenten der Veterinärmedizin ersparen), erschweren wir die Beibehaltung von H_0, indem wir $\alpha = 0,20$ setzen. Damit wird die Wahrscheinlichkeit, H_0 irrtümlicherweise beizubehalten, also die β-Fehlerwahrscheinlichkeit, niedriger gehalten als mit den konventionellen Signifikanzgrenzen.

Testwahl. Da die Anpassung einer aus wenigen Meßwerten bestehenden Verteilung an eine vorgegebene Normalverteilung überprüft werden soll, kommt als Anpassungstest nur der *KSA-Test* in Betracht.

Testanwendung. Tabelle 4.10 zeigt in der Spalte x_i die nach ihrer Größe geordneten Testwerte.

Wir vereinfachen uns den Vergleich der empirischen Verteilung mit der Normalverteilung mit $\mu = 5$ und $\sigma = 2$, indem wir die ursprünglichen Meßwerte x_i nach der Beziehung $z_i = (x_i - \mu)/\sigma$ in z_i-Werte transformieren, deren Verteilungsfunktion mit der Verteilungsfunktion der Standardnormalverteilung verglichen wird. Die Verteilungsfunktion von $S(z_i)$ entspricht wegen der linear transformierten x_i-Werte natürlich der Verteilungsfunktion $S(x_i)$. Die theoretische Verteilungsfunktion $F(u_i = z_i)$ entnehmen wir Tafel A. Die Verteilungsfunktion hat an der Stelle u_i einen Wert, der der Fläche von $-\infty$ bis u_i entspricht. [Beispiel: Zwischen $-\infty$ und $u_i = z_i = -0,50$ befinden sich 31% der Fläche der Standardnormalverteilung, d. h. $F(z_i = -0,50) = 0,31$]. Wie Spalte D_i zeigt, weichen die Verteilungsfunktionen mit $D = 0,33$ an der Stelle $x_i = 5,9$ (bzw. $z_i = 0,45$) am stärksten voneinander ab. Tafel M entnehmen wir für $N = 10$, $\alpha = 0,2$ und zweiseitigem Test den kritischen Wert von 0,323.

Entscheidung. Da $0,33 > 0,323$ ist, wird die H_0 verworfen.

Interpretation. Die Verteilung der Testwerte der 10 Studenten der Veterinärmedizin weicht bedeutsam von der theoretisch erwarteten Normalverteilung mit $\mu = 5$ und $\sigma = 2$ ab. Da die Verteilungsfunktionen an den Extremen am meisten divergieren, unterscheidet sich die Streuung der empirischen Verteilung offenbar von der Streuung der theoretischen Verteilung. Sie ist bei Veterinärmedizinern mit $s = 0,68$ deutlich kleiner als die Streuung in der Population der Humanmediziner ($\sigma = 2$). Da die Mittelwerte identisch sind ($\bar{x} = \mu = 5$), liegt der Hauptgrund für die Ablehnung von H_0 in Streuungsunterschieden.

Anmerkung. Das Ergebnis des KSA-Tests darf nicht dahin mißverstanden werden, daß die 10 Testwerte in keinem Falle aus einer normalverteilten Population stammen. Es wurde lediglich nachgewiesen, daß die Stichprobenwerte nicht aus einer normalverteilten Grundgesamtheit mit $\mu = 5$ und $\sigma = 2$ stammen. Die grundsätzliche Frage nach der Normalverteilung als Referenzpopulation werden wir in Abschn. 4.2.2 beantworten.

Tabelle 4.10. Daten für einen KSA-Test

x_i	z_i	$S(z_i)$	$F(z_i)$	D_i
4,0	−0,50	0,1	0,31	−0,21
4,1	−0,45	0,2	0,33	−0,13
4,3	−0,35	0,3	0,36	−0,06
4,7	−0,15	0,4	0,44	−0,04
4,9	−0,05	0,5	0,48	0,02
5,1	0,05	0,6	0,52	0,08
5,5	0,25	0,7	0,60	0,10
5,6	0,30	0,8	0,62	0,18
5,9	0,45	0,9	0,67	0,23
5,9	0,45	1,0	0,67	*0,33*

Hinweis

Zur Überprüfung einer empirischen Verteilung auf *Gleichverteilung* mittels KSA-Test (z. B. H_0: Die Häufigkeit des Auftretens von Schlaganfällen ist über den 24-Stunden-Tag hinweg gleich verteilt) ist folgendes anzumerken: Die theoretische Verteilungsfunktion ergibt sich bei k Intervallen einfach zu 1/k, 2/k, 3/k, . . . k/k (z. B. bei 6 gleich großen Tagesabschnitten von je 4 Stunden zu 1/6, 2/6, . . . 6/6). Dieser theoretischen Verteilungsfunktion wird die empirische Verteilungsfunktion mit den kumulierten relativen Häufigkeiten gegenübergestellt. Prüfgröße ist wiederum die größte Differenz D, die anhand Tafel M zufallskritisch zu bewerten ist.

Der Vergleich einer empirischen Verteilung mit einer *Poisson-Verteilung* (z. B. Anzahl der Unfallopfer in einem kleinen Krankenhaus an aufeinanderfolgenden Tagen) wird z. B. bei Bland (1996, S. 244) beschrieben.

4.2.2
Der KSA-Test mit Lilliefors-Schranken

Zielsetzung

Der im letzten Abschnitt beschriebene KSA-Test ist nur zur Prüfung einer sog. einfachen Nullhypothese der Anpassung geeignet, wobei die theoretische Verteilung F(X) von vornherein sowohl hinsichtlich ihrer analytischen Form als auch ihrer Parameter vollständig bekannt sein muß. Schätzt man die Parameter der theoretischen Verteilung aus der auf Anpassung zu beurteilenden Stichprobe, handelt es sich um eine sog. zusammengesetzte Nullhypothese. Für die Überprüfung dieser zusammengesetzten Nullhypothese empfiehlt es sich, den KSA-Test mit Lilliefors-Schranken einzusetzen.

Durchführung

Für den speziellen Fall der Überprüfung einer empirischen Verteilung auf Normalverteilung mit den durch die Stichprobenkennwerte $\bar{x}$ und s geschätzten Parameter μ und σ hat Lilliefors (1967) Schrankenwerte bestimmt, die in Tafel N aufgeführt sind und die die in Tafel M genannten zweiseitigen KSA-Schranken zur Überprüfung einer einfachen Nullhypothese ersetzen. Die Testdurchführung entspricht damit der des KSA-Tests mit dem Unterschied, daß die kritischen Werte nicht Tafel M, sondern Tafel N zu entnehmen sind. Tafel N enthält ebenfalls die Schrankenwerte des asymptotischen Tests (N > 30).

Datenrückgriff. Zur Anwendung dieser Tafel greifen wir noch einmal Beispiel 4.7 (Verteilung von Anatomietestwerten) auf.

Beispiel 4.7 (Fortsetzung)

Problem. Ausgehend von den in Tabelle 4.10 genannten x-Werten errechnen wir $\bar{x} = 5$ und $s = 0{,}68$, d. h. wir überprüfen die H_0, daß die empirische Verteilung aus einer Normalverteilung mit $\mu = 5$ und $\sigma = 0{,}68$ stammt.

Testanwendung. Tabelle 4.11 zeigt die gemäß $z_i = (x_i - \bar{x})/s$ transformierten Werte sowie deren Verteilungsfunktion $S(z_i)$.
  Dieser empirischen Verteilungsfunktion wird die theoretische Verteilungsfunktion $F(u_i = z_i)$ der Standardnormalverteilung gegenübergestellt, die Tafel A zu entnehmen ist (Flächenanteile zwischen $-\infty$ und $u_i = z_i$). In Spalte D_i der Tabelle 4.11 mit den Differenzen $S(z_i) - F(z_i)$ finden wir die Prüfgröße $D = 0{,}15$ (größter Absolutbetrag aller Differenzen), die mit dem für $N = 10$ und $\alpha = 0{,}2$ in Tafel N ausgewiesenen kritischen Wert von $0{,}215$ zu vergleichen ist. Da der KSA-Test mit Lilliefors-Schranken üblicherweise zur Überprüfung der Normalverteilungsvoraussetzung eingesetzt wird, bei der man an der Beibehaltung von H_0 interessiert ist, setzen wir auch hier $\alpha = 0{,}2$.

Entscheidung. Wir stellen fest, daß der empirische Wert den kritischen Wert nicht überschreitet und können deshalb H_0 beibehalten.

Interpretation. Die Nullhypothese, nach der die Referenzpopulation der 10 Testwerte mit $\mu = 5$ und $\sigma = 0{,}68$ normalverteilt ist, kann nicht verworfen werden.

Tabelle 4.11. Daten für einen KSA-Test mit Lilliefors-Schranken

z_i	$S(z_i)$	$F(z_i)$	D_i
−1,47	0,1	0,07	0,03
−1,32	0,2	0,09	0,11
−1,03	0,3	0,15	*0,15*
−0,44	0,4	0,33	0,07
−0,15	0,5	0,44	0,06
0,15	0,6	0,56	0,04
0,73	0,7	0,77	−0,07
0,88	0,8	0,81	−0,01
1,32	0,9	0,91	−0,01
1,32	1,0	0,91	0,09

Vergleich von KSA-Test und Chi-Quadrat-Anpassungstest

Mit dem KSA-Test und dem *Chi-Quadrat-Anpassungstest* (Goodness of Fit; vgl. Abschn. 2.2.2) haben wir 2 Anpassungstests kennengelernt, deren Vor- und Nachteile im folgenden summarisch skizziert werden:

Vor- und Nachteile zweier Anpassungstests im Vergleich

- Der χ^2-Test kann als asymptotischer Test nur auf große Stichproben angewendet werden. Der KSA-Test eignet sich als exakter Test besonders für kleinere Stichproben.
- Der KSA-Test kann im Unterschied zum χ^2-Test, der grundsätzlich zweiseitig einzusetzen ist, auch einseitig verwendet werden.
- Der χ^2-Test operiert mit gruppierten Meßwerten, was einerseits Informationsverlust und andererseits Willkür bei der Festlegung der Klassengrenzen impliziert. Im Unterschied dazu verwendet die KSA-Statistik sämtliche Einzeldaten.
- Der KSA-Test erfordert weniger Rechenaufwand als der χ^2-Test.
- Der KSA-Test mit Lilliefors-Schranken hat für nichtnormalverteilte Populationen eine höhere Teststärke als der χ^2-Test.
- Der KSA-Test unterstellt stetige Verteilungen, während der χ^2-Test mit Vorteil auf diskrete Verteilungen anzuwenden ist. In diesem Falle entscheidet der KSA-Test konservativ.

---

5 Zusammenhangsmaße und deren Tests

Werden 2 Merkmale an jedem Individuum einer Stichprobe erhoben, besteht die Möglichkeit festzustellen, ob die beiden Merkmale über die Identität der Merkmalsträger zusammenhängen (korreliert sind) und ob dieser Zusammenhang (die Korrelation) statistisch signifikant ist. Der Begriff des Zusammenhangs bzw. der *Korrelation* wird hier sehr allgemein verwendet. Er umfaßt

- die Korrelation zweier kardinalskalierter Merkmale (*linearer* Zusammenhang),
- die Korrelation zweier ordinalskalierter Merkmale (*monotoner* Zusammenhang) oder auch
- die Korrelation zweier nominalskalierter Merkmale (*atoner* Zusammenhang).

Auf die Behandlung der parametrischen Produkt-Moment-Korrelation zur Messung des linearen Zusammenhangs zweier kardinalskalierter Merkmale wird hier verzichtet (vgl. dazu z. B. Bortz, 1993, Kap. 6.2). Wir untersuchen in Abschn. 5.1 atone Zusammenhänge zwischen nominalskalierten bzw. kategorialen Merkmalen und in Abschn. 5.2 monotone Zusammenhänge (Rangkorrelationen) für ordinalskalierte Merkmale.

Interpretativ ist zu beachten, daß Korrelationsaussagen keine Kausalaussagen sind. Korrelationen sind Maßzahlen für die Enge des Kovariierens zweier Merkmale und sagen nichts darüber aus, ob z. B. ein Merkmal X von einem anderen Merkmal Y kausal abhängt, ob Y das Merkmal X bedingt, ob sich die beiden Merkmale wechselseitig beeinflussen, ob ein drittes Merkmal Z für den Zusammenhang von X und Y verantwortlich ist etc. Der empirische Kausalitätsnachweis ist ein forschungslogisches Problem, das im Kontext der internen Validität von empirischen Untersuchungen diskutiert wird (vgl. z. B. Bortz & Döring, 1995, Kap. 1.1.3 und 8.2.3).

5.1
Zusammenhangsmaße für Häufigkeitsdaten

Haben wir an einer Stichprobe von Individuen gleichzeitig 2 Merkmale betrachtet, von denen jedes einzeln nur qualitativ bewertet werden kann, so können die Individuen nach Maßgabe ihrer Merkmalsausprägungen auf beiden Merkmalen in eine sog. *Kontingenztafel* eingetragen werden. Die Häufigkeiten in dieser Kontingenztafel konstituieren das Ausgangsmaterial für die Bestimmung des atonen Zusammenhangs oder kurz: der *Kontingenz* der geprüften Merkmale. Man beachte, daß die Merkmale echt nominalskaliert sein können wie z. B. „männlich-weiblich", sie können ordinalskaliert sein wie „ohne und mit Immunität" und sie können schließlich sogar kardinalskaliert sein, wenn beispielsweise Zusammenhänge mit der in Kategorien eingeteilten Altersvariablen interessieren (jugendlich-erwachsen).

Analysen dieser Art haben wir im Prinzip schon in den Abschn. 2.3 und 2.4 kennengelernt. Hier wurde mittels χ^2-Technik festgestellt, ob sich 2 oder mehrere unabhängige Stichproben bezüglich eines nominalskalierten bzw. kategorisierten Merkmals unterscheiden. Für die Beschreibung der Enge eines Zusammenhangs ist die χ^2-Prüfgröße jedoch nur bedingt geeignet, denn ihr numerischer Wert hängt nicht nur von der Enge des Zusammenhangs, sondern vielmehr noch davon ab, ob die Stichprobe groß oder klein ist.

Wir behandeln in Abschn. 5.1.1 den auf Vierfeldertafeln bezogenen *Phi-Koeffizienten* von Pearson (1904) und in Abschn. 5.1.2 weitere aus Vierfeldertafeln abgeleitete Koeffizienten, die für die medizinische Forschung von besonderer Bedeutung sind. Abschn. 5.1.3 befaßt sich mit *Cramérs Index* (CI) für k × 2- und k × m-Tafeln und Abschn. 5.1.4 schließlich mit dem ebenfalls auf k × m-Tafeln bezogenen Kontingenzkoeffizienten (Pearson, 1904).

5.1.1
Der Phi-Koeffizient

Zielsetzung

> Mit dem Phi (ϕ)-Koeffizienten ermitteln wir die Höhe der Kontingenz zwischen 2 2fach gestuften Merkmalen (z. B. Symptom vorhanden/nicht vorhanden bei behandelten/nichtbehandelten Patienten). Der Signifikanztest von Phi überprüft die Nullhypothese der stochastischen Unabhängigkeit beider Merkmale. Die Alternativhypothese kann gerichtet (z. B. Symptom tritt bei nichtbehandelten Patienten mit höherer Wahrscheinlichkeit auf als bei behandelten Patienten) oder ungerichtet formuliert werden (z. B. Symptom tritt bei behandelten oder nichtbehandelten Patienten mit höherer Wahrscheinlichkeit auf).

Durchführung

Hat man über Gl. 2.15 ein Vierfelder-χ^2 berechnet, führt folgende Transformation zum Phi-Koeffizienten:

$$\phi = \sqrt{\frac{\chi^2}{N}} \tag{5.1}$$

Das Vorzeichen von Phi ist bedeutungslos, wenn die untersuchten Merkmale natürlich dichotom sind (z. B. männlich vs. weiblich und Rh+ vs. Rh− als Blutgruppe). Lediglich bei künstlich dichotomen Merkmalen, bei denen die Kategorien ordinale Informationen im Sinne einer Größer-Kleiner-Relation enthalten, gibt das Vorzeichen von Phi die Richtung des Zusammenhangs an. Einen negativen Zusammenhang würden wir beispielsweise für die Merkmale „Dosierung eines Schmerzmittels" (einfache oder doppelte therapeutische Dosis) und Schmerzempfindung (gering/stark) erwarten. Bei der doppelten Dosis sollte die Schmerzempfindung stärker abnehmen als bei der einfachen Dosis des Analgetikums.

Auch kardinale Informationen können künstlich dichotomisiert werden, etwa indem man die Blutdruckwerte behandelter und unbehandelter Patienten zusammenwirft und sie in hohe und niedrige Werte unterteilt, z. B. nach ihrem Gesamtmedian. Statt des Medians kann man sie auch nach einem Grenzwert in „noch normale" und „überhöhte" Werte unterteilen, wobei man den höchsten noch normalen Wert als klinischen *Cut-off-Wert* definiert.

Der Phi-Koeffizient ist statistisch signifikant, wenn der dazugehörende χ^2-Wert signifikant ist, d. h. wir verwenden Tafel B zur Durchführung des ein- oder zweiseitigen Signifikanztests. Wurde ein exakter Vierfelder-Kontingenztest (vgl. Abschn. 2.3.1) durchgeführt und eine Überschreitungswahrscheinlichkeit P ermittelt, so kann man das zu P gehörende u_p in Tafel A aufsuchen und Phi durch $\phi = u_P / \sqrt{N}$ bestimmen. Natürlich läßt sich Phi auch über Gl. 5.1 ermitteln, wenn man zuvor den χ^2-Wert der Vierfeldertafel errechnet hat.

Beispiel 5.1. Händigkeit und Legasthenie

Problem. Wir wollen feststellen, ob zwischen Händigkeit (Links-Beidhändigkeit/Rechtshändigkeit) und Legasthenie (vorhanden/fehlend) ein Zusammenhang besteht.

Nullhypothese. Zwischen den genannten Merkmalen besteht kein Zusammenhang.

Alternativhypothese. Die Alternativhypothese wird *gerichtet* formuliert; wir erwarten, daß die Wahrscheinlichkeit für Legasthenie bei Links- oder Beidhändern größer ist als bei Rechtshändern.

Signifikanzniveau. Wir wählen $\alpha = 0,01$.

Testwahl. Da der Zusammenhang zwischen zwei 2fach gestuften Merkmalen zu bestimmen ist, wird ein Phi-Koeffizient berechnet. Dementsprechend überprüfen wir die Signifikanz von Phi anhand des Vierfelder-χ^2-Werts.

Daten. Eine Untersuchung von $N = 110$ Grundschülern liefert die in Tabelle 5.1 dargestellte Vierfeldertafel.

Testanwendung. Über Gl. 2.15 errechnen wir

$$\chi^2 = \frac{110 \cdot (14 \cdot 72 - 17 \cdot 7)^2}{21 \cdot 89 \cdot 31 \cdot 79} = 18,99$$

Hieraus ergibt sich nach Gl. 5.1

$$\phi = \sqrt{\frac{18,99}{110}} = 0,42$$

Da wir Rechts- bzw. Linkshändigkeit als natürlich dichotomes Merkmal betrachten, bleibt das Vorzeichen des Zusammenhangs unberücksichtigt.

Entscheidung. Tafel B des Anhangs entnehmen wir für $\alpha = 0,01$ bei einseitigem Test einen kritischen χ^2-Wert von 5,41. Der χ^2-Wert ist erheblich größer (18,99 > 5,41), d. h. die H_0 wird verworfen.

Interpretation. Zwischen Legasthenie und Händigkeit besteht ein Zusammenhang. Tabelle 5.1 entnehmen wir, daß Legasthenie erwartungsgemäß bei Links-/Beidhändern mit einer größeren (geschätzten) Wahrscheinlichkeit auftritt als bei Rechtshändern (14/31 = 0,45 vs. 7/79 = 0,09).

Tabelle 5.1. Vierfeldertafel zur Ermittlung eines Phi-Koeffizienten

	Legasthenie		
	vorhanden	nicht vorhanden	$\sum$
Links-/Beidhändigkeit	14	17	31
Rechtshändigkeit	7	72	79
$\sum$	21	89	110

Hinweise

Zu beachten ist, daß der Phi-Koeffizient theoretisch nur dann die Grenzwerte von ±1 erreichen kann, wenn die *Randverteilungen* der Vierfeldertafel symmetrisch sind, was zutrifft, wenn die Felderfrequenzen b und c gleich groß sind. (Genauer hierzu vgl. Bortz, Lienert & Boehnke, 1990, S. 327 ff.). Ferner sei darauf hingewiesen, daß der Phi-Koeffizient einer Produkt-Moment-Korrelation entspricht, wenn man die Merkmalskategorien beider Merkmale jeweils mit 0 und 1 kodiert (vgl. Bortz. Lienert & Boehnke, 1990, S. 330 f.).

5.1.2
Weitere Kennwerte für Vierfeldertafeln

Im folgenden behandeln wir einige Kennwerte, die für die klinische Forschung von besonderer Bedeutung sind. Wir unterscheiden hierbei 2 Gruppen von Kennwerten: Kennwerte der 1. Gruppe werden häufig herangezogen, wenn die Qualität bzw. die Tauglichkeit eines diagnostischen Tests zu beschreiben ist und die 2. Gruppe besteht aus Kennwerten, mit denen die Wirksamkeit von 2 Behandlungsmethoden verglichen werden kann. Bei allen Kennwerten handelt es sich um deskriptive Maßzahlen, die nur dann interpretiert werden sollten, wenn der χ^2-Wert der jeweiligen Vierfeldertafel statistisch signifikant ist.

Kennziffern für die Qualität diagnostischer Tests

In den USA ist 1993 ein neuer Labortest (Helferzellenabfall unter 200 µ/l) entwickelt worden, der das Aidsvirus (HIV) früher zu entdecken vorgibt als der bislang bewährte Antikörpernachweis, und zwar so früh, daß auch Aidsinfizierte, die erst später manifest erkranken, bereits als solche entdeckt werden.

Die wichtigste Qualität eines Labortests ist seine sog. *Sensitivität*. Unter Sensitivität versteht man das Ansprechen des Tests auf eine (Infektions)krankheit, die später – man sagt katamnestisch – als solche diagnostiziert wird.

Tabelle 5.2. Vierfeldertafel zur Bestimmung von Kennwerten diagnostischer Tests (aus Bland, 1996)

		Diagnose	
		positiv	negativ
Testergebnis	positiv	4 a	b 5
	negativ	c 1	d 90
		D+ = 5	D− = 95

Wenn man zwischen positivem und negativem Testergebnis sowie zwischen positiver und negativer Krankheitsdiagnose (kurz: Diagnose) unterscheidet und eine Stichprobe krankheitsverdächtiger Patienten solange beobachtet, bis die Diagnose gesichert positiv oder gesichert negativ ist, dann entsteht formaliter eine Vierfeldertafel mit den Testergebnissen als Zeilen und den Diagnoseresultaten als Spalten. Tabelle 5.2 (aus Bland, 1996, Tabelle 15.5) stellt solch eine Vierfeldertafel für eine Stichprobe von N = 100 Patienten dar.

Ein Labortest ist sensitiv, wenn er bei positivem Ausgang auch eine positive Diagnose (Krankheit) anzeigt, wie dies für die a = 4 Patienten in Tabelle 5.2 gilt. Zwecks Normierung definiert man die Sensitivität S eines Tests durch Relation auf die Zahl D+ der Erkrankten.

$$S = \frac{\text{Zahl der Ptn, die test-positiv und diagnose-positiv sind}}{\text{Zahl der diagnose-positiven Ptn}} = \frac{a}{D+} \quad (5.2)$$

Mit S = a/D+ ergibt sich S = 4/5 = 0,8 für Tabelle 5.2. Da S knapp unter seinem Höchstwert von 1,0 liegt, ist der neue Test hoch sensitiv: Wenn er positiv ausfällt, ist mit 80% Wahrscheinlichkeit eine positive HIV-Diagnose katamnestisch zu erwarten.

Ein Test kann trotz hoher Sensitivität dennoch klinisch wenig tauglich sein, wenn er auch bei negativer Diagnose positiv ausfällt, obschon er negativ ausfallen sollte.

> Die Qualität eines Tests, bei negativem Ausfall auch eine negative Diagnose vorauszusagen, heißt *Spezifität*. Sie ist unter Normierungsbedingungen definiert als Anteil der test-negativen und diagnose-negativen Patienten an den diagnose-negativen Patienten.

$$\mathrm{Sp} = \frac{\text{Zahl der Ptn, die test-negativ und diagnose-negativ sind}}{\text{Zahl der diagnose-negativen Ptn}} = \frac{\mathrm{d}}{\mathrm{D}-} \quad (5.3)$$

Mit der Symbolik aus Tabelle 5.2 ist $\mathrm{Sp} = \mathrm{d}/\mathrm{D}-$, woraus sich $\mathrm{Sp} = 90/95 = 0{,}947$ ergibt. In Worten: Wenn der HIV-Test negativ ausgefallen ist, darf man mit 94,7% Wahrscheinlichkeit damit rechnen, daß der Patient auch diagnose-negativ ist, daß also keine HIV-Infektion besteht.

Patienten ohne Aids, die auf den neuen Test positiv reagieren – es sind $\mathrm{b} = 5$ in Tabelle 5.2 – sind Patienten mit *falsch positivem* Testergebnis. Umgekehrt sind die Patienten (hier nur $\mathrm{d} = 1$), die trotz bestehender Aidsinfektion im Test negativ reagiert haben, *falsch negativ* klassifiziert worden.

Kennziffern für den Vergleich zweier Behandlungsmethoden

Will man 2 Behandlungsmethoden bezüglich des Kriteriums „Behandlung erfolgreich/nicht erfolgreich" vergleichend evaluieren, ist zunächst mit dem Vierfelder-χ^2-Test zu überprüfen, ob sich die Behandlungserfolge statistisch bedeutsam unterscheiden (vgl. Abschn. 2.3.2). Erst bei einem signifikanten χ^2-Wert macht es Sinn, die Unterschiede zwischen den Behandlungsmethoden statistisch detaillierter zu untersuchen. Die hierfür zu berechnenden Kennziffern beantworten folgende Fragen (hier und im folgenden gehen wir davon aus, daß eine neue Behandlungsmethode 1 einer älteren Behandlungsmethode 2 überlegen ist):

- Um welchen Faktor ist die *Mißerfolgswahrscheinlichkeit* der Methode 2 gegenüber Methode 1 erhöht (*relatives Risiko*)?
- Wieviel Prozent der nach der alten Methode erfolglos behandelten Patienten können theoretisch mit der neuen Methode erfolgreich behandelt werden (*Mißerfolgsreduktion*)?
- Um welchen Faktor ist die Wirksamkeit der neuen Methode der Wirksamkeit der alten Methode überlegen oder unterlegen, wobei der alten Methode eine Wirksamkeit von 1 zugeschrieben wird (*Kreuzproduktquotient* oder „*Odd Ratio*")?

Wie die Kennwerte „relatives Risiko", „Mißerfolgsreduktion" und „Odd Ratio" berechnet werden, verdeutlichen die folgenden Ausführungen:

Für alle 3 Kennziffern benötigen wir die *Erfolgswahrscheinlichkeit* (P) der Methoden, die man – unter Verwendung der Vierfeldersymbolik (vgl. Tabelle 5.3 auf S. 228) – wie folgt bestimmt:

- für die neue Methode 1:

$$P_1 = \frac{a}{a+c} \quad (5.4)$$

- für die alte Methode 2:

$$P_2 = \frac{b}{b+d} \quad (5.5)$$

Das relative Risiko (rR) ergibt sich mit diesen Werten nach der Beziehung:

$$rR = \frac{1 - P_2}{1 - P_1} \ ,\tag{5.6}$$

wobei der Zähler das absolute Mißerfolgsrisiko der alten und der Nenner dasjenige der neuen Methode bezeichnet.

Für die Mißerfolgsreduktion (f; auch relative Erfolgsdifferenz genannt) errechnet man

$$f = \frac{P_1 - P_2}{1 - P_2}\tag{5.7}$$

Dem Zähler von Gl. 5.7 ist zu entnehmen, um wieviel Prozent die neue Methode der alten überlegen ist (P_1–P_2). Diese Differenz wird am Anteil derjenigen relativiert, die mit der alten Methode nicht erfolgreich behandelt werden konnten (1–P_2). Es resultiert damit ein Wert f, dem zu entnehmen ist, um wieviel Prozent die Mißerfolge bei Methode 2 durch die Anwendung von Methode 1 reduziert werden.

Löst man Gl. 5.7 nach P_1 auf, ergibt sich

$$P_1 = f \cdot (1 - P_2) + P_2\tag{5.8}$$

Diese Gleichung kann man verwenden, wenn man erfahren will, wie hoch die Erfolgswahrscheinlichkeit P_1 einer neuen (noch nicht geprüften) Methode sein muß, wenn sie – über die Erfolgswahrscheinlichkeit der alten Methode P_2 hinausgehend – zusätzlich bei f% der Mißerfolge der alten Methode erfolgreich sein soll. Beispiel 5.2 wird diesen Ansatz numerisch verdeutlichen.

Nun zum letzten Kennwert, dem „Odd Ratio" (OR). Hier wird zunächst die Erfolgswahrscheinlichkeit an der Mißerfolgswahrscheinlichkeit relativiert. Geht man von der Normierungshypothese aus, wonach die alte Methode 2 bei der Hälfte der Patienten wirkt und bei der anderen nicht, so erhält man $P_2/(1$–$P_2) = 0,5/0,5 = 1$ als Quotient von Erfolgs- zu Mißerfolgsquote.

Bei der neuen und wirksameren Methode 1 mit z. B. $P_1 = 0,75$ oder 75% erfolgreich behandelter Patienten ergibt sich ein Erfolgsmaß von $P_1/(1$–$P_1) = 0,75/0,25 = 3$. Methode 1 ist demnach 3mal so wirksam wie Methode 2 (als Standardmethode).

Diese Überlegungen führen zum „Odd Ratio" (OR), bei dem die Erfolgs-Mißerfolgsquoten zweier Behandlungsmethoden ins Verhältnis gesetzt werden.

$$OR = \frac{P_1}{1 - P_1} \bigg/ \frac{P_2}{1 - P_2} = \frac{P_1 \cdot (1 - P_2)}{P_2 \cdot (1 - P_1)}\tag{5.9}$$

Unter Verwendung der Symbole einer Vierfeldertafel kann OR auch wie folgt berechnet werden:

$$OR = \frac{a \cdot d}{b \cdot c}\tag{5.10}$$

Interpretativ entspricht OR einem Faktor, um den die Wirksamkeit der Methode 1 der Wirksamkeit der Methode 2 überlegen ist.

Gl. 5.10 verdeutlicht, daß OR nicht definiert ist, wenn b und/oder c Null sind. Für diesen Fall kann man ein korrigiertes OR' wie folgt definieren:

$$OR' = \frac{(a + 0,5) \cdot (d + 0,5)}{(b + 0,5) \cdot (c + 0,5)} \tag{5.11}$$

Alle Vierfelderhäufigkeiten werden also um 0,5 erhöht. Diese auf Plackett (1974, S. 40) zurückgehende Korrektur bezeichnet man auch als *Delta-Option* (vgl. auch Clogg u. Eliason, 1988). Via Delta-Option erhöht sich der Gesamtstichprobenumfang der Vierfeldertafel von N auf N + 2.

Beispiel 5.2. 2 Behandlungsmethoden im Vergleich

Problem. Eine neue Behandlungsmethode 1 soll mit einer älteren Behandlungsmethode 2 hinsichtlich der Kriterien „Erfolg" (+) bzw. „Mißerfolg" (–) verglichen werden. Wir erwarten, daß die neue Methode der alten überlegen ist. Angenommen, $N_1 = 100$ Patienten mit Sonnenallergie wurden nach der neuen und $N_2 = 150$ Patienten nach der alten Methode (Histaminblockade) behandelt. Tabelle 5.3 zeigt, wie sich die mit den Methoden erzielten Erfolge/Mißerfolge verteilen.

Testwahl. Mit dem Vierfelder-χ^2-Test (Gl. 2.15) überprüfen wir zunächst, ob die neue Methode 1 eine signifikant höhere Erfolgsrate aufweist als die alte Methode. Dies ist mit $\chi^2 = 11,03$ der Fall ($\chi^2_{crit} = 10,83$ für $\alpha = 0,005$, Fg = 1 und einseitigen Test). Wie sich die höhere Erfolgsrate im einzelnen manifestiert, wird nun anhand der oben beschriebenen Kennziffern genauer untersucht.

Berechnung und Interpretation der Kennziffern. Die *Erfolgswahrscheinlichkeiten* ergeben sich nach Gl. 5.4 und 5.5 zu

$$P_1 = \frac{80}{100} = 0,8 \; ; \quad P_2 = \frac{90}{150} = 0,6$$

Unsere Erwartung unter H_1 ($P_1 > P_2$) wird somit gegenüber H_0 ($P_1 = P_2$) bekräftigt.

Interessiert das *relative Risiko*, mit der alten Behandlung 2 relativ zur Behandlung 1 einen Mißerfolg zu erzielen, so berechnet man rR nach Gl. 5.6 und erhält

$$rR = \frac{1 - 0,6}{1 - 0,8} = 2,0$$

Die Wahrscheinlichkeit (bzw. das Risiko) einer erfolglosen Behandlung ist also bei Methode 2 doppelt so hoch wie bei Methode 1.

Interessiert den Kliniker, um wieviel Prozent er das *Mißerfolgsrisiko* vermindert, wenn er die neue Methode 1 statt der alten Methode 2 einsetzt, so rechnet er nach Gl. 5.7 und erhält

$$f = \frac{0{,}8 - 0{,}6}{1 - 0{,}6} = 0{,}5$$

Die Mißerfolge der älteren Methode werden also um 50% durch Anwendung der neuen Methode reduziert.

Sollte die neue Methode in höherem Maße nebenwirkungsbehaftet sein als die alte, so wird der Kliniker die neue Methode nur dann anstelle der alten (und bislang bewährten) einsetzen, wenn sie in einem beträchtlichen Maße über die Erfolgsquote der alten Methode hinausgeht. Sollen etwa mindestens 80% der mit der alten Methode erfolglos behandelten Patienten mit der neuen Methode erfolgreich behandelt werden, dann wäre mit f = 0,8 für die neue Methode eine Erfolgsquote zu fordern, die sich nach Gl. 5.8 ergibt:

$$P_1 = 0{,}8 \cdot (1 - 0{,}6) + 0{,}6 = 0{,}92$$

Die Erfolgswahrscheinlichkeit der neuen Methode müßte in diesem Falle also 92% betragen, was einer hohen, ja vielleicht zu hohen Wirksamkeitsanforderung an die neue Methode entspricht und möglicherweise kaum zu verwirklichen ist.

Schließlich ermitteln wir noch den *„Odd-Ratio"-Wert*. Er beträgt nach Gl. 5.9

$$OR = \frac{0{,}8 \cdot (1 - 0{,}6)}{0{,}6 \cdot (1 - 0{,}8)} = 2{,}67$$

Derselbe Wert ergibt sich auch über Gl. 5.10:

$$OR = \frac{80 \cdot 60}{90 \cdot 20} = 2{,}67$$

Die neue Methode der Sonnenallergiebehandlung ist also mehr als doppelt so wirksam wie die alte Methode (genau: um das 2,67-fache wirksamer).

Tabelle 5.3. Daten für eine vergleichende Evaluation zweier Behandlungsmethoden

		Methode		
		1	2	$\sum$
Erfolg	+	80 a	90 b	170
	−	c 20	d 60	80
	$\sum$	100	150	N = 250

5.1.3
Cramérs Index CI für k × 2- und k × m-Tafeln

Zielsetzung

Nachdem wir mit dem Phi-Koeffizienten ein Zusammenhangsmaß kennengelernt haben, mit dem die Kontingenz zweier Alternativmerkmale bestimmt werden kann, wollen wir uns nun einer Verallgemeinerung des Phi-Koeffizienten zuwenden: dem CI-Index von Cramér (1946). Mit dem CI-Index ermitteln wir die Kontingenz zwischen einem k-fach und einem m-fach gestuften Merkmal bzw. die Kontingenz einer k × m-Tafel. CI ist – wie auch Phi – mit der parametrischen Produkt-Moment-Korrelation vergleichbar (siehe Bortz, Lienert & Boehnke, 1990, S. 355 ff.).

Durchführung

Zur Berechnung eines CI-Index bestimmt man zunächst den χ^2-Wert der k × m-Tafel (vgl. Abschn. 2.4.3). Der CI-Index ergibt sich dann über folgende Gleichung:

$$CI = \sqrt{\frac{\chi^2}{N \cdot (L-1)}} \tag{5.12}$$

Wir setzen L=k, wenn in der k × m-Tafel k ≤ m ist und L=m für m < k: L=min (k, m). Für k × 2- oder 2 × m-Tafeln vereinfacht sich Gl. 5.12 also zu einem *Phi-Äquivalent* (ϕ'):

$$CI = \phi' = \sqrt{\frac{\chi^2}{N}} \tag{5.13}$$

N ist wie üblich der Umfang der Gesamtstichprobe. Für k × 2- oder 2 × m-Tafeln entspricht die Berechnung von CI also der Berechnung des Phi-Koeffizienten gemäß Gl. 5.1.

CI ist signifikant, wenn der entsprechende k × m-Felder-χ^2-Wert signifikant ist. CI ist positiv definiert, wenn mindestens eines der beiden Merkmale nominalskaliert ist. In diesem Falle hat CI einen Wertebereich von O ≤ CI ≤ 1, was allerdings voraussetzt, daß die Randverteilungen so geartet sind, daß $\chi^2_{max} = N \cdot (L-1)$ zumindest theoretisch möglich ist.

Beispiel 5.3. Medikamentöse Therapie verschiedener rheumatischer Erkrankungen

Problem. Es interessiert die Frage, welche medikamentöse Therapie bei verschiedenen Formen rheumatischer Erkrankungen aus der Sicht betroffener Patienten besonders erfolgreich ist. Es soll herausgefunden werden, ob zwischen der Art der Erkrankung und der „optimalen" Therapie ein Zusammenhang besteht.

Versuchsplan. Bei einer schriftlichen Befragung hatten Rheumapatienten u. a. anzugeben, welches Medikament regelmäßig eingenommen wird bzw. – bei mehreren polypragmatisch verordneten Medikamenten – welches Medikament aus der Sicht des Patienten das wirksamste sei. Die Medikamente wurden anschließend in folgender Weise klassifiziert (pro Patient nur ein Medikament):
- Analgetika,
- nichtsteroidale Antirheumatika (NSAR),
- Glukokortikoide,
- Osteoporosemittel,
- Antibiotika.

Es wurde beschlossen, die Kategorie „sonstige" nicht in die Auswertung einzubeziehen.

Die Art der Erkrankung war ebenfalls im Fragebogen anzugeben. Sie wurde wie folgt klassifiziert:
- rheumatoide Arthritis (RA),
- Psoriasis-Arthritis (PA),
- ankylosierende Spondylitis (AS),
- reaktive Arthritis (reakt. A).

Die Angaben von $N = 691$ Arthritiker konnten nach diesen Vorgaben kategorisiert werden (vgl. Tabelle 5.4 weiter unten).

Nullhypothese. Zwischen den als bestwirksam beurteilten Medikamenten und der Art der Erkrankung besteht kein Zusammenhang.

Alternativhypothese. Es gibt einen Zusammenhang zwischen den Medikamenten und der Art der Erkrankung (*ungerichtete* Alternativhypothese).

Signifikanzniveau. Da ein zufallsbedingter Zusammenhang praktisch ausgeschlossen werden soll, wird $\alpha = 0,001$ sehr niedrig angesetzt, zumal eine große Stichprobe von Rheumatikern befragt werden konnte (und sollte).

Testwahl. Gefragt wird nach dem Zusammenhang eines 5fach und eines 4fach gestuften nominalen Merkmals. Als Zusammenhangsmaß soll der *CI-Koeffizient* berechnet werden.

Testanwendung. Tabelle 5.4 zeigt die Klassifikation der Patienten nach den Merkmalen „Art der Erkrankung" und „Art des Medikamentes". Die in Klammern angegebenen Werte entsprechen den nach Gl. 2.13 ermittelten erwarteten Häufigkeiten. Nach Gl. 2.28 oder der für k × m-Tafel verallgemeinerten Gl. 2.20 ergibt sich $\chi^2 = 163{,}82$. Über Gl. 5.12 ermitteln wir

$$CI = \sqrt{\frac{163{,}82}{691 \cdot (4-1)}} = 0{,}28$$

Entscheidung. Als kritischen χ^2-Wert entnehmen wir Tafel B $\chi^2_{crit} = 32{,}91$ (zweiseitig, Fg = 12, $\alpha = 0{,}001$). Der empirische χ^2-Wert ist erheblich größer, d. h. die H_0 ist zu verwerfen.

Interpretation. Zwischen der primären medikamentösen Therapie und der Art der rheumatischen Erkrankung besteht ein signifikanter Zusammenhang. Der Zusammenhang ist mit CI = 0,28 relativ niedrig, aber dennoch – wegen des großen Stichprobenumfangs – signifikant. Detaillierte Interpretationshinweise würde man durch Einzelvergleiche von Kategorien (vgl. S. 94 ff.) oder auch über den Fuchs-Kenett-Ausreißertest (vgl. Abschn. 2.4.4) erhalten. Hier könnte beispielsweise die Frage interessieren, ob die relativ häufige Verordnung von Antibiotika bei reaktiver Arthritis als überzufällig anzusehen und mit Infektionsprävention zu begründen ist. Der Leser ist eingeladen, anhand von Tabelle 5.4 über eine 5 × 2-Kontingenztafel zu prüfen, ob die k = 5 Medikationen unterschiedlich auf PA (Psoriasis-Arthritis) und AS (Ankylosierende Spondylitis) ansprechen.

Tabelle 5.4. 5 × 4-Tafel zur Berechnung von CI

Art des Medikamentes	Art der Erkrankung				
	RA	PA	AS	reakt. A	$\sum$
Analgetika	32 (37,7)	15 (8,3)	10 (9,4)	5 (6,5)	62
NSAR	321 (299,0)	51 (66,2)	81 (74,8)	39 (52,0)	492
Glukokortikoide	64 (66,9)	23 (14,8)	12 (16,7)	11 (11,6)	110
Osteoporosemittel	2 (4,3)	3 (0,9)	2 (1,1)	0 (0,7)	7
Antibiotika	1 (12,2)	1 (2,7)	0 (3,0)	18 (2,1)	20
$\sum$	420	93	105	73	691

5.1.4
Der Kontingenzkoeffizient

Zielsetzung

Der Kontingenzkoeffizient von Pearson (1904) folgt der gleichen Zielsetzung wie der CI-Index von Cramér, nämlich der Bestimmung des Zusammenhangs zweier kategorialer Merkmale. Der Kontingenzkoeffizient ist das älteste und noch immer am meisten benutzte Maß zur Kennzeichnung der Enge oder Straffheit des Zusammenhangs zweier Merkmale, weshalb er hier behandelt wird, obwohl er von seinen Eigenschaften her (er kann auch bei perfektem Zusammenhang niemals den Wert 1 erreichen; s. unten) dem CI-Index unterlegen ist.

Durchführung

Der Kontingenzkoeffizient (CC) basiert ebenfalls auf dem χ^2-Wert der entsprechenden Kontingenztafel; er ist wie folgt definiert:

$$CC = \sqrt{\frac{\chi^2}{N + \chi^2}} \tag{5.14}$$

Der Kontingenzkoeffizient ist signifikant, wenn der χ^2-Wert der $k \times m$-Tafel signifikant ist. Bei mindestens einem nominalskalierten Merkmal ist CC stets positiv definiert.

Ein Nachteil dieses Maßes besteht darin, daß CC die Grenze +1 für einen perfekten Zusammenhang nicht erreichen kann, da N nicht 0 sein kann. Sein Maximalwert ist durch $CC_{max} = \sqrt{(L-1)/L}$ definiert mit $L = \min(k, m)$.

Vergleichen wir CC mit dem nach Gl. 5.12 errechneten CI-Koeffizienten , ist festzustellen, daß CC und CI identisch sind, wenn $\chi^2 = N \cdot (L-2)$ ist. Für $\chi^2 > N \cdot (L-2)$ gilt CI > CC und für $\chi^2 < N \cdot (L-2)$ gilt CI < CC. Bei großen χ^2-Werten liegt CI also oberhalb und bei kleinen χ^2-Werten unterhalb von CC.

Datenrückgriff. Zur Berechnung eines Kontingenzkoeffizienten greifen wir noch einmal auf Beispiel 5.3 (Medikamentöse Therapie verschiedener rheumatischer Erkrankungen) zurück. Wir hatten $\chi^2 = 163{,}82$ ermittelt, d. h. CC ergibt sich nach Gl. 5.14 zu

$$CC = \sqrt{\frac{163{,}82}{691 + 163{,}82}} = 0{,}44$$

Auch dieser Wert ist wegen des signifikanten χ^2-Werts signifikant. Wir stellen fest, daß der Kontingenzkoeffizient in diesem Beispiel größer als der CI-Koeffizient ist, was wegen $163{,}82 < 691 \cdot (4-2)$ auch zu erwarten war.

Will man heuristisch beurteilen, welche der 5 Behandlungen auf welche der 4 rheumatischen Erkrankungen am besten wirkt, dann bildet man in Tabelle 5.4 für jedes Feld mit f > e die χ^2-Komponente $(f-e)^2/e$. In Tabelle 5.4 ist die Komponente $(18-2,1)^2/2,1 = 120,39$ jene, die am meisten zum Gesamt-χ^2 von 163,82 beiträgt. Also sind Antibiotika für die Behandlung von reaktiven Arthritiden nach dem Urteil der Patienten am besten indiziert, was nur erklärbar ist, wenn diese bakteriell mitbedingt sind.

5.2
Zusammenhangsmaße für Rangdaten

Im Unterschied zu nominalskalierten Merkmalen, für die wir in Abschn. 5.1 Maße zur Beschreibung und Überprüfung atoner Zusammenhänge kennengelernt haben, können für ordinalskalierte Merkmale monotone Zusammenhänge bestimmt werden. Ein *monotoner Zusammenhang* liegt vor, wenn mit steigender Ausprägung des Merkmals X die Ausprägung des Merkmals Y ebenfalls steigt (positiv monotoner Zusammenhang) oder fällt (negativ monotoner Zusammenhang). Die Enge des monotonen Zusammenhangs wird durch die *Rangkorrelation* beschrieben; sie erreicht die Werte ±1, wenn der Zusammenhang perfekt monoton ist.

Ausgangsdaten für eine Rangkorrelation sind 2 abhängige Rangreihen, die wir erhalten, wenn jedem Individuum aufgrund seiner Merkmalsausprägungen auf 2 Mermalen X und Y (z.B. Körpergröße und Gewicht) ein Rangplatz für X und ein weiterer für Y zugeteilt wird. Alternativ hierzu können auch 2 subjektive Rangreihen (vgl. S. 20) einer Stichprobe in Beziehung gesetzt werden. Auf der Basis derartiger Rangreihen läßt sich eine Rangkorrelation zweier Merkmale messen und gegen die Nullhypothese einer fehlenden Rangkorrelation prüfen.

Die einschlägigen Methoden der Messung und Prüfung beruhen in der Hauptsache auf 2 Prinzipien, entweder auf dem Prinzip der *Differenzenbildung* zwischen der X- und der Y-Rangreihe (Spearmans rho) oder auf dem Prinzip der Auszählung sog. *Inversionen* in der Y-Rangreihe bei natürlich angeordneter X-Rangreihe (Kendalls tau). Obwohl dem Kendallschen Prinzip statistisch gesehen die größere Bedeutung zukommt, folgen wir der Tradition und beginnen in Abschn. 5.2.1 mit der Behandlung der Rangkorrelation von Spearman.

In Abschn. 5.2.2 befassen wir uns mit der biserialen Rangkorrelation, die den Zusammenhang eines Alternativmerkmals (männlich/weiblich) mit den Rangwerten eines „serialen" Merkmals (z. B. psychische Belastbarkeit) abbildet. Die partielle und multiple Rangkorrelation sind Gegenstand der Abschn. 5.2.3 und 5.2.4. Das Kendallsche Prinzip, eine Rangkorrelation zu bestimmen, werden wir in Abschn. 5.2.5 kennenlernen.

Eine besondere Problematik ergibt sich, wenn man Paare von Meßwerten erhoben hat, bei denen die Paarlinge – wie etwa bei der Bestimmung des Zusammenhangs der Körpergewichte eineiiger Zwillinge – prinzipiell austauschbar sind. Wir werden hierfür in Abschn. 5.2.6 die sog. *Zwillingskorrelation* (auch *Intraklassen-Korrelation* genannt) kennenlernen.

5.2.1
Die Rangkorrelation von Spearman

Zielsetzung

Sind die Voraussetzungen für die Anwendung der parametrischen Produkt-Moment-Korrelation r – kardinalskalierte und bivariat normalverteilte Merkmale – nicht erfüllt, kann man mit Hilfe der Rangkorrelation Rho von Spearman (1904, 1906) den monotonen (und nur den monotonen) Zusammenhang zwischen 2 an einer Stichprobe erhobenen Meßwertreihen (oder originären Rangreihen) bestimmen. Rho beruht auf dem Konzept, die Rangskalen als Kardinalskalen (wie Serumcholesterin und systolischer Blutdruck) aufzufassen und die Ränge rechnerisch wie Meßwerte zu behandeln. Man setzt dabei implizit voraus, daß die Intervalle zwischen aufeinander folgenden Rangwerten gleich sind, was in bezug auf die Rangwerte trivial ist, nicht aber in bezug auf die zu repräsentierenden Merkmalswerte.

Durchführung

Die Gleichung, mit der man die Rangkorrelation von Spearman (wir wählen hierfür das Symbol r_s) bestimmen kann, lautet in Anwendung auf Rangpaare R_x und R_y wie folgt:

$$r_s = 1 - \frac{6 \cdot \sum_{i=1}^{N} d_i^2}{N \cdot (N^2 - 1)} \tag{5.15}$$

In Gl. 5.15 bezeichnet $d_i = R_{xi} - R_{yi}$ die Differenz der Rangwerte eines Individuums i in den 2 Merkmalen (Cholesterin und Blutdruck). Die Verfahrensvorschrift für die Berechnung des Rangkorrelationskoeffizienten lautet also: Liegen keine originären Rangreihen für die zu korrelierenden Merkmale X und Y vor, transformiere man die beiden Meßwertreihen x_i und y_i in Rangreihen, bilde pro Rangpaar die Differenzen der Rangwerte, quadriere und summiere sie und setze das Ergebnis in Gl. 5.15 ein.

Ob ein beobachteter r_s-Wert von dem unter der Nullhypothese erwarteten $\mu(r_s) = 0$ statistisch bedeutsam in positiver (oder negativer) Richtung abweicht, läßt sich anhand Tafel O des Anhangs exakt beurteilen. (Zur Theorie des exakten Tests vgl. Bortz, Lienert & Boehnke, 1990, S. 416). Tafel O enthält die Absolutwerte für die kritischen Grenzen des zweiseitigen Tests mit $N = 5$ bis 30. Bei dem viel häufiger genutzten exakten Test gegen die Alternative einer nur positiven Rangkorrelation gelten die Schrankenwerte für $2 \cdot \alpha$ in Tafel O. Die Korrelation r_s ist signifikant, wenn ihr Absolutwert den Schrankenwert erreicht oder überschreitet.

Für Stichproben von $N > 30$ verteilt sich r_s unter H_0 näherungsweise normal mit einer Varianz von $1/(N-1)$. Da der Erwartungswert von $r_s = 0$ ist, prüft man asymptotisch über die Standardnormalverteilung nach

$$u = r_s \cdot \sqrt{N - 1} \tag{5.16}$$

Der asymptotische wie auch der exakte Test setzen voraus, daß *Rangbindungen* in beiden Beobachtungsreihen fehlen. Auf die Behandlung von Rangbindungen wird hier unter Verweis auf Bortz, Lienert & Boehnke (1990, S. 418 ff.) verzichtet. Die Höhe von r_s und der Signifikanztest werden durch wenig Rangbindungen geringer Länge nur unerheblich beeinflußt.

Beispiel 5.4. Gewicht und Muskelfaserlänge der linken Herzkammer

Problem. Es soll festgestellt werden, ob zwischen dem Gewicht X der linken Herzkammer und der Länge Y ihrer Muskelfasern ein monotoner Zusammenhang besteht.

Nullhypothese. Es besteht kein Zusammenhang (genauer: kein monotoner Zusammenhang) zwischen X und Y.

Alternativhypothese. Es besteht ein positiver monotoner Zusammenhang derart, daß Herzkammern größeren Gewichts auch längere Muskelfasern besitzen (*gerichtete* H_1).

Signifikanzniveau. Wir setzen $\alpha = 0,05$.

Testwahl. Da im Obduktionsmaterial die Herzgewichte linksgipflig verteilt sind, prüfen wir verteilungsfrei über die Rangkorrelation r_s nach Spearman.

Daten. $N = 14$ Obduktionsfälle haben die in Tabelle 5.5 genannten Kammergewichte X (in g) und Faserlängen Y (in mm) bzw. deren Ränge $R(x_i)$ und $R(y_i)$ ergeben.

Testanwendung. Wir errechnen $\sum d_i^2 = 234$ und damit nach Gl. 5.15

$$r_s = 1 - \frac{6 \cdot 234}{14 \cdot (14^2 - 1)} = 0,486$$

Entscheidung. Die Frage, ob dieser r_s-Wert signifikant ist, beantworten wir durch den Vergleich mit den r_s-Schranken der Tafel O. Da wir einseitig mit $\alpha = 0{,}05$ testen, ist in der Spalte $2 \cdot \alpha = 2 \cdot 0{,}05 = 0{,}10$ in Tafel O und in der Zeile $N = 14$ der Schwellenwert von 0,457 abzulesen. Da $r_s = 0{,}486 > 0{,}457$ ist, verwerfen wir H_0 zugunsten von H_1.

Asymptotischer Test. Der asymptotische Test nach Gl. 5.16 führt mit

$$u = 0{,}486 \cdot \sqrt{14 - 1} = 1{,}75$$

zur gleichen Entscheidung, da $u = 1{,}75$ den einseitigen Schwellenwert der Standardnormalverteilung von 1,65 übersteigt.

Interpretation. Zwischen Herzkammergewicht und Faserlänge besteht ein positiver monotoner Zusammenhang. Dies ist physiologisch wohlbegründet, wenn man annimmt, daß eine große Kammer nicht nur mehr Fasern, sondern auch längere Fasern benötigt, um eine erhöhte Pumpleistung zu erbringen.

Tabelle 5.5. Daten für Spearmans rho

x_i	y_i	$R(x_i)$	$R(y_i)$	d_i	d_i^2
207,0	16,6	1	4	−3	9
221,0	18,0	2	5	−3	9
256,0	15,9	3	3	0	0
262,0	20,7	4	10	−6	36
273,0	19,3	5	6	−1	1
289,0	19,8	6	9	−3	9
291,0	11,7	7	1	6	36
292,3	21,0	8	11	−3	9
304,0	23,0	9	13	−4	16
327,5	13,6	10	2	8	64
372,0	19,6	11	8	3	9
397,0	22,9	12	12	0	0
460,0	19,4	13	7	6	36
632,0	28,4	14	14	0	0
					$\sum d_i^2 = 234$

Hinweis

Die Rangkorrelationen von Spearman, die auf Rangdifferenzen basieren, sind sehr sensitiv gegenüber Ausreißerdifferenzen. Schon ein einziger Patient kann die Rangkorrelation rho zwischen X und Y gegen 0 herabdrücken, wenn er den höchsten X-Rang mit dem niedrigsten Y-Rang verbindet, auch wenn die übrigen Rangpaare gut übereinstimmen und einen hohen rho-Wert erwarten lassen. Umgekehrt kann rho überhöht werden, wenn unter den N Patienten 2 Patienten Extremwerte aufweisen, indem bei einem Patienten X und Y den höchsten Rang und beim anderen X und Y den niedrigsten Rang einnehmen, auch wenn die übrigen Rangpaare erheblich differieren. Tritt einer der beiden Fälle in Erscheinung, so ist Spearmans rho kontraindiziert und muß durch den Korrelationskoeffizienten von Kendall (1970) ersetzt werden (vgl. Abschn. 5.2.5).

5.2.2
Die biseriale Rangkorrelation

Zielsetzung

> Verschiedentlich steht man vor der Aufgabe, den Zusammenhang zwischen einer Rangreihe X und einem dichotomen Merkmal Y durch einen rho-analogen Korrelationskoeffizienten zu beschreiben und zu überprüfen. Bei Fragestellungen dieser Art kommt die biseriale Rangkorrelation zum Einsatz.

Durchführung

Geht man davon aus, daß, bezogen auf das Merkmal Y, N_1 Individuen unter der 1. und N_2 Individuen unter der 2. Merkmalsausprägung beobachtet werden $(N_1 + N_2 = N)$, erhält man die biseriale Rangkorrelation nach folgender Gleichung:

$$r_{s\,(bis)} = \frac{\frac{1}{12} \cdot (N^3 - N + 3 \cdot N_1 \cdot N_2 \cdot N) - \sum_{i=1}^{N} d_i^2}{\sqrt{\frac{1}{12} \cdot N_1 \cdot N_2 \cdot N \cdot (N^3 - N)}} \tag{5.17}$$

Zur Bestimmung der d_i-Werte benötigt man neben den Rangplätzen auf dem Merkmal X auch Rangplätze für das Merkmal Y. Da das Merkmal Y nur 2 Ausprägungen mit den Häufigkeiten N_1 und N_2 aufweist, berechnet man hierfür 2 Durchschnittsränge mit $\bar{R}_1(Y) = (1 + N_1)/2$ und $\bar{R}_2(Y) = (N_1 + 1 + N)/2$. Den N_1 Individuen der 1. Merkmalsausprägung wird $\bar{R}_1(Y)$ und den N_2 Individuen der 2. Merkmalsausprägung $\bar{R}_2(Y)$ zugewiesen.

Wenn auch bezüglich X Rangbindungen vorkommen, berechnet sich die korrigierte biseriale Rangkorrelation nach folgender Gleichung:

$$r_{s\,(bis,\,corr)} = \frac{\frac{1}{12} \cdot (N^3 - N + 3 \cdot N_1 \cdot N_2 \cdot N - C) - \sum_{i=1}^{N} d_i^2}{\sqrt{\frac{1}{12} \cdot N_1 \cdot N_2 \cdot N \cdot (N^3 - N - C)}}$$

$$\text{mit } C = \sum_{j=1}^{b} (t_j^3 - t_j)$$

(5.18)

wobei b die Anzahl der Rangbindungsgruppen kennzeichnet und t_j die Länge der Rangbindungsgruppe j.

Zur Prüfung, ob eine biseriale Rangkorrelation signifikant von 0 verschieden ist, benutzt man den U-Test (vgl. Abschn. 3.1.2), der die X-Rangsummen T_1 und T_2 unter den beiden Stufen des Merkmals Y vergleicht. Die Rechtfertigung zur Benutzung des U-Tests resultiert daraus, daß man die bivariate Stichprobe der N Beobachtungspaare als 2 univariate unabhängige Stichproben auffassen kann, die sich hinsichtlich eines zweistufigen Merkmals unterscheiden. Die Überprüfung der Zusammenhangshypothese läuft damit auf die Überprüfung von Unterschieden in der zentralen Tendenz in 2 unabhängigen Stichproben hinaus.

Beispiel 5.5. Migränemedikation mit und ohne Hydergin

Problem. Es geht um die Frage, ob hyderginhaltige Analgetika bei Migränepatienten wirksamer sind als Schmerzmittel ohne Hydergin.

Versuchsplan. N = 20 Migränepatienten wurden nach dem von ihnen bevorzugten Migränemittel und nach der Wirkungseinschätzung dieses Mittels (1 = fraglich, 2 = schwach, 3 = deutlich und 4 = prompt) befragt. Die von den Patienten genannten Mittel wurden danach binarisiert, ob sie Hydergin enthalten (+) oder nicht (–). Zufällig fanden sich $N_+ = 10$ und $N_- = 10$ Patienten mit und ohne hyderginhaltige Medikamente, deren Verteilung auf die Wirkungsgrade in Tabelle 5.6 aufgeführt ist.

Nullhypothese. Es besteht kein Zusammenhang zwischen Hyderginhaltigkeit (Y) und Wirkungsgrad (X).

Alternativhypothese. Es besteht ein positiver Zusammenhang in der Weise, daß hyderginhaltige Mittel wirksamer sind als Mittel ohne Hydergin (*gerichtete* H_1).

Signifikanzniveau. Wir wählen $\alpha = 0{,}05$.

Testwahl. Da der Zusammenhang eines ordinalskalierten Merkmals X und eines Alternativmerkmals Y zu bestimmen ist, kommt die *biseriale Rangkorrelation* zum Einsatz.

Testanwendung. Tabelle 5.6 zeigt in der Spalte x_i die nach dem Wirkungsgrad der Medikamente geordneten Patienten.

In Spalte y_i ist vermerkt, welche Patienten ein hyderginhaltiges Mittel (+) bzw. ein Mittel ohne Hydergin (–) einnehmen. Spalte $R(x)_i$ zeigt die Ränge der x_i-Werte. Da 4 Wirkungskategorien vorgegeben und alle Kategorien mehr als einmal gewählt wurden, resultieren 4 Rangbindungsgruppen. Für das Merkmal Y ergeben sich 2 Rangbindungsgruppen mit den Umfängen $N_- = 10$ und $N_+ = 10$. Dementsprechend haben wir allen (–)-Patienten den durchschnittlichen Rangplatz $(1 + 10)/2 = 5{,}5$ und allen (+)-Patienten den durchschnittlichen Rangplatz $(11 + 20)/2 = 15{,}5$ zugeordnet. Wir bestimmen die d_i- und d_i^2-Werte, die sich zu 620 aufaddieren.

Da auch im Merkmal X Rangbindungen vorkommen, ist die korrigierte biseriale Rangkorrelation nach Gl. 5.18 zu bestimmen. Hierfür benötigen wir das Korrekturglied C:

$$C = (2^3 - 2) + (6^3 - 6) + (8^3 - 8) + (4^3 - 4) = 6 + 210 + 504 + 60 = 780$$

Damit ergibt sich

$$r_{s(\text{bis, corr})} = \frac{\frac{1}{12} \cdot (20^3 - 20 + 3 \cdot 10 \cdot 10 \cdot 20 - 780) - 620}{\sqrt{\frac{1}{12} \cdot 10 \cdot 10 \cdot 20 \cdot (20^3 - 20 - 780)}} = \frac{480}{1095{,}45} = 0{,}44$$

Als nächstes ist die Signifikanz der Korrelation zu überprüfen. Hierfür verwenden wir den U-Test (vgl. Abschn. 3.1.2). Zur Bestimmung von T_- addieren wir alle $R(X)$-Ränge von (–)-Patienten und für T_+ alle $R(X)$-Ränge von (+)-Patienten. Die Ergebnisse lauten: $T_- = 81$ und $T_+ = 129$. (Kontrolle nach Gl. 3.2: $81 + 129 = 20 \cdot 21/2 = 210$). Über die Gl. 3.3 und 3.4 ermitteln wir nun die U-Werte.

$$U_- = 10 \cdot 10 + \frac{10 \cdot 11}{2} - 81 = 74$$

$$U_+ = 10 \cdot 10 + \frac{10 \cdot 11}{2} - 129 = 26$$

(Kontrolle nach Gl. 3.5: $74 + 26 = 10 \cdot 10 = 100$.)

Damit heißt unsere Prüfgröße $U = \min (U_+, U_-) = 26$.

Entscheidung. Tafel E entnehmen wir für $N_+ = N_- = 10$ und $U = 26$ eine einseitige Überschreitungswahrscheinlichkeit von $P = 0{,}038 < 0{,}05$. Die H_0 wird verworfen und die H_1 angenommen..

Interpretation. Wie man aus ihrer gefäßerweiternden Wirkung begründen kann, sind hyderginhaltige Migränemittel offenbar wirksamer als Mittel ohne Hydergin.

Tabelle 5.6. Daten für eine biseriale Rangkorrelation

Patient Nr.	x_i	y_i	$R(x)_i$	$R(y)_i$	d_i	d_i^2
1	1	–	1,5	5,5	–4	16
2	1	–	1,5	5,5	–4	16
3	2	–	5,5	5,5	0	0
4	2	–	5,5	5,5	0	0
5	2	–	5,5	5,5	0	0
6	2	–	5,5	5,5	0	0
7	2	+	5,5	15,5	–10	100
8	2	+	5,5	15,5	–10	100
9	3	–	12,5	5,5	7	49
10	3	–	12,5	5,5	7	49
11	3	–	12,5	5,5	7	49
12	3	+	12,5	15,5	–3	9
13	3	+	12,5	15,5	–3	9
14	3	+	12,5	15,5	–3	9
15	3	+	12,5	15,5	–3	9
16	3	+	12,5	15,5	–3	9
17	4	–	18,5	5,5	13	169
18	4	+	18,5	15,5	3	9
19	4	+	18,5	15,5	3	9
20	4	+	18,5	15,5	3	9

$$\sum d_i^2 = 620$$

Anmerkung. Die Untersuchung sagt nicht, daß Mittel mit Hydergin wirklich wirksamer sind als solche ohne Hydergin, da die Zuordnung der beiden Mitteltypen *nicht* nach Zufall, sondern nach Wahl der Patienten erfolgte. Man kann deshalb nur bedingt folgern: Die Patienten, die hyderginhaltige Mittel nehmen, berichten signifikant bessere Erfolge als Patienten mit Mitteln ohne Hydergin.

5.2.3
Die partielle Rangkorrelation

Zielsetzung

Erinnern wir uns an Beispiele aus der klassischen Korrelationsstatistik, in denen absurde Zusammenhänge nachgewiesen werden, wie z. B. zwischen Intelligenz und Schuhgröße, wenn ein drittes, beide Merkmale beeinflussendes Merkmal, wie z. B. das Alter der Kinder einer Kinderstichprobe, nicht kontrolliert wurde. Gleiches gilt für den Zusammenhang zwischen Krankheitsanfälligkeit (Morbidität) und Gedächtnisstörung, wenn man in einer Senioren-stichprobe das Alter der Patienten nicht kontrolliert.

> Um den Einfluß einer intervenierenden Variablen zur Verhütung eines Korrelationsartefaktes auszuschalten, wendet man im parametrischen Fall die partielle Produkt-Moment-Korrelation an, und im nichtparametri-schen Fall die partielle Rangkorrelation.

Durchführung

Eine eigenständige partielle Rangkorrelation wurde bislang nicht entwickelt. Geht man jedoch davon aus, daß die linearen Zusammenhänge zwischen 3 Merkmalen X, Y und Z hinreichend genau durch die Rangkorrelationen $r_{s(xy)}$, $r_{s(xz)}$ und $r_{s(yz)}$ geschätzt werden, kann man die partielle Rangkorrelation wie folgt bestimmen:

$$r_{s(xy \cdot z)} = \frac{r_{s(xy)} - r_{s(xz)} \cdot r_{s(yz)}}{\sqrt{\left(1 - r_{s(xz)}^2\right) \cdot \left(1 - r_{s(yz)}^2\right)}} \tag{5.19}$$

$r_{s(xy \cdot z)}$ ist die Rangkorrelation zwischen den Merkmalen X und Y, wobei der Einfluß eines Kontrollmerkmals Z gewissermaßen „neutralisiert" wird oder kurz: die *partielle Rangkorrelation*. Bezogen auf die oben genannten Beispiele wäre Z also das Alter der Kinder oder der Senioren.

Näherungsweise überprüft man die partielle Rangkorrelation in gleicher Weise wie die parametrische Partialkorrelation. Informationen hierzu findet man z. B. bei Bortz (1993, S. 415).

> **Beispiel 5.6. Dyspnoe bei Lungenemphysem**
>
> **Problem.** In einer klinischen Studie wurde gezeigt, daß progrediente Lungen-emphyseme mit verstärkter Belastungsdyspnoe einhergehen. Es soll über-prüft werden, ob der signifikant monotone Zusammenhang von $r_s = 0{,}68$ möglicherweise auf das Alter der Patienten zurückgeführt werden kann.
>
> **Versuchsplan.** 12 Patienten mit Lungenemphysem nahmen an der Studie teil. Für die Reanalyse standen folgende Daten zur Verfügung:
> - eine Klassifikation des Lungenemphysems nach 5 Verlaufsstadien (1 = Anfangsstadium, 5 = Endstadium, Merkmal X)
> - eine Einschätzung der Dyspnoe nach 5 Schweregraden (0 = Dyspnoe nur nach starker Belastung, IV = Dyspnoe bereits nach geringster Belastung im Fahrradergometertest, Merkmal Y)
> - das Alter der Patienten (Kontrollmerkmal Z).

Nullhypothese. Zwischen X und Y besteht kein Zusammenhang, wenn man den Einfluß des Alters neutralisiert.

Alternativhypothese. Auch wenn man den Einfluß des Alters neutralisiert, bleibt zwischen X und Y ein positiver Zusammenhang bestehen (*gerichtete* Alternativhypothese).

Signifikanzniveau. $\alpha = 0,05$.

Testwahl. Es interessiert der Zusammenhang zweier ordinaler Merkmale X und Y unter Berücksichtigung eines Kontrollmerkmals Z. Deshalb wird eine *partielle Rangkorrelation* berechnet.

Testanwendung. Tabelle 5.7 zeigt die Merkmalsausprägungen für X, Y und Z sowie die rangtransformierten Merkmalsausprägungen.

Wir berechnen zunächst die 3 bivariaten Rangkorrelationen und verwenden hierfür Gl. 5.15 (Die bei Bortz, Lienert & Boehnke, 1990 auf S. 418 angegebene Formel 8.59, die Rangbindungen berücksichtigt, führt zu Korrelationswerten, die nur geringfügig von den folgenden Werten abweichen):

$$r_{s(xy)} = 1 - \frac{6 \cdot 91}{12 \cdot \left(12^2 - 1\right)} = 0,68$$

$$r_{s(xz)} = 1 - \frac{6 \cdot 144,5}{12 \cdot \left(12^2 - 1\right)} = 0,49$$

$$r_{s(yz)} = 1 - \frac{6 \cdot 34,5}{12 \cdot \left(12^2 - 1\right)} = 0,88$$

Das Alter korreliert also mäßig mit dem Stadium des Lungenemphysems und hoch mit dem Dyspnoe-Schweregrad.

Diese bivariaten Rangkorrelationen können wir nun in Gl. 5.19 einsetzen. Wir gehen hierbei davon aus, daß die Kategorien der Merkmale X und Y einigermaßen äquidistant gestuft sind, so daß die Rangkorrelationen brauchbare Schätzwerte der Produkt-Moment-Korrelationen darstellen.

$$r_{s(xy \cdot z)} = \frac{0,68 - 0,49 \cdot 0,88}{\sqrt{\left(1 - 0,49^2\right) \cdot \left(1 - 0,88^2\right)}} = \frac{0,25}{0,41} = 0,61$$

Entscheidung. Der (hier nicht wiedergegebene) Signifikanztest führt zu einer Überschreitungswahrscheinlichkeit von $P < 0,05$, d. h. die H_0 ist zu verwerfen.

Interpretation. Der Zusammenhang zwischen dem Verlaufsstadium des Lungenemphysems (X) und dem Schweregrad der Dyspnoe (Y) wird nach Berücksichtigung des Alters zwar geringer (er sinkt von $r_{s(xy)} = 0,68$ auf $r_{s(xy \cdot z)} = 0,61$); dennoch ist davon auszugehen, daß zwischen X und Y auch dann noch ein überzufälliger Zusammenhang besteht, wenn man das Alter der Patienten kontrolliert.

5.2.4
Die multiple Rangkorrelation

Zielsetzung

Neben medizinischen Maßnahmen sind bekanntermaßen weitere Merkmale wie gesunde Ernährung, körperliche Aktivitäten, Einstellung zu Krankheit, eine harmonische Partnerbeziehung etc. ausschlaggebend für den gesundheitlichen Zustand von Patienten.

Wollen wir herausfinden, in welcher Weise eine Ziel- oder Kriteriumsvariable (z. B. Gesundheitszustand) von mehreren Merkmalen – wir nennen sie allgemein Prädiktorvariablen – abhängt, benötigen wir ein Verfahren mit höherem Allgemeinheitsgrad als die bivariate Rangkorrelation: die multiple Rangkorrelation. Im folgenden werden wir die multiple Rangkorrelation für 2 Prädiktorvariablen kennenlernen.

Tabelle 5.7. Daten für eine partielle Rangkorrelation

Nr. d. Patienten	x_i	y_i	z_i	$R(x)_i$	$R(y)_i$	$R(z)_i$
1	2	I	43	4,5	4	5
2	1	I	31	1,5	4	2
3	2	II	55	4,5	7,5	8
4	3	I	34	8,5	4	3
5	1	0	42	1,5	1	4
6	3	I	29	8,5	4	1
7	4	III	69	11	10	10
8	2	III	58	4,5	10	9
9	5	IV	70	12	12	11
10	3	II	53	8,5	7,5	7
11	2	I	49	4,5	4	6
12	2	III	72	8,5	10	12

Durchführung

Wie für die partielle Rangkorrelation erstellen wir auch für die multiple Rangkorrelation zunächst Rangreihen der Individuen auf 3 Merkmalen. Die eine Rangreihe stellt die Kriteriumsrangreihe R(Y) dar und die beiden übrigen die Rangreihen der Prädiktoren R(X1) und R(X2). Über die bivariaten Rangkorrelationen der 3 Merkmale $r_{s(x1x2)}$, $r_{s(x1y)}$ und $r_{s(x2y)}$ kann dann unter der Voraussetzung, daß die Rangkorrelationen akzeptable Schätzwerte der analogen Produkt-Moment-Korrelationen darstellen, folgende multiple Korrelation bestimmt werden:

$$r_{s(y,x_1x_2)} = + \sqrt{\frac{r^2_{s(yx_1)} + r^2_{s(yx_2)} - 2 \cdot r_{s(yx_1)} \cdot r_{s(yx_2)} \cdot r_{s(x_1x_2)}}{1 - r^2_{s(x_1x_2)}}} \tag{5.20}$$

Die *multiple Rangkorrelation* ist stets positiv definiert. Außerdem ist sie immer mindestens genauso groß wie die höchste bivariate Rangkorrelation der Prädiktoren mit dem Kriterium (Validitäten).

Eine Signifikanzbeurteilung der multiplen Rangkorrelation stößt auf ähnliche Schwierigkeiten wie die der partiellen Rangkorrelation, da die entsprechende H_0-Verteilung nicht bekannt ist. Für praktische Zwecke prüft man jedoch hinreichend genau mit dem Signifikanztest der parametrischen multiplen Korrelation, der z. B. bei Bortz (1993, S. 417) beschrieben wird.

Beispiel 5.7. Der Baumtest als Frühindikator für Depressivität

Problem. Ein klinisch-psychologischer Test, der sog. Baumtest, gibt u. a. vor, als Frühindikator für eine beginnende Depression zu gelten und daher als Screeningtest auch für klinisch (noch) unauffällige Testpersonen zu fungieren.

Versuchsplan. Von vielen mit dem Baumtest „spielerisch" im psychologischen Dienst eines Arbeitsamtes untersuchten Arbeitslosen wurden innerhalb eines Monats N = 10 als depressiv erkrankt dem Arbeitsamt rückgemeldet. Der Arbeitsamtspsychologe beurteilt das Bewegungsbild (X1) und das Formbild (X2) der Baumzeichnungen dieser 10 Patienten und stuft beide Indikatoren anhand einer 4stufigen Ratingskala als „unauffällig" (1) bis „sehr depressiv" (4) ein. Zugleich erbittet er von den behandelnden Nervenärzten ein Urteil über den Schweregrad der Depression, die mittels der Hamilton-Depressionsskala gemessen und ihm als Kriterium (Y) des Schweregrads der Depression rückgemeldet wird.

Nullhypothese. Zwischen der Kombination der beiden Frühindikatoren der Depressionsgefährdung – hier als Prädiktoren bezeichnet – und dem

Schweregrad der eingetretenen Depression, gemessen durch den Hamilton-Depressionsscore, besteht keine Korrelation.

Alternativhypothese. Es gibt einen Zusammenhang zwischen der Kombination der Prädiktoren X1 und X2 einerseits und der Kriteriumsvariablen Y (*ungerichtete* Alternativhypothese).

Signifikanzniveau. Wegen des explorativen Charakters der Studie prüfen wir mit $\alpha = 0{,}10$.

Testwahl. 2 ordinalskalierte Prädiktorvariablen sollen simultan mit einer Kriteriumsvariablen in Beziehung gesetzt werden. Für diese Problemstellung ist die *multiple Rangkorrelation* das geeignete Verfahren.

Testanwendung. Tabelle 5.8 zeigt in den Spalten X1, X2 und Y das Ergebnis der Untersuchung.

In den Spalten R (X1), R (X2) und R (Y) sind die Patienten nach den Depressivitätsratings und ihren Depressivitätsscores in Rangreihe gebracht. Mit diesen Werten errechnen wir – ohne Berücksichtigung der Rangbindungen (vgl. S. 242) – die folgenden bivariaten Rangkorrelationen über Gl. 5.15:

$$r_{s(x_1 x_2)} = 1 - \frac{6 \cdot 226{,}5}{10 \cdot (10^2 - 1)} = -0{,}37$$

$$r_{s(x_1 y)} = 1 - \frac{6 \cdot 118{,}5}{10 \cdot (10^2 - 1)} = 0{,}28$$

$$r_{s(x_2 y)} = 1 - \frac{6 \cdot 174}{10 \cdot (10^2 - 1)} = -0{,}05$$

Mit $r_{s(x_1 x_2)} = -0{,}37$ deutet sich ein Trend an, wonach die Depressivitätsratings für das Bewegungsbild und das Formbild eher gegenläufig sind. Die Validitäten (Korrelationen der Prädiktoren mit der Kriteriumsvariablen) liegen beide im Zufallsbereich (vgl. Tafel O für $\alpha = 0{,}1$ und einseitigen Test).

Für die multiple Rangkorrelation ergibt sich über Gl. 5.20 folgender Wert:

$$r_{s(y, x_1 x_2)} = \sqrt{\frac{0{,}28^2 + (-0{,}05)^2 - 2 \cdot 0{,}28 \cdot (-0{,}05) \cdot (-0{,}37)}{1 - (-0{,}37)^2}} = \sqrt{\frac{0{,}071}{0{,}863}} = 0{,}29$$

Die multiple Korrelation ist also nur geringfügig größer als die höchste Validität ($r_{s(x_1 y)} = 0{,}28$), die durch das Bewegungsbild (X1) des Baumtests erreicht worden ist.

Entscheidung. Der (hier nicht wiedergegebene) Signifikanztest führt zu einer Überschreitungswahrscheinlichkeit von $P > 0{,}1$, d. h. die H_0 ist beizubehalten.

Interpretation. Das Bewegungsbild und das Formbild der Baumzeichnungen sind zusammengenommen kein ausreichend valider Frühindikator einer später diagnostizierten (und entsprechend behandelten) Depression, zumindest in der Population der als arbeitslos und arbeitssuchend gemeldeten Personen. Andernfalls hätte die multiple Rangkorrelation wesentlich höher, mindestens aber signifikant sein müssen.

Vielleicht wäre die multiple Korrelation höher ausgefallen und signifikant geworden, wenn ein anderes Kriterium für die Schwere der Depression herangezogen worden wäre: Etwa das globale psychiatrische Urteil oder die Zeit von der Erkrankung bis zur Genesung oder möglicherweise auch die zur wirksamen Behandlung nötige Dosierung eines Antidepressivums.

Hinweise

Multiple Rangkorrelationen sind dann am wirksamsten als Frühindikatoren einer Erkrankung in spe oder als differentialdiagnostisch relevante Indikatoren, um zwischen 2 möglichen Diagnosen (wie uni- und bipolare Depression) zu unterscheiden, wenn folgende Bedingungen zutreffen:

- Die beiden Prädiktoren sollen niedrig korreliert sein (was in Beispiel 5.7 mit –0,37 nicht zutrifft) und
- jeder der Prädiktoren soll möglichst hoch mit dem Kriterium korreliert sein (was in Beispiel 5.7 mit 0,28 und –0,05 ebenso wenig zutrifft).

Der Leser berechne die multiple Rangkorrelation unter der Annahme, daß die 2 Prädiktoren X1 und X2 zu –0,05 korreliert seien (also unterschiedliche

Tabelle 5.8. Daten für eine multiple Rangkorrelation

Nr. des Patienten	X1	X2	Y	R (X1)	R (X2)	R (Y)
1	2	3	18	5,5	6	2
2	3	1	19	8,5	1,5	4
3	1	4	19	2	9	4
4	1	2	21	2	3,5	6
5	4	2	19	10	3,5	4
6	3	3	24	8,5	6	9
7	2	1	22	5,5	1,5	7
8	2	3	25	5,5	6	10
9	2	4	23	5,5	9	8
10	1	4	17	2	9	1

Aspekte der Depression in spe erfassen) und daß X1 mit Y zu +0,37 und X2 mit Y zu +0,28 korreliert sind; es resultiert dann ein wünschenswert hoher Frühindikatorwert von Bewegungs- und Formbild von Baumzeichnungen.

5.2.5
Die Rangkorrelation von Kendall

Zielsetzung

Die Rangkorrelation τ (tau) von Kendall (1970) wird mit der gleichen Zielsetzung eingesetzt wie die Rangkorrelation r_s von Spearman. Mit beiden Verfahren kann der monotone Zusammenhang zweier abhängiger Rangreihen bestimmt und überprüft werden. Anders als r_s geht τ jedoch nicht von der impliziten Annahme aus, daß aufeinander folgende Rangzahlen äquidistante Merkmalsabstände abbilden. Insoweit ist eigentlich nur τ eine „echte" Rangkorrelation, denn sie nutzt – im Unterschied zu r_s, das auf Rangplatzdifferenzen basiert – lediglich die ordinale Information der Daten, also Informationen, die sich daraus ableiten lassen, welches von je 2 Individuen die höhere Merkmalsausprägung aufweist.

Die folgende Verfahrensbeschreibung wird diesen Sachverhalt erläutern.

Durchführung

Angenommen, N Individuen seien durch 2 stetige Merkmale gekennzeichnet und nach einem Merkmal X geordnet. Die Rangreihe R(X) dieses Merkmals X soll als sog. *Ankerreihe* dienen. Die Rangreihe R(Y) des zugeordneten oder „abhängigen" Merkmals Y nennen wir *Vergleichsreihe*.

Hierzu ein kleines Beispiel:
- Ankerreihe R(X): 1 2 3 4 5,
- Vergleichsreihe R(Y): 3 1 2 5 4.

Ist die Vergleichsreihe wie die Ankerreihe aufsteigend geordnet, besteht eine perfekt positive Rangkorrelation; ist sie entgegen der Ankerreihe absteigend geordnet, besteht eine perfekt negative Korrelation. Sind die Rangwerte der Vergleichsreihe – wie oben – ungeordnet, stellt sich die Frage nach der Enge des Zusammenhangs zwischen den beiden Rangreihen.

Bei r_s haben wir die Summe der quadrierten Rangplatzdifferenzen als Kriterium für die Enge des Zusammenhangs angesehen und damit großen Rangdifferenzen, auch wenn sie nur vereinzelt auftreten, einen starken Einfluß eingeräumt. Wir wollen nunmehr ein anderes Kriterium kennenlernen, das nicht von den Rangdifferenzen und deren Quadraten bestimmt wird, sondern auf der „Fehlordnung" der Ränge innerhalb der Vergleichsreihe basiert.

Um ein gegenüber *Ausreißerpaaren* relativ unempfindliches Maß für den ordinalen Zusammenhang zweier Merkmale X (wie Gesundheitszustand) und Y (wie Lebensqualität) zu gewinnen, bilden wir für die Vergleichsreihe R(Y) alle $5 \cdot (5-1)/2 = 10$ möglichen Paare von Rängen und erhalten

```
3 – – 1                    (–)
3 – – – – 2                (–)
3 – – – – – – 5            (+)
3 – – – – – – – – 4        (+)
1 – – 2                    (+)
1 – – – – 5                (+)
1 – – – – – – 4            (+)
2 – – 5                    (+)
2 – – – – 4                (+)
5 – – 4                    (–)
```

In einigen dieser 10 Paare folgen die Rangwerte in aufsteigender Ordnung (im Sinne der natürlichen Zahlen) aufeinander; wir sprechen von *Proversionen*, die mit (+) gekennzeichnet sind. Die Anzahl der Proversionen (P) ergibt sich im Beispiel als Anzahl aller (+)-Zeichen zu P = 7.

In anderen dieser 10 Paare folgen die Rangwerte in absteigender Ordnung aufeinander; wir sprechen von *Inversionen* (–) und bezeichnen ihre Zahl mit I. In unserem Beispiel ist I = 3.

Es ist unmittelbar einsichtig, daß ein Überwiegen der Proversionen, wie in unserem Beispiel mit 7:3, auf einen positiven Zusammenhang zwischen X und Y schließen läßt, während ein Überwiegen der Inversionen auf einen negativen Zusammenhang hinweist. Tatsächlich finden wir im Fall einer perfekt positiven Korrelation mit einer Vergleichsreihe von 1 2 3 4 5 nur Proversionen in einer Anzahl von $P = 5 \cdot 4/2 = 10$ und im Fall einer perfekt negativen Korrelation mit einer Vergleichsreihe von 5 4 3 2 1 nur Inversionen mit einer Anzahl von ebenfalls $I = 5 \cdot 4/2 = 10$.

Die Zahl der Proversionen und die Zahl der Inversionen zusammengenommen ergibt die Zahl der möglichen *Paarvergleiche*. Allgemein gilt

$$P + I = N \cdot (N - 1)/2 \qquad (5.21)$$

In unserem Beispiel mit N = 5 läßt sich I = 3 rasch auszählen, so daß man P auch über $P = 5 \cdot 4/2 - 3 = 7$ erhält.

Um ein – wie r_s – zwischen –1 und +1 variierendes Maß des Zusammenhangs zwischen X und Y zu gewinnen, müssen wir P und I zunächst so kombinieren, daß ein über 0 symmetrisch verteiltes Maß resultiert. Diese Bedingung erfüllt die sog. *Kendall-Summe* S als Differenz zwischen Pro- und Inversionszahl.

$$S = P - I \qquad (5.22)$$

Die Kendall-Summe als vorläufiges Maß der Richtung und Enge des Zusammenhangs beträgt (bindungsfreie Rangreihen vorausgesetzt) $S = -N \cdot (N-1)/2$ bei perfekt negativer, S = 0 bei fehlender und S = + N · (N–1)/2 bei perfekt positiver Korrelation. In unserem Beispiel ist S = 7–3 = 4, was einen mäßig positiven Zusammenhang andeutet, weil die höchstmögliche positive Kendall-Summe S_{max} = + 5 · 4/2 = + 10 beträgt (τ bei Rangbindungen behandeln wir nach dem Beispiel 5.8, s. unten).

Um aus der zwischen ±N · (N–1)/2 variierenden Kendall-Summe einen zwischen ±1 variierenden Korrelationskoeffizienten zu erhalten, dividieren wir die beobachtete Kendall-Summe S durch die algebraisch höchstmögliche Kendall-Summe S_{max} = N · (N–1)/2. Der Quotient ist Kendalls τ-Korrelationskoeffizient:

$$\tau = \frac{S}{N \cdot (N-1)/2} \tag{5.23}$$

In unserem Beispiel mit N = 5 und S = 4 ist τ = 4/(5 · 4/2) = 0,4. τ kann also als Differenz zwischen dem Anteil aller Proversionen und dem Anteil aller Inversionen an der Gesamtzahl aller Paarvergleiche angesehen werden. Man beachte, daß τ (wie auch r_s) nur den *monotonen* Anteil eines Zusammenhangs widerspiegelt und daher 0 sein kann, obwohl ein enger, nichtmonotoner (z. B. U-förmiger) Zusammenhang zwischen X- und Y-Rängen existiert. Ein τ = 0 besagt also nicht, daß ein Zusammenhang fehlt, sondern lediglich, daß eine monotone Komponente fehlt.

Für die exakte *Signifikanzüberprüfung* von τ verwenden wir Tafel P, in der die oberen Schranken des Absolutbetrags der Prüfgröße S für N = 4 bis 40 für die konventionellen Signifikanzstufen aufgeführt sind (zur Theorie des exakten Tests vgl. Bortz, Lienert & Boehnke, 1990, S. 424 f.). Die α-Werte gelten für den einseitigen Test (z. B. gegen positive Korrelation) und sind bei dem nur selten genutzten zweiseitigen Test (gegen positive wie negative Korrelation) zu halbieren. Für α = 0,05 bei einseitigem Test ist also bei zweiseitigem Test die Schranke S_{crit} in Tafel P für α = 0,025 abzulesen. Damit liegt die zweiseitige Schranke stets höher als die einseitige bei konstantem N und α. Beobachtete Werte, die die Schranke erreichen oder überschreiten, sind auf der bezeichneten α-Stufe signifikant.

Für N > 40 ist die Prüfgröße S bei Gültigkeit von H_0 über dem Erwartungswert 0 mit einer Standardabweichung von

$$\sigma(S) = \sqrt{\frac{N \cdot (N-1) \cdot (2 \cdot N + 5)}{18}} \tag{5.24}$$

genähert normalverteilt, so daß man asymptotisch über die Standardnormalverteilung nach

$$u = \frac{S}{\sigma_S} \tag{5.25}$$

testen kann. Der resultierende u-Wert ist über Tafel A ein- oder zweiseitig zu beurteilen.

Beispiel 5.8. Polynokturie bei Hyperaktiven

Problem. Polynokturie (häufiges nächtliches Harnlassen) und Hyperaktivität (Betriebsamkeit bei gleichzeitiger Leistungsineffizienz) werden ärztlicherseits häufig als Zeichen vegetativer Irritation (als Durchgangssyndrom einer allgemeinen Neurosebereitschaft) gedeutet. Demzufolge müßten Polynokturie und Hyperaktivität positiv korreliert sein. Diese Annahme soll überprüft werden.

Versuchsplan. N = 8 Mitarbeiter eines Betriebs, die durch besondere Aktivität aufgefallen waren, werden von der Betriebsleitung nach Rücksprache mit Arbeitskollegen bezüglich ihrer Arbeitsaktivität in eine Rangreihe gebracht. Außerdem erstellt der Betriebsarzt nach mehrfacher Befragung eine Rangreihe der 8 Mitarbeiter bezüglich der Häufigkeit des nächtlichen Harnlassens. Beide Rangreihen sind in Tabelle 5.9 wiedergegeben.

Nullhypothese. Zwischen Polynokturie und Hyperaktivität besteht kein Zusammenhang.

Alternativhypothese. Sowohl Polynokturie als auch Hyperaktivität sind Ausdruck vegetativer Irritation und korrelieren deshalb positiv (*gerichtete* H_1).

Signifikanzniveau. $\alpha = 0,05$.

Testwahl. Es geht um den Zusammenhang zweier abhängiger Rangreihen, der sowohl über r_s als auch über τ ermittelt werden kann. Wir entscheiden uns für τ, da aus dem Datenmaterial in keiner Weise ersichtlich wird, daß – wie für r_s gefordert – aufeinander folgende Rangplätze äquidistante Merkmalsabstände abbilden.

Testanwendung. In Tabelle 5.9 ist die Aktivitäts-Rangreihe als Ankerreihe und die Polynokturie-Rangreihe als Vergleichsreihe dargestellt. Der am wenigsten aktive Mitarbeiter P (Aktivitätsrang 1) hat bezüglich Polynokturie Rangplatz 3 erhalten, etc.
   Wir führen nun mit den Polynokturie-Rängen (Vergleichsreihe) Paarvergleiche nach Art des auf S. 248 dargestellten Schemas durch. Die Zahl der Proversionen ergibt sich aus 5 Überschreitungen für Rangplatz 3, 6 Überschreitungen für Rangplatz 1, 3 Überschreitungen für Rangplatz 5 etc. Insgesamt zählen wir P = 19 Proversionen.
   Die Zahl der Inversionen bezieht sich auf die jeweiligen Rangunterschreitungen. Die Paarvergleiche eines Polynokturie-Ranges mit den jeweils rechts folgenden Polynokturie-Rängen führen zu 2 Unterschreitungen für Rangplatz 3, 0 Unterschreitungen für Rangplatz 1, 2 Unterschreitungen für Rangplatz 5 etc. Insgesamt ergeben sich I = 9 Inversionen.
   Die Kontrolle nach Gl. 5.21 zeigt uns, daß wir richtig gezählt haben: $19 + 9 = 8 \cdot 7/2 = 28$.

Wir ermitteln

$$S = 19 - 9 = 10$$

und nach Gl. 5.23

$$\tau = \frac{10}{8 \cdot 7/2} = \frac{10}{28} = 0,36$$

Entscheidung. Tafel P entnehmen wir für $N = 8$ und $\alpha = 0,05$ bei einseitigem Test $S_{crit} = 16$. Dieser Wert wird von $S = 10$ weder erreicht noch überschritten, d. h. die H_0 ist beizubehalten.

Interpretation. Es kann nicht davon ausgegangen werden, daß Polynokturie und Hyperaktivität positiv korreliert sind. Allerdings hat der Signifikanztest wegen des kleinen Stichprobenumfangs nur eine geringe Teststärke. Sollte sich die Größenordnung des τ-Werts für eine umfangreichere Stichprobe bestätigen lassen, wäre mit einem signifikanten Zusammenhang zu rechnen.

Asymptotischer Test. Zu Demonstrationszwecken wollen wir auch den asymptotischen Test durchführen, obwohl die Stichprobe hierfür viel zu klein ist. Wir ermitteln über Gl. 5.24

$$\sigma(S) = \sqrt{\frac{8 \cdot 7 \cdot (2 \cdot 8 + 5)}{18}} = 8,08$$

so daß sich

$$u = \frac{10}{8,08} = 1,24$$

ergibt. Dieser Wert liegt gemäß Tafel A unter dem kritischen Wert $u_{crit} = 1,65$, d. h. der asymptotische Test bestätigt das Ergebnis des exakten Tests.

Vergleich mit r_s. Berechnen wir über die Daten der Tabelle 5.9 eine Rangkorrelation nach Spearman, resultiert $r_s = 0,45$. Diese Korrelation ist zwar größer als τ, aber ebenfalls nicht signifikant.

Tabelle 5.9. Daten für eine Rangkorrelation τ nach Kendall

Mitarbeiter:	P	A	L	S	W	Z	K	R
Aktivitäts-Rang:	1	2	3	4	5	6	7	8
Polynokturie-Rang:	3	1	5	4	7	8	2	6

$$P = 5 + 6 + 3 + 3 + 1 + 0 + 1 + 0 = 19$$
$$I = 2 + 0 + 2 + 1 + 2 + 2 + 0 + 0 = 9$$

τ bei Rangbindungen

Treten in einer oder in beiden Beobachtungsreihen (X, Y) gleiche Meßwerte auf, obwohl beide Merkmale stetig verteilt sind, ist wie folgt zu verfahren: Man nimmt Rangaufteilungen vor und redefiniert die Kendall-Summe in einer Weise, die den resultierenden Rangbindungen Rechnung trägt.

Betrachten wir zunächst den Fall, daß nur in *einer* der beiden Beobachtungsreihen gleiche Meßwerte auftreten. Wir vereinbaren, die Beobachtungsreihe ohne Bindungen mit X (z. B. Polynokturie) und die Beobachtungsreihe mit Bindungen als Y (z. B. Hyperaktivität) zu bezeichnen. Es seien etwa X = (1 2 3 4 5) und Y = (3 1 3 3 5). Wir vereinbaren weiter, beim Binnenpaarvergleich gebundener Y-Ränge jeweils den Punktwert 0 zu vergeben.

Mit dieser Vereinbarung zählen wir aus, wie viele Proversionen (P) bzw. Inversionen (I) in der Rangreihe Y auftreten:

- $P = 1 + 3 + 1 + 1 = 6$,
- $I = 1 + 0 + 0 + 0 = 1$.

Nach Gl. 5.22 resultiert damit eine *„bindungskorrigierte" Kendall-Summe* von

$$S^* = 6 - 1 = 5$$

Hieraus errechnet man nach folgender Gleichung einen bindungskorrigierten τ^*-Koeffizienten:

$$\tau^* = \frac{S^*}{\sqrt{[N \cdot (N-1)/2] \cdot [N \cdot (N-1)/2 - T]}} \tag{5.26}$$

$$\text{mit} \quad T = \sum_{i=1}^{m} t_i \cdot (t_i - 1)/2$$

wobei
- m = Anzahl aller Rangbindungen und
- t_i = Länge der Rangbindung i.

Für das Zahlenbeispiel resultiert

$$T = 3 \cdot (3 - 1)/2 = 3$$

und

$$\tau^* = \frac{5}{\sqrt{(5 \cdot 4/2) \cdot (5 \cdot 4/2 - 3)}} = \frac{5}{\sqrt{70}} = 0{,}60$$

Im folgenden Beispiel treten Rangbindungen sowohl in X (Polynokturie) als auch in Y (Hyperaktivität) auf:

- X = (1,5; 1,5; 3; 4,5; 4,5; 6) und
- Y = (1,5; 1,5; 4; 3; 6; 5).

Hier ist bei der Definition der Kendall-Summe S** (für *zweireihige* Rangbindungen) zu beachten, daß z. B. durch die 2 gleichen X-Ränge 4,5 und 4,5 die Rangfolge der zugehörigen Y-Ränge 3 und 6 unbestimmt ist, denn sie kann 3; 6 oder 6; 3 lauten. Wie man durch Auszählen aller Proversionen und aller Inversionen S** leicht bestimmen kann, zeigt folgendes Vorgehen:

X: (1,5 1,5); 3; (4,5 4,5); 6
Y: (1,5 1,5); 4; (3   6   ); 5

Zunächst werden – wie üblich – die N = 6 Individuen hinsichtlich des Merkmals X in eine aufsteigende Rangordnung gebracht. Identische X-Ränge setzen wir in Klammern. Den X-Rängen werden die Y-Ränge zugeordnet, wobei wir die Klammern bei den X-Rängen auf die Y-Ränge übertragen. Die Anzahl der Proversionen und Inversionen wird wiederum für die Y-Rangreihe bestimmt, wobei auch hier identische Y-Ränge außer acht bleiben. Uneindeutigkeiten in der Abfolge der Y-Ränge durch korrespondierende identische X-Ränge (eingeklammerte Y-Ränge) bleiben ebenfalls unberücksichtigt.

Die Zahl der Proversionen ergibt sich im Beispiel zu P = 4 + 4 + 2 + 1 = 11. Die erste 4 resultiert aus dem Vergleich der ersten 1,5 mit den nachfolgenden Rangplätzen, von denen 4 (die Ränge 4, 3, 6 und 5) größer sind als 1,5. Das gleiche gilt für die zweite 1,5, für die sich ebenfalls 4 Proversionen ergeben. Für den Rangplatz 4 resultieren wegen der nachfolgenden Ränge 6 und 5 zwei weitere Proversionen. Daß der Rangplatz 6 dabei eingeklammert, d. h. einem gebundenen X-Rang zugeordnet ist, ist unerheblich, denn auch beim zulässigen Austausch der Y-Ränge 3 und 6 bliebe die Anzahl der Proversionen für Rang 4 unverändert.

Dies ist für die Anzahl der Proversionen, die Rangplatz 3 beiträgt, nicht der Fall. In der notierten Abfolge wäre die Anzahl der Proversionen 2 (6 > 3 und 5 > 3). Da die Abfolge in der Klammer wegen des zweifach vergebenen Rangplatzes 4,5 in X jedoch auch ausgetauscht werden kann, zählen wir nur eine Proversion, die sich aus 5 > 3 ergibt, und die von der Abfolge in der Klammer unabhängig ist. Wir erhalten damit zusammenfassend P = 4 + 4 + 2 + 1 = 11.

Für die Inversionen resultiert I = 1 + 1 = 2. Die 1. Inversion ergibt sich wegen 3 < 4 und die 2. wegen 5 < 6. Beide Inversionen sind gegenüber der Anordnung der Y-Ränge in der „4,5-Klammer" invariant.

Damit resultiert nach Gl. 5.22 S** = 11 − 2 = 9, das nach Tafel P für N = 6 eben auf dem 10%-Niveau signifikant ist. (Die Prüfung von S** über Tafel P führt zu konservativen Entscheidungen).

Die τ-Korrelation τ** für 2 Rangreihen mit Rangbindungen ergibt sich nach folgender Gleichung:

$$\tau^{**} = \frac{S^{**}}{\sqrt{[N \cdot (N-1)/2 - T] \cdot [N \cdot (N-1)/2 - W]}}$$ (5.27)

$$\text{mit}\quad T = \sum_{i=1}^{m} t_i \cdot (t_i - 1)/2$$

$$\text{und}\quad W = \sum_{j=1}^{v} w_j \cdot (w_j - 1)/2$$

- $m =$ Anzahl der Rangbindungen in X,
- $v =$ Anzahl der Rangbindungen in Y,
- $t_i =$ Länge der Rangbindung i in X,
- $w_j =$ Länge der Rangbindung j in Y.

Für das Beispiel ergeben sich

$$T = 2 \cdot 1/2 + 2 \cdot 1/2 = 2$$
$$W = 2 \cdot 1/2 = 1$$

und damit

$$\tau^{**} = \frac{9}{\sqrt{(6 \cdot 5/2 - 2) \cdot (6 \cdot 5/2 - 1)}} = 0{,}667$$

Ein exakter Test für den Zusammenhang zweier Merkmale mit Rangbindungen ist nur für Stichproben mit $N \leq 10$ erforderlich, da sich S, S* und S** unter H_0 schon für Stichprobenumfänge von $N > 10$ genähert normalverteilen, was für Spearmans rho nicht zutrifft. Informationen hierzu findet man bei Bortz, Lienert & Boehnke (1990, S. 428 und 431). Der Erwartungswert von S** ist 0 und die Varianz für den *asymptotischen Test* beträgt

$$\sigma^2(S^{**}) = \frac{N \cdot (N-1) \cdot (2 \cdot N + 5) - T_1 - W_1}{18}$$
$$+ \frac{T_2 \cdot W_2}{9 \cdot N \cdot (N-1) \cdot (N-2)} + \frac{T_3 \cdot W_3}{2 \cdot N \cdot (N-1)}$$ (5.28)

$$\text{mit}\quad T_1 = \sum_{i=1}^{m} t_i \cdot (t_i - 1) \cdot (2 \cdot t_i + 5) \quad W_1 = \sum_{j=1}^{v} w_j \cdot (w_j - 1) \cdot (2 \cdot w_j + 5)$$

$$T_2 = \sum_{i=1}^{m} t_i \cdot (t_i - 1) \cdot (t_i - 2) \qquad W_2 = \sum_{j=1}^{v} w_j \cdot (w_j - 1) \cdot (w_j - 2)$$

$$T_3 = \sum_{i=1}^{m} t_i \cdot (t_i - 1) \qquad\qquad W_3 = \sum_{j=1}^{v} w_j \cdot (w_j - 1)$$

Wie oben bereits ausgeführt, steht t für die Rangbindungen in der X-Reihe und w für die Rangbindungen in der Y-Reihe. Gl. 5.28 gilt auch für die Kendall-Summe S* mit Rangbindungen in nur einem Merkmal. In diesem Falle sind $T_1 = T_2 = T_3 = 0$ (bzw. $W_1 = W_2 = W_3 = 0$). In Analogie zu Gl. 5.25 berechnet man unter Verwendung der Kendall-Summe (S** oder S*) und deren Streuung einen u-Wert, der anhand Tafel A zufallskritisch ein- oder zweiseitig zu bewerten ist.

Beispiel 5.9. Schlafstörungen und Konzentrationsfähigkeit

Problem. Patienten, die an einem Schlafapnoesyndrom (durch Schnarchen bedingter Atemstillstand) leiden, beklagen häufig, daß sie sich morgens matt und unausgeruht fühlen. Es soll geprüft werden, ob sich diese Schlafbeeinträchtigung auch auf das Konzentrationsvermögen (mit erhöhter Unfallsgefährdung) auswirkt.

Versuchsplan. N = 12 Patienten werden in einem Schlaflabor bezüglich ihrer Apnoe untersucht und in 4 Kategorien eingeteilt, die in aufsteigender Rangfolge den Schweregrad der Erkrankung (X) wiedergeben: 1 = leichte Apnoe, 2 = mittlere Apnoe, 3 = schwere Apnoe, 4 = sehr schwere Apnoe. Nach Abschluß der Untersuchung führen die Patienten einen 20-minütigen Signaldetektionstest als Konzentrationstest durch (die Werte geben das Ausmaß der Konzentrationsstörung an). Tabelle 5.10 zeigt die Ergebnisse.

Nullhypothese. Zwischen dem Schweregrad der Schlafapnoe und dem Ausmaß der Konzentrationsstörung besteht kein monotoner Zusammenhang.

Alternativhypothese. Es gibt einen positiv-monotonen Zusammenhang zwischen dem Schweregrad der Apnoe und dem Ausmaß der Konzentrationsstörung (*gerichtete* H_1).

Signifikanzniveau. $\alpha = 0,05$.

Testwahl. Wir betrachten die Apnoe-Kategorien als ein ordinalskaliertes Merkmal und den Konzentrationstest als ein intervallskaliertes Merkmal, das in eine Rangskala transformiert wird. Damit sind 2 ordinalskalierte Merkmale zu korrelieren, wofür sowohl r_s als auch τ in Frage kommen. Wir entscheiden uns für τ, da über die Äquidistanz der Apnoe-Kategorien nichts bekannt ist. Zudem liegen Rangbindungen vor, so daß wir das bindungskorrigierte τ wählen.

Testanwendung. In Tabelle 5.10 sind die Patienten nach aufsteigender Apnoe-Kategorie geordnet, so daß die Apnoe-Rangreihe (X) die Ankerreihe und die Konzentrations-Rangreihe (Y) die Vergleichsreihe bilden.

Die Klammern um die Rangbindungsgruppen in der X-Rangreihe werden auf die Y-Rangreihe übertragen.

Die Proversionen und Inversionen zählen wir wieder für die Y-Rangreihe aus, wobei Rangplatzüberschreitungen und Rangplatzunterschreitungen innerhalb einer Klammer unberücksichtigt bleiben. Desgleichen bleiben identische Rangplätze unberücksichtigt.

Es ergeben sich $P = 36$ und $I = 11$ und damit

$$S^{**} = 36 - 11 = 25$$

Für Gl. 5.27 bestimmen wir

$$T = 3 \cdot 2/2 + 5 \cdot 4/2 + 3 \cdot 2/2 = 16$$
$$W = 2 \cdot 1/2 + 2 \cdot 1/2 + 2 \cdot 1/2 + 2 \cdot 1/2 + 2 \cdot 1/2 + 2 \cdot 1/2 = 6 \cdot 1 = 6$$

und erhalten

$$\tau^{**} = \frac{25}{\sqrt{(12 \cdot 11/2 - 16) \cdot (12 \cdot 11/2 - 6)}} = \frac{25}{54{,}77} = 0{,}46$$

Für die Varianz von S^{**} berechnen wir zunächst die T- und W-Werte:

$$T_1 = 3 \cdot 2 \cdot 11 + 5 \cdot 4 \cdot 15 + 3 \cdot 2 \cdot 11 = 432$$
$$T_2 = 3 \cdot 2 \cdot 1 + 5 \cdot 4 \cdot 3 + 3 \cdot 2 \cdot 1 = 72$$
$$T_3 = 3 \cdot 2 + 5 \cdot 4 + 3 \cdot 2 = 32$$
$$W_1 = 6 \cdot (2 \cdot 1 \cdot 9) = 108$$
$$W_2 = 6 \cdot (2 \cdot 1 \cdot 0) = 0$$
$$W_3 = 6 \cdot (2 \cdot 1) = 12$$

Die Varianz von S^{**} lautet also

$$\sigma^2(S^{**}) = \frac{12 \cdot 11 \cdot 29 - 432 - 108}{18} + \frac{72 \cdot 0}{9 \cdot 12 \cdot 11 \cdot 10} + \frac{32 \cdot 12}{2 \cdot 12 \cdot 11}$$
$$= 182{,}67 + 0 + 1{,}45 = 184{,}12$$

Damit erhalten wir eine Streuung von

$$\sigma(S^{**}) = \sqrt{184{,}12} = 13{,}57$$

bzw. nach Gl. 5.25

$$u = \frac{25}{13{,}57} = 1{,}84$$

Entscheidung. Tafel A entnehmen wir für $\alpha = 0{,}05$ bei einseitigem Test $u_{crit} = 1{,}65$. Wegen $1{,}84 > 1{,}65$ ist die H_0 zugunsten von H_1 zu verwerfen.

Interpretation. Mit zunehmendem Schweregrad der Schlafapnoe sinkt die Konzentrationsfähigkeit.

Merkmalsinterkorrelationen

Mit Spearmans r_s und Kendalls τ stehen uns 2 Methoden zur Verfügung, den monotonen Zusammenhang zweier Rangreihen zu beschreiben und zu prüfen. Da die beiden Methoden auf verschiedenen mathematischen Kalkülen aufbauen, unterscheiden sich die beiden Zusammenhangsmaße bei einer gegebenen Rangdatenkonstellation z. T. erheblich. r_s und τ sind also nicht beliebig austauschbar, d. h. die Wahl einer der beiden Methoden ist für jeden Anwendungsfall neu zu begründen. Dabei sind die folgenden Gesichtspunkte zu beachten:

Unterschiede zwischen Spearmans r_s und Kendalls τ

- Die Berechnung der Rangkorrelation r_s bedeutet nichts anderes als die Berechnung einer Produkt-Moment-Korrelation r über 2 Meßwertreihen, bestehend aus den natürlichen Zahlen 1 bis N. Da in die Berechnung von r_s die Differenzen d_i der Ränge eingehen, muß man inhaltlich rechtfertigen können, daß aufeinander folgende Ränge tatsächlich äquidistante Positionen auf dem untersuchten Merkmal abbilden.
- Der τ-Koeffizient basiert insofern ausschließlich auf rein ordinaler Information, als er lediglich die Anzahl der „Größer-Relationen" (Proversionen) und die Anzahl der „Kleiner-Relationen" (Inversionen) verwendet. Ob sich zwischen 2 Rangplätzen kein weiterer Rangplatz oder mehrere Rangplätze befinden, ist für den τ-Koeffizienten unerheblich. Insoweit stellt der τ-Koeffizient weniger Anforderungen an das Datenmaterial als der r_s-Koeffizient.

Tabelle 5.10. Daten für den bindungskorrigierten τ-Koeffizienten

Patient-Nr.	3	7	8	2	5	1	11	10	4	6	12	9
Apnoe-Kateg. (X):	1	1	1	2	2	2	2	2	3	3	3	4
Konzentrationstest (Y):	8	10	10	9	11	12	11	9	8	13	12	13
Apnoe-Rang (X):	(2	2	2)	(6	6	6	6	6)	(10	10	10)	12
Konzentrations-Rang (Y):	(1,5	5,5	5,5)	(3,5	7,5	9,5	7,5	3,5)	(1,5	11,5	9,5)	11,5

$$P = 8 + 6 + 6 + 3 + 3 + 2 + 3 + 3 + 1 + 0 + 1 + 0 = 36$$
$$I = 0 + 3 + 3 + 1 + 1 + 1 + 1 + 1 + 0 + 0 + 0 + 0 = 11$$

Sind mehr als 2 ordinal- oder hybrid-skalierte Merkmale zueinander in Beziehung zu setzen, so entstehen bei m Merkmalen m · (m–1)/2 Merkmalsinterkorrelationen, die eine sog. *Interkorrelationsmatrix* bilden. Soll solch eine Matrix faktorenanalytisch weiterverarbeitet werden, um die m manifesten auf r < m latente Merkmale (Faktoren) zu reduzieren, dann ist hierzu allein r_s zulässig, da nur die r_s-Werte äquivalent zur Produkt-Moment-Korrelation (r-Werte) sind. (Zur Faktorenanalyse vgl. z. B. Bortz, 1993, Kap. 15).

Sind die m Merkmale – wie klinische Symptome – nach Ausprägungsgraden beurteilt worden (z. B. CGI-Ratings) und ist die Patientenstichprobe groß (N > 100), dann kann r_s ersetzt werden durch ϕ (vgl. Abschn. 5.1.1), wobei die m Ratings so nahe wie möglich an ihrem Stichprobenmedian dichotomisiert werden. Damit bilden Paare von Merkmalen Vierfeldertafeln aus, deren ϕ-Koeffizienten ebenso wie deren r_s-Werte eine *r-äquivalente Korrelationsmatrix* bilden und damit faktorisiert werden dürfen.

Im Unterschied zu den r_s-Koeffizienten sind ϕ-Koeffizienten aber nur dann untereinander vergleichbar, wenn – wie bei idealer Mediandichotomie – die Felder b und c gleich stark besetzt sind. Da ϕ-Koeffizienten nichts anderes sind als r-Koeffizienten mit 0/1-Werten, überschätzen sie entgegen dem r_s-Koeffizienten die wahren Korrelationen zwischen den m Merkmalen nicht und variieren zwischen –1 und +1, sofern ihre Randsummen paarweise gleich sind, wie dies auf *axialsymmetrische Tafeln* mit b = c voll zutrifft.

Sind m Symptome eines Syndroms nur in 2 Stufen beobachtet worden (vorhanden, fehlend), dann bilden je 2 Symptome in der Regel keine axialsymmetrische Vierfeldertafel mit paarweise gleichen Randsummen (b = c) aus. In diesem Falle ersetzt man ϕ durch den *G-Koeffizienten* (a + d – b – c)/N, um ein r-äquivalentes Korrelationsmaß zu gewinnen (vgl. Hammond & Lienert, 1992).

Sind andererseits Laborwerte (wie Leberfunktionsproben bei chronischer Hepatitis) stetig und bindungsfrei gemessen worden, um eine chronisch persistierende (in eine Leberzirrhose mündende) Hepatitis zu identifizieren, dann transformiert man jeden der m Laborwerte in einen sog. Stanine-Wert von 1 bis 9, indem man den niedrigsten 4% der Laborwerte den Stanine-Wert 1 zuordnet, den nächsten 7% den *Stanine-Wert* („Standard Nine") 2, den folgenden 12% den Stanine-Wert 3 usw., wie nachstehend vorgegeben:

Stanine-Werte:	1	2	3	4	5	6	7	8	9
Anteile:	4%	7%	12%	17%	20%	17%	12%	7%	4%

Die normalisierten Stanine-Werte der m Laborwerte werden sodann via r interkorreliert und faktorisiert. Resultiert ein Generalfaktor, dann ist die Hepatitis als nosologische Einheit operationalisiert.

Während also r_s, ϕ und G als Spezialfälle der parametrischen Produkt-Moment-Korrelation aufgefaßt und faktorisiert werden können, ist τ ein neues Maß der Rangkorrelation, das seinerseits als Spezialfall einer ganzen Gruppe von Rangkorrelationsmethoden aufgefaßt werden kann, einschließlich der Übereinstimmung der Rangreihen von m Beurteilern (Ärzten, Psychologen) hinsichtlich eines einzigen Merkmals (wie des Schweregrads einer Erkrankung bei N nosologisch äquivalent diagnostizierten Patienten). Auf diese Verallgemeinerung von τ werden wir erst in Kap. 6 zu sprechen kommen. Vorerst kehren wir zu einem Spezialfall der τ-Korrelation zurück.

5.2.6
Die Zwillingskorrelation von Whitfield

Zielsetzung

Bisher haben wir stets jeweils 2 Merkmale an ein- und demselben Individuum untersucht und die beiden Meßwertreihen einer Stichprobe von Individuen zueinander in Beziehung gesetzt. Wir haben etwa – um erneut das „klassische" Schulbeispiel zu bemühen – Körpergröße und Körpergewicht einer Gruppe von Erwachsenen gemessen und die Meßwerte oder deren Rangplätze miteinander korreliert.

Es gibt nun noch eine andere Art der Korrelation, die sog. *Intraklassenkorrelation* oder – wie wir sie hier bezeichnen wollen – die *Zwillingskorrelation*. Was darunter zu verstehen ist, sei an dem typischen Beispiel der Geschwisterpaare illustriert: Wenn wir wissen wollen, welche Korrelation zwischen paarweise einander zugeordneten Individuen, z. B. Brüdern, hinsichtlich eines Merkmals, z. B. der Pulsfrequenz, besteht, so wird uns die Anwendung der bisher erörterten Korrelationsmethode einige Schwierigkeiten bereiten. Zunächst stellt sich die Frage: Welchen von 2 Brüdern sollen wir der X-Reihe, welchen der Y-Reihe zuordnen? Wir könnten ein *Disjunktionskriterium* auswählen und etwa festsetzen, der ältere der beiden Brüder solle dem Paarling X, der jüngere dem Paarling Y entsprechen; als Resultat ergäbe sich allerdings eine Korrelation zwischen älteren und jüngeren Brüdern, und nicht, wie erwünscht, zwischen Brüdern schlechthin. Wir könnten weiter durch das Los entscheiden, wie die Paarlinge zuzuordnen sind – eine durchaus akzeptable Lösung, auch wenn wir uns damit dem Zufall und seiner Tücke ausliefern.

> Eine andere Vorgehensweise ist die: Wir bringen die Meßwerte der N Brüder bzw. der $n = N/2$ Brüderpaare durch Austausch in sämtliche möglichen Paarordnungen, berechnen jedesmal einen Korrelationskoeffizienten und mitteln diese Koeffizienten arithmetisch. Dies genau ist die Bedeutung der Zwillingskorrelation.

Allerdings sind wir – wie die folgenden Ausführungen zeigen – nicht auf den recht mühsamen Weg angewiesen, alle 2^n möglichen Korrelationen zu berechnen und zu mitteln, sondern können dasselbe Ergebnis nach Whitfield (1949) auf eine sehr viel elegantere Weise erzielen.

Durchführung

Gegeben ist eine Stichprobe von $N = 2 \cdot n$ Individuen, von denen jeweils 2 gepaart sind, so daß $N/2 = n$ wechselseitig unabhängige Paare resultieren, deren Paarlinge vertauschbar sind. Die N Individuen werden zunächst nach der Ausprägung des interessierenden Merkmals unbeschadet ihrer Paarzugehörigkeit in eine aufsteigende Rangordnung von 1 bis N gebracht und mit Rangwerten versehen. Dann werden die Paare nach dem Paarling mit dem niedrigsten Rang aufsteigend geordnet. Man vergleicht nun jeden der N Rangwerte mit allen rechts außerhalb des jeweiligen Paares befindlichen Rangwerten, um die Kendall-Summe S zu gewinnen. Über S erhält man nach der Beziehung

$$S_p = S - \frac{N \cdot (N - 2)}{4} \tag{5.29}$$

die Prüfgröße S_p für die Zwillingskorrelation. Mit $S_{p\text{-max}} = N \cdot (N{-}2)/4$ läßt sich der Intraklassen-τ-Koeffizient τ_{in} wie folgt definieren:

$$\tau_{in} = \frac{S_p}{N \cdot (N - 2)/4} \tag{5.30}$$

Diese Prüfgröße ist für $N > 20$ – also bei $n = 11$ oder mehr Paaren – über einem Erwartungswert von 0 mit einer Standardabweichung von

$$\sigma(S_p) = \sqrt{\frac{N \cdot (N - 2) \cdot (N + 2)}{18}} \tag{5.31}$$

genähert normalverteilt, wenn die Nullhypothese fehlender Zwillingskorrelation zutrifft. Man prüft daher größere Stichproben unter Verwendung der Stetigkeitskorrektur asymptotisch über

$$u = \frac{|S_p| - 1}{\sigma(S_p)} \tag{5.32}$$

und beurteilt u einseitig anhand Tafel A, wenn man – wie üblich – eine positive Zwillingskorrelation erwartet, sonst zweiseitig.

Kleine Stichproben bis $N = 20$ Individuen oder $n = 10$ Paaren beurteilt man nach der von Whitfield kombinatorisch ermittelten Prüfverteilung von S_p. Tafel Q des Anhangs enthält die exakten einseitigen Überschreitungswahrscheinlichkeiten für beobachtete Absolutbeträge von S_p für $N = 6$ bis 20. Negative Prüfgrößen beurteilt man wegen der Symmetrie der Prüfverteilung nach der gleichen Tafel. Bei zweiseitigem Test sind die dort genannten P-Werte zu verdoppeln.

Beispiel 5.10. Zur Zuverlässigkeit von Hba1c-Werten

Problem. Blutanalysen stellen für viele Krankheiten ein wichtiges Diagnostikum dar. Es ist allerdings zu fragen, ob die Analyseergebnisse einer einmalig entnommenen Blutprobe für diagnostische Zwecke genügend zuverlässig sind, oder ob zur Absicherung der Diagnose 2 parallele Proben sinnvoll bzw. erforderlich sind. Diese Fragestellung soll im folgenden exemplarisch für Hba1c-Werte (Glykohämoglobine als Langzeitindikatoren für Blutzucker) überprüft werden.

Versuchsplan. An $n = 9$ Patienten werden 2 parallele Blutproben entnommen. Tabelle 5.11 zeigt die $N = 2 \cdot 9 = 18$ Hba1c-Werte.

Nullhypothese. Zwischen den Hba1c-Werten der Blutprobenpaarlinge besteht kein Zusammenhang.

Alternativhypothese. Die Hba1c-Werte der Blutprobenpaarlinge stehen in einem positiv-monotonen Zusammenhang (*gerichtete* H_1).

Signifikanzniveau. Wegen der gravierenden Folgen, die mit einer fälschlichen Annahme von H_1 verbunden wären (man würde sich in diesem Falle auf die Ergebnisse einer Probe verlassen, weil man irrtümlicherweise davon ausgeht, daß eine 2. Blutprobe das gleiche Ergebnis zeigen würde und damit überflüssig ist), wählen wir ausnahmsweise $\alpha = 0{,}001$.

Testwahl. Es existiert kein Disjunktionskriterium, nach dem die parallelen Blutproben einer X- bzw. Y-Reihe zugeordnet werden könnten, d. h. die „Blutprobenzwillinge" sind austauschbar. Die Auswertung erfolgt deshalb über die Zwillingskorrelation.

Testanwendung. Tabelle 5.11 zeigt die Meßwertpaare und die Rangpaare, die sich ergeben, wenn alle $N = 18$ Meßwerte aufsteigend geordnet werden.
  Wir ordnen nun die Rangpaare nach aufsteigenden Rängen des Paarlings mit dem niedrigeren Rangplatz:
- (2,1) (4,3) (5,7) (6,9) (8,11) (10,12) (13,14) (15,18) (17,16)

Nun zählen wir – wie bei Kendalls tau – die Proversionen und Inversionen aus, wobei jeder Rangplatz mit allen rechts von ihm stehenden Rangplätzen verglichen wird. Der Rangplatz des Paarlings innerhalb der Klammer, von der aus jeweils gezählt wird, bleibt hierbei unberücksichtigt.
  Beispiel: Das dritte Rangpaar hat die Ränge 5 und 7. Ausgehend von Rangplatz 5 ergeben sich 12 Rangplatzüberschreitungen, weil Rangplatz 7 innerhalb der Klammer nicht mitgezählt wird. Rangplatzunterschreitungen kommen – wiederum ausgehend von Rangplatz 5 – nicht vor. Für Rang-

platz 7 zählen wir 11 Rangplatzüberschreitungen und eine Rangplatzunterschreitung.

Auf diese Weise ergeben sich die Proversionen und Inversionen aus folgenden Teilbeträgen:

- $P = 16 + 16 + 14 + 14 + 12 + 11 + 10 + 9 + 8 + 7 + 6 + 6 + 4 + 4 + 2 + 0 + 0 + 0 = 139$
- $I = 0 + 0 + 0 + 0 + 0 + 1 + 0 + 1 + 0 + 1 + 0 + 0 + 0 + 0 + 0 + 2 + 0 + 0 = 5$

Die Kendall-Summe lautet also

$$S = 139 - 5 = 134$$

und die Prüfgröße S_p nach Gl. 5.29

$$S_p = 134 - \frac{18 \cdot 16}{4} = 62$$

Für die Zwillingskorrelation ermittelt man über Gl. 5.30

$$\tau_{in} = \frac{62}{18 \cdot 16/4} = \frac{62}{72} = 0,86$$

Entscheidung. Tafel Q des Anhangs entnehmen wir für $N = 18$ und $S_p = 62$ eine einseitige exakte Überschreitungswahrscheinlichkeit von $P = 0,00004$ $< 0,001$. Die H_0 ist also eindeutig zu verwerfen.

Interpretation. Zwischen den Hba1c-Werten der Blutprobenpaare besteht eine hohe und signifikante Übereinstimmung. Das Risiko einer diagnostischen Fehlentscheidung ist also sehr gering, wenn man sich auf das Analyseergebnis einer einmalig erhobenen Blutprobe verläßt.

Asymptotischer Test. Nach Gl. 5.31 errechnen wir

$$\sigma(S_p) = \sqrt{\frac{18 \cdot 16 \cdot 20}{18}} = 17,89$$

so daß sich über Gl. 5.32

$$u = \frac{62 - 1}{17,89} = 3,41$$

ergibt. Dieser u-Wert bestätigt gemäß Tafel A die Entscheidung des exakten Tests.

Tabelle 5.11. Daten für eine Zwillingskorrelation

Person-Nr.	Meßwertpaare	Rangpaare
1	6,4 und 6,3	17 und 16
2	5,9 und 5,7	12 und 10
3	6,0 und 6,1	13 und 14
4	5,1 und 5,0	4 und 3
5	5,8 und 5,5	11 und 8
6	4,9 und 4,8	2 und 1
7	5,2 und 5,4	5 und 7
8	5,3 und 5,6	6 und 9
9	6,2 und 6,5	15 und 18

Anwendungsmöglichkeiten der Zwillingskorrelation in der klinischen Forschung

- Die Zwillingskorrelation kann in der Labormedizin auch dazu verwendet werden, die Qualität der Genauigkeitsleistung von 2 oder mehr als 2 Laboratorien zu beurteilen: Man entnimmt jedem von N Patienten eine Blutprobe via Venenpunktion, teilt diese Proben in 2 Hälften und sendet diese Hälften patientenkodiert an 2 konkurrierende Laboratorien zur Auswertung. Nur wenn beide Laboratorien bezüglich aller (wichtigen) Laborwerte hohe Zwillingskorrelationen liefern (wie obiges Beispiel 5.10), dürfen sie als gleich zuverlässig eingestuft werden. Andernfalls sollte ein 3. Labor, dessen Leistung außer Zweifel steht, hinzugezogen werden, indem die Blutproben gedrittelt werden. Zu bevorzugen wäre klinischerseits jenes der 2 „Billiglaboratorien", das mit dem 3. Qualitätslabor die höchsten Zwillingskorrelationen für alle Laborindikatoren liefert.
- Auch medizinisch-technische Assistenten können via Zwillingskorrelationen hinsichtlich ihrer Qualifikation, definiert als Genauigkeit, Übereinstimmung mit einem Experten oder einem Automaten, der die gleiche Blut- oder Harnprobe analysiert, beurteilt werden. Novizen werden mit Experten in der Regel niedriger korrelieren als Experten mit Experten, was aber nicht notwendig für alle Laborindikatoren gelten muß.
- Ein einzelner Laborassistent kann auf Zwillingskorrelation seiner Laborwerte beurteilt werden, indem man ihm die 2 Hälften ein- und derselben Blut- oder Zellprobe unter 2 verschiedenen Patientencodes zur „blinden" Auswertung übergibt. Hier sollte höchste Zwillingskorrelation resultieren, wenn es sich um einen Experten handelt und mäßig hohe, wenn ein Novize beurteilt wird.
- Nicht nur die Genauigkeit von Laboranalysen, sondern auch einzelne Pathoindikatoren (wie Ultraschallbefunde) können mittels Zwillingskorrelation beurteilt werden. Es werden etwa N Senioren von ihren Hausärzten

zu einem urologischen „Check Up" gebeten. Dort wird u. a. jeweils der Restharn und das prostataspezifische Antigen (PSA) gemessen, und die Messung eine Woche später „zur Kontrolle" wiederholt. Wenn sich dabei zeigt, daß die PSA-Werte höher zwillingskorreliert sind als die Restharnmengen, dann kommt der PSA-Messung eine höhere diagnostische Bedeutung zu als der Restharnmenge. In der Testpsychologie spricht man von der Zuverlässigkeit *(Reliabilität)* von Messungen eines Merkmals wie Intelligenz oder Neurosebereitschaft.

6 Übereinstimmungsmaße für subjektive Merkmalsbeurteilungen

Kapitel 5 zeigte, wie Zusammenhangsmaße ermittelt und überprüft werden können. Die dort übliche Frage lautete, ob zwischen 2 Merkmalen X und Y, die an einer zufälligen Auswahl von Individuen erhoben wurden, ein Zusammenhang besteht. Für ordinalskalierte Merkmale haben wir zur Beantwortung dieser Frage Spearmans rho und Kendalls tau kennengelernt.

Zusammenhangsmaße können jedoch auch in einem anderen als diesem „klassischen" Kontext eingesetzt werden. Dabei denken wir z. B. an m = 2 Beurteiler (z.B. 2 Ärzte), die N Objekte (z. B. N Patienten) nach einem vorgegebenen Kriterium (z. B. dem Schweregrad einer koronaren Herzkrankheit) in eine Rangreihe bringen. Fragt man nun nach der Übereinstimmung der beiden Rangreihen bzw. nach der *Konkordanz* der Urteile, so läßt sich diese ebenfalls anhand einer Rangkorrelation beschreiben und überprüfen. Bei nicht signifikanter Urteilskonkordanz muß nachgeforscht werden, worauf diese zurückzuführen ist; ggf. muß das Risikokriterium geändert werden (z. B. von den EKG- zu den Laborbefunden).

Haben mehr als 2 Beurteiler (m > 2) Rangreihen aufgestellt, wäre daran zu denken, das Ausmaß der Übereinstimmung aller m Rangreihen durch die mittlere Korrelation der Korrelationen zwischen allen Paaren von Rangreihen zu bestimmen (vgl. hierzu jedoch S. 279 f.). Eine hohe Übereinstimmung würde es beispielsweise rechtfertigen, alle Rangreihen zu einer gemeinsamen Rangreihe zusammenzufassen, indem man pro Urteilsobjekt (Patient) einen durchschnittlichen Rangplatz der m > 2 Beurteiler (Ärzte, Neuropsychologen, Heilpädagogen) bestimmt und die Rangdurchschnitte ihrerseits in eine Rangreihe bringt.

Allgemein ist festzuhalten, daß nach der Güte der Urteilerübereinstimmung immer dann zu fragen ist, wenn N Objekte durch m Beurteiler hinsichtlich eines Merkmals beurteilt werden. Eine spezielle klinische Indikation für Urteilsübereinstimmung liegt vor, wenn k Befunde (Symptome) eines Krankheitsbildes nach ihrer Bedeutsamkeit für eben dieses Krankheitsbild durch m Experten (Fachärzte) eingestuft werden. Auch hier ist für eine zweifelsfreie Diagnose eine gute Übereinstimmung zu fordern.

Ergänzend sei eine Anwendungsvariante genannt, die ebenfalls von klinischer Bedeutung ist. Es geht hierbei um die Ähnlichkeit von Befundprofilen für 2 oder mehr Patienten: Genetisch bedingte Befunde von Erbkrankheiten sollten bei verwandten Personen (Zwillingen, insbesondere eineiigen) hohe Ähnlichkeit, bei umweltbedingten Berufskrankheiten geringe Ähnlichkeit aufweisen. Ähnlichkeit von Antigenprofilen (HLA-Profile von „human lymphocite antigens") ist eine Voraussetzung für eine dauerhaft erfolgreiche Organtransplantation, da andernfalls Abstoßungsreaktionen einsetzen. Es gilt dabei, zumindest in den k bedeutsamsten Antigen-Komponenten hohe Ähnlichkeit zu gewährleisten.

Die folgende Behandlung von Übereinstimmungs- oder Ähnlichkeitsmaßen ist jedoch nicht nach deren klinischer Relevanz, sondern danach unterteilt, wie die Merkmale (Befunde) operationalisiert, d. h. skaliert werden. Wir beginnen mit kategorial skalierten Daten, bei denen die Beurteiler (Ärzte, Biochemiker) zu entscheiden haben, welche von k Kategorien (z. B. Anämieentstehungsformen) eines kategorialen Merkmals (Anämie als Globaldiagnose) auf welches Objekt (Patienten) zutrifft (Abschn. 6.1). Es folgen sodann die Übereinstimmungsmaße für ordinalskalierte Daten, also Übereinstimmung in Rangreihen wie Schweregrade von Allergien oder Stadien von Krebsdiagnosen, auch Einschätzungen der Suizidgefahr von endogen Depressiven nach k Stufen einer Ratingskala.

6.1
Urteilerübereinstimmung bei kategorialen Daten

Wenn m Beurteiler N Objekte nach einem zwei- oder mehrfach gestuften Merkmal beurteilen, stellt sich die Frage nach der *Urteilskonkordanz* bei kategorialen Merkmalen. Wir beginnen in Abschn. 6.1.1 zunächst mit der Konkordanzüberprüfung bei m = 2 Beurteilern. Hierfür wird üblicherweise der *Kappa-Koeffizient* (κ) von Cohen (1960) eingesetzt. Es folgt in Abschn. 6.1.2 die Behandlung des Kappa-Koeffizienten von Fleiss (1971) für die Übereinstimmung kategorialer Urteile von mehr als 2 Beurteilern.

6.1.1
Der Kappa-Koeffizient von Cohen für zwei Beurteiler

Zielsetzung

> Es geht – wie gesagt – darum, eine Maßzahl zu finden, die die Güte der Übereinstimmung kategorialer Urteile von 2 Beurteilern beschreibt, wenn diese N Objekte beurteilt haben. Hierfür ist der Kappa-Koeffizient von Cohen einschlägig, dessen Berechnung und Überprüfung im folgenden behandelt wird.

Durchführung

Das Datenmaterial zur Überprüfung eines Kappa-Koeffizienten bei 2 Beurteilern wird in das Datenschema der Tabelle 6.1 (hier für ein $k = 3$stufiges Merkmal) eingetragen.

Die Summe der Häufigkeiten in der Hauptdiagonale ($f_{11} + f_{22} + f_{33}$) gibt die Anzahl der *konkordanten* und die Summe aller Häufigkeiten außerhalb der Diagonale die Anzahl der *diskordanten* Urteile an. Wir definieren mit

$$p_0 = \frac{\sum_{i=1}^{k} f_{ii}}{N} \tag{6.1}$$

den Anteil aller konkordanten Urteile. In dieser Gleichung bedeuten:

- $i = 1, \ldots, k$,
- $k = $ Anzahl der Merkmalskategorien,
- $N = $ Anzahl der beurteilten Objekte.

Diesem Anteil steht der folgende Anteil der zufällig zu erwartenden konkordanten Urteile gegenüber:

$$p_e = \frac{\sum_{i=1}^{k} e_{ii}}{N} = \frac{\sum_{i=1}^{k} f_{i \cdot} \cdot f_{\cdot i}}{N^2} \tag{6.2}$$

Tabelle 6.1. Datenschema für den Kappa-Koeffizienten

Urteiler A	Urteiler B			
	1	2	3	
1	f_{11}	f_{12}	f_{13}	$f_{1 \cdot}$
2	f_{21}	f_{22}	f_{23}	$f_{2 \cdot}$
3	f_{31}	f_{32}	f_{33}	$f_{3 \cdot}$
	$f_{\cdot 1}$	$f_{\cdot 2}$	$f_{\cdot 3}$	N

Die e_{ii}-Werte werden hier nach der Regel Zeilensumme (i) × Spaltensumme (i)/N bestimmt, also einer Regel, die wir schon auf S. 76 kennengelernt haben. Ein e_{ii}-Wert gibt an, wie viele Urteilsübereinstimmungen in Kategorie i zu erwarten wären, wenn die beiden Urteiler rein zufällig urteilen würden, so daß die Urteile stochastisch unabhängig wären.

Mit p_0 und p_e ermittelt man nach folgender Gleichung den Kappa-Koeffizienten:

$$\kappa = \frac{p_0 - p_e}{1 - p_e} \tag{6.3}$$

Kappa kann sinnvollerweise nur 1 werden, wenn $p_0 = 1$ ist, wenn also alle Objekte übereinstimmend beurteilt werden. Kappa wird 0, wenn $p_o = p_e$ ist bzw. wenn die übereinstimmenden Urteile der Zufallserwartung entsprechen.

Auch negative Kappa-Werte sind möglich. Der höchste negative Wert beträgt $-1/(k-1)$ unter der Voraussetzung, daß alle Randsummen gleich groß sind. Der Wert -1 kann theoretisch also nur für $k = 2$ (Alternativmerkmal) erzielt werden. Bei negativen Kappa-Werten liegt p_0 unter der Zufallserwartung. Dieser Fall könnte beispielsweise eintreten, wenn die Urteiler sich bewußt darum bemühen, keine übereinstimmenden Urteile abzugeben.

Ein exakter Test für Kappa ist unseres Wissens derzeit nicht bekannt. Bei genügend großen Stichproben ($e_{ij} > 5$) ist Kappa bei Gültigkeit von H_0 asymptotisch um Null normalverteilt mit einer Streuung von (vgl. Fleiss, 1973):

$$\sigma(\kappa) = \sqrt{\frac{p_e + p_e^2 - \sum_{i=1}^{k} p_{i\cdot} \cdot p_{\cdot i} \cdot (p_{i\cdot} + p_{\cdot i})}{N \cdot (1 - p_e)^2}} \tag{6.4}$$

mit $p_{i\cdot} = f_{i\cdot}/N$ und $p_{\cdot i} = f_{\cdot i}/N$

Für die Signifikanzüberprüfung von Kappa berechnet man

$$u = \frac{\kappa}{\sigma(\kappa)} \tag{6.5}$$

und bewertet u zufallskritisch anhand Tafel A.

Beispiel 6.1. Verwahrlosung, Neurose oder Psychose?

Problem. 2 Jugendpsychiater A und B klassifizieren aufgrund von Anamnese und Katamnese N = 100 jugendliche Patienten als verwahrlost (V), neurotisch (N) oder psychotisch (P). Es soll überprüft werden, ob die Beurteilungen überzufällig übereinstimmen.

Nullhypothese. Die Übereinstimmungsrate der Beurteilungen liegt im Zufallsbereich.

Alternativhypothese. Es besteht eine positive Konkordanz zwischen den Beurteilungen (*gerichtete* H_1).

Signifikanzniveau. $\alpha = 0,05$.

Testwahl. Es geht um die Übereinstimmung der Urteile von 2 Beurteilern. Da die Urteile kategorialer Art sind, wählen wir das *Kappa-Maß von Cohen*.

Testanwendung. Tabelle 6.2 zeigt, wie die beiden Psychiater geurteilt haben.

Der Tabelle ist z. B. zu entnehmen, daß Psychiater A 65 Jugendliche und Psychiater B 60 Jugendliche für verwahrlost hält, und daß 53 Jugendliche von beiden Psychiatern übereinstimmend als verwahrlost klassifiziert werden. Wir errechnen nach Gl. 6.1

$$p_0 = \frac{53 + 14 + 3}{100} = 0,700$$

und nach Gl. 6.2

$$p_e = \frac{60 \cdot 65 + 30 \cdot 25 + 10 \cdot 10}{100^2} = 0,475$$

Es resultiert also nach Gl. 6.3

$$\kappa = \frac{0,700 - 0,475}{1 - 0,475} = 0,429$$

Als nächstes bestimmen wir den Summenausdruck im Zähler von Gl. 6.4

$$0,60 \cdot 0,65 \cdot (0,60 + 0,65) + 0,30 \cdot 0,25 \cdot (0,30 + 0,25)$$
$$+ 0,10 \cdot 0,10 \cdot (0,10 + 0,10) = 0,531$$

Damit ergibt sich für die Streuung von Kappa

$$\sigma(\kappa) = \sqrt{\frac{0,475 + 0,475^2 - 0,531}{100 \cdot (1 - 0,475)^2}} = \sqrt{\frac{0,170}{27,563}} = 0,079$$

Man erhält also über Gl. 6.5

$$u = \frac{0,429}{0,079} = 5,43$$

Entscheidung. Tafel A entnehmen wir $u_{crit} = 1,65 < 5,43$, d. h. die H_0 ist zu verwerfen.

Interpretation. Zwischen den diagnostischen Klassifikationen der beiden Psychiater besteht eine mäßige, aber statistisch signifikante Übereinstimmung.

Tabelle 6.2. Daten für die Berechnung eines Kappa-Koeffizienten

		Psychiater A			
		V	N	P	$f_{i.}$
Psychiater B	V	53	5	2	60
	N	11	14	5	30
	P	1	6	3	10
	$f_{.i}$	65	25	10	N = 100

Hinweis. Auf dieses Beispiel werden wir auf S. 278 noch einmal zurückkommen.

6.1.2
Der Kappa-Koeffizient von Fleiss für mehrere Beurteiler

Zielsetzung

> Beurteilen mehr als 2 Beurteiler N Objekte bezüglich eines kategorialen Merkmals (beispielsweise ein aus 3 Ärzten bestehendes Expertenteam, das bei Krebspatienten über die bestmögliche Behandlungsform – Operation, Bestrahlung oder Chemotherapie – zu befinden hat), kann man mit dem κ_m-Koeffizienten von Fleiss (1971) die Güte der Urteilerübereinstimmung ermitteln und überprüfen.

Durchführung

N Objekte (z. B. Patienten) werden von m Beurteilern (z. B. Ärzte) jeweils einer Kategorie eines k-stufigen Merkmals (z. B. einer von k Diagnosen) zugeordnet. Es wird nun zunächst pro Objekt i (i = 1,..., N) ausgezählt, wie viele Urteiler für dieses Objekt Kategorie j wählten (j = 1,..., k). Wir bezeichnen diese Häufigkeiten mit n_{ij}. Das Objekt i wurde übereinstimmend beurteilt, wenn für eine Kategorie j $n_{ij} = m$ ist, wenn also *alle* Urteiler für das Objekt i Kategorie j wählten. Verteilen sich die Urteile über alle k Kategorien, ist die Übereinstimmung schlecht.

Fleiss hat nun für die *Güte der Urteilerübereinstimmung* bei einem Objekt i folgenden Kennwert definiert:

$$P_i = \frac{\sum_{j=1}^{k} n_{ij} \cdot (n_{ij} - 1)}{m \cdot (m - 1)} \tag{6.6}$$

P_i relativiert die Anzahl der *Urteilerpaare*, die in ihren Urteilen übereinstimmen, an der maximal möglichen Anzahl von übereinstimmenden Urteilerpaaren. Bei z. B. m = 5 Urteilern können theoretisch $\binom{5}{2} = 5 \cdot 4/2 \cdot 1 = 10$ Urteilerpaare identisch urteilen. Wenn nun 3 Urteiler Kategorie 1 und 2 Urteiler Kategorie 2 gewählt haben, ergeben sich $3 \cdot 2/2 = 3$ Paare für Kategorie 1 und $2 \cdot 1/2 = 1$ Paar für Kategorie 2, also insgesamt 4 Paare mit identischen Urteilen. Der P_i-Wert für dieses Objekt würde also $P_i = 4/10 = 0,4$ betragen. Diesen Wert errechnet man auch über Gl. 6.6: $P_i = (3 \cdot 2 + 2 \cdot 1)/5 \cdot 4 = 0,4$.

Als nächstes berechnen wir den Durchschnitt aller P_i-Werte.

$$\bar{P} = \frac{\sum_{i=1}^{N} P_i}{N} \tag{6.7}$$

$\bar{P}$ gibt die Wahrscheinlichkeit an, mit der ein beliebiges Urteilerpaar im Durchschnitt identisch geurteilt hat.

Die Wahrscheinlichkeit $\bar{P}_e$, daß ein beliebiges Urteilerpaar zufällig übereinstimmend urteilt, wird nach Fleiss (1971) wie folgt berechnet: Man bestimmt zunächst den Anteil p_j aller Urteile, die auf die Kategorie j entfallen

$$p_j = \frac{\sum_{i=1}^{N} n_{ij}}{N \cdot m} \tag{6.8}$$

Die Wahrscheinlichkeit, daß 2 Urteiler (also ein Urteilerpaar) unabhängig voneinander dieselbe Kategorie j wählen, ergibt sich nach dem Multiplikationssatz der Wahrscheinlichkeiten (vgl. Abschn. 1.1.2) zu $p_j \cdot p_j = p_j^2$. Über alle k Kategorien summiert erhält man also für $\bar{P}_e$

$$\bar{P}_e = \sum_{j=1}^{k} p_j^2 \tag{6.9}$$

Das Übereinstimmungsmaß κ_m resultiert dann mit

$$\kappa_m = \frac{\bar{P} - \bar{P}_e}{1 - \bar{P}_e} \tag{6.10}$$

Ein exakter Test für κ_m ist derzeit unseres Wissens nicht bekannt. Die Streuung von κ_m läßt sich jedoch unter der Annahme zufälliger Übereinstimmungen (H_0) wie folgt schätzen:

$$\sigma(\kappa_m) = \sqrt{\frac{2}{N \cdot m \cdot (m-1)} \cdot \frac{\bar{P}_e - (2 \cdot m - 3) \cdot \bar{P}_e^2 + 2 \cdot (m-2) \cdot \sum_{j=1}^{k} p_j^2}{(1 - \bar{P}_e)^2}} \tag{6.11}$$

κ_m ist bei einem Erwartungswert von Null unter H_0 asymptotisch normalverteilt, so daß der folgende u-Wert anhand Tafel A zufallskritisch zu bewerten ist:

$$u = \frac{\kappa_m}{\sigma(\kappa_m)} \tag{6.12}$$

Beispiel 6.2. Ätiologische Probleme bei subakuter Hepatitis

Problem. Bei schwierigen Fällen bereitet die Ätiologie einer subakuten Hepatitis und damit eine sachgerechte Behandlung der Patienten Probleme. Es soll überprüft werden, ob Hepatitispatienten ärztlicherseits bezüglich der Ätiologie ihrer Krankheit übereinstimmend diagnostiziert werden.

Versuchsplan. $m = 4$ Internisten werden gebeten, anhand der medizinischen Untersuchungsergebnisse von $N = 15$ Hepatitispatienten (Befragung, körperliche Untersuchung, Labortechnik, Leberbiopsie) unabhängig voneinander zu entscheiden, bei welchen Patienten die Erkrankung durch (1) eine Virusinfektion, (2) durch Alkoholabusus oder (3) durch eine Gallenabflußstauung (Gallenstein) verursacht wurde. Die Zuordnung der Patienten zu den $k = 3$ Diagnosekategorien zeigt Tabelle 6.3 (weiter unten).

Nullhypothese. Die Internisten urteilen nicht bzw. nur zufällig übereinstimmend.

Alternativhypothese. Es besteht eine positive Übereinstimmung in den ärztlichen Urteilen (*gerichtete* H_1).

Signifikanzniveau. Um eine sachgerechte Behandlung der Patienten sicherzustellen, ist eine hohe Übereinstimmung zu fordern. Wir setzen deshalb $\alpha = 0{,}01$.

Testwahl. Es geht um die Überprüfung der Übereinstimmung von $m = 4$ Urteilern bei der Beurteilung von $N = 15$ Objekten bezüglich eines kategorialen Merkmals mit $k = 3$ Stufen. Hierfür stellt der κ_m-Koeffizient von Fleiss ein geeignetes Maß dar.

Testanwendung. Tabelle 6.3 entnehmen wir beispielsweise, daß die Hepatitis beim ersten Patienten von 2 Ärzten auf eine Virusinfektion und von 2 Ärzten auf Alkohol zurückgeführt wird.

Der Spalte P_i ist zu entnehmen, wie gut die ärztlichen Urteile bei den einzelnen Patienten übereinstimmen. Der höchste Wert ($P_i = 1$) wird erzielt, wenn alle Ärzte dieselbe Diagnose stellen. Beim 14. Patienten besteht die geringste Übereinstimmung ($P_{14} = 0{,}17$).

Die durchschnittliche Übereinstimmung beträgt $\bar{P} = 0{,}69$. Diese Zahl besagt, daß 2 zufällig herausgegriffene und voneinander unabhängig urteilende Ärzte bei der Klassifikation der Patienten zu 69% in ihren Urteilen übereinstimmen.

Auch hier müssen wir jedoch in Rechnung stellen, daß eine gewisse Urteilsübereinstimmung rein zufällig zustande kommen kann. Würde ein Arzt die Patienten nach Zufall beurteilen, ergäbe sich auf der Basis der vorliegenden Ergebnisse, d. h. bei festliegenden Spaltensummen, für die

Kategorie 1 nach Gl. 6.8 eine Wahrscheinlichkeit von $p_1 = 23/15 \cdot 4 = 0,38$. Gemäß dem Multiplikationstheorem der Wahrscheinlichkeiten erzielen damit 2 voneinander unabhängige Urteiler mit einer Wahrscheinlichkeit von $0,38 \cdot 0,38$ übereinstimmende Urteile in Kategorie 1.

Die Wahrscheinlichkeit, daß Kategorie 2 von einem Urteiler zufällig gewählt wird, ergibt sich zu $27/15 \cdot 4 = 0,45$ und für Kategorie 3 erhalten wir $10/15 \cdot 4 = 0,17$. Wir errechnen also nach Gl. 6.9

$$\bar{P}_e = 0,38^2 + 0,45^2 + 0,17^2 = 0,38$$

Diese Zahl besagt, daß ein beliebiges Ärztepaar bei zufälligem Urteil insgesamt 38% übereinstimmende Urteile abgibt.

Nun können wir über Gl. 6.10 κ_m berechnen:

$$\kappa_m = \frac{0,69 - 0,38}{1 - 0,38} = 0,50$$

Für den Signifikanztest benötigen wir die Streuung von κ_m bei Gültigkeit von H_0. Sie lautet nach Gl. 6.11

$$\sigma(\kappa_m)$$

$$= \sqrt{\frac{2}{15 \cdot 4 \cdot 3} \cdot \frac{0,38 - (2 \cdot 4 - 3) \cdot 0,38^2 + 2 \cdot (4 - 2) \cdot (0,38^2 + 0,45^2 + 0,17^2)}{(1 - 0,38)^2}}$$

$$= \sqrt{0,0111 \cdot \frac{0,258}{0,3844}} = \sqrt{0,0075} = 0,086$$

Damit ergibt sich nach Gl. 6.12

$$u = \frac{0,50}{0,086} = 5,81$$

Entscheidung. Der kritische u-Wert lautet gemäß Tafel A für $\alpha = 0,01$ und bei einseitigem Test $u_{crit} = 2,33 < 5,81$; die H_0 ist also zu verwerfen.

Interpretation. Zwar ist die Übereinstimmung der Ärzteurteile nicht perfekt; dennoch ist davon auszugehen, daß die Übereinstimmungen weit überzufällig sind. Die Übereinstimmungsrate beträgt 69% bei einer Zufallserwartung von 38%.

Übereinstimmung pro Urteilskategorie

Gelegentlich stellt sich die Frage nach der Übereinstimmung der Urteile in den einzelnen Urteilskategorien. In Beispiel 6.2 (Ätiologische Probleme bei subakuter Hepatitis) könnte interessieren, bei welcher der 3 Ursachen – Vi-

Tabelle 6.3. Daten für die Berechnung von κ_m

Patient Nr.	Virus (1)	Alkohol (2)	Gallenstein (3)	P_i
1	2	2	0	0,33
2	1	3	0	0,50
3	0	0	4	1,00
4	3	0	1	0,50
5	4	0	0	1,00
6	1	3	0	0,50
7	4	0	0	1,00
8	0	4	0	1,00
9	0	3	1	0,50
10	0	4	0	1,00
11	2	2	0	0,33
12	0	4	0	1,00
13	1	0	3	0,50
14	1	2	1	0,17
15	4	0	0	1,00
	23	27	10	$\bar{P} = 0{,}69$

rus, Alkohol oder Gallenstein – die Ärzte die höchste Übereinstimmung erzielen. Auch diese Problematik wurde von Fleiss (1973) bearbeitet.

Man berechnet zunächst pro Urteilskategorie folgenden $\bar{P}$-Wert:

$$\bar{P}_j = \frac{\sum_{i=1}^{N} n_{ij} \cdot (n_{ij} - 1)}{(m - 1) \cdot \sum_{i=1}^{N} n_{ij}} \tag{6.13}$$

Hiermit ergibt sich über folgende Gleichung der kategorienspezifische κ_j-Wert:

$$\kappa_j = \frac{\bar{P}_j - p_j}{1 - p_j} \tag{6.14}$$

Hierbei ist p_j der Anteil aller Urteile in Kategorie j, den wir über Gl. 6.8 berechnen. (Zur Theorie vgl. Bortz, Lienert & Boehnke, 1990, S. 463 f.).

Hat man alle k κ_j-Werte bestimmt, kann man den gesamten κ_m-Wert auch wie folgt berechnen:

$$\kappa_m = \frac{\sum_{j=1}^{k} \kappa_j \cdot p_j \cdot (1 - p_j)}{\sum_{j=1}^{k} p_j \cdot (1 - p_j)} \tag{6.15}$$

Für die κ_j-Werte existiert ebenfalls ein asymptotischer Signifikanztest, über den bei Bortz, Lienert & Boehnke (1990, S. 464 f.) berichtet wird.

Datenrückgriff. Zur Veranschaulichung dieses Ansatzes verwenden wir erneut die Daten der Tabelle 6.3. Wir wollen errechnen, wie gut die Arzturteile in den Kategorien „Virus", „Alkohol" und „Gallenstein" übereinstimmen.
   Für die 1. Kategorie errechnen wir zunächst nach Gl. 6.13

$$\bar{P}_1 = \frac{2 \cdot 1 + 1 \cdot 0 + ... + 4 \cdot 3}{(4-1) \cdot (2 + 1 + ... + 4)} = \frac{46}{3 \cdot 23} = 0{,}67$$

Wegen $p_1 = 0{,}38$ erhält man also nach Gl. 6.14

$$\kappa_1 = \frac{0{,}67 - 0{,}38}{1 - 0{,}38} = 0{,}47$$

Nach dem gleichen Verfahren errechnen wir für die beiden übrigen Kategorien

$$\bar{P}_2 = 0{,}74; \quad \bar{P}_3 = 0{,}60$$

und damit

$$\kappa_2 = \frac{0{,}74 - 0{,}45}{1 - 0{,}45} = 0{,}53$$

$$\kappa_3 = \frac{0{,}60 - 0{,}17}{1 - 0{,}17} = 0{,}52$$

Kontrolle gemäß Gl. 6.15:

$$\kappa_m = \frac{0{,}47 \cdot 0{,}38 \cdot (1-0{,}38) + 0{,}53 \cdot 0{,}45 \cdot (1-0{,}45) + 0{,}52 \cdot 0{,}17 \cdot (1-0{,}17)}{0{,}38 \cdot (1-0{,}38) + 0{,}45 \cdot (1-0{,}45) + 0{,}17 \cdot (1-0{,}17)}$$

$$= \frac{0{,}31}{0{,}62} = 0{,}50$$

Die *kategorienspezifischen κ-Werte* unterscheiden sich also nur wenig. Will man dennoch differentiell interpretieren, wäre zu folgern, daß sich die Ärzte bei der Ursache „Virus" am wenigsten, und bei der Ursache „Alkohol" am meisten einig sind. Der Kliniker wird erwartet haben, daß die steinleidensbedingten Hepatitiden wegen ihrer bei vielen Patienten auftretenden Koliken zu höchster Konkordanz führen. Eine Nachbefragung ergab jedoch den zwingenden Grund für die „Alkoholkonkordanz": Die wiederholt erhobenen und stets positiven Nüchternalkoholwerte im Blutserum.

6.2
Urteilerübereinstimmung bei Rangdaten

In Abschn. 6.1 gingen wir davon aus, daß die Urteiler jedes von N Objekten einer von k Kategorien eines kategorialen Merkmals zuordnen. Die Aufgabe der Urteiler lautet nun, N Objekte (z. B. Patienten) bezüglich eines vorgegebenen Merkmals (z. B. Dringlichkeit einer Operation) in eine Rangreihe zu bringen. Will man ermitteln, wie gut die Rangreihen übereinstimmen, kann man hierfür den Konkordanzkoeffizienten W von Kendall (1970) berechnen und auf Signifikanz prüfen. Dieses Verfahren wird im Abschn. 6.2.2 behandelt.

Zuvor jedoch wollen wir uns einer weiteren Variante des κ-Maßes zuwenden, das auf ordinal gestufte Urteilskategorien anzuwenden ist: dem „weighted-kappa"-Koeffizienten von Cohen (1968).

6.2.1
Der „weighted-kappa"-Koeffizient von Cohen

Zielsetzung

Bei den bisher behandelten Kappa-Varianten wurde lediglich unterschieden, ob die Urteiler übereinstimmende oder nichtübereinstimmende Urteile abgeben. Bei nicht übereinstimmenden oder *diskordanten* Urteilen ist man jedoch häufig in der Lage, zwischen weniger gravierenden und sehr gravierenden Diskordanzen zu unterscheiden. Wenn beispielsweise ein Allgemeinmediziner bei der Diagnose eines Hautausschlags ein Arzneimittelexanthem mit einem rheumatischen Exanthem verwechselt, so ist dies weit weniger folgenreich, als wenn er ein syphilitisches Exanthem (des „2. Stadiums einer Lues") nicht als solches erkennt. Übertragen auf die Übereinstimmungsproblematik bedeutet dies, daß diskordante Urteile zweier Ärzte von der Art „Allergie und Lues" sehr viel höher zu gewichten (zu „bestrafen") wären als Diskordanzen wie „Allergie und Rheuma".

Genau dies – Bedeutung und Folgen einer diskrepanten Fehldiagnose – wird beim „weighted-kappa"-Maß (κ_W) von Cohen (1968) berücksichtigt. Die Festlegung von Diskrepanzgewichten setzt allerdings voraus, daß die zur Auswahl stehenden Kategorien (z. B. Diagnosen) bezüglich eines relevanten Außenkriteriums Rangskalencharakter haben (z. B. mehr oder weniger lebensbedrohlich, mehr oder weniger juckreizbelastend, mehr oder weniger verlaufsfolgenschwer). Außerdem ist es erforderlich, daß die Diskrepanzgewichte vor der Untersuchung – wenn möglich durch einen Konsensbeschluß von Experten – festgelegt werden.

Durchführung

Das im folgenden behandelte κ_W-Maß bezieht sich auf die Urteile von 2 Beurteilern (Zur Verallgemeinerung auf $m > 2$ Beurteiler vgl. Bortz, Lienert & Boehnke, 1990, S. 488). Die Urteile der 2 Beurteiler werden zunächst in eine Datenmatrix nach Art der Tabelle 6.2 eingetragen. Jede Zelle dieser $k \times k$-Tafel erhält nun ein *Diskrepanzgewicht* v_{ij}, wobei $v_{ij} = v_{ji}$ gesetzt wird. Die Diskrepanzgewichte können im Prinzip beliebige Zahlen sein; sie sollten jedoch aus Gründen der Vergleichbarkeit im Intervall 0 bis 1 liegen. Übereinstimmende Urteile, also die in der Diagonale der $k \times k$-Tafel eingetragenen Häufigkeiten, erhalten das Gewicht 0. Die diskrepanten Urteile (nichtdiagonale Häufigkeiten) werden umso höher gewichtet, je weiter die entsprechenden Kategorien voneinander „entfernt" sind. Die maximal mögliche Diskrepanz wird mit 1 gewichtet.

Hat man die Gewichte bestimmt, berechnet man κ_W wie folgt:

$$\kappa_W = 1 - \frac{\sum_{i=1}^{k} \sum_{j=1}^{k} v_{ij} \cdot f_{ij}}{\sum_{i=1}^{k} \sum_{j=1}^{k} v_{ij} \cdot e_{ij}} \tag{6.16}$$

f_{ij} sind hierbei die beobachteten Häufigkeiten der $k \times k$-Tafel und e_{ij} die über Gl. 2.13 berechneten erwarteten Häufigkeiten.

Sind alle Felder außerhalb der Leitdiagonale leer ($f_{ij} = 0$ mit $i \neq j$), dann ist die Zählersumme $= 0$ und $\kappa_W = 1$; alle N Objekte wurden von den beiden Urteilern gleich beurteilt und füllen die Diagonalfelder f_{ii} der $k \times k$-Tafel (perfekte Übereinstimmung). Verteilen sich die N beurteilten Objekte auf die Felder gemäß ihrer erwarteten Häufigkeiten unter H_0 (Zufallszuordnung der N Objekte zu den $k \times k$ Feldern bei festen Randsummen), dann ist die Zählersumme gleich der Nennersumme und $\kappa_W = 0$. (Negative κ_W-Werte sind möglich, jedoch ohne praktische Bedeutung; sie entsprechen einer gegensinnigen Beurteilung.)

Der κ_W-Koeffizient ist unter H_0 (Zufallsurteile) über einen Erwartungswert von Null mit einer Streuung von

$$\sigma(\kappa_W) = \sqrt{\frac{N \cdot \sum_{i=1}^{k} \sum_{j=1}^{k} v_{ij}^2 \cdot e_{ij} - \left(\sum_{i=1}^{k} \sum_{j=1}^{k} v_{ij} \cdot e_{ij} \right)^2}{N \cdot \left(\sum_{i=1}^{k} \sum_{j=1}^{k} v_{ij} \cdot e_{ij} \right)^2}} \tag{6.17}$$

asymptotisch normalverteilt. Sofern alle $e_{ij} > 5$ sind, kann ein beobachtetes κ_W über die Standardnormalverteilung nach

$$u = \frac{\kappa_W}{\sigma(\kappa_W)} \tag{6.18}$$

einseitig beurteilt werden. Der asymptotische Test ist auch bei $2 < e_{ij} < 5$, d. h. bei kleinen, aber annähernd gleich großen erwarteten Häufigkeiten zulässig.

Der Test nach Gl. 6.18 fällt in der Regel konservativ aus. Eine genauere, aber rechnerisch sehr viel aufwendigere Schätzung von σ (κ_W) geht auf Fleiss et al. (1969) zurück. Sie wird bei Bortz, Lienert & Boehnke (1990, S. 483 ff.) beschrieben.

Datenrückgriff. Zur Veranschaulichung von κ_W verwenden wir nochmals die Daten des Beispiels 6.1, in dem es darum ging, daß 2 Jugendpsychiater 100 Jugendliche nach den Kategorien Verwahrlosung (V), Neurose (N) und Psychose (P) zu klassifizieren hatten, wobei V, N und P zunehmende Schweregrade einer psychischen Störung darstellen. Wir wollen einmal annehmen, ein Expertengremium hätte sich vor der Untersuchung darauf geeinigt, daß die Diskordanz VP 4mal so stark zu gewichten sei wie die Diskordanz VN, und NP 2mal so stark wie VN.

Bezogen auf das 0/1-Intervall sind also folgende Gewichte zu vergeben:
- VN: 0,25,
- NP: 0,50,
- VP: 1.

Konkordante Urteile (VV, NN, PP) werden mit 0 gewichtet.

In Tabelle 6.4 sind noch einmal die beobachteten Häufigkeiten (f_{ij}) aufgeführt sowie die erwarteten Häufigkeiten (e_{ij}) und die Gewichte (v_{ij}).

Der e_{11}-Wert beispielsweise ergibt sich nach Gl. 2.13 zu $60 \cdot 65/100 = 39$. Wir berechnen zunächst

$$\sum_{i=1}^{k} \sum_{j=1}^{k} v_{ij} \cdot f_{ij} = 0 \cdot 53 + 0{,}25 \cdot 5 + \ldots + 0{,}5 \cdot 6 + 0 \cdot 3 = 12{,}5$$

und

$$\sum_{i=1}^{k} \sum_{j=1}^{k} v_{ij} \cdot e_{ij} = 0 \cdot 39 + 0{,}25 \cdot 15 + \ldots + 0{,}5 \cdot 2{,}5 + 0 \cdot 1 = 23{,}875$$

Damit ergibt sich für κ_W nach Gl. 6.16

$$\kappa_W = 1 - \frac{12{,}5}{23{,}875} = 0{,}48$$

Vergleichen wir diesen Wert mit dem in Beispiel 6.1 errechneten κ-Wert ($\kappa = 0{,}429$), ist festzustellen, daß κ_W größer ist als κ. Dies ist darauf zurückzuführen, daß stärker „bestrafte" (d. h. mit höherem Gewicht versehene) Diskordanzen seltener vorkommen als weniger stark „bestrafte" Diskordanzen, und gleichzeitig höher gewichtete Diskordanzen gemäß H_0 häufiger erwartet werden als Diskordanzen mit niedrigem Gewicht.

Für die Durchführung des Signifikanztests benötigen wir $\sigma(\kappa_W)$. Hierfür brauchen wir nur noch

Tabelle 6.4. Daten für die Berechnung von κ_W

		V	N	P	$f_{i\cdot}$
V	f_{ij}	53	5	2	60
	e_{ij}	39,0	15,0	6,0	
	v_{ij}	0	0,25	1,0	
N	f_{ij}	11	14	5	30
	e_{ij}	19,5	7,5	3,0	
	v_{ij}	0,25	0	0,5	
P	f_{ij}	1	6	3	10
	e_{ij}	6,5	2,5	1,0	
	v_{ij}	1,0	0,5	0	
$f_{\cdot j}$		65	25	10	N = 100

$$\sum_{i=1}^{k} \sum_{j=1}^{k} v_{ij}^2 \cdot e_{ij} = 0^2 \cdot 39 + 0{,}25^2 \cdot 15 + ... + 0{,}5^2 \cdot 2{,}5 + 0^2 \cdot 1{,}0 = 16{,}031$$

zu bestimmen. Eingesetzt in Gl. 6.17 erhält man

$$\sigma(\kappa_W) = \sqrt{\frac{100 \cdot 16{,}031 - 23{,}875^2}{100 \cdot 23{,}875^2}} = 0{,}13$$

Damit errechnen wir folgenden u-Wert:

$$u = \frac{0{,}48}{0{,}13} = 3{,}69$$

Dieser u-Wert ist gemäß Tafel A für $\alpha = 0{,}01$ bei einseitigem Test signifikant.

6.2.2
Der Konkordanz-Koeffizient von Kendall

Zielsetzung

Wenn 2 Urteiler N Objekte oder Individuen in eine Rangreihe bringen, können wir die Übereinstimmung der beiden Rangreihen über eine Rangkorrelation (Spearmans rho oder Kendalls tau) beschreiben und überprüfen. Hat man nun Rangreihen von mehr als 2 Urteilern erhoben (m > 2), wäre es eigentlich naheliegend, für die Übereinstimmung der m Rangreihen die durchschnittliche Rangkorrelation aller $\binom{m}{2}$ Rangkorrelationen zwischen je 2 Urteilern zu berechnen. Daß diese Vorgehensweise jedoch zu wenig plausiblen Resultaten führt, zeigen die folgenden Überlegungen:

Angenommen, $m = 2$ Beurteiler 1 und 2 bringen N Objekte in genau gegenläufige Rangreihen; es ergibt sich dann (z. B.) nach Spearman eine *Rangkorrelation* von $\rho_{12} = -1$. Nun nehmen wir einen 3. Beurteiler 3 hinzu, der mit dem 1. Beurteiler voll übereinstimmt, so daß ein $\rho_{13} = +1$ resultiert. Dieser 3. Beurteiler muß aber notwendigerweise mit dem 2. Beurteiler zu $\rho_{23} = -1$ übereinstimmen. Mittelt man diese 3 rho-Koeffizienten, erhält man eine durchschnittliche Übereinstimmung von $\bar{\rho} = -0,33$. Dieser Wert ist aber unplausibel, denn wenn von 3 Beurteilern 2 völlig übereinstimmen, und nur der dritte eine gegenteilige Rangordnung produziert, bedeutet dies doch offenbar eine positive und keine negative Übereinstimmung zwischen den 3 Rangreihen! Aus diesen Überlegungen folgt, daß der durchschnittliche Rangkorrelationskoeffizient zwischen Paaren von Rangreihen kein optimales Übereinstimmungsmaß ist. Es bedarf einer anderen Definition von Rangreihenübereinstimmung bzw. *Konkordanz*.

Die erste Frage zur Definition eines ordinalen Konkordanzmaßes lautet: Welchen Skalenbereich soll ein Konkordanzmaß umfassen? Es ist unmittelbar evident, daß volle Übereinstimmung der m Rangreihen einer Konkordanz von +1 entsprechen soll. Welchen Wert soll nun aber volle Diskordanz annehmen? Überlegen wir uns die Antwort auf diese Frage anhand eines extremen Beispiels: Wenn von $m = 4$ Beurteilern 2 in der einen und die übrigen 2 in der Gegenrichtung urteilen, dann entspricht dies intuitiv betrachtet einer Konkordanz von 0 (einer perfekten Diskordanz also). Wenn nun zu den 4 Beurteilern ein weiterer (fünfter) hinzukommt, so muß er mit einer der beiden Zweiergruppen von Beurteilern mehr übereinstimmen als mit der anderen, wodurch sich die Konkordanz in positive Richtung ändert.

> Wir suchen also ein Konkordanzmaß, das zwischen den Grenzen 0 und 1 variiert, wobei wir davon ausgehen, daß die N Individuen eine eindimensionale Rangordnung bilden, diese Ordnung aber nicht bekannt ist und von den m Beurteilern geschätzt werden soll. Für die Güte der Übereinstimmung von m Rangreihen haben Kendall & Babington-Smith erstmals 1939 einen Konkordanz-Koeffizienten W entwickelt, der als Verallgemeinerung des Kendallschen tau gelten kann (vgl. Kendall, 1970).

Durchführung

Wenn m Urteiler einheitlich ein Individuum A auf Rangplatz 1 setzen, ergibt sich für dieses Individuum eine Rangsumme von $T_A = 1 \cdot m = m$. Erhält Individuum B von allen Urteilern Rangplatz 2, resultiert eine Rangsumme von $T_B = 2 \cdot m$. Wenn auch die übrigen Individuen einheitlich plaziert werden, die Rangreihen also perfekt übereinstimmen, erhält man als Rangsummen die Werte m, $2 \cdot m$, $3 \cdot m$... usw. bis hin zum letzten, dem N-ten Individuum mit der Rangsumme $N \cdot m$.

Wenn nun – wie im oben genannten Beispiel – die Hälfte der Urteiler in der einen und die andere in der Gegenrichtung urteilt, entspricht jede Rangsumme dem Durchschnitt aller Rangsummen. Diese ergibt sich zu

$$\bar{T} = \frac{m + 2 \cdot m + \ldots + N \cdot m}{N} = \frac{m \cdot \sum_{i=1}^{N} i}{N} = \frac{m}{N} \cdot \frac{N \cdot (N+1)}{2} = \frac{m}{2} \cdot (N+1) \quad (6.19)$$

Bei identischen Rangsummen ($T_i = \bar{T}$) ist die Diskordanz der Rangreihen maximal. (Man beachte, daß identische Rangsummen nur unter der Voraussetzung möglich sind, daß m geradzahlig ist).

Offenbar ist also die Ähnlichkeit der Rangsummen ein entscheidender Indikator für die Höhe der Konkordanz bzw. Diskordanz der Rangreihen. Bei maximal unähnlichen Rangsummen ist die Konkordanz perfekt und bei maximal ähnlichen Rangsummen besteht maximale Diskordanz. Wir benötigen deshalb eine Maßzahl, mit der wir die Ähnlichkeit der Rangsummen numerisch beschreiben können. Dies ist das Devianzmaß bzw. die *Quadratsumme der Rangsummen* (QSR):

$$QSR = \sum_{i=1}^{N} (T_i - \bar{T})^2 = \sum_{i=1}^{N} T_i^2 - \left(\sum_{i=1}^{N} T_i \right)^2 / N \quad (6.20)$$

Setzen wir in Gl. 6.20 die Rangsummen für perfekte Konkordanz ein (m, $2 \cdot m, \ldots, N \cdot m$), läßt sich zeigen, daß folgende *maximale Quadratsumme* (max. QSR) resultiert:

$$\max. QSR = m^2 \cdot (N^3 - N)/12 \quad (6.21)$$

An dieser maximalen Quadratsumme ist nun die empirisch beobachtete Quadratsumme zu relativieren. Das Resultat ist der *Konkordanzkoeffizient* W.

$$W = \frac{QSR}{\max. QSR} = \frac{12 \cdot QSR}{m^2 \cdot (N^3 - N)} \quad (6.22)$$

W erreicht bei perfekter Konkordanz den Wert 1 und bei maximaler Diskordanz (bzw. bei identischen Rangsummen) den Wert 0. Bei zufälligen Rangreihen (H_0) erwarten wir für W den Wert 1/m.

Als Prüfgröße für den exakten Test von W ist die Quadratsumme QSR definiert. Kritische QSR-Werte für maximal 20 Urteiler und maximal 7 Objekte findet man in Tafel R. Die kritischen Werte müssen für einen Signifikanznachweis erreicht oder überschritten werden.

Für den asymptotischen Test ($N > 7$) bestimmt man folgende, unter H_0 χ^2-verteilte Prüfgröße:

$$\chi_r^2 = m \cdot (N - 1) \cdot W \quad (6.23)$$

mit Fg = N–1.

Dieser Test ist insoweit einseitig, als nur bei überzufällig großen χ_r^2-Werten auf vorhandene Konkordanz geschlossen werden kann. Die Frage, ob ein kleiner W-Wert den erwarteten Wert von 1/m signifikant unterschreitet (was auf eine „signifikante Diskordanz" schließen ließe), wird üblicherweise nicht gestellt.

Treten in einer oder mehreren der m Rangreihen Rangbindungen auf, ist der Konkordanz-Koeffizient geringfügig zu korrigieren. Hierüber wird bei Bortz, Lienert & Boehnke (1990, S. 469) berichtet.

Beispiel 6.3. EKG nach einem überstandenen Herzinfarkt

Problem. Es soll überprüft werden, ob Kardiologen in der Lage sind, den Schweregrad eines überstandenen Herzinfarkts anhand des 4 Wochen später nach Geweberestitution aufgenommenen EKG übereinstimmend zu beurteilen.

Versuchsplan. m = 3 Kardiologen wurden gebeten, N = 6 Infarktpatienten aufgrund ihres EKG unabhängig voneinander in eine Rangreihe bezüglich der Schwere des Herzinfarkts zu bringen (Rangplatz 1: schwächster Infarkt; Rangplatz 6: schwerster Infarkt). Tabelle 6.5 zeigt die Ergebnisse.

Nullhypothese. Die Rangreihen stimmen nur zufällig überein.

Alternativhypothese. Die Rangreihen der Kardiologen sind konkordant (*gerichtete* H_1).

Signifikanzniveau. $\alpha = 0,05$.

Testwahl. Es soll die Übereinstimmung von 3 Rangreihen ermittelt werden. Das hierfür einschlägige Übereinstimmungsmaß ist *Kendalls Konkordanz-Koeffizient W.*

Testanwendung. Den Rangreihen in Tabelle 6.5 ist beispielsweise zu entnehmen, daß Patient A von 2 Kardiologen auf Rangplatz 1 und von einem Kardiologen auf Rangplatz 2 gesetzt wurde.

Die Rangsummen addieren sich zu $4+14+\ldots+8 = 63$ und die quadrierten Rangsummen zu $4^2+14^2+\ldots+8^2 = 751$. Damit ergibt sich nach Gl. 6.20

$$QSR = 751 - 63^2/6 = 89,5$$

Für die maximale Quadratsumme errechnen wir nach Gl. 6.21

$$\max. QSR = 3^2 \cdot (6^3 - 6)/12 = 157,5$$

so daß über Gl. 6.22

$$W = \frac{89,5}{157,5} = 0,57$$

resultiert.

Entscheidung. Für den exakten Test mit $m = 3$, $N = 6$ und $\alpha = 0,05$ entnehmen wir Tafel R einen kritischen QSR-Wert von $QSR_{crit} = 103,9 > 89,5$. Die H_0 kann nicht zugunsten von H_1 verworfen werden.

Interpretation. Es ist nicht auszuschließen, daß ein mittelhoher Konkordanz-Koeffizient von $W = 0,57$ wegen des kleinen $N = 6$ dennoch auf zufällige Übereinstimmungen der Rangreihen zurückzuführen ist. Offenbar ist die Information aus dem EKG nicht ausreichend, um post hoc die Schwere der Infarkte aus einem EKG zu beurteilen. Vielleicht sollte die Zeit bis zu seiner T-Wellen-Absenkung (in Tagen) gemessen und als Kriterium benutzt werden (was tägliche EKG-Aufnahmen erfordert und daher unökonomisch ist). Auch eine Isoenzymdiagnostik gäbe Zusatzinformationen für eine höhere Konkordanz.

Asymptotischer Test: Zu Demonstrationszwecken führen wir auch den asymptotischen Test durch. Nach Gl. 6.23 ergibt sich

$$\chi_r^2 = 3 \cdot (6 - 1) \cdot 0,57 = 8,55$$

Dieser Wert ist für $Fg = 6 - 1 = 5$ gemäß Tafel B ebenfalls nicht signifikant.

Tabelle 6.5. Daten für die Berechnung von Kendalls W

Kardiologe Nr.	Patienten					
	A	B	C	D	E	F
1	1	6	3	2	5	4
2	1	5	6	2	4	3
3	2	3	6	5	4	1
Rangsummen (T_i):	4	14	15	9	13	8

Hinweise

Statt den Schweregrad einer Erkrankung zu beurteilen, kann auch – z. B. bei Psychosen – die Dosierungskonkordanz eines Antipsychotikums beurteilt werden. Auch die Remissionskonkordanz spielt eine klinisch bedeutsame Rolle, da von ihr der Entlassungstermin abhängt und damit auch die postklinische Suizidgefährdung der Patienten. All diese Entscheidungen sollten im Konkordanzverfahren mit hohem W erfolgen.

7 Verteilungsfreie Sequentialstatistik

Sequenzanalytische Tests zeichnen sich gegenüber nichtsequentiellen Tests der bislang behandelten Art durch die folgenden Besonderheiten aus.

Besonderheiten sequenzanalytischer Tests:

- Die Beobachtungen werden nicht „simultan", sondern nacheinander (sequentiell) erhoben, bis ein Stichprobenumfang n erreicht ist, der gerade ausreicht, um eine statistische Entscheidung zu fällen. (Anders als bisher kennzeichnen wir den Stichprobenumfang in der Sequentialstatistik nicht mit N, sondern – als eine nicht exakt vorhersagbare Größe – mit n.)
- Neben dem Risiko 1. Art wird auch das Risiko 2. Art numerisch als α und β festgelegt, wobei $\alpha + \beta < 1$ das Gesamtrisiko einer falschen Entscheidung durch den Sequentialtest ergibt.
- Während der nicht-sequentielle Test üblicherweise den zu prüfenden Parameter (z. B. den Populationsmedian) nur unter der Nullhypothese (H_0) fixiert, wird er im sequentiellen Test auch unter der Alternativhypothese (H_1) festgelegt, und zwar nach dem Erfordernis der praktischen Bedeutsamkeit. Damit ist gewährleistet, daß auch Entscheidungen zugunsten von H_0 mit einer vorher festgelegten Irrtumswahrscheinlichkeit (β) abgesichert werden können. Die klinisch als bedeutsam erachtete Differenz zwischen dem H_0- und dem H_1-Parameter bezeichnen wir als *Effektgröße* (Δ).

Die Sequenzanalyse nach Wald (1944) basiert also auf folgendem Grundkonzept: Wenn wir neben dem Risiko I (H_0 zu verwerfen, obwohl sie gilt) auch das *Risiko II* (H_0 beizubehalten, obwohl sie falsch ist) sowie eine Effektgröße Δ vor der Untersuchung festlegen, sichert man sich den Vorteil höchstmöglicher Versuchsökonomie: Man braucht jeweils nur so viele Beobachtungen sequentiell aus einer als zeitlich konstant (stationär) angenommenen Grundgesamtheit zu entnehmen, als zur Fällung einer Entscheidung zugunsten von H_0 oder H_1 notwendig sind. Dieser Vorteil macht sich v. a. dann bezahlt, wenn die Beobachtungen kostspielig oder zeitraubend sind, aber auch, wenn nur wenige Beobachtungen in begrenzten Zeiträumen spontan anfallen (wie seltene Erkrankungen).

Der folgende Text behandelt den sequentiellen Binomialtest (Abschn. 7.1) sowie eine sequentielle Testvariante für die Zufallsmäßigkeit einer Abfolge von Alternativdaten (Abschn. 7.2).

7.1
Der sequentielle Binomialtest

Der sequentielle Binomialtest entspricht seiner Indikation nach exakt dem Binomialtest (vgl. Abschn. 2.1.1), mit dem wir überprüfen, ob eine Stichprobe von N Merkmalsträgern, von denen x Merkmalsträger die Positivvariante (+) eines Alternativmerkmals aufweisen, zu einer Population mit dem Anteil π_0 für die Positivvariante gehört (H_0) oder nicht (H_1). Für die Durchführung des Sequentialtests ist es jedoch erforderlich, daß wir neben π_0 auch den unter H_1 erwarteten (+)-Anteil π_1 in der Population unter Gesichtspunkten der praktischen Bedeutsamkeit festlegen. Die Differenz $\pi_1 - \pi_0$ ergibt dann die *Effektgröße* Δ.

Wir wollen – in Anlehnung an Beispiel 2.1 (Erhöhte Krebsmortalität in einem Wohnhaus) – einmal annehmen, daß in der Normalbevölkerung 25% aller Todesursachen krebsbedingt seien, und daß in einem bestimmten Wohngebiet mehr als 25% aller Todesfälle auf Krebs zurückzuführen sind. Mit dem „klassischen" Binomialtest wird nun überprüft, ob die Krebsfälle des auffallenden Wohngebiets mit der Nullhypothese: $\pi_0 = 0{,}25$ zu vereinbaren sind. Für den sequentiellen Test wäre es zusätzlich erforderlich, nach Kriterien der klinischen Bedeutsamkeit auch einen H_1-Parameter festzulegen. Mit $\pi_1 = 0{,}3$ würde man davon ausgehen, daß die Krebsmortalität im fraglichen Wohngebiet 30% beträgt. In diesem Falle wäre die Effektgröße mit $\Delta = \pi_1 - \pi_0 = 0{,}05$ definiert und damit niedrig festgelegt, so daß auch schon kleinere Anteilsunterschiede erfaßt werden können.

Der interessierenden Population, von der wir annehmen, der wahre unbekannte Anteilsparameter π bleibe für die Dauer der Untersuchung stabil (stationäre Binomialpopulation), werden nacheinander zufallsmäßige Beobachtungen (Individuen) entnommen, deren Merkmalsausprägungen (+ oder –) zu registrieren sind. Die Datenerhebung ist abgeschlossen, wenn entweder H_1 mit dem zuvor vereinbarten α-Risiko oder H_0 mit dem zuvor vereinbarten β-Risiko akzeptiert werden kann. Im Beispiel wären also im untersuchten Wohngebiet sukzessive Todesfälle mit (+) bzw. ohne (–) Krebsursache zu registrieren, bis zugunsten von H_0 ($\pi_1 \leq \pi_0$) oder zugunsten von H_1 ($\pi_1 > \pi_0$) entschieden werden kann.

Der Binomialtest kann einseitig oder zweiseitig durchgeführt werden. Entsprechendes gilt für den sequentiellen Binomialtest, dessen einseitige Va riante Abschn. 7.1.1 behandelt. Auf eine Behandlung der praktisch weniger wichtigen zweiseitigen Variante wollen wir hier unter Verweis auf Bortz, Lienert & Boehnke (1990, S. 519 ff.) verzichten. In Abschn. 7.1.2 werden wir uns mit der Frage befassen, mit wie vielen Beobachtungen bei einer gegebenen Problematik in etwa zu rechnen ist, um zu einer statistischen Entscheidung für H_0 oder H_1 zu gelangen.

7.1.1
Einseitiger Test

Zielsetzung

Der einseitige sequentielle Binomialtest überprüft eine *spezifische,* gerichtete Alternativhypothese, nach der der unter H_1 erwartete Anteilsparameter π_1 mindestens um den Betrag Δ größer (kleiner) ist als der unter H_0 erwartete Anteilsparameter π_0. Da die Datenerhebung sukzessiv erfolgt, ist es nicht erforderlich, den Stichprobenumfang vor Untersuchungsbeginn festzulegen.

Durchführung

Das praktische Vorgehen der Sequentialanalyse beginnt damit, daß vor Untersuchungsbeginn die folgenden Entscheidungen zu treffen sind:
- Festlegung des zu tolerierenden α-Fehlers (d. h. des maximal zulässigen Risikos, H_0 zu verwerfen, obwohl sie richtig ist),
- Festlegung des zu tolerierenden β-Fehlers (d. h. des maximal zulässigen Risikos, H_1 zu verwerfen, obwohl sie richtig ist),
- Festlegung einer Effektgröße Δ, um die sich die unter H_0 und H_1 angenommenen Parameter mindestens unterscheiden müssen, um von einem in klinischem Verständnis praktisch bedeutsamen Unterschied sprechen zu können.

Hinsichtlich der Wahl des α-Niveaus hält man sich üblicherweise an die konventionellen Schranken ($\alpha = 0{,}05$ bzw. $\alpha = 0{,}01$). Für die Festlegung des β-Fehlerrisikos haben sich bislang noch keine Konventionen durchgesetzt. Zieht die fälschliche Annahme von H_0 keine gravierenden Konsequenzen nach sich, wird man sich mit $\beta = 0{,}10$ oder auch $\beta = 0{,}20$ begnügen können. Will man jedoch eine irrtümliche Entscheidung zugunsten von H_0 praktisch ausschließen (dies wäre beispielsweise zu fordern, wenn mit der H_0 behauptet wird, ein Medikament habe keine schädlichen Nebenwirkungen), sollte man auch für β Werte von 0,05 oder 0,01 in Erwägung ziehen. Wenn – wie bei vielen medizinisch-biologischen Untersuchungen – H_0 und H_1 insoweit „symmetrische" Hypothesen sind, als beide Arten von Fehlentscheidungen gleich gravierend erscheinen, wählt man zweckmäßigerweise für α und β identische Werte.

Was unter einem praktisch bedeutsamen Effekt zu verstehen ist, muß von Fall zu Fall nach inhaltlichen Kriterien bestimmt werden. Hat man, wie beispielsweise bei der sequentiellen Anwendung des Vorzeichentests (vgl. Abschn. 3.3.1), $\pi_0 = 0,5$ gesetzt, wäre $\Delta = 0,05$ ein kleiner, $\Delta = 0,15$ ein mittlerer und $\Delta = 0,25$ ein starker Effekt (vgl. Cohen, 1988 und S. 43 f.), wobei ein kleiner Effekt für Forschungszwecke genügt, für Behandlungsziele aber ein starker Effekt erforderlich ist.

Aufgrund dieser Festlegungen lassen sich *Entscheidungskriterien* errechnen, welche die sich anschließende sequentielle Datenerhebung wie folgt steuern: Nach jeder Beobachtung wird entschieden, ob

- H_0 anzunehmen ist,
- H_1 anzunehmen ist oder
- für die Annahme von H_0 oder H_1 eine weitere Beobachtung erforderlich ist (*Indifferenzentscheidung*).

Die Entscheidungskriterien bestehen aus 2 Gleichungen. Über die 1. Gleichung wird entschieden, ob die H_0 angenommen werden kann, und die 2. Gleichung entscheidet über die Annahme von H_1. Kann weder die H_0 noch die H_1 angenommen werden, ist eine weitere Beobachtung erforderlich.

Bei jedem beobachteten Individuum (Patienten) wird registriert, ob die Positiv- (+) oder Negativvariante (–) des Alternativmerkmals vorliegt (z. B. positiver/negativer Harnzucker bei Diabetes, Stuhl mit und ohne Blut bei Kolitis oder Darmkrebs etc.). Wir zählen sukzessiv die Anzahl der Individuen mit der Plusvariante (bzw. der Merkmalsausprägung, die zugunsten von H_1 spricht) und bezeichnen ihre Zahl mit x. Ist x genügend klein, wird – für $\pi_0 < \pi_1$ – die H_0 angenommen. Was „genügend klein" bedeutet, wird über die 1. Gleichung entschieden. (Zur Theorie vgl. Bortz, Lienert & Boehnke, 1990, S. 505 ff.). Diese lautet

$$r_0 = b \cdot n - a_0 \tag{7.1}$$

mit

$$b = \frac{\ln \frac{1-\pi_0}{1-\pi_1}}{\ln \frac{\pi_1}{\pi_0} + \ln \frac{1-\pi_0}{1-\pi_1}} \tag{7.2}$$

und

$$a_0 = \frac{-\ln \frac{\beta}{1-\alpha}}{\ln \frac{\pi_1}{\pi_0} + \ln \frac{1-\pi_0}{1-\pi_1}} \tag{7.3}$$

(ln = logarithmus naturalis).

Wenn von n bereits beobachteten Individuen x die Plusvariante aufweisen und $x \leq r_0$ ist, kann die Untersuchungsreihe abgebrochen und zugunsten von H_0 entschieden werden. Ist $x > r_0$, wird mit folgender Gleichung über die Annahme von H_1 entschieden:

$$r_1 = b \cdot n + a_1 \tag{7.4}$$

mit b wie Gl. (7.2) und

$$a_1 = \frac{\ln\frac{1-\beta}{\alpha}}{\ln\frac{\pi_1}{\pi_0} + \ln\frac{1-\pi_0}{1-\pi_1}} \tag{7.5}$$

Zugunsten von H_1 kann entschieden werden, wenn $x \geq r_1$ ist. Befindet sich x im Indifferenzbereich ($r_0 < x < r_1$), ist die Untersuchungsreihe mit einer weiteren Beobachtung fortzusetzen.

Aus dem Gesagten geht hervor, daß r_0 und r_1 nach jeder Beobachtung mit dem jeweiligen n neu zu berechnen ist. Dieses aufwendige Verfahren kann jedoch durch ein sehr viel einfacheres grafisches Verfahren ersetzt werden.

Wie man erkennt, handelt es sich bei den Gl. 7.1 und 7.4 um 2 *Geradengleichungen*, die in ein rechtwinkliges Koordinatensystem mit n als Abszisse und x als Ordinate eingezeichnet werden können. Da die beiden Geraden den gleichen Steigungskoeffizienten b haben, sind sie parallel.

Wir markieren eine „*Stichprobenspur*", indem wir für jede Beobachtung einen Punkt mit den Koordinaten n und x eintragen. Bewegt sich die Stichprobenspur zwischen den beiden Geraden, ist die Beobachtungsserie fortzusetzen. Sobald die Stichprobenspur eine der beiden *Annahmegeraden* kreuzt, ist H_1 oder H_0 anzunehmen.

Beispiel 7.1. Nebenwirkungen bei einem neuen Antirheumatikum

Problem. Ein neues, sehr wirksames Antirheumatikum (Kortikoidkombination) soll nur dann eingeführt werden, wenn der Anteil der Patienten, die Nebenwirkungen (Blutbildungsschädigung) zeigen, höchstens 10% beträgt, und nicht eingeführt werden, wenn in der Population mindestens 20% der Patienten Nebenwirkungen zeigen.

Versuchsplan. Der Versuch wird in einer Rheumaklinik durchgeführt, in der sich u. a. auch exazerbierende Rheumafälle befinden. Da das neue Medikament – mit Einverständnis der Patienten – nur in Ausnahmefällen appliziert werden soll, entscheidet man sich für einen sequentiellen Versuchsplan, bei dem die Patienten sukzessiv je nach Bedarf mit dem neuen Medikament behandelt werden. Nach jeweils 2wöchiger Behandlung wird anhand des Blutbilds entschieden, ob Nebenwirkungen vorliegen (+) oder nicht (–).

Nullhypothese. Der wahre Anteil π der Patienten mit Nebenwirkungen ist höchstens so groß wie $\pi_0 = 0{,}1$ ($H_0: \pi \leq \pi_0$).

Alternativhypothese. Der wahre Anteil π der Patienten mit Nebenwirkungen ist mindestens so groß wie $\pi_1 = 0{,}2$ ($H_1: \pi \geq \pi_1$).

Signifikanzniveau. Das Risiko, die H_0 fälschlicherweise zu verwerfen, wird mit $\alpha = 0,01$ festgelegt. Zusätzlich muß auch das β-Fehlerniveau festgelegt werden, also das Risiko, H_1 fälschlicherweise zu verwerfen. Hierfür wählen wir $\beta = 0,05$, da eine Fehlentscheidung zugunsten von H_0 „harmloser" ist als eine Fehlentscheidung zugunsten von H_1.

Testwahl. Da eine Stichprobe von Patienten, die gleichzeitig behandelt werden könnte, nicht zur Verfügung steht, wählt man einen *sequentiellen Testplan* in der Hoffnung, mit möglichst wenig Patienten zu einer statistischen Entscheidung zu gelangen.

Testanwendung. Schon vor der eigentlichen Versuchsdurchführung können wir die Annahmegerade für die H_0 und die H_1 berechnen. Für den Steigungskoeffizienten b ergibt sich nach Gl. 7.2

$$b = \frac{\ln\frac{1-0,1}{1-0,2}}{\ln\frac{0,2}{0,1} + \ln\frac{1-0,1}{1-0,2}} = \frac{0,118}{0,693 + 0,118} = 0,145$$

und für a_0 nach Gl. 7.3

$$a_0 = \frac{-\ln\frac{0,05}{1-0,01}}{\ln\frac{0,2}{0,1} + \ln\frac{1-0,1}{1-0,2}} = \frac{-(-2,986)}{0,693 + 0,118} = 3,682$$

Die Annahmegerade für die H_0 hat damit folgende Gleichung:

$$r_0 = 0,145 \cdot n - 3,682$$

Mit Gl. 7.5 erhalten wir

$$a_1 = \frac{\ln\frac{1-0,05}{0,01}}{\ln\frac{0,2}{0,1} + \ln\frac{1-0,1}{1-0,2}} = \frac{4,554}{0,693 + 0,118} = 5,615$$

und damit als Annahmegerade für die H_1:

$$r_1 = 0,145 \cdot n + 5,615$$

Diese beiden Geraden tragen wir nun in ein Koordinatensystem ein, mit n als Abszisse und x als Ordinate (vgl. Abb. 7.1).

Mit diesem grafischen Testplan können wir beginnen, die Daten sequentiell zu erheben. Wie Abb. 7.1 zu entnehmen ist, zeigen die ersten 3 Patienten keine Nebenwirkungen ($x = 0$). Beim 4. Patienten werden Nebenwirkungen registriert, d. h. wir setzen $x = 1$. Dieser Wert für x gilt auch für den 5. Patienten, der wiederum keine Nebenwirkungen zeigt etc. Mit dem 21. Patienten ($n = 21$ mit $x = 9$) überschreitet die Stichprobenspur die Annahmegerade für die H_1, d. h. mit dem 21. Patienten kann die H_1 angenommen werden.

Der Grafik läßt sich zusätzlich entnehmen, nach wie vielen Patienten H_0 bzw. H_1 im günstigsten Falle anzunehmen wäre. Zeigten alle Patienten Nebenwirkungen, wäre H_1 bereits nach dem 7. Patienten anzunehmen. In diesem Falle entspräche die Stichprobenspur einer $45°$-Geraden, die mit dem 7. Patienten die H_1-Annahmegerade kreuzt. Treten keine Nebenwirkungen auf, folgt die Stichprobenspur der Abszisse (n-Achse), die die Annahmegerade für die H_0 mit dem 26. Patienten kreuzt.

Mit diesen Extremfällen wird deutlich, daß man in unserem Beispiel für die Annahme von H_0 mehr Beobachtungen benötigt als für Annahme von H_1. Dies ist auch plausibel, denn die Anzahl der Patienten *ohne* Nebenwirkungen, die man bei Gültigkeit von H_0 ($\pi_0 = 0{,}1$) zufällig erwartet, ist größer als die Anzahl der Patienten ohne Nebenwirkungen, die man bei Gültigkeit von H_1 ($\pi_1 = 0{,}2$) zufällig erwartet. Man benötigt also mehr Beobachtungen, um sich gegen die fälschliche Annahme von H_0 abzusichern als man Beobachtungen braucht, um sich gegen die fälschliche Annahme von H_1 abzusichern.

Bei diesen Überlegungen ist jedoch auch zu beachten, daß wir das Risiko, H_1 fälschlicherweise anzunehmen, mit $\alpha = 0{,}01$ geringer angesetzt haben als das Risiko, H_0 fälschlicherweise anzunehmen ($\beta = 0{,}05$). Wäre ausschließlich diese Disparität maßgeblich, würde man für die Annahme von H_0 weniger Beobachtungen benötigen als für die Annahme von H_1.

Entscheidung. Die H_0 wird zugunsten von H_1 verworfen.

Interpretation. Das Risiko von Nebenwirkungen ist bei dem neuen Antirheumatikum zu hoch, d. h. das Medikament sollte nicht zugelassen oder die Zulassung erst gar nicht beantragt werden.

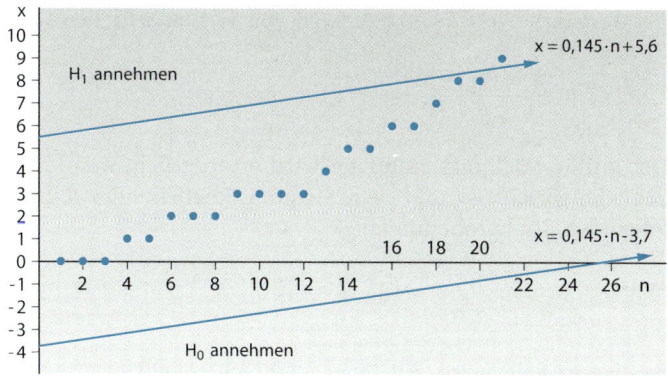

Abb. 7.1. Grafischer Testplan für den einseitigen sequentiellen Binomialtest

7.1.2
Vorschätzung des Stichprobenumfangs

Wer einen sequentiellen Binomialtest plant, möchte natürlich vorher wissen, mit wie vielen Beobachtungen (Individuen, Patienten) man ungefähr rechnen muß, um eine statistische Entscheidung herbeiführen zu können. Auch wenn man hierzu keine exakten Angaben machen kann (die Größe des erforderlichen Stichprobenumfangs hängt u. a. vom unbekannten Parameter π ab), reicht es für die Planung einer sequentiellen Datenerhebung in der Regel aus, wenn zumindest die Größenordnung des maximal erforderlichen Stichprobenumfangs bekannt ist. Hierüber wird im folgenden berichtet.

Im Beispiel 7.1 (Nebenwirkungen bei einem neuen Antirheumatikum) wurde bereits erwähnt, wie viele Beobachtungen erforderlich sind, um die H_0 anzunehmen, wenn der unbekannte Parameter π den Wert $\pi = 0$ annimmt. Die Anzahl der Beobachtungen $E(n)$, die für die Annahme von H_0 benötigt werden, errechnet sich in diesem Falle zu

$$E(n) = \frac{a_0}{b} \quad (\text{für} \quad \pi = 0) \tag{7.6}$$

Setzen wir $\pi = 1$, ergibt sich für die Annahme von H_1:

$$E(n) = \frac{a_1}{1 - b} \quad (\text{für} \quad \pi = 1) \tag{7.7}$$

Entspricht der Parameter π exakt dem unter H_0 angenommenen Parameter π_0, benötigt man im Durchschnitt folgenden Stichprobenumfang, um mit einer Wahrscheinlichkeit von $1 - \alpha$ zugunsten von H_0 entscheiden zu können:

$$E(n) = \frac{a_1 - (a_1 + a_0) \cdot (1 - \alpha)}{\pi - b} \quad (\text{für} \quad \pi = \pi_0) \tag{7.8}$$

Wenn man $\pi = \pi_1$ annimmt, ist zu erwarten, daß mit folgendem Stichprobenumfang und einer Wahrscheinlichkeit von β zugunsten von H_0 (bzw. mit einer Teststärke von $1 - \beta$ zugunsten von H_1) entschieden wird:

$$E(n) = \frac{a_1 - (a_1 + a_0) \cdot \beta}{\pi - b} \quad (\text{für} \quad \pi = \pi_1) \tag{7.9}$$

Der größte Stichprobenumfang wird erforderlich, wenn π zwischen π_0 und π_1 liegt. Entspricht π exakt dem Steigungskoeffizienten β, benötigt man in etwa folgenden Stichprobenumfang:

$$E(n) = \frac{a_0 \cdot a_1}{b \cdot (1 - b)} \quad (\text{für} \quad \pi = b) \tag{7.10}$$

In diesem Falle wird mit einer Wahrscheinlichkeit von $a_1/(a_1 + a_0)$ zugunsten von H_0 entschieden.

Man beachte, daß alle nach diesen Gleichungen errechneten Stichprobenumfänge ganzzahlig nach oben abgerundet werden.

Datenrückgriff. In Beispiel 7.1 haben wir für $\alpha = 0,01$, $\beta = 0,05$, $\pi_0 = 0,1$ und $\pi_1 = 0,2$ folgende Werte ermittelt:
- $a_1 = 5,615$,
- $a_0 = 3,682$,
- $b = 0,145$.

Wenn wir davon ausgehen, daß bei keinem Patienten Nebenwirkungen auftreten ($\pi = 0$), benötigt man für die Annahme von H_0

$$E(n) = \frac{3,682}{0,145} = 25,39 \approx 26$$

Patienten. Zeigen alle Patienten Nebenwirkungen ($\pi = 1$), errechnet man nach Gl. 7.7

$$E(n) = \frac{5,615}{1 - 0,145} = 6,57 \approx 7$$

Diese Werte haben wir bereits dem grafischen Entscheidungsplan (S. 291) entnommen.

Nun wollen wir einmal annehmen, der H_0-Parameter $\pi = \pi_0 = 0,1$ sei korrekt. In diesem Falle werden

$$E(n) = \frac{5,615 - (5,615 + 3,682) \cdot (1 - 0,01)}{0,1 - 0,145} = 79,76 \approx 80$$

Patienten benötigt, um mit einer Wahrscheinlichkeit von 99% zugunsten von H_0 entscheiden zu können.

Wenn wir von $\pi = \pi_1 = 0,2$ ausgehen, ergibt sich

$$E(n) = \frac{5,615 - (5,615 + 3,682) \cdot 0,05}{0,2 - 0,145} = 93,64 \approx 94$$

Es werden also ungefähr 94 Patienten benötigt, um mit einer Wahrscheinlichkeit (bzw. einer Teststärke) von 95% zugunsten von H_1 entscheiden zu können.

Die höchste Patientenzahl wird erforderlich, wenn $\pi = b = 0,145$ ist. Hierfür errechnen wir nach Gl. 7.10 folgenden Wert:

$$E(n) = \frac{3,682 \cdot 5,615}{0,145 \cdot (1 - 0,145)} = 166,76 \approx 167$$

Die Untersuchung hätte also maximal 167 Patienten benötigt, um zu einer Entscheidung zu gelangen. Diese Entscheidung wäre für $\pi = 0,145$ mit einer Wahrscheinlichkeit von $5,615/(5,615 + 3,682) = 0,60$ zugunsten von H_0 ausgefallen.

Tatsächlich haben 21 Patienten ausgereicht, um zugunsten von H_1 entscheiden zu können. Wäre unsere H_1-Annahme ($\pi = \pi_1 = 0{,}2$) richtig gewesen, hätten wir mit n = 94 eine erheblich längere Beobachtungsreihe benötigt. Die Tatsache, daß 21 Patienten ausreichten, spricht also dafür, daß der wahre Anteil π von Patienten mit Nebenwirkungen erheblich über 0,2 liegt. In unserer Stichprobe zeigten 9 von 21 Patienten Nebenwirkungen, was einem Anteil von 43% entspricht. Unsere Entscheidung, H_1 anzunehmen und damit das Medikament nicht einzuführen, war also mehr als gerechtfertigt.

7.2
Der Sequentialtest für die Zufallsmäßigkeit von Alternativdaten

Zielsetzung

Die Aufgabe des in Abschn. 7.1 beschriebenen Sequentialtests ging dahin zu entscheiden, ob in einer Binärpopulation, aus der sequentiell eine Stichprobe gezogen wurde, die +-Beobachtungen mit einem Anteil von π_0 (unter H_0) oder mit einem Anteil von π_1 (unter H_1) vertreten sein können.

Wir wollen dem Sequentialtest nun noch eine andere Aufgabe stellen: Er soll entscheiden, ob die Aufeinanderfolge der beiden Alternativen (ja/nein oder 1/0 oder +/–) in der sequentiell erhobenen Stichprobe als zufallsmäßig und zeitstationär angesehen werden kann (H_0) oder nicht (H_1). Dabei beschränken wir uns auf den wichtigsten Fall, daß die beiden Alternativen gemäß H_0 in der Population gleich häufig vertreten sind (wie Männer und Frauen in der Bevölkerung), so daß $\pi = (1-\pi) = 0{,}5$ in der Binärpopulation gilt.

Nehmen wir einmal an, für ein pharmakologisches Experiment werden freiwillige Versuchspersonen beiderlei Geschlechts gesucht; es melden sich zunächst je 5 Frauen (+) und Männer (–), und zwar in nachstehender Reihung:

$$+ + + + + - - - - -$$

Rein intuitiv würde man behaupten, daß diese Geschlechterreihenfolge nicht zufällig ist, denn für eine Zufallsabfolge würde man eine bessere „Durchmischung" der Geschlechter erwarten. Auch bei folgender Reihung sind Zweifel an der Zufallsmäßigkeit angebracht:

$$+ - + - + - + - + -$$

Hier sind Frauen und Männer offenbar zu gut durchmischt (sie treten nur paarweise auf), als bei zufälliger Abfolge zu erwarten wäre.

Zur Beantwortung der Frage, ob eine Abfolge von Alternativdaten als zufällig angesehen werden kann, greifen wir auf einen Test zurück, der gegenüber verschiedenen Abweichungen von einer Zufallsreihung relativ sensitiv ist, auf den Iterationstest von Shewart (1941) als einem Iterationshäufigkeitstest, der nicht nur auf Alternativdaten, sondern auch auf mediandichotomisierte Meßwerte anzuwenden ist. Diesen Iterationstest bzw. dessen kombinatorische Grundlagen hat Moore (1953) zur Entwicklung eines sequentiellen Iterationstests herangezogen. (Die nichtsequentielle Variante dieses Tests wird in Abschn. 8.1.1 beschrieben).

Durchführung

Die *Zufälligkeit einer Abfolge* kann man überprüfen, indem man auszählt, wie häufig z. B. die (+)-Alternative in geschlossener Reihe, d. h. ohne Unterbrechung durch eine (−)-Alternative, auftritt. Diese Häufigkeit kennzeichnet die Anzahl der (+)-Iterationen. Die Abfolge + − − + + − + hätte z. B. drei (+)-Iterationen. Die sequentielle Variante des Iterationstests sieht nun vor, daß man sukzessiv an Individuen oder Objekten ein Alternativmerkmal beobachtet und fortlaufend die Anzahl der (+)-Iterationen auszählt. Anhand eines grafischen Testplans kann dann entschieden werden, ob die Anzahl der Iterationen mit der H_0 (zufällige Durchmischung von + und −) oder mit der H_1 (zu viele oder zu wenige Iterationen) zu vereinbaren ist.

Bezeichnen wir mit t die Anzahl der bereits aufgetretenen (+)-Iterationen und mit n die Anzahl der Beobachtungen, erhält man folgende Annahmegerade für die H_0:

$$t_0 = \frac{b}{2 \cdot b - 2 \cdot c} \cdot n - \frac{a_0 + c}{2 \cdot b - 2 \cdot c} \tag{7.11}$$

Die Annahmegerade für die H_1 lautet

$$t_1 = \frac{b}{2 \cdot b - 2 \cdot c} \cdot n - \frac{a_1 + c}{2 \cdot b - 2 \cdot c} \tag{7.12}$$

In diesen Gleichungen bedeuten:

$$a_0 = \ln \frac{\beta}{1 - \alpha} \tag{7.13}$$

$$a_1 = \ln \frac{1 - \beta}{\alpha} \tag{7.14}$$

$$b = \ln(1 + 2 \cdot \Delta) \tag{7.15}$$

$$c = \ln(1 - 2 \cdot \Delta) \tag{7.16}$$

Diese Geraden sind in ein Koordinatensystem mit n als Abszisse und t als Ordinate einzutragen. Die Beobachtungsreihe wird beendet, wenn die aus n und t gebildete Stichprobenspur die H_1-Gerade überschreitet (H_1 annehmen) oder die H_0-Gerade (H_0 annehmen). Befindet sich die Stichprobenspur im Indifferenzbereich, ist die Beobachtungsreihe fortzusetzen.

Dieser Test geht davon aus, daß auf eine (+)-Alternative gemäß H_0 mit einer Wahrscheinlichkeit von $\pi = 0,5$ erneut eine (+)-Alternative auftritt. Für p > 0,5 ist mit längeren und daher weniger zahlreichen Iterationen zu rechnen (*undulierende Abfolge*) und für $\pi < 0,5$ mit kürzeren, aber häufigeren Iterationen (*oszillierende Abfolge*). Gemäß H_1 setzen wir $\pi_1 = 0,5 + \Delta$ mit $\Delta > 0$ bei einer undulierenden und $\Delta < 0$ bei einer oszillierenden Abfolge, wobei man für Δ die Werte $\pm 0,1$ wählt. Erwartet man eine stark oszillierende bzw. stark undulierende Abfolge, sollte $\Delta = \pm 0,2$ gesetzt werden.

Zur Festlegung von α und β gelten die Ausführungen auf S. 287 analog.

Beispiel 7.2. Unfallhäufigkeiten in einer Unfallklinik

Problem. In einer Unfallklinik hat man den Eindruck gewonnen, daß arbeitsintensive Tage mit vielen Verkehrsunfällen häufig direkt aufeinanderfolgen, und daß sich dann Phasen anschließen, in denen es vergleichsweise wenig zu tun gibt. Es soll überprüft werden, ob dieses Phänomen mit dem Zufall zu erklären ist oder ob systematische Einflüsse (Witterungsbedingungen, Verkehrsdichte, erhöhte Unfallgefahr an Wochenenden und zu Urlaubszeiten etc.) für die Häufung arbeitsintensiver Tage verantwortlich zu machen sind.

Versuchsplan. Aus den Krankenhausunterlagen wird eine Statistik erstellt, der die Anzahl der täglichen Unfallaufnahmen zu entnehmen ist. Man berechnet den Median der täglichen Unfallaufnahmen und beginnt am darauffolgenden Tag mit der eigentlichen Beobachtungsserie: Wenn die tägliche Unfallzahl oberhalb des Medianwerts liegt, wird für diesen Tag ein „+" notiert und für Unfallzahlen unterhalb des Medians ein „–". Medianidentische Tage bleiben unberücksichtigt.

Nullhypothese. Auf einen (+)-Tag folgt mit einer Wahrscheinlichkeit von $\pi = 0,5$ erneut ein (+)-Tag.

Alternativhypothese. Da die Häufung von (+)-Tagen in der Vergangenheit doch recht bemerkenswert erschien, beschließt man, $\Delta = 0,2$ zu setzen (stark undulierende Abfolge). Man geht also davon aus, daß auf einen (+)-Tag mit einer Wahrscheinlichkeit von mindestens 0,7 erneut ein (+)-Tag folgt.

Signifikanzniveau. Sowohl für die fälschliche Annahme von H_1 als auch für die fälschliche Annahme von H_0 soll maximal ein Risiko von 5% toleriert werden ($\alpha = \beta = 0,05$).

Testwahl. Es soll überprüft werden, ob eine Abfolge von Alternativdaten dem Zufall folgt oder nicht. Da die Alternativdaten zudem sukzessiv erhoben werden, wählen wir zur Hypothesenprüfung den *sequentiellen Iterationshäufigkeitstest*.

Testanwendung. Bereits vor Beginn der eigentlichen Datenerhebung werden die Annahmegerade für die H_0 und für die H_1 errechnet. Die hierfür benötigten Konstanten lauten nach den Gl. 7.13 bis 7.16:

$$a_0 = \ln \frac{0{,}05}{1 - 0{,}05} = -2{,}94$$

$$a_1 = \ln \frac{1 - 0{,}05}{0{,}05} = 2{,}94$$

$$b = \ln(1 + 2 \cdot 0{,}2) = 0{,}34$$

$$c = \ln(1 - 2 \cdot 0{,}2) = -0{,}51$$

Eingesetzt in die Gleichungen 7.11 und 7.12 erhalten wir die Annahmegerade für die H_0

$$t_0 = \frac{0{,}34}{2 \cdot 0{,}34 - 2 \cdot (-0{,}51)} \cdot n - \frac{-2{,}94 + (-0{,}51)}{2 \cdot 0{,}34 - 2 \cdot (-0{,}51)} = 0{,}20 \cdot n + 2{,}03$$

und die Annahmegerade für die H_1

$$t_1 = \frac{0{,}34}{2 \cdot 0{,}34 - 2 \cdot (-0{,}51)} \cdot n - \frac{2{,}94 + (-0{,}51)}{2 \cdot 0{,}34 - 2 \cdot (-0{,}51)} = 0{,}20 \cdot n - 1{,}43 \, .$$

Diese beiden Geraden sind in Abb. 7.2 eingetragen.

Die Beobachtungsserie der ersten 19 Tage führte zu folgendem Ergebnis (die (+)-Iterationen sind unterstrichen):

<u>+</u> - <u>+ + + +</u> - <u>+</u> - - - - - <u>+ +</u> - <u>+ +</u> - <u>+</u>

Am 1. Tag gab es also überdurchschnittlich viel zu tun, am 2. unterdurchschnittlich viel, an den 4 darauffolgenden Tagen wieder überdurchschnittlich viel etc. Der Stichprobenspur in Abb. 7.2 entnehmen wir, daß die am 19. Tag beginnende 6. (+)-Iteration die Annahmegerade für die H_0 überschreitet.

Entscheidung. Die H_0 wird mit einem β-Fehlerrisiko von 5% angenommen.

Interpretation. Der Wechsel von arbeitsintensiven und weniger arbeitsintensiven Tagen ist mit dem Zufall zu vereinbaren. Offenbar hinterlassen wenige, aber relativ lange Phasen mit hoher bzw. geringer Arbeitsbelastung (im Beobachtungszeitraum kommen eine 4stellige Plus-Iteration und eine 5stellige Minus-Iteration vor) bei den betroffenen Personen den Eindruck einer gewissen Systematik, obwohl derartige Phasen bei einem längeren Beobachtungszeitraum durchaus mit dem Zufall erklärt werden können.

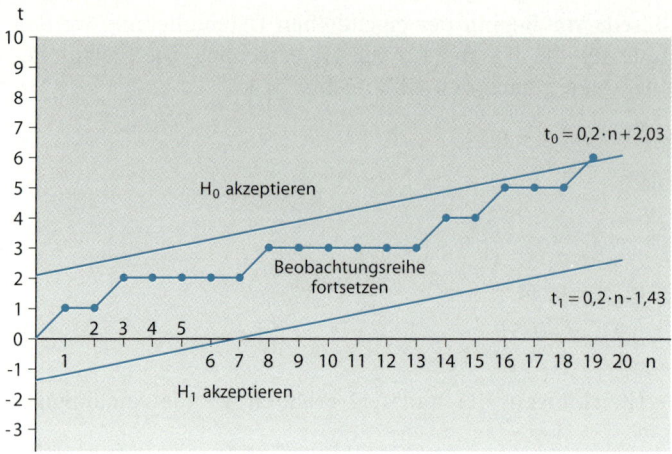

Abb. 7.2. Grafischer Testplan für die Zufallsmäßigkeit von Alternativdaten

Hinweis

Mittels des Sequentialtests für Ja-Nein-Folgen können in Ambulanzen oder Polikliniken frühzeitig epidemiologisch auftretende Erkrankungen als solche nachgewiesen werden, etwa Grippeepidemien im Frühjahr oder Herbst, wenn man die Aufnahmestelle anweist zu registrieren, ob an einem Tag über- oder unterdurchschnittlich viele Grippeerkrankungen diagnostiziert werden. Über- und unterdurchschnittlich bezieht sich auf den Grippeerkrankungsanteil während des verflossenen Jahres (oder Jahrzehnts).

8 Verteilungsfreie Analyse von Abfolgen und Zeitreihen

In der verteilungsfreien Sequenzanalyse haben wir in zeitlicher Folge so viele Beobachtungen erhoben, wie zur Entscheidung über die Nullhypothese erforderlich waren; wir haben dabei die Zeitpunkte, zu welchen Beobachtungen erhoben wurden, nicht weiter beachtet. Verfährt man bei der Beobachtungserhebung so, daß die Ausprägung eines Merkmals Y zum Beobachtungszeitpunkt t im Beobachtungswert y_t zum Ausdruck kommt und die Zahl n der Beobachtungen im Untersuchungsplan festgelegt wird (und nicht, wie in der Sequenzanalyse, variabel bleibt), dann erhält man eine *Zeitreihe von Beobachtungen* $y_1, y_2, \ldots, y_t, \ldots$, und y_n.

Hat man eine aus sukzessiven Beobachtungen (Alternativdaten oder Meßwerte) bestehende Zeitreihe erhoben, sind 2 Fragen von vorrangigem Interesse:

- Bleibt die Population, aus der die Sukzessivbeobachtungen stammen, über die Entnahmezeit hinweg „stationär", d. h. unverändert (H_0) oder muß sie als veränderlich bzw. als fluktuierend angesehen werden (H_1)?
- Sind die sukzessiv erhobenen Beobachtungen wechselseitig unabhängig (H_0) oder werden nachfolgende Beobachtungen von vorangehenden Beobachtungen beeinflußt (H_1)?

Die in der 1. Frage angesprochene Fluktuation betrifft zumeist die Lokation der Population, die sich im Verlauf der Entnahmezeit systematisch ändern kann, d. h. den Anteil π der mit + bezeichneten Alternative bei einem Alternativmerkmal oder den Median in stetigen Populationen. Die Lokationsänderung kann allmählich oder sprunghaft sein, einmalig oder mehrmals erfolgen, sie kann einem Trend folgen, der seinerseits monoton (steigend oder fallend) oder polyton (im Wechsel steigend oder fallend) sein kann.

Beispiele für fluktuierende oder zeitlich inhomogene Populationen sind der Anteil richtiger Reaktionen eines Individuums im Verlauf eines Lernprozesses oder die Änderung eines pathognomischen Merkmals (z. B. des Blutzuckers im Verlaufe eines Altersdiabetes).

Die 2. Frage, ob sukzessiv erhobene Beobachtungen wechselseitig unabhängig sind, oder ob zeitlich unmittelbar oder auch mittelbar aufeinanderfolgende Beobachtungen voneinander abhängen, betrifft u. a. die Erhebungstechnik, d. h. die Frage, ob der Untersucher oder sein Beobachtungsinstrument „erwartungsfrei" bzw. „trägheitslos" arbeitet oder nicht. Beispiele für systematische Beobachtungsfehler, die zu einer Abhängigkeit aufeinanderfolgender Beobachtungen im Sinne sog. *serialer Korrelationen* führen, sind Erwartungsfehler (bei fortlaufender Einzelfallbeurteilung wird das invariante Befinden eines Patienten nach Einführung einer Scheintherapie häufig als „gebessert" beurteilt, während es zuvor als „unverändert" beurteilt wurde) und auch Einstellungsfehler (praktische Ärzte sind unterschiedlich bereit, Patienten zur fachärztlichen Untersuchung zu schicken oder Lehrer sind unterschiedlich bereit, gute Noten zu geben).

Allgemein ist damit zu rechnen, daß bei der Beurteilung eines Merkmals nach einer subjektiven Skala (Ratingskala) Abhängigkeiten zwischen unabhängigen und zufallsmäßig entnommenen Individuen immer dann auftreten, wenn ein- und derselbe Untersucher unter einer „Verlaufshypothese" beobachtet, oder wenn mehrere Untersucher Patienten in „Subsequenzen" beobachten, wie dies in der Klinik durch den turnusmäßigen Wechsel der Stationsärzte bedingt ist. Aber auch bei objektiver Skalierung, etwa in Form von Laborbefunden, ist eine erhebungstechnisch bedingte Abhängigkeit aufeinanderfolgender Beobachtungen nicht auszuschließen. Davon kann sich überzeugen, wer als Laborfacharzt ein- und dasselbe Beobachtungsgut (Blut, Harn, Gewebeproben) in aufeinanderfolgenden Portionen untersuchen läßt.

Wir werden in der Folge davon ausgehen, daß vom Untersucher alle Vorkehrungen getroffen worden sind, um erhebungstechnisch bedingte Abhängigkeiten in Beobachtungsreihen zu vermeiden, aber andererseits diese Möglichkeit auch stets im Auge behalten. Die Ambiguität der Interpretation nicht zufälliger Beobachtungsreihen entfällt nur dann, wenn entweder feststeht, daß die Erhebungstechnik seriale Abhängigkeiten ausschließt, oder wenn feststeht, daß die Population über die Erhebungszeit hinweg stationär bleibt.

Die Verallgemeinerung eines Stichprobenergebnisses auf die jeweilige Grundgesamtheit setzt voraus, daß die Individuen der Stichprobe zufällig der Grundgesamtheit entnommen wurden. Die zufällige Stichprobenentnahme gewährleistet, daß aufeinanderfolgende Beobachtungen von einander unabhängig sind. Wie man überprüfen kann, ob eine Abfolge von Beobachtungen in diesem Sinne als zufällig anzusehen ist (oder ob die Population, der die Stichprobe entnommen wurde, zeitlich nicht stationär ist), behandeln wir in Abschn. 8.1.

Falls eine Abfolge oder eine Zeitreihe von Beobachtungen als nicht zufällig anzusehen ist, wird man sich häufig dafür interessieren, durch welche Art von Systematik die Zufälligkeit verletzt ist. Vorrangig wird man hierbei an *Trends* denken, die der Zeitreihe überlagert sind, und die sich z. B. darin äußern können, daß sich – bei Alternativmerkmalen – die Wahrscheinlichkeit des Auftretens einer Merkmalsalternative im Verlauf der Datenerhebung verändert, oder daß – bei intervallskalierten Merkmalen – das Niveau (die Lokation) der Zeitreihe ansteigt oder abfällt. Mit dieser Thematik befaßt sich Abschn. 8.2.

In Abschn. 8.3 schließlich wollen wir die zeitliche Verteilung von Ereignissen untersuchen. Hierbei geht es z. B. um die Frage, ob die Häufigkeit des Vorkommens eines bestimmten Ereignisses (z. B. eine epidemisch auftretende Krankheit wie der Virusgrippe) in aufeinanderfolgenden Zeitabschnitten als zufällig anzusehen ist, oder ob Zeitintervalle beobachtet werden, in denen das fragliche Ereignis besonders häufig oder besonders selten vorkommt.

8.1
Die Zufallsmäßigkeit einer Zeitreihe

Die Zufallsmäßigkeit einer Zeitreihe kann auf unterschiedlichste Weise verletzt sein. Ein Test, der auf alle möglichen Arten der Abweichung von der Zufälligkeit gleichermaßen gut anspricht, existiert leider nicht.

Auch wenn kein Test existiert, mit dem alle möglichen Abweichungen von der H_0 einer zufälligen Zeitreihe nachgewiesen werden können, gibt es zahlreiche Tests, die darauf abzielen, eine bestimmte als H_1 formulierte Systematik für die verletzte Zufallsmäßigkeit verantwortlich zu machen. Eine solche Systematik kann ein monotoner Trend mit steigenden oder fallenden Werten einer Zeitreihe sein bzw. ein zu häufiger oder zu seltener Wechsel der Vorzeichen aufeinanderfolgender Messungen (was die Statistiker als „schwache Stationarität" bezeichnen, wenn ein monotoner Trend fehlt). Mit diesen Abweichungen von der Zufallsmäßigkeit befassen sich die Verfahren der Abschn. 8.2 und 8.1.2. Zuvor jedoch wollen wir ein Verfahren kennenlernen, das sich mit der Zufallsmäßigkeit einer Abfolge von Merkmalsalternativen eines Alternativmerkmals befaßt.

8.1.1
Der Iterationshäufigkeitstest von Stevens

Zielsetzung

Oft beobachtet man in der Natur oder im sozialen Geschehen Vorgänge, die in der Zeit ablaufen und diskreter, speziell alternativer Art sind, wie die Sukzession von Geburten und Sterbefällen, die Einschulung oder Zurückstellung schulpflichtiger Kinder, die Lösung und Verfehlung aufeinanderfolgender Testaufgaben usw. In all diesen Fällen erwarten wir unter der Nullhypothese (zufallsmäßige Stichprobenentnahme aus einer stationären Population) eine zureichende zeitliche Durchmischung der Aufeinanderfolge der beiden Alternativereignisse A und B. Unter der Alternativhypothese (systematische Entnahme oder fluktuierende Population) erwarten wir eine zu schlechte zeitliche Durchmischung, etwa derart, daß eine Alternative zu Beginn, die andere am Ende der Beobachtungsreihe „klumpt". Andererseits spricht aber auch eine zu gute Durchmischung der beiden Alternativen gegen H$_0$ und für H$_1$, wenn etwa bei vollbelegter Klinik jede Neuaufnahme eine Entlassung „zur Folge" hat oder voraussetzt.

Ein wichtiges Merkmal für eine zufällige Abfolge ist also die „richtige" Durchmischung der Merkmalsalternativen. Sowohl eine Abfolge mit zu häufigem Wechsel der Merkmalsalternativen (z. B. ABABABAB) als auch eine Abfolge mit zu seltenem Wechsel (z. B. BBAAAABB) sind kaum mit dem Zufall zu vereinbaren, obwohl in beiden Abfolgen die Alternativen A und B je gleich häufig auftreten und damit die H$_0$: $\pi_A = \pi_B = 0{,}5$ via Binomialtest (vgl. Abschn. 2.1.1) nicht zu verwerfen wäre. Um die Abweichung von der Zufälligkeit zu überprüfen, die sich auf die Sequenz der Alternativen A und B bezieht, verwenden wir den im folgenden behandelten Iterationshäufigkeitstest („runs-Test") von Stevens (1939).

Die sequentielle Variante dieses Tests haben wir bereits in Abschn. 7.2 kennengelernt.

Durchführung

Unter einer *Iteration* (einem „run") verstehen wir eine Sequenz identischer Beobachtungen. Bezeichnen wir die Merkmalsalternativen mit A und B, besteht beispielsweise die Abfolge

A BB A BBB AA

mit n = 9 Beobachtungen (und $n_1 = 4$ Beobachtungen für die Alternative A bzw. $n_2 = 5$ Beobachtungen für die Alternative B) aus $r_1 = 3$ A-Iterationen und $r_2 = 2$ B-Iterationen bzw. insgesamt aus $r = r_1 + r_2 = 5$ Iterationen. Die Länge einer A-Iteration umfaßt mindestens ein Ereignis (z. B. A B A B A) bzw. höchstens n_1 Ereignisse (z. B. A A A B B für $n_1 = 3$). Entsprechendes gilt für die B-Iterationen.

Wir definieren mit r = Anzahl der Iterationen eine Prüfgröße, deren Verteilung bei Gültigkeit von H_0 bekannt ist. (Zur Theorie vgl. Bortz, Lienert & Boehnke, 1990, S. 546 ff.). Für $n_1 = 2$ bis 20 und $n_2 = n_1$ bis 20 (wir vereinbaren $n_1 \leq n_2$) testen wir anhand Tafel S (im Anhang) exakt, ob die Anzahl r der ausgezählten Iterationen signifikant von der unter H_0 (Zufallsabfolge) erwarteten Iterationszahl abweicht. Testet man *einseitig* auf zu viele Iterationen (*oszillierende Abfolge*), entnehmen wir der Spalte $1-\alpha$ (in Tafel S) einen kritischen r-Wert, der für einen Signifikanznachweis vom empirischen r-Wert überschritten werden muß. Für den einseitigen Test auf eine zu kleine Anzahl von Iterationen (*undulierende Abfolge*) muß für einen Signifikanznachweis die untere Schranke r_α erreicht oder unterschritten werden. Striche in dieser Tafel weisen darauf hin, daß auch die Mindestanzahl von Iterationen für einen Signifikanznachweis nicht ausreicht.

Bei *zweiseitigem* Test (H_1: zu viele oder zu wenige Iterationen) lese man die untere Schranke $r_{\alpha/2}$ und die obere Schranke $r_{1-\alpha/2}$ ab und stelle fest, ob die untere Schranke erreicht oder unterschritten bzw. die obere Schranke erreicht oder überschritten wird.

Für Stichprobenumfänge, die in Tafel S nicht aufgeführt sind, prüft man nach Stevens (1939) asymptotisch anhand der Standardnormalverteilung mit

$$u = \frac{r - \mu(r)}{\sigma(r)} \tag{8.1}$$

bzw. für n_1, $n_2 < 30$ mit Stetigkeitskorrektur

$$u = \frac{|r - \mu(r)| - 0{,}5}{\sigma(r)} \tag{8.2}$$

wobei

$$\mu(r) = 1 + \frac{2 \cdot n_1 \cdot n_2}{n} \tag{8.3}$$

und

$$\sigma(r) = \sqrt{\frac{2 \cdot n_1 \cdot n_2 \cdot (2 \cdot n_1 \cdot n_2 - n)}{n^2 \cdot (n-1)}} \tag{8.4}$$

Beispiel 8.1. Operationskomplikationen in Serie?

Problem. Operationen verlaufen nicht immer reibungslos, auch und gerade wenn es sich um Standardoperationen, wie z. B. von Hüftgelenksendoprothesen, handelt. Gelegentlich gibt es Operationsfeldbedingungen, die einem routinemäßigen Ablauf der Operation widerstehen; wir sprechen der Einfachheit halber von „Komplikationen". Aufgrund vorgängiger Erfahrung treten Komplikationen öfter „in Serie" auf, was mit Streßbelastung infolge von Zeitnot, Entscheidungsdissensen und emotionalen Spannungen im Operationsteam erklärt werden kann. Es soll überprüft werden, ob Operationen mit Komplikationen im Sinne einer „Pechsträhne" eher aufeinanderfolgend vorkommen (etwa weil sich die Belastungen einer schwierigen Operation auf die folgenden Operationen auswirken), ob auf eine Operation mit Komplikationen mit hoher Wahrscheinlichkeit eine Operation ohne Komplikation folgt (etwa weil das Operationsteam nach einer komplizierten Operation ausgewechselt wird) oder ob gemäß H_0 Operationen mit und ohne Komplikationen zufällig aufeinanderfolgen.

Versuchsplan. In einer urologischen Universitätsklinik treten des öfteren transurethrale Resektionen der Prostata (TUR) mit Nachblutungen (als Komplikationen) gehäuft auf. Ehe diese auf „Novizeneffekte" in Operationsteams bezogen werden, teilt man die nächsten n = 20 zur TUR vorgesehenen Patienten nach Los verschiedenen Teams zu. Für eine Operation ohne Komplikation wird ein „–" notiert und für eine Operation mit Komplikationen ein „+".

Nullhypothese. Plus-Operationen und Minus-Operationen folgen zufällig aufeinander.

Alternativhypothese. Plus-Operationen und Minus-Operationen wechseln sich zu häufig oder zu selten ab (*ungerichtete* H_1).

Signifikanzniveau. Wir setzen $\alpha = 0{,}05$.

Testwahl. Es ist die Zufallsmäßigkeit einer Abfolge von Alternativdaten zu überprüfen, wobei vermutet wird, daß die Zufallsmäßigkeit durch eine zu gute oder eine zu schlechte Durchmischung der Alternativen verletzt sein könnte. Für diese Fragestellung ist der *Iterationshäufigkeitstest* das geeignete Verfahren. Da nicht davon auszugehen ist, daß Operationen mit Komplikationen genauso wahrscheinlich sind wie Operationen ohne Komplikationen ($\pi \neq 0{,}5$), muß auf die sequentielle Variante dieses Tests (vgl. Abschn. 7.2) verzichtet werden.

Testanwendung. Die 20 Operationen wurden wie folgt klassifiziert:

– – – – + + + – – – – – – + – – – – – –

Wir zählen $n_1 = 4$ Operationen mit Komplikationen (+), darunter 3 in Form einer Pechsträhne (trotz losbestimmter Teams) und $n_2 = 16$ Operationen ohne Komplikationen (–) sowie $r_1 = 2$ Plus-Iterationen und $r_2 = 3$ Minus-

Iterationen, so daß sich für die Prüfgröße insgesamt der Wert $r = 2 + 3 = 5$ ergibt. Tafel S entnehmen wir für $n_1 = 4$ und $n_2 = 16$ der Spalte $\alpha/2 = 0{,}025$ als unteren Grenzwert $r_{\alpha/2} = 4$ und der Spalte $1 - \alpha/2 = 0{,}975$ den oberen Grenzwert $r_{1-\alpha/2} = 9$.

Entscheidung. Der beobachtete r-Wert $(r = 5)$ liegt im Annahmebereich der H_0, d.h. die H_0 kann nicht verworfen werden.

Interpretation. Aufgrund der Beobachtungsstichprobe kann nicht behauptet werden, daß Operationen mit bzw. ohne Komplikationen zu gut oder zu schlecht durchmischt sind.

Asymptotischer Test. Zu Demonstrationszwecken wollen wir auch den asymptotischen Test durchführen. Wir errechnen nach Gl. 8.3

$$\mu(r) = 1 + \frac{2 \cdot 4 \cdot 16}{20} = 7{,}4$$

und nach Gl. 8.4

$$\sigma(r) = \sqrt{\frac{2 \cdot 4 \cdot 16 \cdot (2 \cdot 4 \cdot 16 - 20)}{20^2 \cdot 19}} = \sqrt{1{,}82} = 1{,}35$$

so daß sich nach Gl. 8.1

$$u = \frac{5 - 7{,}4}{1{,}35} = -1{,}78$$

ergibt. Auch dieser Wert liegt nach Tafel A im Annahmebereich der H_0 $(u_{crit} = \pm 1{,}96)$.

Hinweise

Der Iterationshäufigkeitstest zeigt an, ob in einer Abfolge von Binärdaten (vgl. Lautsch & Lienert, 1993, Kap. 2.2) zu viele oder zu wenig Iterationen auftreten. Ein nicht-signifikantes Testergebnis kann dementsprechend auch so gedeutet werden, daß hinsichtlich der *Anzahl* der Iterationen offenbar keine Systematik besteht, unbeschadet der Möglichkeit, daß eine Abfolge aufgrund anderer Eigenschaften nicht zufällig ist.

Markante Beispiele hierfür sind Abfolgen der Art:
- AA BB AA BB AA BB oder
- AAA BBB AAA BBB,

die eine hohe Systematik aufweisen, aber dennoch nach dem Iterationshäufigkeitstest keine Ablehnung der H_0 (Zufälligkeit) ermöglichen. Im 1. Beispiel

($n_1 = n_2 = 6$) zählen wir $r = 6$ Iterationen und im 2. Beispiel bei gleichen Stichprobenumfängen 4 Iterationen. Beide Werte sind gemäß Tafel S nicht signifikant.

Zur Prüfung der Frage, ob die längste in einer Abfolge vorkommende Iteration mit dem Zufall zu vereinbaren ist, hat Mood (1940) einen *Iterationslängentest* entwickelt, der bei Bortz, Lienert & Boehnke (1990, S. 533 ff.) beschrieben wird.

Der Iterationshäufigkeitstest wurde von Barton & David (1957) für beliebige k-stufige Merkmale verallgemeinert. Mit diesem *multiplen Iterationshäufigkeitstest* kann man beispielsweise überprüfen, ob eine Abfolge von n Patienten mit k verschiedenen Diagnosen zufällig (H_0) oder zu gut bzw. zu schlecht durchmischt ist (H_1). Desgleichen wäre zu prüfen, ob in Beispiel 8.1 verschiedene Komplikationen zu oft oder zu selten aufeinander folgen. Auch über dieses Verfahren wird bei Bortz, Lienert & Boehnke (1990, S. 566 ff.) berichtet.

Der Iterationshäufigkeitstest wird wie die nachfolgend behandelten Tests auch als Einzelfalltest (vgl. Huber, 1973) an Patienten oder Primaten als Versuchstieren durchgeführt. Er gilt demgemäß nur für den untersuchten Einzelfall, nicht aber für die Population, aus der dieser Fall entnommen wurde. Will man etwas über die Population aussagen, so müssen die Ergebnisse von N Einzelfällen (die losbestimmt untersucht wurden) über eine sog. *Einzelfall-Metaanalyse* zusammengefaßt (agglutiniert oder agglomeriert) werden:

Der einfachste *Agglutinationstest* ist der Binomialtest: Man zählt mit x die Anzahl der Individuen, die im Sinne einer gerichteten H_1 (z. B. zu wenig Iterationen) reagiert haben und mit y die Zahl der Individuen, für die H_0 nicht verworfen werden konnte, wobei $x + y = N$ die Gesamtzahl aller Individuen bezeichnet. Sodann berechnet man mit Gl. 2.1 unter der Bedingung $\pi = \alpha$ die Wahrscheinlichkeit für x oder mehr Individuen, bei denen zugunsten von H_1 entschieden wurde. Wenn beispielsweise von $N = 6$ Individuen $x = 2$ Individuen für $\alpha = 0,05$ ein signifikantes Ergebnis erzielten, ergibt sich

$$P = \binom{6}{2} \cdot 0,05^2 \cdot 0,95^4 + \binom{6}{3} \cdot 0,05^3 \cdot 0,95^3 + \binom{6}{4} \cdot 0,05^4 \cdot 0,95^2$$

$$+ \binom{6}{5} \cdot 0,05^5 \cdot 0,95^1 + \binom{6}{6} \cdot 0,05^6 \cdot 0,95^0$$

$$= 0,0328$$

Dieser P-Wert unterschreitet die 5%ige Signifikanzstufe, d. h. das Ergebnis der 6 Einzelfälle bestätigt insgesamt die H_1. Im Beispiel würde man erwarten, daß $N \cdot \pi = 6 \cdot 0,05 = 0,3$ Individuen zufällig eine signifikant von H_0 abweichende Abfolge produzieren.

Hat man die Überschreitungswahrscheinlichkeiten (P-Werte) von N Patienten für Alternativfolgen mit gleicher Länge n, dann prüft man agglutinativ mittels der sog. Stouffer-Methode als einer Variante der sog. *Metaanalyse* (vgl. Fricke & Treinies, 1985 oder Bortz & Döring, 1995, S. 606).

8.1.2
Der Folgevorzeichen-Iterationstest von Wallis & Moore

Zielsetzung

Im letzten Abschnitt haben wir untersucht, ob die sukzessive Beobachtung eines *Alternativmerkmals* zu einer Abfolge führt, bei der die Merkmalsalternativen zufällig aufeinanderfolgen (H_0) oder zu gut bzw. zu schlecht durchmischt sind (H_1). Nun beobachten wir statt eines Alternativmerkmals ein *kardinalskaliertes Merkmal*, d.h. wir erheben sukzessive Meßwerte (z. B. Fiebermessungen) und fragen, ob die Vorzeichen der Differenzen aufeinanderfolgender Messungen zufällig variieren (H_0) oder ob zu viele oder zu wenig Phasen mit gleichem Vorzeichen vorkommen. Zu wenig Phasen würde man beispielsweise bei einem monotonen Trend erwarten, soweit dieser nicht durch zyklische Komponenten „verwischt" ist. Besteht die Abfolge hingegen aus zu vielen zyklischen Komponenten mit kurzer Phasenlänge, wird man überzufällig viele Vorzeichenphasen beobachten.

Bei oberflächlicher Betrachtung ähnelt dieses Verfahren stark dem in Abschn. 8.1.1 beschriebenen Iterationshäufigkeitstest, bei dem die Anzahl der Iterationen in einer Abfolge von Alternativdaten als Prüfgröße verwendet wird. Der Iterationshäufigkeitstest geht jedoch von der Annahme aus, daß gemäß H_0 beide Merkmalsalternativen an jeder Position der Abfolge mit konstanter Wahrscheinlichkeit auftreten. Daß dies beim Folgevorzeichen-Iterationstest anders ist, wird unmittelbar einleuchtend, wenn man z. B. das Vorzeichen betrachtet, das dem höchsten Wert der Reihe folgt: Dieses Vorzeichen kann nur ein Minus sein, denn nach dem höchsten Wert muß zwangsläufig ein niedrigerer Wert folgen. Umgekehrt muß das Vorzeichen nach dem kleinsten Wert immer positiv sein. Allgemein: Die Wahrscheinlichkeit des Auftretens eines Vorzeichens ist nicht für alle Positionen der Abfolge konstant. Dieser Sachverhalt wird beim Folgevorzeichen-Iterationstest von Wallis & Moore (1941) berücksichtigt.

Durchführung

Nehmen wir einmal an, wir hätten folgende Zeitreihe von $n = 10$ Fiebermessungen (y_t) bei einem Patienten erhoben, der mit Verdacht auf 5-Tage-Fieber nach einer Rickettsien-Infektion in eine Isolierstation eingeliefert und allmorgendlich gemessen worden ist: 38,3; 39,0; 38,7; 38,5; 38,4; 38,9; 39,8; 40,0; 40,1; 38,6.

Wir berechnen die Differenzen aufeinanderfolgender Messungen $y_{t+1} - y_t$ und notieren deren Vorzeichen. Für das Beispiel erhält man:

+ − − − + + + + −

Diese Vorzeichenabfolge hat 2 Plusphasen und 2 Minusphasen bzw. insgesamt b = 4 Vorzeichenphasen („*runs up and down*"). Dies ist die Prüfgröße des Folgevorzeichen-Iterationstests.

Für den exakten Test dieser Prüfgröße verwenden wir Tafel T des Anhangs für n = 2 bis n = 25 Meßpunkte. (Zur Theorie vgl. Bortz, Lienert & Boehnke (1990, S. 574 ff.). Die dort genannten Überschreitungswahrscheinlichkeiten für unterschiedliche b-Werte entsprechen dem einseitigen Test auf *zu wenig* Vorzeichenphasen. Für n = 10 Messungen mit b = 4 Vorzeichenphasen lesen wir in Tafel T ein P = 0,0633 > 0,05 = α ab, so daß H_0 (zufällige Fieberschwangungen) nicht zugunsten von H_1 (5-Tage-Fieber oder Febris undulans) zurückzuweisen ist. Offenbar muß über die 10 Tage hinweg weiter beobachtet und gemessen werden.

Will man einseitig auf *zu viele* Vorzeichenphasen testen, wie dies bei remittierendem Fieber mit hohen Abend- und niedrigen Morgentemperaturen nötig wäre, berechnet man für den zu prüfenden b-Wert 1–P und entscheidet zugunsten von H_1, wenn 1–P < α ist, wie in Beispiel 8.2 zu zeigen sein wird. Bei zweiseitigem Test gegen *oszillierende* und gegen *undulierende Zeitreihen* ist α zu halbieren (P $\leqslant$ α/2 oder 1-P $\leqslant$ α/2).

Für n > 25 ist die Prüfgröße b unter H_0 asymptotisch normalverteilt mit einem Erwartungswert von

$$\mu(b) = (2 \cdot n - 1)/3 \qquad (8.5)$$

und einer Streuung von

$$\sigma(b) = \sqrt{(16 \cdot n - 29)/90} \qquad (8.6)$$

so daß man über

$$u = \frac{b - \mu(b)}{\sigma(b)} \qquad (8.7)$$

anhand Tafel A einseitig oder zweiseitig über die Gültigkeit von H_0 befinden kann. Für kürzere Abfolgen (n < 30) empfiehlt sich eine Stetigkeitskorrektur, indem man den Betrag des Zählers von Gl. 8.7 um 0,5 reduziert.

Der Folgevorzeichen-Iterationstest setzt voraus, daß das untersuchte Merkmal stetig verteilt und bindungsfrei gemessen worden ist. Bindungen wirken sich jedoch nur dann aus, wenn sie aufeinanderfolgende Meßwerte betreffen. Will man in solchen Fällen dennoch den Folgevorzeichen-Iterationstest einsetzen, kann man die Sukzessivbindungen durch einen einzigen Meßwert ersetzen und den Umfang der Zeitreihe entsprechend reduzieren. Obwohl nicht nachgewiesen, dürfte diese Empfehlung zu einer konservativen Entscheidung führen. Sicher entscheidet man konservativ, wenn man Sukzessivbindungen durch jenes Vorzeichen ersetzt, das die Beibehaltung von H_0 begünstigt.

Beispiel 8.2. Feedbackwirkungen täglicher Blutzuckermessungen

Problem. Manche Diabetiker (Diabetes mellitus, Typ II) bemerken, daß ihre selbstgemessenen Blutzuckerwerte starken Schwankungen unterliegen, die sie mit ihrem Ernährungsverhalten nicht erklären können. Um diesem Phänomen nachzugehen, registriert ein betroffener Patient an 20 aufeinanderfolgenden Tagen seinen morgendlichen Nüchtern-Blutzucker.

Nullhypothese. Die Veränderungen der Blutzuckerwerte sind zufallsbedingt.

Alternativhypothese. Phasen mit ansteigenden bzw. abfallenden Blutzuckerwerten wechseln überzufällig häufig (*gerichtete* H_1).

Signifikanzniveau. $\alpha = 0,05$.

Testwahl. Es geht um die Häufigkeit von ansteigenden und abfallenden Meßwertphasen in einer Meßwertreihe, deren statistische Bedeutung der *Folgevorzeichen-Iterationstest* überprüft.

Testanwendung. Tabelle 8.1 zeigt die Blutzuckerwerte sowie die Vorzeichen der Differenzen aufeinanderfolgender Messungen ($y_{t+1} - y_t$).

Wir zählen 8 Plusphasen und 8 Minusphasen und damit insgesamt $b = 16$ Phasen ohne Vorzeichenwechsel. Tafel T entnehmen wir für $n = 20$ und $b = 16$ eine Überschreitungswahrscheinlichkeit von 0,9782. Da wir einseitig auf zu viele Vorzeichenphasen testen, bestimmen wir $P = 1 - 0,9782 = 0,0218$.

Entscheidung. Da $P = 0,0218 < \alpha = 0,05$ ist, verwerfen wir die H_0 zugunsten von H_1.

Interpretation. Die Schwankungen der Blutzuckerwerte sind offenbar tatsächlich nicht mit dem Zufall zu vereinbaren. Möglicherweise wirkt die Rückmeldung des Blutzuckerwerts insoweit verhaltensregulierend, als der Patient nach einem „guten" Blutzuckerwert (evtl. sogar unbewußt) seine gesunde Lebensführung (Einhaltung der Diätvorschriften, körperliche Bewegung etc.) vernachlässigt, so daß es zu einem Anstieg des Blutzuckers kommt, während er umgekehrt auf einen „schlechten" Blutzuckerwert mit einer besonders gesunden Lebensführung reagiert, wodurch der Blutzuckerwert wieder gesenkt wird.

Asymptotischer Test. Die Durchführung des asymptotischen Tests sei ebenfalls an diesem Beispiel demonstriert. Wir errechnen nach Gl. 8.5

$$\mu(b) = (2 \cdot 20 - 1)/3 = 13$$

und nach Gl. 8.6

$$\sigma(b) = \sqrt{(16 \cdot 20 - 29)/90} = 1{,}80$$

so daß sich nach Gl. 8.7

$$u = \frac{16 - 13}{1{,}80} = 1{,}67$$

ergibt. Auch dieser Wert ist bei einseitigem Test und für $\alpha = 0{,}05$ gemäß Tafel A signifikant.

Hinweis

Neben der Anzahl kann auch die *Länge* der registrierten Vorzeichenphasen nicht mit der H_0 (Zufallsmäßigkeit) zu vereinbaren sein. (Bezogen auf das Beispiel 8.2 –Blutzuckermessungen – könnte man vermuten, daß die Längen der Vorzeichenphasen insgesamt zu kurz sind). Ein Test, der auf diese Art von Verletzung der Zufallsmäßigkeit reagiert, ist der *Phasenverteilungstest* von Wallis & Moore (1941), der bei Bortz, Lienert & Boehnke (1990, S. 572 ff.) beschrieben wird.

Tabelle 8.1. Meßwertreihe für den Folgevorzeichen-Iterationstest

Tag	Blutzucker (y_t)	Vorzeichen für $y_{t+1} - y_t$
1	132	
2	148	+
3	120	−
4	122	+
5	142	+
6	120	−
7	150	+
8	118	−
9	125	+
10	111	−
11	162	+
12	128	−
13	123	−
14	146	+
15	133	−
16	134	+
17	109	−
18	124	+
19	120	−
20	118	$\dfrac{-}{b = 16}$

8.2
Trends in einer Zeitreihe

In Abschn. 8.1.1 haben wir Verfahren kennengelernt, mit denen Störungen der Zufälligkeit einer Abfolge von Alternativdaten festzustellen sind. Es wurde darauf hingewiesen, daß die Zufälligkeit einer Abfolge auf unterschiedliche Weise beeinträchtigt sein kann, und daß es keinen Test gibt, der auf alle denkbaren Abweichungen von der Zufälligkeit gleichermaßen gut anspricht. Die einzelnen Tests beziehen sich vielmehr auf auffallende „ins Auge springende" Störungen, wie z. B. einen zu häufigen Wechsel der Merkmalsalternativen oder eine zu lange Iteration.

In Abschn. 8.2.1 wird nun eine besonders wichtige Störung der Zufälligkeit behandelt, die darin besteht, daß sich der Wahrscheinlichkeitsparameter π für eine *Merkmalsalternative* im Verlauf einer Versuchsserie (Zeitreihe) einem bestimmten Trend folgend verändert (H_1). Sehr häufig interessiert dabei ein monotoner Trend, der zur Folge hätte, daß z. B. die Merkmalsalternative A zunehmend häufiger (monoton steigender Trend) oder zunehmend seltener (monoton fallender Trend) beobachtet wird. Mit einem monoton steigenden Trend würde man beispielsweise in Lernexperimenten rechnen, bei denen die Wahrscheinlichkeit einer richtigen Lösung ständig zunimmt. Beispiele für einen monoton fallenden Trend sind Gedächtnisexperimente mit abnehmenden Wahrscheinlichkeiten für eine richtige Reaktion. In klinischen Behandlungs-Wirkungsstudien erwartet man einen monoton fallenden Trend für die Wahrscheinlichkeit des Auftretens von Patho-Indikatoren.

Haben wir eine aus *Meßwerten* bestehende Zeitreihe erhoben, sagt ein monotoner Trend, daß die Lokation der Zeitreihe entweder steigend oder fallend ist. Sinkende Schmerzintensitäten als Folge einer Schmerzbehandlung wäre ein Beispiel für einen monoton fallenden Trend und steigende Blutdruckwerte bei rekonvaleszenzbedingter Hypotonie durch eine Behandlung mit einem blutdruckaktivierenden Roborans ein Beispiel für einen monoton steigenden Trend. Über die Prüfung dieser und weiterer Trendhypothesen berichtet Abschn. 8.2.2.

8.2.1
Der Trendtest von Meyer-Bahlburg

Zielsetzung

Man hat eine Zeitreihe von Alternativdaten erhoben und möchte prüfen, ob die Wahrscheinlichkeit des Auftretens der Plus- (oder Minus-) Alternative im Verlauf der Zeit konstant (stationär) bleibt (H_0) oder ob sie monoton sinkt bzw. ansteigt (H_1).

Durchführung

Für die Überprüfung dieser *Trendhypothese* können wir nach Meyer-Bahlburg (1969) auf ein bereits in Abschn. 3.1.2 behandeltes Verfahren zurückgreifen – den *U-Test*. Hierbei betrachten wir die Beobachtungszeitpunkte als eine Rangreihe (von der ersten Beobachtung mit Rangplatz 1 bis zur letzten Beobachtung mit Rangplatz n) und fragen, ob die Rangnummern der Plusbeobachtungen eine signifikant höhere (niedrigere) Rangsumme ergeben als die Rangnummern der Minusbeobachtungen. Für diesen Rangsummenvergleich steht bekanntlich der U-Test zur Verfügung.

Beispiel 8.3. Medikamentöse Behandlung einer Gichtsymptomatik

Problem. Akute Gichtanfälle sind für die betroffenen Patienten meist sehr schmerzhaft und erfordern eine längere medikamentöse Behandlung. Im Rahmen einer Einzelfallstudie soll geprüft werden, ob eine 14tägige Behandlung mit einem harnsäurereduzierenden Medikament (Allopurinol) ausreicht, um die Wahrscheinlichkeit des Auftretens der Gichtsymptomatik zu senken.

Versuchsplan. Ein Patient kommt mit schmerzhaften Schwellungen des Großzehengrundgelenks (Podagra) zum Arzt, die dieser als einen akuten Gichtanfall diagnostiziert. Der Arzt verordnet eine Allopurinolbehandlung und der Patient kontrolliert an jedem der darauffolgenden 14 Tagen, ob das Zehengelenk druckschmerzhaft ist (+) oder nicht (–). Das Ergebnis seiner Beobachtungen ist in Tabelle 8.2 zusammengefaßt.

Nullhypothese. Die Wahrscheinlichkeit des Auftretens der Gichtsymptomatik wird durch die Behandlung nicht verändert.

Alternativhypothese. Die Wahrscheinlichkeit des Auftretens der Gichtsymptomatik sinkt während der Behandlung (*gerichtete* H_1).

Signifikanzniveau. Der Arzt beabsichtigt, das Medikament nur dann abzusetzen, wenn der monoton fallende Trend eindeutig ist. Er sichert sich deshalb gegen das Risiko, H_1 fälschlicherweise anzunehmen, mit $\alpha = 0{,}01$ ab.

Testwahl. Es geht um einen monotonen Trend in einer Zeitreihe von Alternativbeobachtungen, für dessen Überprüfung der *Trendtest nach Meyer-Bahlburg* geeignet ist.

Testanwendung. Den in Tabelle 8.2 dargestellten Ergebnissen sind $n_+ = 7$ Tage mit Symptom und $n_- = 7$ symptomfreie Tage zu entnehmen.

Zur Vorbereitung des U-Tests bestimmen wir die Rangsummen T_+ und T_-, d. h. wir addieren die Nummern der Tage mit und der Tage ohne Druckschmerzhaftigkeit.

- $T_+ = 1+2+3+4+5+7+10 = 32$
- $T_- = 6+8+9+11+12+13+14 = 73$

(Kontrolle nach Gl. 3.2: $32+73 = 14 \cdot 15/2 = 105$).

Als U-Werte ermitteln wir nach Gl. 3.3 und 3.4

$$U_1 = 7 \cdot 7 + \frac{7 \cdot 8}{2} - 32 = 45$$

$$U_2 = 7 \cdot 7 + \frac{7 \cdot 8}{2} - 73 = 4$$

(Kontrolle nach Gl. 3.5: $45+4 = 7 \cdot 7 = 49$).

Die Prüfgröße lautet also $U = \min(U_1, U_2) = 4$.

Entscheidung. Nach Tafel E hat dieser U-Wert für $n_1 = n_2 = 7$ eine Überschreitungswahrscheinlichkeit von $P = 0{,}003$, d. h. wegen $0{,}003 < \alpha = 0{,}01$ ist die H_0 bei einseitigem Test zugunsten von H_1 zu verwerfen.

Interpretation. Offenbar war die Allopurinol-Behandlung erfolgreich. Zumindest können wir dem Testergebnis entnehmen, daß die Symptomwahrscheinlichkeit im Verlauf der Behandlung signifikant gesunken ist. Wir können allerdings nicht ausschließen, daß es sich hierbei um eine Spontanremission handelt, die auch ohne Behandlung eingetreten wäre. Insofern ist der Wirkungsnachweis inkonklusiv.

Hinweis

Wenn man statt eines 2stufigen Alternativmerkmals ein kategoriales Merkmal mit k Stufen sukzessiv beobachtet, stellt sich gelegentlich die Frage, ob die Wahrscheinlichkeiten der k Merkmalsausprägungen während der Dauer der Beobachtung konstant bleiben (H_0) oder veränderlich sind (H_1). So könnte ein HNO-Arzt beispielsweise fragen, ob neuerkrankte H-, N- und O-Patienten, die ihn im Verlauf des Tages in seiner Praxis aufsuchen, in ihrer Reihenfolge zufällig durchmischt sind oder ob sich die Wahrscheinlichkeiten für H-, N- und O-Patienten im Verlauf des Tages ändern.

Will man überprüfen, ob die einzelnen Kategorien (H-, N- und O-Patienten) überzufällig unterschiedlichen Abschnitten der Abfolge (Tagesabschnitten) zu-

Tabelle 8.2. Trendtest für eine Folge von Alternativdaten

Tag der Beobachtung:	1	2	3	4	5	6	7	8	9	10	11	12	13	14
Schwellung (+/−):	+	+	+	+	+	−	+	−	−	+	−	−	−	−

geordnet sind, kann hierfür der im Abschn. 3.2.2 behandelte H-Test eingesetzt werden. Wie bei der Trendtestvariante nach Meyer-Bahlburg via U-Test werden hierbei die Versuchs-(Behandlungs)nummern als Rangreihe aufgefaßt, so daß sich für die Merkmalskategorien (Erkrankungen) Rangsummen berechnen lassen, deren Unterschiedlichkeit rangvarianzanalytisch zu überprüfen ist (vgl. S. 142 ff.). Statistisch bedeutsame Unterschiede in den Rangsummen besagen, daß die Wahrscheinlichkeiten für das Auftreten der Merkmalskategorien im Verlauf der Versuchsserie (Behandlungsreihenfolge) nicht konstant bleiben.

Läßt sich eine bestimmte Reihenfolge oder ein bestimmter Trend bereits vor Untersuchungsbeginn als Hypothese formulieren (z. B. N-Patienten sind in der Regel früher in der Praxis als H-Patienten und diese wiederum früher als O-Patienten), überprüft man diese Trendhypothese schärfer mit dem in Abschn. 3.2.3 behandelten Trendtest von Jonckheere.

Beide Tests können über Tage oder Ärzte agglutiniert werden, wenn sie offensichtlich gleiche Trends aufweisen.

8.2.2
Der Rangkorrelationstest

Zielsetzung

Wir haben eine Abfolge von Meßwerten erhoben und wollen prüfen, ob die Meßwerte zufällig variieren (H_0) oder einem monotonen Trend folgen (H_1). Wenn es sich hierbei um interindividuell erhobene Meßwerte handelt, überprüfen wir die Trendhypothese am einfachsten mit dem Rangkorrelationstest.

Durchführung

Die Rangkorrelation – Kendalls tau oder Spearmans rho – bestimmt die Enge des *monotonen Zusammenhangs* zwischen 2 ordinalskalierten Merkmalen bzw. 2 Rangreihen. Faßt man die zeitliche Abfolge der Messungen t_i ($i = 1,\ldots,$ n) als eine Rangreihe und die rangtransformierten Messungen y_i als 2. Rangreihe auf, läßt sich über Kendalls tau oder Spearmans rho bestimmen, ob die Messungen im Verlauf der Erhebungen einem monotonen Trend folgen oder

Beispiel 8.4. Altersbedingte Veränderungen der Magensaftazidität

Problem. Es geht um die Frage, ob die Azidität des Magensaftes (gemessen in cm^3 einer 10%igen Natronlauge, die nötig sind, um 100 cm^3 Magensaft zu neutralisieren) mit fortschreitendem Alter monoton zunimmt. Da man einen einzelnen Probanden nicht über seine Lebenszeit hinweg in gleichen Zeitintervallen beobachten kann, um eine intraindividuelle Zeitreihe von

Azidätswerten zu gewinnen, planen wir eine interindividuelle Zeitreihe wie folgt:

Versuchsplan. Jeweils 3 gesunde männliche Personen aus $n = 7$ Dezennien-Kohorten (1. Dezennium 10 bis 19 Jahre; 7. Dezennium 70 bis 79 Jahre) nehmen an der Untersuchung teil. Als Meßwerte verwendet man die Mediane der Azidätswerte der jeweils 3 Personen eines Dezenniums.

Nullhypothese. Die Azidätswerte verändern sich mit zunehmendem Alter zufällig.

Alternativhypothese. Mit zunehmendem Alter steigt die Azidität des Magensaftes (*gerichtete* H_1).

Signifikanzniveau. $\alpha = 0,05$.

Testwahl. Es wird gefragt, ob eine Abfolge von interindividuell erhobenen Meßwerten einem monotonen Trend folgt. Diese Fragestellung überprüfen wir mit dem Rangkorrelationstest, wobei wir hier die Variante von Spearman (vgl. Abschn. 5.2.1) einsetzen wollen.

Testanwendung. Tabelle 8.3 zeigt die den 7 Dezennien zugeordneten Azidätswerte y_i sowie deren Ränge. Fassen wir die 7 Dezennien t_i als 2. Rangreihe auf, ergeben sich die in Zeile d_i genannten Rangdifferenzen bzw. in der Zeile d_i^2 deren Quadrate, die sich zu $\sum d_i^2 = 64$ addieren.

Für die Berechnung von Spearmans r_s-Koeffizienten verwenden wir Gl. 5.15:

$$r_s = 1 - \frac{6 \cdot 64}{7 \cdot (7^2 - 1)} = -0,14$$

Entscheidung. Tafel O entnehmen wir 0,714 als kritischen Wert ($\alpha = 0,05$, einseitiger Test). Wegen $-0,14 < 0,714$ kann die H_0 nicht verworfen werden.

Interpretation. Offenbar folgen die Azidätswerte keinem monoton steigenden, sondern der Tendenz nach eher einem monoton fallenden Trend. Wie die Werte in Tabelle 8.3 verdeutlichen, steigt die Azidität bis zum 3. Dezennium, um danach allmählich wieder abzufallen. Hätte man diesen umgekehrt U-förmigen bzw. *bitonen Trend* bereits vor der Untersuchung postuliert, wäre der folgende Test indiziert gewesen:

Test auf bitonen Trend. Für den Test auf bitonen Trend benötigen wir eine Ankerreihe, mit der hypothesengemäß zum Ausdruck gebracht wird, daß im mittleren Bereich der Abfolge die höchsten und am Anfang und am Ende die niedrigsten Werte erwartet werden. Dementsprechend weisen wir dem 1. Dezennium Rangplatz 1 zu, den Dezennien 7 und 6 die Rangplätze 2 und 3, den Dezennien 2 und 3 die Rangplätze 4 und 5 und den Dezennien 5 und 4 schließlich die Rangplätze 6 und 7. Tabelle 8.4 faßt das Resultat zusammen.

Für den bitonen Trend ergibt sich eine Rangkorrelation von

$$r_s = 1 - \frac{6 \cdot 10}{7 \cdot (7^2 - 1)} = 0{,}82$$

die wegen $0{,}82 > 0{,}714$ bei einseitigem Test für $\alpha = 0{,}05$ gemäß Tafel O signifikant ist. (Man beachte, daß das sog. *Siegel-Tukey-Ranking*, das wir im Test auf bitonen Trend angewendet haben, genau genommen nur für Zeitreihen mit geradzahligem n geeignet ist. Bei 6 Dezennien beispielsweise wären dem 1. Dezennium Rangplatz 1, dem 6. Dezennium Rangplatz 2, dem 2. und 3. Dezennium die Rangplätze 3 und 4 und dem 5. und 4. Dezennium die Rangplätze 5 und 6 zuzuordnen).

nicht. Einzelheiten zur Bestimmung und Indikation dieser Korrelationen findet man in den Abschn. 5.2.1 und 5.2.5.

Hinweise

Der Rangkorrelationstest setzt voraus, daß die Beobachtungen unter der Nullhypothese als wechselseitig unabhängig und als streng stationär gedacht werden müssen. Diese Voraussetzung ist i. allg. nur bei interindividuellen Zeitreihen (wie im Beispiel 8.4 „Magensaftazidität") erfüllt. Intraindividuelle Zeitreihen erfüllen im Regelfall diese Voraussetzung. Für sie ist der *Erst-Dif-*

Tabelle 8.3. Trendtest für eine Folge von Meßwerten

Dezennium t_i:	1	2	3	4	5	6	7	
Azidität y_i:	27	43	45	44	42	40	37	
Rang (y_i):	1	5	7	6	4	3	2	
d_i:	0	–3	–4	–2	1	3	5	
d_i^2:	0	9	16	4	1	9	25	$\sum d_i^2 = 64$

Tabelle 8.4. Test auf bitonen Trend

Dezennium t_i:	1	2	3	4	5	6	7	
Ankerreihe:	1	4	5	7	6	3	2	
Rang (y_i):	1	5	7	6	4	3	2	
d_i:	0	–1	–2	1	2	0	0	
d_i^2:	0	1	4	1	4	0	0	$\sum d_i^2 = 10$

ferenzen-Test von Moore & Wallis (1943) besser geeignet, der von den Vorzeichen der Differenzen aufeinanderfolgender Messungen (y_t–y_{t+1}) ausgeht (Erstdifferenzen), die als voneinander unabhängig angenommen werden dürfen, auch wenn die unmittelbar aufeinanderfolgenden Meßwerte selbst voneinander abhängen (seriale Korrelation 1. Ordnung). Die Erstdifferenzen sind bei einem perfekt monoton steigenden Trend sämtlich negativ und bei einem perfekt monoton fallenden Trend sämtlich positiv. Weitere Informationen hierzu und eine Tabelle für den exakten Test findet man bei Bortz, Lienert & Boehnke (1990, S. 580 f.).

Cox & Stuart (1955) haben 2 Tests entwickelt, die auf den Fakten basieren, daß

- weit auseinanderliegende Messungen in einer monotonen Abfolge größere Unterschiede aufweisen als nahe beieinanderliegende Messungen und
- daß sich das Niveau (die Lokation) der Meßwerte in der 1. Hälfte einer monotonen Abfolge vom Niveau der Messungen in der 2. Hälfte unterscheiden muß.

Schließlich sei ein weiterer, auf Foster & Stuart (1954) zurückgehender Trendtest erwähnt, der davon ausgeht, daß bei einer streng monoton steigenden Folge auf jeden Wert ein höherer Wert folgt (ausführlicher zu diesem Verfahren s. Bortz, Lienert & Boehnke, 1990, Kap. 11.3.2).

8.3
Die zeitliche Verteilung von Ereignissen

Die Verfahren, die bislang in diesem Kapitel behandelt wurden, gehen davon aus, daß zu n vorgegebenen Zeitpunkten ein Merkmal – mit binärem, nominalem oder kardinalem Skalenniveau – in Form einer Zeitreihe oder Abfolge beobachtet wurde. Die folgenden Verfahren behandeln die zeitliche Verteilung von Ereignissen (Todesfälle, Erkrankungen, Unfälle, Epi-Anfälle etc.), die in unregelmäßigen Abständen mehr oder weniger zufällig bzw. spontan auftreten. Eine zeitliche Verteilung derartiger Ereignisse erhält man, indem die Zeitachse in n Intervalle unterteilt und registriert wird, wie viele Ereignisse in die einzelnen Zeitintervalle fallen.

Die folgenden Abschnitte beziehen sich auf die Untersuchung einiger ausgewählter Fragestellungen:

- Sind mehr oder weniger Intervalle mit Ereignissen „besetzt" (*okkupiert*) als nach Zufall zu erwarten ist (Abschn. 8.3.1)?
- Entsprechen die in den einzelnen Zeitintervallen angetroffenen *Ereignishäufigkeiten* dem Zufall oder treten die Ereignisse in einigen Intervallen „geballt" und in anderen sporadisch auf (Abschn. 8.3.2)?
- Verändern sich die Ereignishäufigkeiten mit der Zeit zufällig oder gibt es systematische (z.B. *sprunghafte oder allmählich eintretende*) Veränderungen (Abschn. 8.3.3 und 8.3.4)?

8.3.1
Der Okkupanzentest von Stevens & David

Zielsetzung

Der Okkupanzentest – von David (1950) entwickelt und von Stevens (1937) erstmalig konzipiert – überprüft, ob die Anzahl z der Intervalle, in denen mindestens ein Ereignis vorkommt, dem Zufall entspricht (H_0) oder nicht (H_1). Wir unterstellen dabei, daß die Zahl n der Intervalle genügend groß gewählt wird, so daß sie größer oder gleich der Zahl k der zu beobachtenden Ereignisse ist. Bei n = k ist der Okkupanzentest als Test für „seltene Ereignisse" sehr wirksam. Fast unwirksam wird er, wenn k sehr viel größer als n ist, weil dann meistens alle n Intervalle okkupiert sind, auch wenn H_0 offenbar nicht gilt.

Durchführung

Wir unterteilen den zu untersuchenden Zeitraum (Tag, Woche, Jahr) in n gleich große Intervalle und stellen die Anzahl k aller Ereignisse fest, die in diesem Zeitraum insgesamt vorkamen. Sodann zählen wir aus, wie viele der n Intervalle mit mindestens einem Ereignis besetzt sind. Die Anzahl der besetzten Intervalle bezeichnen wir mit z.

Der *exakte* Okkupanzentest zur Überprüfung der H_0 (die Anzahl der besetzten Intervalle entspricht dem Zufall oder die Ereigniswahrscheinlichkeit ist für alle Intervalle gleich) läßt sich einfach mit Hilfe der Tafel U des Anhangs durchführen. (Zur Theorie vgl. Bortz, Lienert & Boehnke, 1990, S. 620 f.) Das praktische Vorgehen sei an einem kleinen Beispiel verdeutlicht.

Angenommen, man registriert in einem Hospital an den 7 Tagen einer Woche (n = 7) k = 4 Todesfälle. Ferner soll angenommen werden, daß sich alle 4 Todesfälle an einem einzigen Tag (z = 1) ereignet haben.

In Tafel U wird nun gefragt, wie viele Ereignisse bei einem besetzten Intervall (z = 1) und einer Gesamtzahl von n = 7 Intervallen mindestens vorkommen müssen, um die H_0 verwerfen zu können, d. h. in Tafel U ist nicht z, sondern k als Prüfgröße tabelliert. Für unser Beispiel lesen wir für n = 7, z = 1 und $\alpha = 0,01$ einen kritischen Wert von $k_{crit} = 4$ ab. Für k ≥ k_{crit} ist – wie in unserem Beispiel mit k = 4 – die H_0 zu verwerfen, d. h. die 4 an einem von 7 Tagen eingetretenen Todesfälle sind nicht mit dem Zufall zu vereinbaren. Zu eruieren wäre, was diesen einen Tag von den restlichen 6 Tagen unterscheidet! Ist es etwa ein Tag mit starker Föhnwirkung oder ist es ein Sonntag mit reduziertem Ärzte- und Pflegepersonal?

Tafel U ist sowohl für den einseitigen Test auf *zu wenig* besetzte Intervalle (Spalte α) als auch für den einseitigen Test auf *zu viele* besetzte Intervalle einsetzbar (Spalte 1-α). Die Alternativhypothese für zu wenig besetzte Intervalle wird auch als „Ballungsalternative" bezeichnet und die Alternativhypothese für zu viele besetzte Intervalle als „Harkenalternative" („rake alternative") entsprechend den gleichabständigen Zacken einer Harke. Wie üblich muß natürlich auch hier vor Untersuchungsbeginn entschieden werden, welche der beiden gerichteten Alternativhypothesen geprüft werden soll (zum zweiseitigen Test vgl. Bortz, Lienert & Boehnke, 1990, S. 621).

Für n > 20 testen wir die Anzahl z der besetzten Intervalle *asymptotisch*. Der Erwartungswert für die Anzahl der besetzten Zeitintervalle lautet unter H_0

$$\mu(z) = k - k \cdot (1 - 1/k)^n \qquad (8.8)$$

und die Streuung

$$\sigma(z) = \sqrt{k \cdot [(k - 1) \cdot (1 - 2/k)^n + (1 - 1/k)^n - k \cdot (1 - 1/k)^{2 \cdot n}]} \qquad (8.9)$$

Die Prüfgröße

$$u = \frac{z - \mu(z)}{\sigma(z)} \qquad (8.10)$$

kann anhand Tafel A einseitig oder auch zweiseitig beurteilt werden.

Beispiel 8.5. Zur Regelmäßigkeit epileptischer Anfälle

Problem. Es geht um die Frage, ob die zeitlichen Abstände zwischen epileptischen Anfällen zufällig variieren oder ob die epileptischen Anfälle regelmäßig wiederkehren. Dieser Frage soll mit einer Einzelfallstudie nachgegangen werden.

Versuchsplan. Ein Epileptiker (Petit-mal-Anfälle) hat über insgesamt k = 100 Anfälle Buch geführt und festgestellt, daß er in nur drei der n = 52 Wochen eines Jahres anfallsfrei geblieben ist. Man möchte erfahren, ob die Anfälle dieses Patienten zu regelmäßig verteilt sind, wenn konstante Anfallsbereitschaft über den Beobachtungszeitraum angenommen wird.

Nullhypothese. Die Anzahl der Wochen mit einem oder mehreren epileptischen Anfällen entspricht dem Zufall, wonach die Wahrscheinlichkeit des Auftretens eines Anfalls über die 52 Wochen hinweg konstant bleibt.

Alternativhypothese. Es gibt mehr Anfallswochen als nach Zufall zu erwarten wären (*gerichtete* Alternativhypothese als Harkenalternative).

Signifikanzniveau. Wir setzen $\alpha = 0{,}01$, weil es sich um eine bedeutsame Alternative handelt – klinisch wie therapeutisch!

Testwahl. Es wird gefragt, ob eine bestimmte Anzahl von „besetzten" Zeitintervallen mit dem Zufall zu vereinbaren ist. Zur Überprüfung dieser Fragestellung wählen wir wegen $n > 20$ den asymptotischen Okkupanzentest.

Testanwendung. Der beobachteten Zahl von $z = 52-3 = 49$ „Okkupanzen" steht ein Erwartungswert von

$$\mu(z) = 100 - 100 \cdot (1 - 1/100)^{52} = 40{,}70$$

gegenüber. Nach Gl. 8.9 berechnen wir für die Streuung:

$$\sigma(z) = \sqrt{100 \cdot [(100 - 1) \cdot (1 - 2/100)^{52} + (1 - 1/100)^{52} - 100 \cdot (1 - 1/100)^{104}]}$$
$$= 2{,}39$$

Man erhält also nach Gl. 8.10 einen positiven u-Wert von

$$u = \frac{49 - 40{,}70}{2{,}39} = 3{,}47$$

der zu viele Okkupanzen – mehr als unter H_0 erwartet – anzeigt.

Entscheidung. Der u-Wert überschreitet die 1%-Schranke von $u_{0,01} = 2{,}32$. Wir lehnen H_0 ab und nehmen die H_1 an.

Interpretation. Die Vermutung, daß die Krampfanfälle zu regelmäßig auftreten, ist gerechtfertigt. Die Regelmäßigkeit der Anfälle kann am besten mit der Annahme einer Refraktärphase erklärt werden, die es verhindert hat, daß mehrere Anfälle innerhalb einer Woche kurzfristig aufeinanderfolgen bzw. daß mehr als 3 anfallsfreie Wochen vorkommen, was unter H_0 zu erwarten gewesen wäre.

Tabelle 8.5. Vergleich zweier Verteilungen mit identischer Okkupation

Nr. des Intervalls:	1	2	3	4	5	6	7
1. Verteilung (x_{1i}):	0	0	1	5	1	1	0
2. Verteilung (x_{2i}):	0	2	0	0	2	2	2

Hinweis

Der Okkupanzentest unterscheidet nur zwischen besetzten und unbesetzten Intervallen, d. h. die Zahl der Ereignisse, die in jedes der n Intervalle fallen, bleibt unberücksichtigt. Zur Verdeutlichung dieses Sachverhaltes betrachten wir die beiden in Tabelle 8.5 dargestellten zeitlichen Verteilungen mit jeweils n = 7 Intervallen und k = 8 Ereignissen.

In beiden Verteilungen sind z = 4 Intervalle okkupiert, d. h. nach dem Okkupanzentest würden wir für beide Verteilungen identische Überschreitungswahrscheinlichkeiten ermitteln. Dennoch erkennt man sofort, daß im 4. Intervall der 1. Verteilung mit $x_4 = 5$ eine auffällige Ereignisballung vorkommt, während die 4 besetzten Intervalle in der 2. Verteilung gleiche Ereignishäufigkeiten aufweisen. Auf diesen Unterschied spricht der Okkupanzentest nicht an, wohl aber u. U. einer der im folgenden beschriebenen Tests.

8.3.2
Der Ereignishäufigkeitstest

Zielsetzung

Der Ereignishäufigkeitstest geht – wie der Okkupanzentest – von der H_0 zeitkonstanter Auftretenswahrscheinlichkeit eines Ereignisses aus. Als Alternative hierzu nehmen wir an, daß die Auftretenswahrscheinlichkeit in einem der n Intervalle erhöht ist, so daß in diesem Intervall eine Ereignishäufung auftritt. Im Unterschied zum Okkupanzentest lassen wir zu, ja begünstigen wir durch die Wahl von n, daß die Zahl der Ereignisse k wesentlich größer ist als die der Intervalle, wie dies in klinisch-epidemiologischen Untersuchungen (mit Jahresintervallen) die Regel ist.

Durchführung

Für die Überprüfung der Ereignishäufung in einem durch H_1 vorgegebenen Intervall i mit i = 1, ... , n benutzen wir den *Binomialtest* (vgl. Abschn. 2.1.1). Hiermit errechnen wir die Überschreitungswahrscheinlichkeit dafür, daß von k Ereignissen $j = x_i$ oder mehr Ereignisse auf das Intervall i entfallen. Die Wahrscheinlichkeit, daß ein Ereignis in das Intervall i fällt, ergibt sich gemäß H_0 (Gleichverteilung über n Intervalle) zu $\pi = 1/n$. Unter Verwendung der in diesem Abschnitt eingeführten Symbole läßt sich Gl. 2.3 wie folgt schreiben

$$ P = \sum_{j=x_i}^{k} \binom{k}{j} \cdot \pi^j \cdot (1 - \pi)^{k-j} \tag{8.11} $$

Die Berechnung dieser Überschreitungswahrscheinlichkeit P ist für große k-Werte rechnerisch ziemlich aufwendig. Wie wir in Abschn. 2.1.2 erfahren haben, kann man jedoch den exakten Binomialtest durch den einfacher durchzuführenden, asymptotischen *Zweifelder-Chi-Quadrat-Test* ersetzen, wenn die erwarteten Häufigkeiten genügend groß sind. Die 2 Felder haben hierbei beobachtete Häufigkeiten, die der Ereignishäufigkeit für das Intervall i ($b_1 = x_i$) und der Summe aller Ereignishäufigkeiten der übrigen Intervalle ($b_2 = k-x_i$) entsprechen. Als erwartete Häufigkeiten ergeben sich dann $e_1 = k \cdot (1/n)$ und $e_2 = k \cdot (n-1)/n$. Der asymptotische Ereignishäufungstest ist gültig, wenn beide erwarteten Häufigkeiten größer als 5 sind. Ist mindestens eine kleiner als 5, sollte exakt nach Gl. 8.11 geprüft werden.

Beispiel 8.6. Herzinfarkte in der Urlaubszeit

Problem. Wir illustrieren den asymptotischen Ereignishäufigkeitstest an der epidemiologischen Beobachtung, daß Patienten mit chronisch rezidivierenden Herzbeschwerden (Angina pectoris) eher zu Beginn als am Ende eines 4wöchigen Jahresurlaubs einen Herzinfarkt erleiden. In Tabelle 8.6 sind k = 24 Patienten, die einen Urlaubsinfarkt erlitten haben, auf die n = 4 Wochen verteilt worden.

Nullhypothese. Die Infarkte treten in den 4 Wochen mit gleicher Wahrscheinlichkeit auf.

Alternativhypothese. In der 1. Urlaubswoche ist die Infarktwahrscheinlichkeit gegenüber den restlichen Wochen erhöht (gerichtete H_1).

Signifikanzniveau. $\alpha = 0{,}05$.

Testwahl. Es geht um die Frage, ob k = 24 Ereignisse über n = 4 Intervalle gleichverteilt sind. Für deren Überprüfung verwenden wir den asymptotischen Ereignishäufigkeitstest (χ^2-Test).

Testanwendung. Tabelle 8.6 stützt die Alternative zu H_0 (gleiche Infarktwahrscheinlichkeit über die n = 4 Wochen), da in der 1. Woche 11 Infarkte, in der letzten aber nur 2 von insgesamt k = 24 Infarkten gemeldet wurden.

Unter der Alternativhypothese, wonach eine Infarkthäufung vorzugsweise in der 1. Urlaubswoche eintritt (als Folge einer Umschaltung von streßbehafteter Berufstätigkeit zu streßfreier Urlaubsbetätigung), testen wir asymptotisch die in Tabelle 8.7 dargestellten Häufigkeiten.

Über Gl. 2.5 ergibt sich

$$\chi^2 = \frac{(11-6)^2}{6} + \frac{(13-18)^2}{18} = 5{,}56$$

Entscheidung. Das für Fg = 1 geltende $\chi^2 = 5{,}56$ entspricht einem $u = \sqrt{5{,}56} = 2{,}36$ mit einem (einseitigen) P = 0,0091, das die Signifikanzschranke von $\alpha = 0{,}05$ unterschreitet und damit H_0 zugunsten von H_1 (Ereignishäufung in der 1. Woche) zurückzuweisen gestattet.

Interpretation. Die Untersuchung bestätigt unsere Vermutung einer Infarkthäufung in der 1. Urlaubswoche.

Hinweis

Wird – im Zweifel an der epidemiologischen Erfahrung – eine Infarkthäufung in irgendeinem der n Intervalle unter H_1 vermutet, dann muß P nach einem Bonferoni-adjustierten $\alpha^* = \alpha/n$ beurteilt werden. Für $\alpha = 0{,}05$ und n = 4 gilt $\alpha^* = 0{,}05/4 = 0{,}0125$, so daß bei $P = 0{,}0091$ der asymptotische Binomialtest (χ^2-Test) auf Ereignishäufung auch ohne Spezifikation eines bestimmten Zeitintervalls (Woche) auf dem 5%-Niveau signifikant ist.

8.3.3
Der Häufungstrendtest von Ereignissen

Zielsetzung

Die Frage, ob Ereignishäufigkeiten über die n Zeitintervalle hinweg linear zu- oder abnehmen, überprüft man asymptotisch mit dem bereits auf S. 65 angesprochenen Häufigkeitstrendtest von Pfanzagl (1974, Bd. 2, S. 190).

Durchführung

Nach Pfanzagl ist die Prüfgröße

Tabelle 8.6. 4wöchige Infarktverteilung

	Woche				
	1	2	3	4	
Beobachtete Infarktzahl	11	7	4	2	k = 24
Erwartete Infarktzahl	6	6	6	6	

Tabelle 8.7. Vergleich Woche 1 mit Wochen 2 bis 4

	Woche		
	1	2 bis 4	
Beobachtete Infarktzahl	11	13	k = 24
Erwartete Infarktzahl	6	18	

$$T = \sum_{i=1}^{n} i \cdot x_i \tag{8.12}$$

unter H_0 eines fehlenden Trends (Gleichverteilung der x_i) über einem Erwartungswert von

$$\mu(T) = k \cdot (n+1)/2 \tag{8.13}$$

mit einer Streuung von

$$\sigma(T) = \sqrt{k \cdot (n^2 - 1)/12} \tag{8.14}$$

genähert normalverteilt, wenn k/n nicht kleiner als 3 ist. Man prüft also über den u-Test gemäß

$$u = \frac{T - \mu(T)}{\sigma(T)} \tag{8.15}$$

Bei einem fallenden Trend ist der u-Wert negativ und bei einem steigenden Trend der Ereignishäufung positiv.

Beispiel 8.7. Verlaufscharakteristika einer Q-Fieber-Endemie

Problem. In einem Kreiskrankenhaus eines ländlichen Gebiets werden zunehmend häufiger Patienten mit einer scheinbar rätselhaften Infektion eingewiesen. Eine Expertenkommission diagnostiziert am 6. Tag via Rickettsiennachweis bei den betroffenen Patienten das durch Schafe übertragene Q-Fieber (Q von Queensland). Die darauf eingeleiteten Quarantänemaßnahmen zur Verhinderung einer weiteren Verbreitung der Krankheit führen rasch zum Erfolg. Es interessiert nun die Frage, welche Verlaufscharakteristika diese regional begrenzte Epidemie (Endemie) aufweist.

Versuchsplan. Es wird eine Häufigkeitszeitreihe der täglich gemeldeten Neuerkrankungen gebildet. Als 1. Intervall definiert man den Tag vor Ausbruch der Epidemie und als letztes Intervall den 1. Tag einer Phase ohne weitere Neuerkrankungen. Tabelle 8.8 enthält die Anzahl x_i der Neuerkrankungen an n = 13 aufeinanderfolgenden Tagen.

Nullhypothese. Die Wahrscheinlichkeit einer Neuerkrankung ist über die n = 13 Tage hinweg konstant, d. h. die k = 37 insgesamt beobachteten Neuerkrankungen verteilen sich gleich über die 13 Tage.

Alternativhypothese. Die Anzahl der Neuerkrankungen nimmt bis zum 6. Tag linear zu und fällt danach linear ab (2 *gerichtete* Alternativhypothesen).

Signifikanzniveau. Beide Hypothesen werden für $\alpha = 1\%$ geprüft.

Testwahl. Es geht um die Überprüfung des Trends einer zeitlichen Verteilung. Hierfür wird der *Häufigkeitstrendtest* von Ereignissen eingesetzt.

Testanwendung. Die Alternativhypothese beinhaltet 2 Teilhypothesen: Einen linear steigenden Trend der Neuerkrankungen vom 1. bis zum 6. Tag (mit 21 Neuerkrankungen) und einen linear fallenden Trend vom 6. bis zum 13. Tag (mit 28 Neuerkrankungen). Unter Verwendung der Gl. 8.12 bis 8.15 ermitteln wir für die 1. Teilhypothese:

$$T = 1 \cdot 0 + 2 \cdot 1 + 3 \cdot 1 + 4 \cdot 2 + 5 \cdot 5 + 6 \cdot 12 = 110$$

$$\mu(T) = 21 \cdot (6+1)/2 = 73,5$$

$$\sigma(T) = \sqrt{21 \cdot (6^2 - 1)/12} = 7,83$$

und damit

$$u = \frac{110 - 73,5}{7,83} = 4,66$$

Für die 2. Teilhypothese errechnen wir (mit $i=1$ für den 6. Tag, $i=2$ für den 7. Tag etc.)

$$T = 1 \cdot 12 + 2 \cdot 11 + 3 \cdot 3 + 4 \cdot 1 + 5 \cdot 0 + 6 \cdot 0 + 7 \cdot 1 + 8 \cdot 0 = 54$$

$$\mu(T) = 28 \cdot (8+1)/2 = 126$$

$$\sigma(T) = \sqrt{28 \cdot (8^2 - 1)/12} = 12,12$$

so daß sich

$$u = \frac{54 - 126}{12,12} = -5,94$$

ergibt.

Entscheidung. Wegen $4,66 > 2,33$ und $-5,94 < -2,33$ werden beide Trendhypothesen akzeptiert.

Interpretation. Wie vermutet, nehmen die Neuerkrankungen bis zum 6. Tag zu und fallen danach wieder ab.

Tabelle 8.8. Zeitliche Verteilung der Neuerkrankungen

Tag (i):	1	2	3	4	5	6	7	8	9	10	11	12	13
Anzahl d. Neuerkrankungen (x_i):	0	1	1	2	5	12	11	3	1	0	0	1	0

8.3.4
Der Sprungstellen-Detektionstest

Zielsetzung

Will man überprüfen, ob sich die Ereignishäufigkeiten von einem Intervall i zum nächsten Intervall i+1 abrupt ändern (das i. Intervall wäre in diesem Falle eine sog. *Sprungstelle*), kann man den Sprungstellen-Detektionstest von Cochran (1954) einsetzen. Hierbei vergleichen wir die Häufigkeiten der i vorangegangenen Intervalle mit der Ereignishäufigkeit im Intervall i+1.

Durchführung

Vermutet man für das 1. Intervall eine Sprungstelle, ist wie folgt zu prüfen:

$$\chi_1^2 = \frac{(x_1 - 1 \cdot x_2)^2}{1 \cdot 2 \cdot \bar{x}} \tag{8.16}$$

Für eine Sprungstelle im 2. Intervall ermittelt man

$$\chi_2^2 = \frac{(x_1 + x_2 - 2 \cdot x_3)^2}{2 \cdot 3 \cdot \bar{x}} \tag{8.17}$$

Allgemein prüft man auf eine Sprungstelle für das Intervall i mit

$$\chi_i^2 = \frac{(x_1 + x_2 + \ldots + x_i - i \cdot x_{i+1})^2}{i \cdot (i+1) \cdot \bar{x}} \tag{8.18}$$

Das Symbol $\bar{x}$ bedeutet in diesen Gleichungen die über alle n Intervalle gemittelte Ereignishäufigkeit.

Jeder dieser n–1 möglichen χ^2-Werte hat einen Freiheitsgrad. Die Summe aller n–1 χ^2-Werte entspricht dem χ^2-Wert des Tests auf Gleichverteilung (vgl. Abschn. 2.2.2).

Wird der Sprungstellen-Detektionstest probeweise für mehrere Intervalle durchgeführt, ist das α-Fehlerniveau nach Bonferoni zu korrigieren (s. Gl. 2.35).

Datenrückgriff. Zur Verdeutlichung des Sprungstellen-Detektionstests verwenden wir erneut die Daten des Beispiels 8.7 (Verlaufscharakteristika einer Q-Fieber-Endemie). Der dort genannten Nullhypothese stellen wir nun folgende Alternativhypothese gegenüber: Vom 4. auf den 5. Tag und vom 5. auf den 6. Tag kommt es zu einer abrupten Zunahme der Neuerkrankungen und vom 7. auf den 8. Tag zu einer abrupten Abnahme (3 gerichtete Alternativhypothesen für 3 Sprungstellen; $\alpha = 0,01$).

Für die 1. Sprungstelle (4. Tag) ergibt sich

$$\chi_4^2 = \frac{(0 + 1 + 1 + 2 - 4 \cdot 5)^2}{4 \cdot 5 \cdot 37/13} = 4{,}50$$

bzw. $u = -2{,}12$. Für die 2. Sprungstelle (5. Tag) errechnen wir

$$\chi_5^2 = \frac{(0 + 1 + 1 + 2 + 5 - 5 \cdot 12)^2}{5 \cdot 6 \cdot 37/13} = 30{,}46$$

bzw. $u = -5{,}51$ und für die 3. Sprungstelle (7. Tag)

$$\chi_7^2 = \frac{(0 + 1 + 1 + 2 + 5 + 12 + 11 - 7 \cdot 3)^2}{7 \cdot 8 \cdot 37/13} = 0{,}76$$

bzw. $u = 0{,}87$.

Entscheidung. Da 3 *simultane* Sprungstellen-Tests durchgeführt wurden, korrigieren wir das α-Fehlerniveau nach Bonferoni zu $\alpha^* = 0{,}01/3 = 0{,}003$. Tafel A des Anhangs entnehmen wir für die einseitigen Tests einen kritischen u-Wert von $u_{crit} = \pm 2{,}75$. Dieser Schwellenwert wird nur vom u-Wert der Sprungstelle am 5. Tag unterschritten ($-5{,}51 < -2{,}75$), d. h. diese Sprungstelle ist statistisch signifikant (signifikante Häufigkeitszunahme). Bezüglich der beiden übrigen Sprungstellen ist die H_0 (keine abrupte Häufigkeitsänderung) nicht zu verwerfen.

Interpretation. Es ist nicht davon auszugehen, daß die Anzahl der Neuerkrankungen während der Epidemie auf einem konstanten Niveau bleibt. Vielmehr stellen wir fest, daß sie in der Anfangsphase rapide zunimmt, was für hochgradig ansteckende Infektionskrankheiten nicht untypisch ist. (Wir sprechen in diesem Zusammenhang von einer kontagiösen Verteilung). Die am 6. Tag registrierte abrupte Zunahme von Neuerkrankungen ist signifikant.

Die nach der Entdeckung des Erregers eingeleiteten Quarantäne-Maßnahmen (6. Tag) für Schafe und Rinder wirken sich mit einer eintägigen Verzögerung deutlich auf die Anzahl der Neuerkrankungen aus. Allerdings ist die Sprungstelle am 7. Tag nicht signifikant. Hier werden 3 Erkrankungen am 8. Tag mit durchschnittlich 4,6 Erkrankungen für die vorangehenden Tage verglichen.

8.4
Homogenität mehrerer Abfolgen

Bisher wurden Abfolgen oder zeitliche Verteilungen analysiert, die von einem einzelnen Individuum (Patienten) stammen können. Erhebt man mehrere voneinander unabhängige Abfolgen (z.B. die Abfolgen für eine Stichprobe von N Individuen), stellt sich häufig die Frage, ob die verschiedenen Abfolgen miteinander übereinstimmen (homogen sind) oder nicht.

Dabei sind 2 Homogenitätsaspekte zu unterscheiden. Zum einen können wir fragen, ob die H_0 (Zufälligkeit der Abfolgen) nach Inspektion aller Abfolgen aufrecht zu erhalten ist, ob also die Stichprobe der Abfolgen aus einer Population von Zufallsabfolgen stammt (*Homogenität 1. Art*). Die Beibehaltung dieser H_0 bedeutet allerdings nicht, daß die Abfolgen auch übereinstimmen, denn jede Abfolge kann „auf ihre Art" zufällig sein, ohne daß dabei Übereinstimmungen auftreten. Muß die H_0 verworfen werden, ist davon auszugehen, daß die Abfolgen nicht aus einer Population zufälliger Abfolgen stammen, wobei die Art der Störung des Zufallsprozesses von Abfolge zu Abfolge unterschiedlich sein kann.

Abfolgen, für die die H_0 der Zufälligkeit (Homogenität 1. Art) verworfen wurde, können jedoch auch übereinstimmen. Diese *Homogenität 2. Art* läge vor, wenn alle Abfolgen im wesentlichen die gleiche Systematik aufweisen würden. Homogenität 2. Art kann im Prinzip auch dann bestehen, wenn kein Test gefunden werden konnte, nach dem die H_0 der Homogenität 1. Art abzulehnen wäre, denn die Tests auf Zufälligkeit einer Abfolge prüfen – wie bereits erwähnt – jeweils nur spezifische Verletzungen der Zufälligkeit. Die Abfolgen können gemeinsam eine Systematik aufweisen, auf die keiner der bekannten Tests auf Zufälligkeit anspricht. Auf der anderen Seite wäre dies ein sicherer Beleg dafür, daß die Abfolgen nicht zufällig zustande kamen, sondern daß hinter allen Abfolgen eine gemeinsame Systematik steht, die lediglich anders geartet ist als die Systematiken, auf die die verwendeten Tests auf Zufälligkeit ansprechen.

Die Überprüfung dieser beiden Homogenitätsaspekte wird bei Bortz, Lienert u. Boehnke (1990, S. 564 ff.) behandelt.

9 Weiterführende und neuere Methoden

In dieser „Kurzgefaßten Statistik" konnten nur die wichtigsten verteilungsfreien Verfahren vorgestellt werden. Ergänzend hierzu sollen im folgenden weiterführende Ansätze und neuere Methodenentwicklungen in einem kurzen Überblick zusammengefaßt werden.

Drei- und mehrdimensionale Kontingenztafeln

Zählt man in einer Stichprobe die Häufigkeiten aller möglichen Dreierkombinationen der Kategorien von 3 Merkmalen aus, erhält man eine dreidimensionale Kontingenztafel. Entsprechendes gilt für höher dimensionierte Kontingenztafeln.

Mit der Analyse derartiger Kontingenztafeln können zwei verschiedene Fragestellungen verbunden sein: zum einen kann gefragt werden, ob es zwischen den geprüften Merkmalen irgendwelche wechselseitigen Zusammenhänge oder Kontingenzen gibt (*Interdependenzanalyse*). Die zweite Fragestellung unterscheidet zwischen abhängigen und unabhängigen Merkmalen oder Merkmalskombinationen. Hier interessiert der Zusammenhang zwischen den als abhängig und den als unabhängig klassifizierten Merkmalen (*Dependenzanalyse*).

Die Überprüfung der Globalkontingenz wird im Rahmen einer Interdependenzanalyse anhand eines für mehrdimensionale Tafeln erweiterten asymptotischen χ^2-Tests vorgenommen (vgl. z.B. Bortz, Lienert und Boehnke, 1990, Kap. 5.6). Man beachte allerdings, daß hierfür umfangreiche Stichproben benötigt werden, um die Forderung nach genügend großen erwarteten Häufigkeiten ($e > 5$) zu erfüllen. Bei einer signifikanten Globalkontingenz läßt sich mit der *Konfigurationsfrequenzanalyse* (KFA; Lienert, 1969; Krauth, 1993) feststellen, welche Merkmalskombinationen über- bzw. unterfrequentiert sind. Mit einer hierarchischen Mehrweg-KFA kann man zudem in Erfahrung bringen, zwischen welchen Merkmalen der mehrdimensionalen Kontingenztafel wechselseitige Abhängigkeiten bestehen. Eine detailliertere Analyse mehrdimensionaler Kontingenztafeln ermöglichen die unter der Bezeichnung log-lineare Modelle zusammengefaßten Techniken (vgl. z.B. Bishop, Fienberg und Holland, 1975; Andersen, 1990 oder Christensen, 1990).

Exakte Tests für mehrdimensionale Kontingenztafeln mit schwacher Zellenbesetzung wurden u.a. von Zelen (1972) bzw. Röhmel, Streitberg und Tismer

(1994) für 2^r-Tafeln entwickelt. Eine weitere Technik zur Analyse beliebiger r-dimensionaler Tafeln schlagen Berry und Mielke (1989) bzw. Mielke und Berry (1988) vor. Einen Überblick über die exakte Analyse von Kontingenztafeln gibt Agresti (1992).

Für dependenzanalytische Fragestellungen sind die verschiedenen bei Lautsch und Lienert (1993, Kap. 6) zusammengestellten Varianten der sog. *Prädiktions-KFA* einschlägig. Man beachte allerdings, daß diese Ansätze orthogonale Kontingenztafeln voraussetzen (gleich große Stichproben unter den Stufenkombinationen der unabhängigen Merkmale; vgl. Bortz und Muchowski, 1988, oder Bortz, Lienert und Boehnke, 1990, Kap. 8.1.4). Für gerichtete Beziehungen zwischen mehreren Variablen haben von Eye und Rovine (1994) ein generalisierendes Strukturmodell der KFA entwickelt.

Mehrfaktorielle Pläne für Rangdaten

Die in Kap. 3 behandelten Verfahren sind formal dadurch charakterisierbar, daß eine unabhängige Variable in ihrer Bedeutung für eine abhängige Variable (Zielvariable) überprüft wird. Häufig jedoch interessiert in der klinischen Forschung die Bedeutung von 2 oder mehr unabhängigen Variablen (Faktoren) für eine abhängige Variable (Beispiel: 3 verschiedene Schlafmittel als Faktor A, 2 Formen der Schlafstörung als Faktor B und die Schlafmittelwirkung als abhängige Variable). Parametrisch werden faktorielle Pläne dieser Art mit der mehrfaktoriellen Varianzanalyse ausgewertet. Wie jedoch ist vorzugehen, wenn die Voraussetzungen der mehrfaktoriellen Varianzanalyse nicht erfüllt sind bzw. wenn die abhängige Variable nur auf ordinalem Niveau gemessen werden kann?

Am einfachsten – wenn auch mit Informationsverlust – wertet man mehrfaktorielle Pläne mit der *Prädiktions-KFA* aus, bei der die abhängige Variable binarisiert wird, so daß für die Merkmalskombinationen der unabhängigen Variablen Häufigkeiten für die (+)- bzw. (–)-Kategorie der abhängigen Variablen ausgezählt werden können, deren Unterschiedlichkeit nach den Richtlinien der KFA zu überprüfen wäre. Einzelheiten hierzu findet man z.B. bei Heilmann et al. (1974), Krauth (1993, Kap. 5), Stemmler (1994), Lautsch und von Weber (1995, Kap. 2) oder von Eye (1990).

Eine vollständige Ausschöpfung der ordinalen Information in faktoriellen Plänen gewährleisten die jüngst von Akritas, Arnold und Brunner entwickelten Rangstatistiken (Akritas et al., 1997; Akritas und Brunner, 1997a). Wie die parametrische Varianzanalyse ermöglicht dieser Ansatz die Überprüfung von *Haupt- und Interaktionseffekten* in mehrfaktoriellen Plänen, und zwar auch für ungleich große Stichproben (unbalanced factorial designs) und Daten mit Rangbindungen. Für die Überprüfung von *Trendalternativen* in mehrfaktoriellen Plänen sei auf Akritas und Brunner (1996) verwiesen und für die mehrfaktorielle Analyse *gestutzter Daten* (censored data) auf Akritas und Brunner (1997b). Wie man mehrfaktorielle Meßwiederholungspläne mit verbundenen (abhängigen) Datenstichproben auf ordinalem Niveau auswerten kann, wird bei Brunner und Puri (1997) gezeigt.

Multivariate Pläne

Wir sprechen von multivariaten Plänen, wenn nicht nur eine, sondern simultan mehrere abhängige Variablen (Zielvariablen) untersucht werden (Beispiel: der Einfluß verschiedener Psychopharmaka auf die Denkfähigkeit, das Konzentrationsvermögen und die Reaktionsgeschwindigkeit der Patienten als abhängige Variablen). Parametrisch werden diese Pläne mit der multivariaten Varianzanalyse (MANOVA) bzw. der Diskriminanzanalyse ausgewertet.

Zur verteilungsfreien Auswertung multivariater Pläne sei auf Puri und Sen (1985) verwiesen. Eine einfache Auswertungsmöglichkeit ergibt sich auch hier wieder durch Binarisierung (Mediandichotomie) der abhängigen Variablen, so daß Respondenzkonfigurationen entstehen, die mit einer *Zwei- oder Mehrstichproben-KFA* zu vergleichen sind. Einzelheiten hierzu findet man bei Lautsch und von Weber (1994, Kap. 3) bzw. Lautsch und Lienert (1993, Kap. 6). Bei Lautsch und Lienert (1993, Kap. 9) erfährt man zudem, wie mit diesem Ansatz multivariate Meßwiederholungspläne ausgewertet werden können.

Zur *verteilungsfreien Diskriminanzanalyse* hat Kubinger (1983) einen interessanten Vorschlag unterbreitet.

Analyse von Verlaufskurven

Für den Vergleich von Verlaufskurven aus zwei abhängigen oder unabhängigen Stichproben haben wir im Kap. 3.5 den T_1- und den T_2-Test von Krauth (1973) kennengelernt. Hierbei haben wir nur Kurven gleicher Länge und gleicher Meßabstände je Individuum behandelt. In klinischen Studien fallen aber oft Kurven ungleicher Länge und mit Ausfallswerten zu einzelnen Meßzeitpunkten an, und zwar univariat wie auch multivariat (response surfaces). Hier wurde bislang jede einzelne Zielvariable als univariate Verlaufskurve ausgewertet und die resultierenden P-Werte agglomeriert, wenn sich alle Variablen in der gewünschten Richtung ändern. Um gleichgerichtete Änderungen in mehreren Zielvariablen durch einen einzigen P-Wert (ohne Bonferroni-Adjustierung) aufzudecken, hat O'Brien (1984) ein Verfahren für sogenannte Summenstatistiken entwickelt. Bregenzer (1997) hat hierzu Programme geschrieben, die auch für unvollständige und skalenhybride (metrische wie ordinale) Indikatorvariablen gelten, wenn die Indikatorvariablen gleichgerichtete Alternativen (Besserung chronischer Erkrankungen, wie Asthma) erfassen.

Die klinisch außerordentlich wichtige Frage, ob eine Behandlung in mehreren Indikatoren (wie Häufigkeit, Intensität und Dauer von Asthmaanfällen) gegenüber einer Kontrolle zu kodirektionalen Besserungen führt, hat Bregenzer (1998) durch eine „allgemeine nicht-parametrische Statistik" beantwortet. Dabei werden „*multiple Endpunkte*" von Behandlungskurven (vgl. Follmann, 1995) ebenso mit einbezogen wie das Problem unvollständiger Daten (missing data). Das Verfahren eignet sich auch für Kleinstichproben von Patienten (wie kindliche Bronchialasthmatiker), wo die Zahl der Besserungsindikatoren jene der Patienten übersteigt.

Verfahren zur Untersuchung von „Besserungskurven" in faktoriellen Untersuchungen mit kombinierten Behandlungs- und Kontrollbedingungen (z.B. bei Multimorbidität) wurden von Akritas und Arnold (1994) sowie Brunner und Denker (1994) entwickelt. Desweiteren seien für die Analyse *klinischer Verlaufskurven* in Überkreuzungsplänen die Arbeiten von Lehmacher (1985) und Thompson (1991) empfohlen.

Summenstatistiken

Obschon formal statistisch unbegründet, werden multivariate Daten, wenn sie als abhängige Variablen positiv korreliert und für eine univariate Auswertung vorgesehen sind, je einzeln in Rangwerte transformiert, und die individuellen Rangsummen als Globalindikatoren für eine Behandlungswirkung angesehen. Auf das gleiche Prinzip läuft eine Prozedur hinaus, bei der die Indikatorvariablen einer Hauptkomponentenanalyse (vgl. z.B. Bortz, 1993, Kap. 15) unterzogen werden, um die Factorscores des Hauptfaktors univariat auszuwerten. Als Interkorrelationen für die Hauptkomponentenanalyse sollten hierbei Phi-Koeffizienten der mediandichotomierten Zielvariablen eingesetzt werden (vgl. Barth und Lienert, 1987).

Zeitschriften

Aktuelle Informationen über Neuentwicklungen statistischer Methoden, die für die klinische Forschung relevant sind, findet man u.a. in folgenden Zeitschriften:
- Statistics in Medicine
- Controlled Clinical Trials
- Methods of Information in Medicine
- Biometrika
- Biometrics
- Biometrical Journal
- Informatik, Biometrie und Epidemiologie in Medizin und Biologie.

Hingewiesen sei ferner auf die Publikationen des Mitarbeiterkreises um Prof. M. Schuhmacher (z.B. Schuhmacher u. Schulgen, 1994) am Institut für Medizinische Biometrie und Medizinische Informatik der Universität Freiburg.

ANHANG

Verzeichnis der Tafeln

TAFEL A

Standardnormalverteilung. (Auszugsweise aus Fisher u. Yates 1974 sowie Sheppard 1902 über Pearson u. Hartley 1996)

Die Tafel enthält die Überschreitungswahrscheinlichkeiten P für Abszissenwerte u der Standardnormalverteilung ($\mu = 0$ und $\sigma = 1$) von u = 0,00 bis 5,99. Die P-Werte entsprechen der Fläche unter der Standardnormalverteilung zwischen u und $+\infty$ und damit einer *einseitigen* Fragestellung; sie müssen bei *zweiseitiger* Fragestellung bzw. zweiseitigem u-Test *verdoppelt* werden. Null und Komma for den P-Werten wurden fortgelassen. Da die Standardnormalverteilung symmetrisch ist, hat ein negativer u-Wert dieselbe Überschreitungswahrscheinlichkeit wie der entsprechende positive u-Wert.

Ablesebeispiel: Ein beobachteter u-Wert von 2,51 hat bei einseitigem Test eine Überschreitungswahrscheinlichkeit von P = 0,0060; bei zweiseitigem Test ist P zu verdoppeln: $P' = 2 \cdot 0,0060 = 0,0120$. Das Ergebnis wäre bei einseitigem Test auf dem 1%-Niveau, bei zweiseitigem Test auf dem 5%-Niveau signifikant.

2. Dezimalstelle von u

u	0	1	2	3	4	5	6	7	8	9
0,00	5000	4960	4920	4880	4840	4801	4761	4721	4681	4641
0,10	4602	4562	4522	4483	4443	4404	4364	4325	4286	4247
0,20	4207	4168	4129	4090	4052	4013	3974	3936	3897	3859
0,30	3821	3783	3745	3707	3669	3632	3594	3557	3520	3483
0,40	3446	3409	3372	3336	3300	3264	3228	3192	3156	3121
0,50	3085	3050	3015	2981	2946	2912	2887	2843	2810	2776
0,60	2743	2709	2676	2643	2611	2578	2546	2514	2483	2451
0,70	2420	2389	2358	2327	2296	2266	2236	2206	2177	2148
0,80	2119	2090	2061	2033	2005	1977	1949	1922	1894	1867
0,90	1841	1814	1788	1762	1736	1711	1685	1660	1635	1611
1,00	1587	1562	1539	1515	1492	1469	1464	1423	1401	1379
1,10	1357	1335	1314	1291	1271	1251	1230	1210	1190	1170
1,20	1151	1131	1112	1093	1075	1056	1038	1020	1003	0985
1,30	0968	0951	0934	0918	0901	0885	0869	0853	0838	0823
1,40	0808	0793	0778	0764	0749	0735	0721	0708	0694	0681
1,50	0668	0655	0643	0630	0618	0606	0594	0582	0571	0559
1,60	0548	0537	0526	0516	0505	0495	0485	0475	0465	0455
1,70	0446	0436	0427	0418	0409	0401	0392	0384	0375	0367
1,80	0359	0351	0344	0336	0329	0322	0314	0307	0301	0294
1,90	0287	0281	0274	0268	0262	0256	0250	0244	0239	0233
2,00	0228	0222	0217	0212	0207	0202	0197	0192	0188	0183
2,10	0179	0174	0170	0166	0162	0158	0154	0150	0146	0143
2,20	0139	0136	0132	0129	0125	0122	0119	0116	0113	0110
2,30	0107	0104	0102	0099	0096	0094	0091	0089	0087	0084
2,40	0082	0080	0078	0075	0073	0071	0069	0068	0066	0064
2,50	0062	0060	0059	0057	0055	0054	0052	0051	0049	0048
2,60	0047	0045	0044	0043	0041	0040	0039	0038	0037	0036
2,70	0035	0034	0033	0032	0031	0030	0029	0028	0027	0026
2,80	0026	0025	0024	0023	0023	0022	0021	0021	0020	0019
2,90	0019	0018	0018	0017	0016	0016	0015	0015	0014	0014

TAFEL A (Fortsetzung)

2. Dezimalstelle von u

u	Führende 0-Stellen	0	1	2	3	4	5	6	7	8	9
3,00	0,00	13	13	13	12	12	11	11	11	10	10
3,10	0,000	97	94	90	87	84	82	79	76	74	71
3,20		69	66	64	62	60	58	56	54	52	50
3,30		48	47	45	43	42	40	39	38	36	35
3,40		34	32	31	30	29	28	27	26	25	24
3,50		23	22	22	21	20	19	19	18	17	17
3,60		16	15	15	14	14	13	13	12	12	11
3,70		11	10								
3,70	0,000 0			99	95	92	88	85	82	78	75
3,80		72	69	67	64	62	59	57	54	52	50
3,90		48	46	44	42	40	39	37	36	34	33
4,00	0,000 0	32	30	29	28	27	26	25	24	23	22
4,10		21	20	19	18	17	17	16	15	15	14
4,20		13	13	12	12	11	11	10			
4,20	0,000 00								98	93	89
4,30		85	82	78	75	71	68	65	62	59	57
4,40		54	52	49	47	45	43	41	39	37	36
4,50		34	32	31	29	28	27	26	24	23	22
4,60		21	20	19	18	17	17	16	15	14	14
4,70		13	12	12	11	10	10				
4,70	0,000 000							97	92	88	83
4,80		79	75	72	68	65	62	59	56	53	50
4,90		48	46	43	41	39	37	35	33	32	30
5,00	0,000 000	29	27	26	25	23	22	21	20	19	18
5,10		17	16	15	14	14	13	12	12	11	11
5,20		10	10								
5,20	0,000 000 0			99	85	80	76	72	68	65	60
5,30		58	55	52	49	47	44	42	39	37	35
5,40		33	32	30	28	27	25	24	22	21	20
5,50		19	18	17	16	15	14	13	13	12	11
5,60		11	10	10							
5,60	0,000 000 00				90	85	80	76	71	67	64
5,70		60	56	53	50	47	45	42	40	37	35
5,80		33	31	29	28	26	25	23	22	21	19
5,90		18	17	16	15	14	13	13	12	11	10

TAFEL B (Teil I)

Kritische χ^2-Werte. (Auszugsweise aus Fisher u. Yates, 1974)

Die Tafel enthält die χ^2-Werte, die den konventionellen Signifikanzstufen entsprechen. Ein beobachteter χ^2-Wert muß gleich oder größer als ein Tabellenwert sein, wenn H_0 auf der vereinbarten Stufe abgelehnt werden soll.

Ablesebeispiel: Ein $\chi^2 = 17,2$ mit Fg = 9 Freiheitsgraden ist auf dem 5%-Niveau signifikant, da es den Tabellenwert von 16,92 überschreitet, nicht aber den Tabellenwert von 21,67 für das 1%-Niveau erreicht

		Einseitig nur für Fg = 1 zugelassen!					
	a	0,10	0,05	0,025	0,01	0,005	0,0005
Fg		Zweiseitig					
	a	0,20	0,10	0,05	0,02	0,01	0,001
1		1,64	2,71	3,84	5,41	6,64	10,83
2		3,22	4,60	5,99	7,82	9,21	13,82
3		4,64	6,25	7,82	9,84	11,34	16,27
4		5,99	7,78	9,49	11,67	13,28	18,46
5		7,29	9,24	11,07	13,39	15,09	20,52
6		8,56	10,64	12,59	15,03	16,81	22,46
7		9,80	12,02	14,07	16,62	18,48	24,32
8		11,03	13,36	15,51	18,17	20,09	26,12
9		12,24	14,68	16,92	19,68	21,67	27,88
10		13,44	15,99	18,31	21,16	23,21	29,59
11		14,63	17,28	19,68	22,62	24,72	31,26
12		15,81	18,55	21,03	24,05	26,22	32,91
13		16,99	19,81	22,36	25,47	27,69	34,53
14		18,15	21,06	23,68	26,87	29,14	36,12
15		19,31	22,31	25,00	28,26	30,58	37,70
16		20,47	23,54	26,30	29,63	32,00	39,29
17		21,62	24,77	27,59	31,00	33,41	40,75
18		22,76	25,99	28,87	32,35	34,80	42,31
19		23,90	27,20	30,14	33,69	36,19	43,82
20		25,04	28,41	31,41	35,02	37,57	45,32
21		26,17	29,62	32,67	36,34	38,93	46,80
22		27,30	30,81	33,92	37,66	40,29	48,27
23		28,43	32,01	35,17	38,97	41,64	49,73
24		29,55	33,20	36,42	40,27	42,98	51,18
25		30,68	34,38	37,65	41,57	44,31	52,62
26		31,80	35,56	38,88	42,86	45,64	54,05
27		32,91	36,74	40,11	44,14	46,96	55,48
28		34,03	37,92	41,34	45,42	48,28	56,89
29		35,14	39,09	42,56	46,69	49,59	58,30
30		36,25	40,26	43,77	47,96	50,89	59,70

TAFEL B (Teil II)

Extreme χ^2-Schranken für Bonferroni-korrigierte P-Werte (aus Krauth und Steinebach 1976, S. 13-2)

Die Tafel enthält die χ^2-Schranken für $a = 1\text{-P}$ mit P = 0,9 bis 0,9999999 für Freiheitsgrade Fg = 1 bis 10.

Ablesebeispiel: Ein $a = 0,0002$ und somit ein P = 0,9998 hat bei 6 Fg eine Schranke von 26,25.

P	1	2	3	4	5 Fg
0,900	2,71	4,61	6,25	7,78	9,24
0,905	2,79	4,71	6,37	7,91	9,38
0,910	2,87	4,82	6,49	8,04	9,52
0,915	2,97	4,93	6,62	8,19	9,67
0,920	3,06	5,05	6,76	8,34	9,84
0,925	3,17	5,18	6,90	8,50	10,01
0,930	3,28	5,32	7,06	8,67	10,19
0,935	3,40	5,47	7,23	8,85	10,39
0,940	3,54	5,63	7,41	9,04	10,60
0,945	3,68	5,80	7,60	9,26	10.82
0,950	3,84	5,99	7,81	9,49	11,07
0,955	4,02	6,20	8,05	9,74	11,34
0,960	4,22	6,44	8,31	10,03	11,64
0,965	4,45	6,70	8,61	10,35	11,98
0,970	4,71	7,01	8,95	10,71	12,37
0,975	5,02	7,38	9,35	11,14	12,83
0,980	5,41	7,82	9,84	11,67	13,39
0,985	5,92	8,40	10,47	12,34	14,10
0,990	6,63	9,21	11,34	13,28	15,09
0,991	6,82	9,42	11,57	13,52	15,34
0,992	7,03	9,66	11,83	13,79	15,63
0,993	7,27	9,92	12,11	14,09	15,95
0,994	7,55	10,23	12,45	14,45	16,31
0,995	7,88	10,60	12,84	14,86	16,75
0,996	8,28	11,04	13,32	15,37	17,28
0,997	8,81	11,62	13,93	16,01	17,96
0,998	9,55	12,43	14,80	16,92	18,91
0,999	10,83	13,82	16,27	18,47	20,52
0,9991	11,02	14,03	16,49	18,70	20,76
0,9992	11,24	14,26	16,74	18,96	21,03
0,9993	11,49	14,53	17,02	19,26	21,34
0,9994	11,75	14,84	17,35	19,60	21,69
0,9995	12,12	15,20	17,73	20,00	22,11
0,9996	12,53	15,65	18,20	20,49	22,61
0,9997	13,07	16,22	18,80	21,12	23,27
0,9998	13,83	17,03	19,66	22,00	24,19
0,9999	15,14	18,42	21,11	23,51	25,74
0,9999 5	16,45	19,81	22,55	25,01	27,29
0,9999 9	19,51	23,03	25,90	28,47	30,86
0,9999 95	20,84	24,41	27,34	29,95	32,38
0,9999 99	23,93	27,63	30,66	33,38	35,89
0,9999 995	25,26	29,02	32,09	34,84	37,39
0,9999 999	28,37	32,24	35,41	38,24	40,86

TAFEL B (Fortsetzung)

P	6	7	8	9	10 Fg
0,900	10,64	12,02	13,36	14,68	15,99
0,905	10,79	12,17	13,53	14,85	16,17
0,910	10,95	12,34	13,70	15,03	16,35
0,915	11,11	12,51	13,88	15,22	16,55
0,920	11,28	12,69	14,07	15,42	16,75
0,925	11,47	12,88	14,27	15,63	16,97
0,930	11,66	13,09	14,48	15,85	17,20
0,935	11,87	13,31	14,71	16,09	17,45
0,940	12,09	13,54	14,96	16,35	17,71
0,945	12,33	13,79	15,22	16,62	18,00
0,950	12,59	14,07	15,51	16,92	18,31
0,955	12,88	14,37	15,82	17,25	18,65
0,960	13,20	14,70	16,17	17,61	19,02
0,965	13,56	15,08	16,56	18,01	19,44
0,970	13,97	15,51	17,01	18,48	19,92
0,975	14,45	16,01	17,53	19,02	20,48
0,980	15,03	16,62	18,17	19,68	21,16
0,985	15,78	17,40	18,97	20,51	22,02
0,990	16,80	18,48	20,09	21,67	23,21
0,991	17,08	18,75	20,38	21,96	23,51
0,992	17,37	19,06	20,70	22,29	23,85
0,993	17,71	19,41	21,06	22,66	24,24
0,994	18,09	19,81	21,47	23,09	24,67
0,995	18,55	20,28	21,95	23,59	25,19
0,996	19,10	20,85	22,55	24,20	25,81
0,997	19,80	21,58	23,30	24,97	26,61
0,998	20,79	22,60	24,35	26,06	27,72
0,999	22,46	24,32	26,12	27,88	29,59
0,9991	22,71	24,58	26,39	28,15	29,87
0,9992	22,99	24,87	26,69	28,46	30,18
0,9993	23,31	25,20	27,02	28,80	30,53
0,9994	23,67	25,57	27,41	29,20	30,94
0,9995	24,10	26,02	27,87	29,67	31,42
0,9996	24,63	26,56	28,42	30,24	32,00
0,9997	25,30	27,25	29,14	30,97	32,75
0,9998	26,25	28,23	30,14	31,99	33,80
0,9999	27,86	29,88	31,83	33,72	35,56
0,9999 5	29,45	31,51	33,50	35,43	37,31
0,9999 9	33,11	35,26	37,33	39,34	41,30
0,9999 95	34,67	36,85	38,96	41,00	42,99
0,9999 99	38,26	40,52	42,70	44,81	46,86
0,9999 995	39,79	42,09	44,30	46,43	48,51
0,9999 999	43,34	45,70	47,97	50,17	52,31

TAFEL C

Binomialtest für $\pi = 0,5$. (Auszugsweise aus Walker u. Lev, 1953)

Die Tafel gibt die einseitige Wahrscheinlichkeit an, daß sich in einer Zufallsstichprobe vom Umfang N nur x oder weniger Individuen mit dem Alternativmerkmal A bzw. (N–x) oder mehr Individuen mit dem Alternativmerkmal B befinden. In der zugrunde liegenden Population sind die Merkmale A und B gleich verteilt: $\pi = (1-\pi) = 0,5$. Vereinbarungsgemäß soll x < (N–x) sein. Null und Komma vor den P-Werten wurden weggelassen.

Ablesebeispiel: Die Wahrscheinlichkeit, bei N = 10 Münzwürfen mindestens siebenmal Zahl zu werfen, beträgt 0,172; x = 10–7 = 3 (Zeile 10, Spalte 3).

N\x	0	1	2	3	4	5	6	7	8	9	10	11	12
5	031	188	500	812	969								
6	016	109	344	656	891	984							
7	008	062	227	500	773	938	992						
8	004	035	145	363	637	855	965	996	P > 0,999				
9	002	020	090	254	500	746	910	980	998				
10	001	011	055	172	377	623	828	945	989	999			
11		006	033	113	274	500	726	887	967	994			
12		003	019	073	194	387	613	806	927	981	997		
13		002	011	046	133	291	500	709	867	954	989	998	
14		001	006	029	090	212	395	605	788	910	971	994	999
15			004	018	059	151	304	500	696	849	941	982	996
16			002	011	038	105	227	402	598	773	895	962	989
17			001	006	025	072	166	315	500	685	834	928	975
18			001	004	015	048	119	240	407	593	760	881	952
19				002	010	032	084	180	324	500	676	820	916
20				001	006	021	058	132	252	412	588	748	868
21				001	004	013	039	095	192	332	500	668	808
22					002	008	026	067	143	262	416	584	738
23			P < 0,001		001	005	017	047	105	202	339	500	661
24					001	003	011	032	076	154	271	419	581
25						002	007	022	054	115	212	345	500

TAFEL D

Fisher-Yates-Test (aus Dixon und Massey, 1983, über Siegel u. Castellan, 1988)

Die Tafel enthält einseitige und zweiseitige Überschreitungswahrscheinlichkeiten (P und P') für Vierfeldertafeln mit $N \leq 15$. N ist der Stichprobenumfang, S_1 die kleinste und S_2 die zweitkleinste Randsumme (wobei $S_1 = S_2$ zulässig ist). X ist die Häufigkeit im Feld mit den Randsummen S_1 und S_2. (Falls alle vier Randsummen identisch sind, ist X die Häufigkeit eines beliebigen Feldes). Die einseitige Überschreitungswahrscheinlichkeit für eine bestimmte N, S_1, S_2, X-Kombination steht in der Spalte P, die zweiseitige in der Spalte P'. Man beachte, daß die Daten bei einseitigem Test die gerichtete H_1 (z.B. $\pi_{1(+)} > \pi_{2(+)}$) zumindest der Tendenz nach bestätigen. Andernfalls gilt der P-Wert für die entgegengesetzte H_1 ($\pi_{1(+)} < \pi_{2(+)}$).

Ablesebeispiel: Für die Überprüfung der H_1: $\pi_{1(+)} > \pi_{2(+)}$ wurde folgende Tafel ermittelt:

	+	−	
1	6	2	8
2	1	3 (= X)	4 (= S_1)
	7	5 (= S_2)	12 (= N)

Wir stellen zunächst fest, daß die H_1 der Tendenz nach bestätigt wird: $6/8 - 0{,}75 > 1/4 = 0{,}25$. Für $N = 12$, $S_1 = 4$, $S_2 = 5$ und damit $X = 3$ entnehmen wir der Tafel $P = 0{,}152 > a = 0{,}05$, d.h. die H_0: $\pi_{1(+)} \leq \pi_{2(+)}$ kann nicht verworfen werden. Als zweiseitige Überschreitungswahrscheinlichkeit lesen wir den Wert $P' = 0{,}223$ ab.

TAFEL D (Fortsetzung)

N	S₁	S₂	X	P	P′	N	S₁	S₂	X	P	P′
2	1	1	0	0.500	1.000	8	1	1	0	0.875	1.000
			1	0.500	1.000				1	0.125	0.125
3	1	1	0	0.667	1.000	8	1	2	0	0.750	1.000
			1	0.333	0.333				1	0.250	0.250
4	1	1	0	0.750	1.000	8	1	3	0	0.625	1.000
			1	0.250	0.250				1	0.375	0.375
4	1	2	0	0.500	1.000	8	1	4	0	0.500	1.000
			1	0.500	1.000				1	0.500	1.000
4	2	2	0	0.167	0.333	8	2	2	0	0.536	1.000
			1	0.833	1.000				1	0.464	1.000
			2	0.167	0.333				2	0.036	0.036
5	1	1	0	0.800	1.000	8	2	3	0	0.357	0.464
			1	0.200	0.200				1	0.643	1.000
5	1	2	0	0.600	1.000				2	0.107	0.107
			1	0.400	0.400	8	2	4	0	0.214	0.429
5	2	2	0	0.300	0.400				1	0.786	1.000
			1	0.700	1.000				2	0.214	0.429
			2	0.100	0.100	8	3	3	0	0.179	0.196
6	1	1	0	0.833	1.000				1	0.714	1.000
			1	0.167	0.167				2	0.286	0.464
6	1	2	0	0.667	1.000				3	0.018	0.018
			1	0.333	0.333	8	3	4	0	0.071	0.142
6	1	3	0	0.500	1.000				1	0.500	1.000
			1	0.500	1.000				2	0.500	1.000
6	2	2	0	0.400	0.467				3	0.071	0.142
			1	0.600	1.000	8	4	4	0	0.014	0.029
			2	0.067	0.067				1	0.243	0.486
6	2	3	0	0.200	0.400				2	0.757	1.000
			1	0.800	1.000				3	0.243	0.486
			2	0.200	0.400				4	0.014	0.029
6	3	3	0	0.050	0.100	9	1	1	0	0.889	1.000
			1	0.500	1.000				1	0.111	0.111
			2	0.500	1.000	9	1	2	0	0.778	1.000
			3	0.050	0.100				1	0.222	0.222
7	1	1	0	0.857	1.000	9	1	3	0	0.667	1.000
			1	0.143	0.143				1	0.333	0.333
7	1	2	0	0.714	1.000	9	1	4	0	0.556	1.000
			1	0.286	0.286				1	0.444	0.444
7	1	3	0	0.571	1.000	9	2	2	0	0.583	1.000
			1	0.429	0.429				1	0.417	0.417
7	2	2	0	0.476	0.524				2	0.028	0.028
			1	0.524	1.000	9	2	3	0	0.417	0.500
			2	0.048	0.048				1	0.583	1.000
7	2	3	0	0.286	0.429				2	0.083	0.083
			1	0.714	1.000	9	2	4	0	0.278	0.444
			2	0.143	0.143				1	0.722	1.000
7	3	3	0	0.114	0.143				2	0.167	0.167
			1	0.629	1.000	9	3	3	0	0.238	0.464
			2	0.371	0.486				1	0.774	1.000
			3	0.029	0.029				2	0.226	0.464

TAFEL D (Fortsetzung)

N	S_1	S_2	X	P	P'	N	S_1	S_2	X	P	P'
			3	0.012	0.012				1	0.262	0.524
9	3	4	0	0.119	0.167				2	0.738	1.000
			1	0.595	1.000				3	0.262	0.524
			2	0.405	0.524				4	0.024	0.048
			3	0.048	0.048	10	5	5	0	0.004	0.008
9	4	4	0	0.040	0.048				1	0.103	0.206
			1	0.357	0.524				2	0.500	1.000
			2	0.643	1.000				3	0.500	1.000
			3	0.167	0.206				4	0.103	0.206
			4	0.008	0.008				5	0.004	0.008
10	1	1	0	0.900	1.000	11	1	1	0	0.909	1.000
			1	0.100	0.100				1	0.091	0.091
10	1	2	0	0.800	1.000	11	1	2	0	0.818	1.000
			1	0.200	0.200				1	0.182	0.182
10	1	3	0	0.700	1.000	11	1	3	0	0.727	1.000
			1	0.300	0.300				1	0.273	0.273
10	1	4	0	0.600	1.000	11	1	4	0	0.636	1.000
			1	0.400	0.400				1	0.364	0.364
10	1	5	0	0.500	1.000	11	1	5	0	0.545	1.000
			1	0.500	1.000				1	0.455	0.455
10	2	2	0	0.622	1.000	11	2	2	0	0.655	1.000
			1	0.378	0.378				1	0.345	0.345
			2	0.022	0.022				2	0.018	0.018
10	2	3	0	0.467	0.533	11	2	3	0	0.509	0.564
			1	0.533	1.000				1	0.491	1.000
			2	0.067	0.067				2	0.055	0.055
10	2	4	0	0.333	0.467	11	2	4	0	0.382	0.491
			1	0.667	1.000				1	0.618	1.000
			2	0.133	0.133				2	0.109	0.109
10	2	5	0	0.222	0.444	11	2	5	0	0.273	0.455
			1	0.778	1.000				1	0.727	1.000
			2	0.222	0.444				2	0.182	0.182
10	3	3	0	0.292	0.475	11	3	3	0	0.339	0.491
			1	0.708	1.000				1	0.661	1.000
			2	0.183	0.183				2	0.152	0.152
			3	0.008	0.008				3	0.006	0.006
10	3	4	0	0.167	0.200	11	3	4	0	0.212	0.236
			1	0.667	1.000				1	0.721	1.000
			2	0.333	0.500				2	0.279	0.491
			3	0.033	0.033				3	0.024	0.024
10	3	5	0	0.083	0.167	11	3	5	0	0.121	0.182
			1	0.500	1.000				1	0.576	1.000
			2	0.500	1.000				2	0.424	0.545
			3	0.083	0.167				3	0.061	0.061
10	4	4	0	0.071	0.076	11	4	4	0	0.106	0.194
			1	0.452	0.571				1	0.530	1.000
			2	0.548	1.000				2	0.470	0.576
			3	0.119	0.190				3	0.088	0.088
			4	0.005	0.005				4	0.003	0.003
10	4	5	0	0.024	0.048	11	4	5	0	0.045	0.061

TAFEL D (Fortsetzung)

N	S₁	S₂	X	P	P′	N	S₁	S₂	X	P	P′
			1	0.348	0.545				1	0.500	1.000
			2	0.652	1.000				2	0.500	1.000
			3	0.197	0.243				3	0.091	0.182
			4	0.015	0.015	12	4	4	0	0.141	0.208
11	5	5	0	0.013	0.015				1	0.594	1.000
			1	0.175	0.242				2	0.406	0.547
			2	0.608	1.000				3	0.067	0.067
			3	0.392	0.567				4	0.002	0.002
			4	0.067	0.080	12	4	5	0	0.071	0.081
			5	0.002	0.002				1	0.424	0.576
12	1	1	0	0.917	1.000				2	0.576	1.000
			1	0.083	0.083				3	0.152	0.222
12	1	2	0	0.833	1.000				4	0.010	0.010
			1	0.167	0.167	12	4	6	0	0.030	0.061
12	1	3	0	0.750	1.000				1	0.273	0.545
			1	0.250	0.250				2	0.727	1.000
12	1	4	0	0.667	1.000				3	0.273	0.545
			1	0.333	0.333				4	0.030	0.061
12	1	5	0	0.583	1.000	12	5	5	0	0.027	0.028
			1	0.417	0.471				1	0.247	0.293
12	1	6	0	0.500	1.000				2	0.689	1.000
			1	0.500	1.000				3	0.311	0.558
12	2	2	0	0.682	1.000				4	0.045	0.072
			1	0.318	0.318				5	0.001	0.001
			2	0.015	0.015	12	5	6	0	0.008	0.015
12	2	3	0	0.545	1.000				1	0.121	0.242
			1	0.455	1.000				2	0.500	1.000
			2	0.045	0.045				3	0.500	1.000
12	2	4	0	0.424	0.515				4	0.121	0.242
			1	0.576	1.000				5	0.008	0.015
			2	0.091	0.091	12	6	6	0	0.001	0.002
12	2	5	0	0.318	0.470				1	0.040	0.080
			1	0.682	1.000				2	0.284	0.567
			2	0.152	0.152				3	0.716	1.000
12	2	6	0	0.227	0.455				4	0.284	0.567
			1	0.773	1.000				5	0.040	0.080
			2	0.227	0.455				6	0.001	0.002
12	3	3	0	0.382	0.509	13	1	1	0	0.923	1.000
			1	0.618	1.000				1	0.077	0.077
			2	0.127	0.127	13	1	2	0	0.846	1.000
			3	0.005	0.005				1	0.154	0.154
12	3	4	0	0.255	0.491	13	1	3	0	0.769	1.000
			1	0.764	1.000				1	0.231	0.231
			2	0.236	0.491	13	1	4	0	0.692	1.000
			3	0.018	0.018				1	0.308	0.308
12	3	5	0	0.159	0.205	13	1	5	0	0.615	1.000
			1	0.636	1.000				1	0.385	0.385
			2	0.364	0.533	13	1	6	0	0.538	1.000
			3	0.045	0.045				1	0.462	0.462
12	3	6	0	0.091	0.182	13	2	2	0	0.705	1.000

TAFEL D (Fortsetzung)

N	S_1	S_2	X	P	P'		N	S_1	S_2	X	P	P'
			1	0.295	0.295					5	0.001	0.001
			2	0.013	0.013		13	5	6	0	0.016	0.021
13	2	3	0	0.577	1.000					1	0.179	0.266
			1	0.423	0.423					2	0.587	1.000
			2	0.038	0.038					3	0.413	0.592
13	2	4	0	0.462	0.538					4	0.086	0.103
			1	0.538	1.000					5	0.005	0.005
			2	0.077	0.077		13	6	6	0	0.004	0.005
13	2	5	0	0.359	0.487					1	0.078	0.103
			1	0.641	1.000					2	0.383	0.592
			2	0.128	0.128					3	0.617	1.000
13	2	6	0	0.269	0.462					4	0.209	0.286
			1	0.731	1.000					5	0.025	0.029
			2	0.192	0.192					6	0.001	0.001
13	3	3	0	0.420	0.528		14	1	1	0	0.929	1.000
			1	0.580	1.000					1	0.071	0.071
			2	0.108	0.108		14	1	2	0	0.857	1.000
			3	0.003	0.003					1	0.143	0.143
13	3	4	0	0.294	0.497		14	1	3	0	0.786	1.000
			1	0.706	1.000					1	0.214	0.214
			2	0.203	0.203		14	1	4	0	0.714	1.000
			3	0.014	0.014					1	0.286	0.286
13	3	5	0	0.196	0.231		14	1	5	0	0.643	1.000
			1	0.685	1.000					1	0.357	0.357
			2	0.315	0.510		14	1	6	0	0.571	1.000
			3	0.035	0.035					1	0.429	0.429
13	3	6	0	0.122	0.192		14	1	7	0	0.500	1.000
			1	0.563	1.000					1	0.500	1.000
			2	0.437	0.559		14	2	2	0	0.725	1.000
			3	0.070	0.070					1	0.275	0.275
13	4	4	0	0.176	0.028					2	0.011	0.011
			1	0.646	1.000		14	2	3	0	0.604	1.000
			2	0.354	0.530					1	0.396	0.396
			3	0.052	0.052					2	0.033	0.033
			4	0.001	0.001		14	2	4	0	0.495	0.560
13	4	5	0	0.098	0.105					1	0.505	1.000
			1	0.490	0.608					2	0.066	0.066
			2	0.510	1.000		14	2	5	0	0.396	0.505
			3	0.119	0.217					1	0.604	1.000
			4	0.007	0.007					2	0.110	0.110
13	4	6	0	0.049	0.070		14	2	6	0	0.308	0.473
			1	0.343	0.559					1	0.692	1.000
			2	0.657	1.000					2	0.165	0.165
			3	0.217	0.266		14	2	7	0	0.231	0.462
			4	0.021	0.021					1	0.769	1.000
13	5	5	0	0.044	0.075					1	0.231	0.462
			1	0.315	0.565		14	3	3	0	0.453	0.547
			2	0.685	1.000					1	0.547	1.000
			3	0.249	0.293					2	0.093	0.093
			4	0.032	0.032					3	0.003	0.003

TAFEL D (Fortsetzung)

N	S_1	S_2	X	P	P'	N	S_1	S_2	X	P	P'
14	3	4	0	0.330	0.505				2	0.500	1.000
			1	0.670	1.000				3	0.500	1.000
			2	0.176	0.176				4	0.133	0.266
			3	0.011	0.011				5	0.010	0.021
14	3	5	0	0.231	0.258	14	6	6	0	0.009	0.010
			1	0.725	1.000				1	0.121	0.138
			2	0.275	0.505				2	0.471	0.627
			3	0.027	0.027				3	0.529	1.000
14	3	6	0	0.154	0.209				4	0.156	0.277
			1	0.615	1.000				5	0.016	0.026
			2	0.385	0.538				6	0.000	0.000
			3	0.055	0.055	14	6	7	0	0.002	0.005
14	3	7	0	0.096	0.192				1	0.051	0.103
			1	0.500	1.000				2	0.296	0.592
			2	0.500	1.000				3	0.704	1.000
			3	0.096	0.193				4	0.296	0.592
14	4	4	0	0.210	0.251				5	0.051	0.103
			1	0.689	1.000				6	0.002	0.005
			2	0.311	0.520	14	7	7	0	0.000	0.001
			3	0.041	0.041				1	0.015	0.029
			4	0.001	0.001				2	0.143	0.286
14	4	5	0	0.126	0.221				3	0.500	1.000
			1	0.545	1.000				4	0.500	1.000
			2	0.455	0.580				5	0.143	0.286
			3	0.095	0.095				6	0.015	0.029
			4	0.005	0.005				7	0.000	0.001
14	4	6	0	0.070	0.085	15	1	1	0	0.067	1.000
			1	0.406	0.580				1	0.933	0.067
			2	0.594	1.000	15	1	2	0	0.867	1.000
			3	0.175	0.245				1	0.133	0.133
			4	0.015	0.015	15	1	3	0	0.800	1.000
14	4	7	0	0.035	0.070				1	0.200	0.200
			1	0.280	0.559	15	1	4	0	0.733	1.000
			2	0.720	1.000				1	0.267	0.267
			3	0.280	0.559	15	1	5	0	0.667	1.000
			4	0.035	0.070				1	0.333	0.333
14	5	5	0	0.063	0.086	15	1	6	0	0.600	1.000
			1	0.378	0.580				1	0.400	0.400
			2	0.622	1.000	15	1	7	0	0.533	1.000
			3	0.203	0.266				1	0.467	0.467
			4	0.023	0.023	15	2	2	0	0.743	1.000
			5	0.000	0.000				1	0.257	0.257
14	5	6	0	0.028	0.031				2	0.010	0.010
			1	0.238	0.301	15	2	3	0	0.629	1.000
			2	0.657	1.000				1	0.371	0.371
			3	0.343	0.580				2	0.029	0.029
			4	0.063	0.091	15	2	4	0	0.524	0.581
			5	0.003	0.003				1	0.476	1.000
14	5	7	0	0.010	0.021				2	0.057	0.057
			1	0.133	0.266	15	2	5	0	0.429	0.524

TAFEL D (Fortsetzung)

N	S_1	S_2	X	P	P'	N	S_1	S_2	X	P	P'
			1	0.571	1.000				1	0.338	0.569
			2	0.095	0.095				2	0.662	1.000
15	2	6	0	0.343	0.486				3	0.231	0.282
			1	0.657	1.000				4	0.026	0.026
			2	0.143	0.143	15	5	5	0	0.084	0.101
15	2	7	0	0.267	0.467				1	0.434	0.600
			1	0.733	1.000				2	0.566	1.000
			2	0.200	0.200				3	0.167	0.251
15	3	3	0	0.484	0.565				4	0.017	0.017
			1	0.516	1.000				5	0.000	0.000
			2	0.081	0.081	15	5	6	0	0.042	0.089
			3	0.002	0.002				1	0.294	0.580
15	3	4	0	0.363	0.516				2	0.713	1.000
			1	0.637	1.000				3	0.287	0.580
			2	0.154	0.154				4	0.047	0.089
			3	0.009	0.009				5	0.002	0.002
15	3	5	0	0.264	0.505	15	5	7	0	0.019	0.026
			1	0.758	1.000				1	0.182	0.282
			2	0.242	0.505				2	0.573	1.000
			3	0.022	0.022				3	0.427	0.608
15	3	6	0	0.185	0.229				4	0.100	0.119
			1	0.659	1.000				5	0.007	0.007
			2	0.341	0.525	15	6	6	0	0.017	0.028
			3	0.044	0.044				1	0.168	0.287
15	3	7	0	0.123	0.200				2	0.545	1.000
			1	0.554	1.000				3	0.455	0.622
			2	0.446	0.569				4	0.119	0.136
			3	0.077	0.077				5	0.011	0.011
15	4	4	0	0.242	0.275				6	0.000	0.000
			1	0.725	1.000	15	6	7	0	0.006	0.007
			2	0.275	0.516				1	0.084	0.119
			3	0.033	0.033				2	0.378	0.608
			4	0.001	0.001				3	0.622	1.000
15	4	5	0	0.154	0.231				4	0.231	0.315
			1	0.593	1.000				5	0.035	0.041
			2	0.407	0.560				6	0.001	0.001
			3	0.077	0.077	15	7	7	0	0.001	0.001
			4	0.004	0.004				1	0.032	0.041
15	4	6	0	0.092	0.103				2	0.214	0.315
			1	0.462	0.604				3	0.595	1.000
			2	0.538	1.000				4	0.405	0.619
			3	0.143	0.235				5	0.100	0.132
			4	0.011	0.011				6	0.009	0.010
15	4	7	0	0.051	0.077				7	0.000	0.000

TAFEL E (Teil I)

U-Test (aus Owen 1962)

Die Tafel E (Teil I) enthält die zur Prüfgröße U gehörigen Überschreitungswahrscheinlichkeiten $P \leq 0{,}500$. Die Tafel ermöglicht sowohl eine einseitige wie zweiseitige Ablesung des zu einem beobachteten U-Wert gehörigen P-Wertes. Zu diesem Zweck wird definiert: $U = \min (U_1, U_2)$. Bei einseitigem Test lese man den zu U gehörigen P-Wert ab. Bei zweiseitigem Test verdopple man den P-Wert, wenn $U \neq \mu_U$. Die Tafel ist so eingerichtet, daß $N_1 \leq N_2$ mit Stichprobenumfängen von $1 \leq N_1 \leq N_2 \leq 10$.

Ablesebeispiel: Für $N_1 = 4$ und $N_2 = 5$ gehört zu einem beobachteten $U = 3$ ein einseitiges $P = 0{,}056$. Das zweiseitige P' erhalten wir aus $2 \cdot P(U) = 2 \cdot 0{,}056 = 0{,}112$.

Teil II der Tafel enthält kritische U-Werte für den einseitigen und zweiseitigen Test mit $N_1 = 1$ bis 20 und $N_2 = 9$ bis 20. (Nach Clauss und Ebner 1971).

Ablesebeispiel: Für $N_1 = 18$ und $N_2 = 12$ wären bei zweiseitigem Test und $\alpha = 0{,}05$ alle U-Werte signifikant, die den Wert $U_{crit} = 61$ unterschreiten.

$N_2 = 1$

U	N_1 1
0	0,500
1	1,000

$N_2 = 2$

U	N_1 1	2
0	0,333	0,167
1	0,667	0,333
2	1,000	0,667
3		0,833
4		1,000

$N_2 = 3$

U	N_1 1	2	3
0	0,250	0,100	0,050
1	0,500	0,200	0,100
2		0,400	0,200
3			0,350
4			0,500

$N_2 = 4$

U	N_1 1	2	3	4
0	0,200	0,067	0,029	0,014
1	0,400	0,133	0,057	0,029
2		0,267	0,114	0,057
3		0,400	0,200	0,100
4			0,314	0,171
5			0,429	0,243
6				0,343
7				0,443

$N_2 = 5$

U	N_1 1	2	3	4	5
0	0,167	0,048	0,018	0,008	0,004
1	0,333	0,095	0,036	0,016	0,008
2	0,500	0,190	0,071	0,032	0,016
3		0,286	0,125	0,056	0,028
4		0,429	0,196	0,095	0,048
5			0,286	0,143	0,075
6			0,393	0,206	0,111
7			0,500	0,278	0,155
8				0,365	0,210
9				0,452	0,274
10					0,345
11					0,421
12					0,500

TAFEL E (Fortsetzung)

$N_2 = 6$						
	N_1					
U	1	2	3	4	5	6
0	0,143	0,036	0,012	0,005	0,002	0,001
1	0,286	0,071	0,024	0,010	0,004	0,002
2	0,429	0,143	0,048	0,019	0,009	0,004
3		0,214	0,083	0,033	0,015	0,008
4		0,321	0,131	0,057	0,026	0,013
5		0,429	0,190	0,086	0,041	0,021
6			0,274	0,129	0,063	0,032
7			0,357	0,176	0,089	0,047
8			0,452	0,238	0,123	0,066
9				0,305	0,165	0,090
10				0,381	0,214	0,120
11				0,457	0,268	0,155
12					0,331	0,197
13					0,396	0,242
14					0,465	0,294
15						0,350
16						0,409
17						0,469

TAFEL E (Fortsetzung)

$N_2 = 7$

U	N_1						
	1	2	3	4	5	6	7
0	0,125	0,028	0,008	0,003	0,001	0,001	0,000
1	0,250	0,056	0,017	0,006	0,003	0,001	0,001
2	0,375	0,111	0,033	0,012	0,005	0,002	0,001
3	0,500	0,167	0,058	0,021	0,009	0,004	0,002
4		0,250	0,092	0,036	0,015	0,007	0,003
5		0,333	0,133	0,055	0,024	0,011	0,006
6		0,444	0,192	0,082	0,037	0,017	0,009
7			0,258	0,115	0,053	0,026	0,013
8			0,333	0,158	0,074	0,037	0,019
9			0,417	0,206	0,101	0,051	0,027
10			0,500	0,264	0,134	0,069	0,036
11				0,324	0,172	0,090	0,049
12				0,394	0,216	0,117	0,064
13				0,464	0,265	0,147	0,082
14					0,319	0,183	0,104
15					0,378	0,223	0,130
16					0,438	0,267	0,159
17					0,500	0,314	0,191
18						0,365	0,228
19						0,418	0,267
20						0,473	0,310
21							0,355
22							0,402
23							0,451
24							0,500

TAFEL E (Fortsetzung)

$N_2 = 8$	N_1							
U	1	2	3	4	5	6	7	8
0	0,111	0,022	0,006	0,002	0,001	0,000	0,000	0,000
1	0,222	0,044	0,012	0,004	0,002	0,001	0,000	0,000
2	0,333	0,089	0,024	0,008	0,003	0,001	0,001	0,000
3	0,444	0,133	0,042	0,014	0,005	0,002	0,001	0,001
4		0,200	0,067	0,024	0,009	0,004	0,002	0,001
5		0,267	0,097	0,036	0,015	0,006	0,003	0,001
6		0,356	0,139	0,055	0,023	0,010	0,005	0,002
7		0,444	0,188	0,077	0,033	0,015	0,007	0,003
8			0,248	0,107	0,047	0,021	0,010	0,005
9			0,315	0,141	0,064	0,030	0,014	0,007
10			0,388	0,184	0,085	0,041	0,020	0,010
11			0,461	0,230	0,111	0,054	0,027	0,014
12				0,285	0,142	0,071	0,036	0,019
13				0,341	0,177	0,091	0,047	0,025
14				0,404	0,218	0,114	0,060	0,032
15				0,467	0,262	0,141	0,076	0,041
16					0,311	0,172	0,095	0,052
17					0,362	0,207	0,116	0,065
18					0,416	0,245	0,140	0,080
19					0,472	0,286	0,168	0,097
20						0,331	0,198	0,117
21						0,377	0,232	0,139
22						0,426	0,268	0,164
23						0,475	0,306	0,191
24							0,347	0,221
25							0,389	0,253
26							0,433	0,287
27							0,478	0,323
28								0,360
29								0,399
30								0,439
31								0,480

TAFEL E (Fortsetzung)

$N_2 = 9$

U	N_1								
	1	2	3	4	5	6	7	8	9
0	0,100	0,018	0,005	0,001	0,000	0,000	0,000	0,000	0,000
1	0,200	0,036	0,009	0,003	0,001	0,000	0,000	0,000	0,000
2	0,300	0,073	0,018	0,006	0,002	0,001	0,000	0,000	0,000
3	0,400	0,109	0,032	0,010	0,003	0,001	0,001	0,000	0,000
4	0,500	0,164	0,050	0,017	0,006	0,002	0,001	0,000	0,000
5		0,218	0,073	0,025	0,009	0,004	0,002	0,001	0,000
6		0,291	0,105	0,038	0,014	0,006	0,003	0,001	0,001
7		0,364	0,141	0,053	0,021	0,009	0,004	0,002	0,001
8		0,455	0,186	0,074	0,030	0,013	0,006	0,003	0,001
9			0,241	0,099	0,041	0,018	0,008	0,004	0,002
10			0,300	0,130	0,056	0,025	0,011	0,006	0,003
11			0,364	0,165	0,073	0,033	0,016	0,008	0,004
12			0,432	0,207	0,095	0,044	0,021	0,010	0,005
13			0,500	0,252	0,120	0,057	0,027	0,014	0,007
14				0,302	0,149	0,072	0,036	0,018	0,009
15				0,355	0,182	0,091	0,045	0,023	0,012
16				0,413	0,219	0,112	0,057	0,030	0,016
17				0,470	0,259	0,136	0,071	0,037	0,020
18					0,303	0,164	0,087	0,046	0,025
19					0,350	0,194	0,105	0,057	0,031
20					0,399	0,228	0,126	0,069	0,039
21					0,449	0,264	0,150	0,084	0,047
22					0,500	0,303	0,176	0,100	0,057
23						0,344	0,204	0,118	0,068
24						0,388	0,235	0,138	0,081
25						0,432	0,268	0,161	0,095
26						0,477	0,303	0,185	0,111
27							0,340	0,212	0,129
28							0,379	0,240	0,149
29							0,419	0,271	0,170
30							0,459	0,303	0,193
31							0,500	0,336	0,218
32								0,371	0,245
33								0,407	0,273
34								0,444	0,302
35								0,481	0,333
36									0,365
37									0,398
38									0,432
39									0,466
40									0,500

TAFEL E (Fortsetzung)

$N_2 = 10$

U	N_1 1	2	3	4	5	6	7	8	9	10
0	0,091	0,015	0,003	0,001	0,000	0,000	0,000	0,000	0,000	0,000
1	0,182	0,030	0,007	0,002	0,001	0,000	0,000	0,000	0,000	0,000
2	0,273	0,061	0,014	0,004	0,001	0,000	0,000	0,000	0,000	0,000
3	0,364	0,091	0,024	0,007	0,002	0,001	0,000	0,000	0,000	0,000
4	0,455	0,136	0,038	0,012	0,004	0,001	0,001	0,000	0,000	0,000
5		0,182	0,056	0,018	0,006	0,002	0,001	0,000	0,000	0,000
6		0,242	0,080	0,027	0,010	0,004	0,002	0,001	0,000	0,000
7		0,303	0,108	0,038	0,014	0,005	0,002	0,001	0,000	0,000
8		0,379	0,143	0,053	0,020	0,008	0,003	0,002	0,001	0,000
9		0,455	0,185	0,071	0,028	0,011	0,005	0,002	0,001	0,001
10			0,234	0,094	0,038	0,016	0,007	0,003	0,001	0,001
11			0,287	0,120	0,050	0,021	0,009	0,004	0,002	0,001
12			0,346	0,152	0,065	0,028	0,012	0,006	0,003	0,001
13			0,406	0,187	0,082	0,036	0,017	0,008	0,004	0,002
14			0,469	0,227	0,103	0,047	0,022	0,010	0,005	0,003
15				0,270	0,127	0,059	0,028	0,013	0,007	0,003
16				0,318	0,155	0,074	0,035	0,017	0,009	0,004
17				0,367	0,185	0,090	0,044	0,022	0,011	0,006
18				0,420	0,220	0,110	0,054	0,027	0,014	0,007
19				0,473	0,257	0,132	0,067	0,034	0,017	0,009
20					0,297	0,157	0,081	0,042	0,022	0,012
21					0,339	0,184	0,097	0,051	0,027	0,014
22					0,384	0,214	0,115	0,061	0,033	0,018
23					0,430	0,246	0,135	0,073	0,039	0,022
24					0,477	0,281	0,157	0,086	0,047	0,026
25						0,318	0,182	0,102	0,056	0,032
26						0,356	0,209	0,118	0,067	0,038
27						0,396	0,237	0,137	0,078	0,045
28						0,437	0,268	0,158	0,091	0,053
29						0,479	0,300	0,180	0,106	0,062
30							0,335	0,204	0,121	0,072
31							0,370	0,230	0,139	0,083
32							0,406	0,257	0,158	0,095
33							0,443	0,286	0,178	0,109
34							0,481	0,317	0,200	0,124
35								0,348	0,223	0,140
36								0,381	0,248	0,157
37								0,414	0,274	0,176
38								0,448	0,302	0,197
39								0,483	0,330	0,218

TAFEL E (Fortsetzung)

$N_2 = 10$										
	N_1									
U	1	2	3	4	5	6	7	8	9	10
40									0,360	0,241
41									0,390	0,264
42									0,421	0,289
43									0,452	0,315
44									0,484	0,342
45										0,370
46										0,398
47										0,427
48										0,456
49										0,485

TAFEL E (Teil II)

Kritische Werte von U für den Test von Mann und Whitney für den einseitigen Test bei $a = 0,01$, für den zweiseitigen Test bei $a = 0,02$

N_1	N_2											
	9	10	11	12	13	14	15	16	17	18	19	20
1												
2					0	0	0	0	0	0	1	1
3	1	1	1	2	2	2	3	3	4	4	4	5
4	3	3	4	5	5	6	7	7	8	9	9	10
5	5	6	7	8	9	10	11	12	13	14	15	16
6	7	8	9	11	12	13	15	16	18	19	20	22
7	9	11	12	14	16	17	19	21	23	24	26	28
8	11	13	15	17	20	22	24	26	28	30	32	34
9	14	16	18	21	23	26	28	31	33	36	38	40
10	16	19	22	24	27	30	33	36	38	41	44	47
11	18	22	25	28	31	34	37	41	44	47	50	53
12	21	24	28	31	35	38	42	46	49	53	56	60
13	23	27	31	35	39	43	47	51	55	59	63	67
14	26	30	34	38	43	47	51	56	60	65	69	73
15	28	33	37	42	47	51	56	61	66	70	75	80
16	31	36	41	46	51	56	61	66	71	76	82	87
17	33	38	44	49	55	60	66	71	77	82	88	93
18	36	41	47	53	59	65	70	76	82	88	94	100
19	38	44	50	56	63	69	75	82	88	94	101	107
20	40	47	53	60	67	73	80	87	93	100	107	114

TAFEL E (Fortsetzung)

Für den einseitigen Test bei $a = 0{,}025$, für den zweiseitigen Test bei $a = 0{,}050$

N_1	N_2											
		9	10	11	12	13	14	15	16	17	18	19	20
1													
2		0	0	0	1	1	1	1	1	2	2	2	2
3		2	3	3	4	4	5	5	6	6	7	7	8
4		4	5	6	7	8	9	10	11	11	12	13	13
5		7	8	9	11	12	13	14	15	17	18	19	20
6		10	11	13	14	16	17	19	21	22	24	25	27
7		12	14	16	18	20	22	24	26	28	30	32	34
8		15	17	19	22	24	26	29	31	34	36	38	41
9		17	20	23	26	28	31	34	37	39	42	45	48
10		20	23	26	29	33	36	39	42	45	48	52	55
11		23	26	30	33	37	40	44	47	51	55	58	62
12		26	29	33	37	41	45	49	53	57	61	65	69
13		28	33	37	41	45	50	54	59	63	67	72	76
14		31	36	40	45	50	55	59	64	67	74	78	83
15		34	39	44	49	54	59	64	70	75	80	85	90
16		37	42	47	53	59	64	70	75	81	86	92	98
17		39	45	51	57	63	67	75	81	87	93	99	105
18		42	48	55	61	67	74	80	86	93	99	106	112
19		45	52	58	65	72	78	85	92	99	106	113	119
20		48	55	62	69	76	83	90	98	105	112	119	127

TAFEL E (Fortsetzung)

Für den einseitigen Test bei $a = 0,05$, für den zweiseitigen Test bei $a = 0,10$

N_1	N_2 9	10	11	12	13	14	15	16	17	18	19	20
1											0	0
2	1	1	1	2	2	2	3	3	3	4	4	4
3	3	4	5	5	6	7	7	8	9	9	10	11
4	6	7	8	9	10	11	12	14	15	16	17	18
5	9	11	12	13	15	16	18	19	20	22	23	25
6	12	14	16	17	19	21	23	25	26	28	30	32
7	15	17	19	21	24	26	28	30	33	35	37	39
8	18	20	23	26	28	31	33	36	39	41	44	47
9	21	24	27	30	33	36	39	42	45	48	51	54
10	24	27	31	34	37	41	44	48	51	55	58	62
11	27	31	34	38	42	46	50	54	57	61	65	69
12	30	34	38	42	47	51	55	60	64	68	72	77
13	33	37	42	47	51	56	61	65	70	75	80	84
14	36	41	46	51	56	61	66	71	77	82	87	92
15	39	44	50	55	61	66	72	77	83	88	94	100
16	42	48	54	60	65	71	77	83	89	95	101	107
17	45	51	57	64	70	77	83	89	96	102	109	115
18	48	55	61	68	75	82	88	95	102	109	116	123
19	51	58	65	72	80	87	94	101	109	116	123	130
20	54	62	69	77	84	92	100	107	115	123	130	138

TAFEL F

H-Test nach Kruskal-Wallis. (Aus Krishnaiah und Sen 1984).

Die Tafel enthält kritische H-Werte (h) für 3–5 Stichproben und $\alpha \approx 0{,}05$ bzw. $\alpha \approx 0{,}01$.

Ablesebeispiel: H = 8,7 wäre für k = 4 Stichproben der Umfänge $N_1 = N_2 = 3$, $N_3 = N_4 = 2$ und $\alpha = 0{,}01$ signifikant (h = 7,636 < 8,7).

k = 3 Stichproben

N_1	N_2	N_3	h	$P(H \geq h)$	h	$P(H \geq h)$
2	2	2	4,571	0,0667		
3	2	2	4,714	0,0476		
3	3	2	5,139	0,0607		
3	3	3	5,600	0,0500		
4	2	1	4,821	0,0571		
4	2	2	5,125	0,0524		
4	3	1	5,208	0,0500		
4	3	2	5,400	0,0508		
4	3	3	5,727	0,0505	6,745	0,0100
4	4	1	4,867	0,0540	6,667	0,0095
4	4	2	5,236	0,0521	6,873	0,0108
4	4	3	5,576	0,0507	7,136	0,0107
4	4	4	5,692	0,0487	7,538	0,0107
5	2	1	5,000	0,0476		
5	2	2	5,040	0,0556	6,533	0,0079
5	3	1	4,871	0,0516	6,400	0,0119
5	3	2	5,251	0,0492	6,822	0,0103
5	3	3	5,515	0,0507	7,079	0,0087
5	4	1	4,860	0,0556	6,840	0,0111
5	4	2	5,268	0,0505	7,118	0,0101
5	4	3	5,631	0,0503	7,445	0,0097
5	4	4	5,618	0,0503	7,760	0,0095
5	5	1	4,909	0,0534	6,836	0,0108
5	5	2	5,246	0,0511	7,269	0,0103
5	5	3	5,626	0,0508	7,543	0,0102
5	5	4	5,643	0,0502	7,823	0,0098
5	5	5	5,660	0,0509	7,980	0,0105
6	2	1	4,822	0,0478		
6	3	1	4,855	0,0500	6,582	0,0119
6	3	2	5,227	0,0520	6,970	0,0091
6	3	3	5,615	0,0497	7,192	0,0102
6	4	1	4,947	0,0468	7,083	0,0104
6	4	2	5,263	0,0502	7,212	0,0108
6	4	3	5,604	0,0504	7,467	0,0101
6	4	4	5,667	0,0505	7,724	0,0101
6	5	1	4,836	0,0509	6,997	0,0101
6	5	2	5,319	0,0506	7,299	0,0102
6	5	3	5,600	0,0500	7,560	0,0102
6	5	4	5,661	0,0499	7,936	0,0100
6	5	5	5,729	0,0497	8,012	0,0100
6	6	1	4,857	0,0511	7,066	0,0103
6	6	2	5,410	0,0499	7,410	0,0102
6	6	3	5,625	0,0500	7,725	0,0099

TAFEL F (Fortsetzung)

N_1	N_2	N_3	h	$P(H \geq h)$	h	$P(H \geq h)$
6	6	4	5,721	0,0501	8,000	0,0100
6	6	5	5,765	0,0499	8,119	0,0100
6	6	6	5,719	0,0502	8,187	0,0102
7	7	7	5,766	0,0506	8,334	0,0101
8	8	8	5,805	0,0497	8,435	0,0101
Asymptotischer Wert			5,991	0,0500	9,210	0,0100

k = 4 Stichproben

N_1	N_2	N_3	N_4	h	$P(H \geq h)$	h	$P(H \geq h)$
3	2	2	2	6,333	0,0476	7,133	0,0079
3	3	2	1	6,156	0,0560	7,044	0,0107
3	3	2	2	6,527	0,0492	7,636	0,0100
3	3	3	1	6,600	0,0493	7,400	0,0086
3	3	3	2	6,727	0,0495	8,015	0,0096
3	3	3	3	6,879	0,0502	8,436	0,0108
4	2	2	1	6,000	0,0566	7,000	0,0095
4	2	2	2	6,545	0,0492	7,391	0,0089
4	3	1	1	6,178	0,0492	7,067	0,0095
4	3	2	1	6,309	0,0494	7,455	0,0098
4	3	2	2	6,621	0,0495	7,871	0,0100
4	3	3	1	6,545	0,0495	7,758	0,0097
4	3	3	2	6,782	0,0501	8,333	0,0099
4	3	3	3	6,967	0,0503	8,659	0,0099
4	4	1	1	5,945	0,0495	7,500	0,0114
4	4	2	1	6,364	0,0500	7,886	0,0102
4	4	2	2	6,731	0,0487	8,308	0,0102
4	4	3	1	6,635	0,0498	8,218	0,0103
4	4	3	2	6,874	0,0498	8,621	0,0100
4	4	3	3	7,038	0,0499	8,867	0,0100
4	4	4	1	6,725	0,0498	8,571	0,0101
4	4	4	2	6,957	0,0496	8,857	0,0101
4	4	4	3	7,129	0,0502	9,075	0,0100
4	4	4	4	7,213	0,0507	9,287	0,0100
Asymptotischer Wert				7,815	0,0500	11,345	0,0100

TAFEL F (Fortsetzung)

k = 5 Stichproben

N₁	N₂	N₃	N₄	N₅	h	P(H ≥ h)	h	P(H ≥ h)
2	2	2	2	2	7,418	0,0487	8,291	0,0095
3	2	2	1	1	7,200	0,0500	7,600	0,0079
3	2	2	2	1	7,309	0,0489	8,127	0,0094
3	2	2	2	2	7,667	0,0508	8,682	0,0096
3	3	2	1	1	7,200	0,0500	8,055	0,0102
3	3	2	2	1	7,591	0,0492	8,576	0,0098
3	3	2	2	2	7,897	0,0505	9,103	0,0101
3	3	3	1	1	7,515	0,0538	8,424	0,0091
3	3	3	2	1	7,769	0,0489	9,051	0,0098
3	3	3	2	2	8,044	0,0492	9,505	0,0100
3	3	3	3	1	7,956	0,0505	9,451	0,0100
3	3	3	3	2	8,171	0,0504	9,848	0,0101
3	3	3	3	3	8,333	0,0496	10,200	0,0099
Asymptotischer Wert					9,488	0,0500	13,277	0,0100

TAFEL G

Trendtest von Jonckheere. (Nach Schaich und Hamerle 1984, S. 319 f.).

Die Tafel enthält ausgewählte S-Werte als Prüfgrößen und deren einseitige Überschreitungswahrscheinlichkeiten P für k = 3 Stichproben mit Umfängen $N_j \leq 5$.

Ablesebeispiel: Ein S = 31 wäre für $N_1 = N_2 = 4$ und $N_3 = 3$ wegen P = 0,040 < 0,05 für $\alpha = 0,05$ signifikant.

N_1	N_2	N_3	S	P
2	2	2	12	0,011
			11	0,033
			10	0,089
			8	0,167
3	2	2	16	0,005
			15	0,014
			14	0,038
			13	0,076
			12	0,138
3	3	2	21	0,002
			20	0,005
			19	0,014
			18	0,030
			17	0,057
			16	0,096
			15	0,152
3	3	3	25	0,005
			24	0,011
			23	0,021
			22	0,037
			21	0,061
			20	0,095
			19	0,139
4	2	2	20	0,002
			19	0,007
			18	0,019
			17	0,038
			16	0,071
			15	0,117
4	3	2	25	0,002
			24	0,006
			23	0,014
			22	0,026
			21	0,045
			20	0,074
			19	0,112

N_1	N_2	N_3	S	P
4	3	3	30	0,004
			29	0,009
			28	0,016
			27	0,026
			26	0,042
			25	0,064
			24	0,093
			23	0,130
4	4	2	30	0,003
			29	0,005
			28	0,011
			27	0,019
			26	0,032
			25	0,050
			24	0,076
			23	0,108
4	4	3	36	0,003
			35	0,006
			34	0,010
			33	0,017
			32	0,027
			31	0,040
			30	0,058
			29	0,080
			28	0,109
4	4	4	42	0,004
			41	0,006
			40	0,010
			39	0,015
			38	0,023
			37	0,033
			36	0,046
			35	0,063
			34	0,084
			33	0,110
5	2	2	23	0,004
			22	0,010
			21	0,021
			20	0,040
			19	0,066
			18	0,105

TAFEL G (Fortsetzung)

N_1	N_2	N_3	S	P	N_1	N_2	N_3	S	P
5	3	2	29	0,003	5	5	2	40	0,004
			28	0,007				39	0,006
			27	0,013				38	0,011
			26	0,023				36	0,025
			25	0,038				35	0,036
			24	0,059				34	0,050
			23	0,088				32	0,092
			22	0,124				31	0,119
5	3	3	35	0,004	5	5	3	47	0,005
			34	0,007				46	0,007
			33	0,012				45	0,011
			32	0,020				43	0,023
			31	0,031				42	0,032
			30	0,046				41	0,044
			29	0,066				40	0,058
			28	0,092				38	0,097
			27	0,124				37	0,122
5	4	2	34	0,005	5	5	4	55	0,004
			33	0,009				54	0,006
			32	0,015				53	0,008
			31	0,024				52	0,012
			30	0,037				50	0,022
			29	0,054				49	0,030
			28	0,077				48	0,039
			27	0,105				47	0,051
5	4	3	41	0,004				45	0,082
			40	0,007				44	0,101
			39	0,012	5	5	5	62	0,004
			38	0,018				61	0,006
			37	0,027				60	0,009
			36	0,038				59	0,012
			35	0,053				57	0,021
			33	0,095				56	0,028
			32	0,123				54	0,046
5	4	4	48	0,004				53	0,057
			47	0,006				51	0,087
			46	0,010				50	0,105
			45	0,014					
			44	0,020					
			43	0,028					
			42	0,039					
			41	0,052					
			39	0,087					
			38	0,111					

TAFEL H (Teil I)

Schranken und P-Werte für den Vorzeichenrangtest. (Aus McConack 1965 und Owen, 1962).

Teil I enthält die unteren Schranken der Prüfgröße T des Vorzeichenrangtests von Wilcoxon (Wilcoxons „signed rank test") für Stichprobenumfänge von $N = 4$ bis 50 und für Signifikanzgrenzen von $\alpha = 0{,}00005$ bis $\alpha = 0{,}075$ bei einseitigem Test bzw. für $2\alpha = 0{,}0001$ bis $\alpha = 0{,}15$ bei zweiseitigem Test. Beobachtete T-Werte oder deren Komplemente $T' = N(N+1)/2 - T$, die die angegebenen Schranken erreichen oder unterschreiten, sind auf der bezeichneten Stufe signifikant.

Ablesebeispiel: Wenn die Differenzen zweier abhängiger Meßreihen $+19 + 12 - 3 + 8 + 5 - 1 - 7 + 16 + 7$ betragen, ergeben sich Vorzeichenränge von $(+)9\,(+)7\,(-)2\,(+)6\,(+)3\,(-)1\,(-)4{,}5\,(+)8\,(+)4{,}5$ und eine Rangsumme der (selteneren) negativen Ränge von $T = 7{,}5$, die für $N = 9$ $(T_{0{,}05} = 8)$ bei einseitigem Test eben auf der 5%-Stufe signifikant ist.

Teil II enthält die Überschreitungswahrscheinlichkeiten der Prüfgröße T für den einseitigen Vorzeichenrangtest

| N2 α | 0,15 | 0,10 | 0,05 | 0,04 | 0,03 | 0,02 | 0,01 | 0,005 | 0,001 | 0,0001 |
	0,075	0,050	0,025	0,020	0,015	0,010	0,005	0,0025	0,0005	0,00005
4	0									
5	1	0								
6	2	2	0	0						
7	4	3	2	1	0	0				
8	7	5	3	3	2	1	0			
9	9	8	5	5	4	3	1	0		
10	12	10	8	7	6	5	3	1		
11	16	13	10	9	8	7	5	3	0	
12	19	17	13	12	11	9	7	5	1	
13	24	21	17	16	14	12	9	7	2	
14	28	25	21	19	18	15	12	9	4	
15	33	30	25	23	21	19	15	12	6	0
16	39	35	29	28	26	23	19	15	8	2
17	45	41	34	33	30	27	23	19	11	3
18	51	47	40	38	35	32	27	23	14	5
19	58	53	46	43	41	37	32	27	18	8
20	65	60	52	50	47	43	37	32	21	10
21	73	67	58	56	53	49	42	37	25	13
22	81	75	65	63	59	55	48	42	30	17
23	89	83	73	70	66	62	54	48	35	20
24	98	91	81	78	74	69	61	54	40	24
25	108	100	89	86	82	76	68	60	45	28
26	118	110	98	94	90	84	75	67	51	33
27	128	119	107	103	99	92	83	74	57	38
28	138	130	116	112	108	101	91	82	64	43
29	150	140	126	122	117	110	100	90	71	49
30	161	151	137	132	127	120	109	98	78	55
31	173	163	147	143	137	130	118	107	86	61
32	186	175	159	154	148	140	128	116	94	68
33	199	187	170	165	159	151	138	126	102	74
34	212	200	182	177	171	162	148	136	111	82
35	226	213	195	189	182	173	159	146	120	90
36	240	227	208	202	195	185	171	157	130	98
37	255	241	221	215	208	198	182	168	140	106
38	270	256	235	229	221	211	194	180	150	115

TAFEL H (Teil I) (Fortsetzung)

N2 α	0,15	0,10	0,05	0,04	0,03	0,02	0,01	0,005	0,001	0,0001
α	0,075	0,050	0,025	0,020	0,015	0,010	0,005	0,0025	0,0005	0,00005
39	285	271	249	243	235	224	207	192	161	124
40	302	286	264	257	249	238	220	204	172	133
41	318	302	279	272	263	252	233	217	183	143
42	335	319	294	287	278	266	247	230	195	153
43	352	336	310	303	293	281	261	244	207	164
44	370	353	327	319	309	296	276	258	220	175
45	389	371	343	335	325	312	291	272	233	186
46	407	389	361	352	342	328	307	287	246	198
47	427	407	378	370	359	345	322	302	260	210
48	446	426	396	388	377	362	339	318	274	223
49	466	446	415	406	394	379	355	334	289	235
50	487	466	434	425	413	397	373	350	304	249

TAFEL H (Teil II)

Teil II enthält die exakten Überschreitungswahrscheinlichkeiten P zu Wilcoxons Rangsumme T für zwei abhängige Stichproben zu je N = 3 bis 20 Meßwerten (bzw. für eine Stichprobe bis zu N = 20 Beobachtungspaaren). Die P-Werte entsprechen einer einseitigen Fragestellung. T bezieht sich auf das seltenere der beiden Vorzeichen und ist für die Rangsumme des häufigeren Vorzeichens durch T' = N(N+1)/2–T zu ersetzen.

Ablesebeispiel: Ein aufgrund der Differenz zwischen 2 verbundenen Stichproben zu je N = 10 ermitteltes T = 9 entspricht einem einseitigen P = 0,032.

				N					
T	3	4	5	6	7	8	9	10	11
0	0,125	0,062	0,031	0,016	0,008	0,004	0,002⁻	0,001⁻	0,000
1	0,250	0,125	0,062	0,031	0,016	0,008	0,004⁻	0,002⁻	0,001⁻
2	0,375	0,188	0,094	0,047	0,023	0,012	0,006⁻	0,003⁻	0,001⁺
3	0,625	0,312	0,156	0,078	0,039	0,020	0,010⁻	0,005⁻	0,002⁺
4	0,750	0,438	0,219	0,109	0,055	0,027	0,014	0,007	0,003⁺
5	0,875	0,562	0,312	0,156	0,078	0,039	0,020	0,010⁻	0,005⁻
6	1,000	0,688	0,406	0,219	0,109	0,055	0,027	0,014	0,007
7		0,812	0,500	0,281	0,148	0,074	0,037	0,019	0,009
8		0,875	0,594	0,344	0,188	0,098	0,049	0,024	0,012
9		0,938	0,688	0,422	0,234	0,125	0,064	0,032	0,016

TAFEL H (Teil II) (Fortsetzung)

T	3	4	5	6	7	8	9	10	11
10		1,000	0,781	0,500	0,289	0,156	0,082	0,042	0,021
11			0,844	0,578	0,344	0,191	0,102	0,053	0,027
12			0,906	0,656	0,406	0,230	0,125	0,065	0,034
13			0,938	0,719	0,469	0,273	0,150	0,080	0,042
14			0,969	0,781	0,531	0,320	0,180	0,097	0,051
15			1,000	0,844	0,594	0,371	0,213	0,116	0,062
16				0,891	0,656	0,422	0,248	0,138	0,074
17				0,922	0,711	0,473	0,285	0,161	0,087
18				0,953	0,766	0,527	0,326	0,188	0,103
19				0,969	0,812	0,578	0,367	0,216	0,120
20				0,984	0,852	0,629	0,410	0,246	0,139
21				1,000	0,891	0,680	0,455	0,278	0,160
22					0,922	0,727	0,500	0,312	0,183
23					0,945	0,770	0,545	0,348	0,207
24					0,961	0,809	0,590	0,385	0,232
25					0,977	0,844	0,633	0,423	0,260
26					0,984	0,875	0,674	0,461	0,289
27					0,992	0,902	0,715	0,500	0,319
28					1,000	0,926	0,752	0,539	0,350
29						0,945	0,787	0,577	0,382
30						0,961	0,820	0,615	0,416
31						0,973	0,850	0,652	0,449
32						0,980	0,875	0,688	0,483
33						0,988	0,898	0,722	0,517
34						0,992	0,918	0,754	0,551
35						0,996	0,936	0,784	0,584
36						1,000	0,951	0,812	0,618
37							0,963	0,839	0,650
38							0,973	0,862	0,681
39							0,980	0,884	0,711
40							0,986	0,903	0,740
41							0,990	0,920	0,768
42							0,994	0,935	0,793
43							0,996	0,947	0,817
44							0,998	0,958	0,840
45							1,000	0,968	0,861

N

TAFEL H (Teil II) (Fortsetzung)

T	12	13	14	15	16	17	18	19	20
0	0,000	0,000	0,000	0,000	0,000	0,000	0,000	0,000	0,000
1	0,000	0,000	0,000	0,000	0,000	0,000	0,000	0,000	0,000
2	$0,001^-$	0,000	0,000	0,000	0,000	0,000	0,000	0,000	0,000
3	$0,001^+$	$0,001^-$	0,000	0,000	0,000	0,000	0,000	0,000	0,000
4	$0,002^-$	$0,001^-$	0,000	0,000	0,000	0,000	0,000	0,000	0,000
5	$0,002^+$	$0,001^+$	$0,001^-$	0,000	0,000	0,000	0,000	0,000	0,000
6	$0,003^+$	$0,002^-$	$0,001^-$	0,000	0,000	0,000	0,000	0,000	0,000
7	$0,005^-$	$0,002^+$	$0,001^+$	$0,001^-$	0,000	0,000	0,000	0,000	0,000
8	0,006	$0,003^+$	$0,002^-$	$0,001^-$	0,000	0,000	0,000	0,000	0,000
9	0,008	0,004	$0,002^+$	$0,001^+$	$0,001^-$	0,000	0,000	0,000	0,000
10	$0,010^+$	$0,005^+$	0,003	$0,001^+$	$0,001^-$	0,000	0,000	0,000	0,000
11	0,013	0,007	0,003	$0,002^-$	$0,001^-$	0,000	0,000	0,000	0,000
12	0,017	0,009	0,004	$0,002^+$	$0,001^+$	0,001	0,000	0,000	0,000
13	0,021	0,011	$0,005^+$	0,003	$0,001^+$	0,001	0,000	0,000	0,000
14	0,026	0,013	0,007	0,003	$0,002^-$	$0,001^-$	0,000	0,000	0,000
15	0,032	0,016	0,008	0,004	$0,002^+$	$0,001^+$	0,001	0,000	0,000
16	0,039	0,020	$0,010^+$	$0,005^+$	$0,003^-$	$0,001^+$	0,001	0,000	0,000
17	0,046	0,024	0,012	0,006	$0,003^+$	0,002	$0,001^-$	0,000	0,000
18	0,055	0,029	0,015	0,008	0,004	$0,002^-$	$0,001^-$	0,000	0,000
19	0,065	0,034	0,018	0,009	$0,005^-$	$0,002^+$	$0,001^+$	$0,001^-$	0,000
20	0,076	0,040	0,021	0,011	$0,005^+$	0,003	$0,001^+$	$0,001^-$	0,000
21	0,088	0,047	$0,025^-$	0,013	0,007	0,003	$0,002^-$	$0,001^-$	0,000
22	0,102	0,055	0,029	0,015	0,008	0,004	$0,002^+$	$0,001^+$	$0,001^-$
23	0,117	0,064	0,034	0,018	0,009	$0,005^-$	$0,002^+$	$0,001^+$	$0,001^-$
24	0,133	0,073	0,039	0,021	0,011	$0,005^+$	0,003	$0,001^+$	$0,001^-$
25	0,151	0,084	0,045	0,024	0,012	0,006	0,003	0,002	$0,001^-$
26	0,170	0,095	0,052	0,028	0,014	0,007	0,004	$0,002^-$	$0,001^-$
27	0,190	0,108	0,059	0,032	0,017	0,009	0,004	$0,002^+$	$0,001^+$
28	0,212	0,122	0,068	0,036	0,019	$0,010^+$	$0,005^+$	0,003	$0,001^+$
29	0,235	0,137	0,077	0,042	0,022	0,012	0,006	0,003	$0,002^-$
30	0,259	0,153	0,086	0,047	$0,025^+$	0,013	0,007	0,004	$0,002^-$
31	0,285	0,170	0,097	0,053	0,029	0,015	0,008	0,004	$0,002^+$
32	0,311	0,188	0,108	0,060	0,033	0,017	0,009	$0,005^-$	$0,002^+$
33	0,339	0,207	0,121	0,068	0,037	0,020	$0,010^+$	$0,005^+$	0,003
34	0,367	0,227	0,134	0,076	0,042	0,022	0,012	0,006	0,003
35	0,396	0,249	0,148	0,084	0,047	$0,025^+$	0,013	0,007	0,004
36	0,425	0,271	0,163	0,094	0,052	0,028	0,015	0,008	0,004
37	0,455	0,294	0,179	0,104	0,058	0,032	0,017	0,009	$0,005^-$
38	0,485	0,318	0,195	0,115	0,065	0,036	0,019	$0,010^+$	$0,005^+$
39	0,515	0,342	0,213	0,126	0,072	0,040	0,022	0,011	0,006
40	0,545	0,368	0,232	0,138	0,080	0,044	0,024	0,013	0,007
41	0,575	0,393	0,251	0,151	0,088	0,049	0,027	0,014	0,008
42	0,604	0,420	0,271	0,165	0,096	0,054	0,030	0,016	0,009
43	0,633	0,446	0,292	0,180	0,106	0,060	0,033	0,018	$0,010^-$
44	0,661	0,473	0,313	0,195	0,116	0,066	0,037	0,020	0,011
45	0,689	0,500	0,335	0,211	0,126	0,073	0,041	0,022	0,012

TAFEL I

Friedman-Test (aus Friedman, 1937)
Die Tafel enthält die exakten Überschreitungswahrscheinlichkeiten P', die beobachteten
χ_r^2-Werten entsprechen, und zwar lediglich für

k = 3 (Bedingungen) mit $3 \leq N \leq 9$ (Vpn) und für

k = 4 (Bedingungen) mit $3 \leq N \leq 4$ (Vpn).

Ablesebeispiel: Ein $\chi_r^2 = 8{,}4$ für k = 3 und N = 5 ist auf der 1%-Stufe signifikant. (Es kommen nur bestimmte χ_r^2-Werte in Frage!).

k = 3

N = 3		N = 4		N = 5	
χ_r^2	P'	χ_r^2	P'	χ_r^2	P'
2,0	0,528	3,5	0,273	2,8	0,367
2,7	0,361	4,5	0,125	3,6	0,182
4,7	0,194	6,0	0,069	4,8	0,124
6,0	0,028	6,5	0,042	5,2	0,093
		8,0	0,0046	6,4	0,039
				7,6	0,024
				8,4	0,0085
				10,0	0,00077

N = 6		N = 7		N = 8		N = 9	
χ_r^2	P'	χ_r^2	P'	χ_r^2	P'	χ_r^2	P'
2,3	0,430	3,7	0,192	3,3	0,236	2,9	0,278
3,0	0,252	4,6	0,112	4,0	0,149	4,2	0,154
4,0	0,184	5,4	0,085	4,8	0,120	4,7	0,107
4,3	0,142	6,0	0,052	5,3	0,079	5,6	0,069
5,3	0,072	7,1	0,027	6,3	0,047	6,2	0,048
6,3	0,052	7,7	0,021	7,0	0,030	8,0	0,019
7,0	0,029	8,0	0,016	9,0	0,0099	8,7	0,010
8,3	0,012	8,9	0,0084	9,8	0,0048	9,6	0,0060
9,0	0,0081	10,3	0,0036	10,8	0,0024	10,7	0,0035
9,3	0,0055	10,6	0,0027	12,0	0,0011	11,6	0,0013
10,3	0,0017	11,1	0,0012	12,3	0,00086	12,7	0,00066
12,0	0,00013	12,3	0,00032	13,0	0,00026	14,0	0,00020

k = 4

N = 3		N = 4					
χ_r^2	P'	χ_r^2	P'	χ_r^2	P'	χ_r^2	P'
5,0	0,207	3,6	0,355	6,3	0,094	9,3	0,012
5,8	0,148	3,9	0,324	6,6	0,077	9,9	0,0062
6,6	0,075	4,5	0,242	6,9	0,068	10,2	0,0027
7,4	0,033	4,8	0,200	7,5	0,052	10,8	0,0016
8,2	0,017	5,4	0,158	7,8	0,036	11,1	0,00094
9,0	0,0017	5,7	0,141	8,4	0,019	12,0	0,00007

TAFEL J

Trendtest von Page. (Auszugsweise aus Page 1963).

Die Tafel enthält die kritischen L-Werte für $a = 0{,}05$ (obere Zahl) und für $a = 0{,}01$ (untere Zahl). Erreicht oder überschreitet ein beobachteter L-Wert den für $3 \leq k \leq 9$ und $2 \leq N \leq 20$ geltenden Tabellenwert, so ist der beobachtete L-Wert auf der Stufe $a\%$ signifikant. Alle kritischen L-Werte für N^+ und k^+ basieren auf der exakten Verteilung von L, die übrigen Tabellenwerte wurden über die Normalverteilung approximiert. Die Werte entsprechen einem *ein*seitigen Test (Trendalternative).

Ablesebeispiel: Liefern $k = 4$ Behandlungen in $N = 5$ Gruppen ein $L = 140$, so wäre ein vorhergesagter Trend wohl auf dem 5%-Niveau signifikant ($140 > 137$), nicht jedoch auf dem 1%-Niveau ($140 < 141$).

$N \backslash k$	3^+	4^+	5^+	6^+	7^+	8^+	9
2^+	28	58	103	166	252	362	500
	–	60	106	173	261	376	520
3^+	41	84	150	244	370	532	736
	42	87	155	252	382	549	761
4^+	54	111	197	321	487	701	971
	55	114	204	331	501	722	999
5^+	66	137	244	397	603	869	1204
	68	141	251	409	620	893	1236
6^+	79	163	291	474	719	1037	1436
	81	167	299	486	737	1063	1472
7^+	91	189	338	550	835	1204	1668
	93	193	346	563	855	1232	1706
8^+	104	214	384	625	950	1371	1900
	106	220	393	640	972	1401	1940
9^+	116	240	431	701	1065	1537	2131
	119	246	441	717	1088	1569	2174
10^+	128	266	477	777	1180	1703	2361
	131	271	487	793	1205	1736	2407
11^+	141	292	523	852	1295	1868	2592
	144	298	534	869	1321	1905	2639
12^+	153	317	570	928	1410	2035	2822
	156	324	581	946	1437	2072	2872
13^+	165	343	615	1003	1525	2201	3052
	169	350	628	1022	1553	2240	3104
14^+	178	363	661	1078	1639	2367	3281
	181	376	674	1098	1668	2407	3335
15^+	190	394	707	1153	1754	2532	3511
	194	402	721	1174	1784	2574	3567
16^+	202	420	754	1228	1868	2697	3741
	206	427	767	1249	1899	2740	3798
17^+	215	445	800	1303	1982	2862	3970
	218	453	814	1325	2014	2907	4029
18^+	227	471	846	1378	2097	3028	4199
	231	479	860	1401	2130	3073	4260
19^+	239	496	891	1453	2217	3139	4428
	243	505	906	1476	2245	3240	4491
20^+	251	522	937	1528	2325	3358	4657
	256	531	953	1552	2350	3406	4722

TAFEL K

Kolmogoroff-Smirnov-Omnibustest (N₁ = N₂). (Nach Büning und Trenkler 1978, S. 375).

Die Tafel enthält kritische Schwellenwerte (einseitiger und zweiseitiger Test) der Prüfgröße D für die üblichen Signifikanzniveaus und $N_1 = N_2 = 1$ bis 40. Ein empirischer D-Wert ist signifikant, wenn der kritische Wert überschritten wird.

Ablesebeispiel: Der Wert D = 0,40 ist bei einseitigem Test mit $N_1 = N_2 = n = 20$ und $\alpha = 0,05$ signifikant (0,40 > 7/20).

Einseitig Zweiseitig	für $\alpha = 0,1$ für $\alpha = 0,2$	0,05 0,1	0,025 0,05	0,01 0,02	0,005 0,01
n = 3	2/3	2/3			
n = 4	3/4	3/4	3/4		
n = 5	3/5	3/5	4/5	4/5	4/5
n = 6	3/6	4/6	4/6	5/6	5/6
n = 7	4/7	4/7	5/7	5/7	5/7
n = 8	4/8	4/8	5/8	5/8	6/8
n = 9	4/9	5/9	5/9	6/9	6/9
n = 10	4/10	5/10	6/10	6/10	7/10
n = 11	5/11	5/11	6/11	7/11	7/11
n = 12	5/12	5/12	6/12	7/12	7/12
n = 13	5/13	6/13	6/13	7/13	8/13
n = 14	5/14	6/14	7/14	7/14	8/14
n = 15	5/15	6/15	7/15	8/15	8/15
n = 16	6/16	6/16	7/16	8/16	9/16
n = 17	6/17	7/17	7/17	8/17	9/17
n = 18	6/18	7/18	8/18	9/18	9/18
n = 19	6/19	7/19	8/19	9/19	9/19
n = 20	6/20	7/20	8/20	9/20	10/20
n = 21	6/21	7/21	8/21	9/21	10/21
n = 22	7/22	8/22	8/22	10/22	10/22
n = 23	7/23	8/23	9/23	10/23	10/23
n = 24	7/24	8/24	9/24	10/24	11/24
n = 25	7/25	8/25	9/25	10/25	11/25
n = 26	7/26	8/26	9/26	10/26	11/26
n = 27	7/27	8/27	9/27	11/27	11/27
n = 28	8/28	9/28	10/28	11/28	12/28
n = 29	8/29	9/29	10/29	11/29	12/29
n = 30	8/30	9/30	10/30	11/30	12/30
n = 31	8/31	9/31	10/31	11/31	12/31
n = 32	8/32	9/32	10/32	12/32	12/32
n = 34	8/34	10/34	11/34	12/34	13/34
n = 36	9/36	10/36	11/36	12/36	13/36
n = 38	9/38	10/38	11/38	13/38	14/38
n = 40	9/40	10/40	12/40	13/40	14/40
Approximation für n > 40:	$\dfrac{1,52}{\sqrt{n}}$	$\dfrac{1,73}{\sqrt{n}}$	$\dfrac{1,92}{\sqrt{n}}$	$\dfrac{2,15}{\sqrt{n}}$	$\dfrac{2,30}{\sqrt{n}}$

TAFEL L

Kolmogoroff-Smirnov-Omnibustest ($N_1 \neq N_2$) (Nach Büning u. Trenkler 1978, S. 376 f.)

Die Tafel enthält kritische Schwellenwerte (einseitiger und zweiseitiger Test) der Prüfgröße D für die üblichen Signifikanzniveaus und $N_1 = 1$ bis 16 sowie $N_2 > N_1$.

Ablesebeispiel: Der Wert D = 0,9 ist bei zweiseitigem Test, $N_1 = 5$, $N_2 = 6$ und $a = 0,05$ signifikant (0,9 > 2/3).

Einseitig: Zweiseitig:		für $a=0,1$ für $a=0,2$	0,05 0,1	0,025 0,05	0,01 0,02	0,005 0,01
$N_1 = 1$	$N_2 = 9$	17/18				
	10	9/10				
$N_1 = 2$	$N_2 = 3$	5/6				
	4	3/4				
	5	4/5	4/5			
	6	5/6	5/6			
	7	5/7	6/7			
	8	3/4	7/8	7/8		
	9	7/9	8/9	8/9		
	10	7/10	4/5	9/10		
$N_1 = 3$	$N_2 = 4$	3/4	3/4			
	5	2/3	4/5	4/5		
	6	2/3	2/3	5/6		
	7	2/3	5/7	6/7	6/7	
	8	5/8	3/4	3/4	7/8	
	9	2/3	2/3	7/9	8/9	8/9
	10	3/5	7/10	4/5	9/10	9/10
	12	7/12	2/3	3/4	5/6	11/12
$N_1 = 4$	$N_2 = 5$	3/5	3/4	4/5	4/5	
	6	7/12	2/3	3/4	5/6	5/6
	7	17/28	5/7	3/4	6/7	6/7
	8	5/8	5/8	3/4	7/8	7/8
	9	5/9	2/3	3/4	7/9	8/9
	10	11/20	13/20	7/10	4/5	4/5
	12	7/12	2/3	2/3	3/4	5/6
	16	9/16	5/8	11/16	3/4	13/16
$N_1 = 5$	$N_2 = 6$	3/5	2/3	2/3	5/6	5/6
	7	4/7	23/35	5/7	29/35	6/7
	8	11/20	5/8	27/40	4/5	4/5
	9	5/9	3/5	31/45	7/9	4/5
	10	1/2	3/5	7/10	7/10	4/5
	15	8/15	3/5	2/3	11/15	11/15
	20	1/2	11/20	3/5	7/10	3/4

TAFEL L (Fortsetzung)

Einseitig: Zweiseitig:		für $\alpha=0{,}1$ für $\alpha=0{,}2$	0,05 0,1	0,025 0,05	0,01 0,02	0,005 0,01
$N_1=$ 6	$N_2=$ 7	23/42	4/7	29/42	5/7	5/6
	8	1/2	7/12	2/3	3/4	3/4
	9	1/2	5/9	2/3	13/18	7/9
	10	1/2	17/30	19/30	7/10	11/15
	12	1/2	7/12	7/12	2/3	3/4
	18	4/9	5/9	11/18	2/3	13/18
	24	11/24	1/2	7/12	5/8	2/3
$N_1=$ 7	$N_2=$ 8	27/56	33/56	5/8	41/56	3/4
	9	31/63	5/9	40/63	5/7	47/63
	10	33/70	39/70	43/70	7/10	5/7
	14	3/7	1/2	4/7	9/14	5/7
	28	3/7	13/28	15/28	17/28	9/14
$N_1=$ 8	$N_2=$ 9	4/9	13/24	5/8	2/3	3/4
	10	19/40	21/40	23/40	27/40	7/10
	12	11/24	1/2	7/12	5/8	2/3
	16	7/16	1/2	9/16	5/8	5/8
	32	13/32	7/16	1/2	9/16	19/32
$N_1=$ 9	$N_2=$ 10	7/15	1/2	26/45	2/3	31/45
	12	4/9	1/2	5/9	11/18	2/3
	15	19/45	22/45	8/15	3/5	29/45
	18	7/18	4/9	1/2	5/9	11/18
	36	13/36	5/12	17/36	19/36	5/9
$N_1=10$	$N_2=15$	2/5	7/15	1/2	17/30	19/30
	20	2/5	9/20	1/2	11/20	3/5
	40	7/20	2/5	9/20	1/2	
$N_1=15$	$N_2=15$	23/60	9/20	1/2	11/20	7/12
	16	3/8	7/16	23/48	13/24	7/12
	18	13/36	5/12	17/36	19/36	5/9
	20	11/30	5/12	7/15	31/60	17/30
$N_1=16$	$N_2=20$	7/20	2/5	13/30	29/60	31/60
$N_1=12$	$N_2=20$	27/80	31/80	17/40	19/40	41/80
Approximation		$1{,}07\sqrt{\frac{N_1+N_2}{N_1 N_2}}$	$1{,}22\sqrt{\frac{N_1+N_2}{N_1 N_2}}$	$1{,}36\sqrt{\frac{N_1+N_2}{N_1 N_2}}$	$1{,}52\sqrt{\frac{N_1+N_2}{N_1 N_2}}$	$1{,}63\sqrt{\frac{N_1+N_2}{N_1 N_2}}$

TAFEL M

Kolmogoroff-Smirnov-Anpassungstest. (Nach Büning u. Trenkler 1978, S. 372)

Die Tafel enthält kritische Werte der Prüfgröße D (einseitiger und zweiseitiger Test) für verschiedene a-Werte und N = 1 bis 40.

Ablesebeispiel: Ermittelt man in einer Untersuchung mit N = 25 den Wert D = 0,33, ist dieser Wert bei zweiseitigem Test auf dem a = 0,01-Niveau signifikant (0,33 > 0,317).

Einseitig: für a = Zweiseitig: für a =	0,1 0,2	0,05 0,1	0,04 0,08	0,025 0,05	0,02 0,04	0,01 0,02	0,005 0,01
N = 1	0,900	0,950	0,960	0,975	0,980	0,990	0,995
2	0,684	0,776	0,800	0,842	0,859	0,900	0,929
3	0,565	0,636	0,658	0,708	0,729	0,785	0,829
4	0,493	0,565	0,585	0,624	0,641	0,689	0,734
5	0,447	0,509	0,527	0,563	0,580	0,627	0,669
6	0,410	0,468	0,485	0,519	0,534	0,577	0,617
7	0,381	0,436	0,452	0,483	0,497	0,538	0,576
8	0,358	0,410	0,425	0,454	0,468	0,507	0,542
9	0,339	0,387	0,402	0,430	0,443	0,480	0,513
10	0,323	0,369	0,382	0,409	0,421	0,457	0,489
11	0,308	0,352	0,365	0,391	0,403	0,437	0,468
12	0,296	0,338	0,351	0,375	0,387	0,419	0,449
13	0,285	0,325	0,338	0,361	0,372	0,404	0,432
14	0,275	0,314	0,326	0,349	0,359	0,390	0,418
15	0,266	0,304	0,315	0,338	0,348	0,377	0,404
16	0,258	0,295	0,306	0,327	0,337	0,366	0,392
17	0,250	0,286	0,297	0,318	0,327	0,355	0,381
18	0,244	0,279	0,289	0,309	0,319	0,346	0,371
19	0,237	0,271	0,281	0,301	0,310	0,337	0,361
20	0,232	0,265	0,275	0,294	0,303	0,329	0,352
21	0,226	0,259	0,268	0,287	0,296	0,321	0,344
22	0,221	0,253	0,262	0,281	0,289	0,314	0,337
23	0,216	0,247	0,257	0,275	0,283	0,307	0,330
24	0,212	0,242	0,251	0,269	0,277	0,301	0,323
25	0,208	0,238	0,246	0,264	0,272	0,295	0,317
26	0,204	0,233	0,242	0,259	0,267	0,290	0,311
27	0,200	0,229	0,237	0,254	0,262	0,284	0,305
28	0,197	0,225	0,233	0,250	0,257	0,279	0,300
29	0,193	0,221	0,229	0,246	0,253	0,275	0,295
30	0,190	0,218	0,226	0,242	0,249	0,270	0,290

TAFEL M (Fortsetzung)

Einseitig: für $a=$	0,1	0,05	0,04	0,025	0,02	0,01	0,005
Zweiseitig: für $a=$	0,2	0,1	0,08	0,05	0,04	0,02	0,01
31	0,187	0,214	0,222	0,238	0,245	0,266	0,285
32	0,184	0,211	0,219	0,234	0,241	0,262	0,281
33	0,182	0,208	0,215	0,231	0,238	0,258	0,277
34	0,179	0,205	0,212	0,227	0,234	0,254	0,273
35	0,177	0,202	0,209	0,224	0,231	0,251	0,269
36	0,174	0,199	0,206	0,221	0,228	0,247	0,265
37	0,172	0,196	0,204	0,218	0,225	0,244	0,262
38	0,170	0,194	0,201	0,215	0,222	0,241	0,258
39	0,168	0,191	0,199	0,213	0,219	0,238	0,255
40	0,165	0,189	0,196	0,210	0,216	0,235	0,252
Approximation für $N>40$	$\dfrac{1,07}{\sqrt{N}}$	$\dfrac{1,22}{\sqrt{N}}$	$\dfrac{1,27}{\sqrt{N}}$	$\dfrac{1,36}{\sqrt{N}}$	$\dfrac{1,40}{\sqrt{N}}$	$\dfrac{1,52}{\sqrt{N}}$	$\dfrac{1,63}{\sqrt{N}}$

TAFEL N

Lilliefors-Schranken. (Nach Conover 1971, S. 398)

Die Tafel enthält kritische Werte der Prüfgröße D (zweiseitiger Test) für $4 \leq N \leq 30$ (exakter Test). Ein D-Wert ist auf der jeweils bezeichneten α-Stufe signifikant, wenn der kritische Wert erreicht oder überschritten wird.

Ablesebeispiel: Ein empirischer Wert von D = 0,140 spricht bei $\alpha = 0,2$ und N = 25 für die Beibehaltung der H_0 (0,140 < 0,142).

$1-\alpha=$	0,80	0,85	0,90	0,95	0,99
N = 4	0,300	0,319	0,352	0,381	0,417
5	0,285	0,299	0,315	0,337	0,405
6	0,265	0,277	0,294	0,319	0,364
7	0,247	0,258	0,276	0,300	0,348
8	0,233	0,244	0,261	0,285	0,331
9	0,223	0,233	0,249	0,271	0,311
10	0,215	0,224	0,239	0,258	0,294
11	0,206	0,217	0,230	0,249	0,284
12	0,199	0,212	0,223	0,242	0,275
13	0,190	0,202	0,214	0,234	0,268
14	0,183	0,194	0,207	0,227	0,261
15	0,177	0,187	0,201	0,220	0,257
16	0,173	0,182	0,195	0,213	0,250
17	0,169	0,177	0,189	0,206	0,245
18	0,166	0,173	0,184	0,200	0,239
19	0,163	0,169	0,179	0,195	0,235
20	0,160	0,166	0,174	0,190	0,231
25	0,142	0,147	0,158	0,173	0,200
30	0,131	0,136	0,144	0,161	0,187
über 30	$\dfrac{0,736}{\sqrt{N}}$	$\dfrac{0,768}{\sqrt{N}}$	$\dfrac{0,805}{\sqrt{N}}$	$\dfrac{0,886}{\sqrt{N}}$	$\dfrac{1,031}{\sqrt{N}}$

TAFEL O

Signifikanzgrenzen für Spearmans ρ. (Nach Glass u. Stanley 1970, S. 539)

Die Tafel enthält die kritischen Absolutwerte für Spearmans ρ bei zweiseitigem Test und n = 5 bis 30. Bei einseitigem Test ist der a-Wert in der Tabelle zu halbieren.

Ablesebeispiel: Eine Korrelation von $\rho = -0,48$ ist bei einseitigem Test und N = 25 auf der $a = 0,01$-Stufe signifikant ($|-0,48| > 0,475$).

N	$a = 0,10$	$a = 0,05$	$a = 0,02$	$a = 0,01$
5	0,900	–	–	–
6	0,829	0,886	0,943	–
7	0,714	0,786	0,893	–
8	0,643	0,738	0,833	0,881
9	0,600	0,683	0,783	0,833
10	0,564	0,648	0,745	0,818
11	0,523	0,623	0,736	0,794
12	0,497	0,591	0,703	0,780
13	0,475	0,566	0,673	0,745
14	0,457	0,545	0,646	0,716
15	0,441	0,525	0,623	0,689
16	0,425	0,507	0,601	0,666
17	0,412	0,490	0,582	0,645
18	0,399	0,476	0,564	0,625
19	0,388	0,462	0,549	0,608
20	0,377	0,450	0,534	0,591
21	0,368	0,438	0,521	0,576
22	0,359	0,428	0,508	0,562
23	0,351	0,418	0,496	0,549
24	0,343	0,409	0,485	0,537
25	0,336	0,400	0,475	0,526
26	0,329	0,392	0,465	0,515
27	0,323	0,385	0,456	0,505
28	0,317	0,377	0,448	0,496
29	0,311	0,370	0,440	0,487
30	0,305	0,364	0,432	0,478

TAFEL P

Signifikanzgrenzen für Kendalls τ-Test. (Aus Kaarsemaker u. van Wijngaarden 1953; nach Bradley 1968)

Die Tafel enthält die oberen Schranken des Absolutbetrags der Prüfgröße S für Stichprobenumfänge von N = 4 bis 40 für die konventionellen Signifikanzstufen einschließlich $a = 0{,}10$. Die a-Werte gelten für die einseitige Fragestellung ($\tau > 0$ oder $\tau < 0$) und sind bei zweiseitiger Fragestellung zu verdoppeln, d. h. daß z. B. die Werte in der Spalte $a = 0{,}025$ bei zweiseitigem Test für $a = 0{,}05$ gelten. Beobachtete S-Werte, die die Schranke erreichen oder überschreiten, sind auf der bezeichneten Stufe signifikant.

Ablesebeispiel: Für die Rangreihen $R_x = 1\ 2\ 3\ 4\ 5$ und $R_y = 1\ 4\ 2\ 3\ 5$ ist S = +6 bzw. $|S| = 6$; diese Prüfgröße ist, da kleiner als 8, auf der 10%-Stufe nicht signifikant, wenn einseitig gefragt wird.

N	$a = 0{,}005$	$a = 0{,}010$	$a = 0{,}025$	$a = 0{,}050$	$a = 0{,}100$
4	8	8	8	6	6
5	12	10	10	8	8
6	15	13	13	11	9
7	19	17	15	13	11
8	22	20	18	16	12
9	26	24	20	18	14
10	29	27	23	21	17
11	33	31	27	23	19
12	38	36	30	26	20
13	44	40	34	28	24
14	47	43	37	33	25
15	53	49	41	35	29
16	58	52	46	38	30
17	64	58	50	42	34
18	69	63	53	45	37
19	75	67	57	49	39
20	80	72	62	52	42
21	86	78	66	56	44
22	91	83	71	61	47
23	99	89	75	65	51
24	104	94	80	68	54
25	110	100	86	72	58
26	117	107	91	77	61
27	125	113	95	81	63
28	130	118	100	86	68
29	138	126	106	90	70
30	145	131	111	95	75
31	151	137	117	99	77
32	160	144	122	104	82
33	166	152	128	108	86
34	175	157	133	113	89
35	181	165	139	117	93
36	190	172	146	122	96
37	198	178	152	128	100
38	205	185	157	133	105
39	213	193	163	139	109
40	222	200	170	144	112

TAFEL Q

Whitfields Zwillingskorrelation (Intraklassenkorrelation) (Aus Whitfield 1949)

Die Tafel enthält die exakten einseitigen Überschreitungswahrscheinlichkeiten P von Whitfields Prüfgröße S_p für Stichprobenumfänge von $N = 6$ bis 20. Die hochgestellten Ziffern bezeichnen die Zahl der Nullen hinter dem Komma der P-Werte. S_p ist über Null symmetrisch verteilt, so daß $P(S_p) = P(-S_p)$.

Ablesebeispiel: Für $N = 10$ Paarlinge (oder $n = 5$ Paare) hat ein $S_p = +14$ (wie auch $S_p = -14$) unter H_0 (keine Intraklassen-Rangkorrelation zwischen den Paarlingen) ein $P = 0,03598$ bei einseitiger und ein $P' = 2 \cdot 0,03598 = 0,07196$ bei zweiseitiger Prüfung.

S_p	N = 6	N = 8	N = 10	N = 12	N = 14	N = 16	N = 18	N = 20
0	0,50000	0,50000	0,50000	0,50000	0,50000	0,50000	0,50000	0,50000
2	0,40000	0,42857	0,44868	0,46080	0,46875	0,47432	0,47842	0,48153
4	0,20000	0,29524	0,34921	0,38374	0,40693	0,42336	0,43549	0,44473
6	0,06667	0,18095	0,25820	0,31063	0,34717	0,37356	0,39326	0,40838
8	–	0,09524	0,17989	0,24367	0,29069	0,32564	0,35217	0,37276
10	–	0,03810	0,11640	0,18461	0,23855	0,28025	0,31264	0,33813
12	–	0,00952	0,06878	0,13499	0,19156	0,23794	0,27502	0,30475
14	–	–	0,03598	0,09370	0,15023	0,19913	0,23964	0,27283
16	–	–	0,01587	0,06195	0,11483	0,16412	0,20673	0,24257
18	–	–	0,00529	0,03848	0,08532	0,13309	0,17649	0,21412
20	–	–	0,00106	0,02213	0,06143	0,10606	0,14903	0,18760
22	–	–	–	0,01154	0,04268	0,08296	0,12440	0,16309
24	–	–	–	0,00529	0,02843	0,06359	0,10258	0,14065
26	–	–	–	0,00202	0,01814	0,04769	0,08352	0,12028
28	–	–	–	0,00058	0,01093	0,03492	0,06708	0,10196
30	–	–	–	0,00010	0,00616	0,02490	0,05310	0,08565
32	–	–	–	–	0,00320	0,01725	0,04140	0,07127
34	–	–	–	–	0,00150	0,01156	0,03175	0,05871
36	–	–	–	–	0,00061	0,00747	0,02392	0,04786
38	–	–	–	–	0,00021	0,00462	0,01768	0,03859
40	–	–	–	–	0,00005	0,00272	0,01280	0,03076
42	–	–	–	–	0,00001	0,00151	0,00906	0,02421
44	–	–	–	–	–	0,00078	0,00626	0,01882
46	–	–	–	–	–	0,00037	0,00420	0,01442
48	–	–	–	–	–	0,00016	0,00274	0,01089
50	–	–	–	–	–	0,00006	0,00175	0,00810
52	–	–	–	–	–	0,00002	0,00104	0,00592
54	–	–	–	–	–	$0,0^5 4$	0,00060	0,00425
56	–	–	–	–	–	$0,0^6 5$	0,00033	0,00299
58	–	–	–	–	–	–	0,00017	0,00206
60	–	–	–	–	–	–	0,00008	0,00138
62	–	–	–	–	–	–	0,00004	0,00091
64	–	–	–	–	–	–	0,00001	0,00058
66	–	–	–	–	–	–	$0,0^5 5$	0,00035
68	–	–	–	–	–	–	$0,0^5 1$	0,00021

TAFEL Q (Fortsetzung)

S_p	N = 6	N = 8	N = 10	N = 12	N = 14	N = 16	N = 18	N = 20
70	–	–	–	–	–	–	$0{,}0^6 3$	0,00012
72	–	–	–	–	–	–	$0{,}0^7 3$	0,00007
74	–	–	–	–	–	–	–	0,00003
76	–	–	–	–	–	–	–	0,00002
78	–	–	–	–	–	–	–	0,00001
80	–	–	–	–	–	–	–	$0{,}0^5 3$
82	–	–	–	–	–	–	–	$0{,}0^5 1$
84	–	–	–	–	–	–	–	$0{,}0^6 3$
86	–	–	–	–	–	–	–	$0{,}0^7 8$
88	–	–	–	–	–	–	–	$0{,}0^7 2$
90	–	–	–	–	–	–	–	$0{,}0^8 2$

TAFEL R

Kendalls Konkordanztest. (Aus Friedman 1940 über Kendall 1970)

Die Tafel enthält die 5%- und die 1%-Schranken der Prüfgröße QRS für N = 3 bis 7 Merkmalsträger und maximal m = 20 Beurteiler mit zusätzlichen Schranken für N = 3 Merkmalsträger für mehr als 8 Beurteiler. Beobachtete QRS-Werte, die diese Schranken erreichen oder überschreiten, sind auf der bezeichneten Stufe signifikant.

Ablesebeispiel: Liefern die Rangreihen von m = 4 Beurteilern über N = 5 Objekte ein QRS ≥ 88,4, dann sind diese Rangreihen auf der 5%-Stufe signifikant konkordant.

m	N					Zusätzl. Schranken f. N = 3	
	3	4	5	6	7	m	S
			5% Schranken				
3			64,4	103,9	157,3	9	54,0
4		49,5	88,4	143,3	217,0	12	71,9
5		62,6	112,3	182,4	276,2	14	83,8
6		75,7	136,1	221,4	335,2	16	95,8
8	48,1	101,7	183,7	299,0	453,1	18	107,7
10	60,0	127,8	231,2	376,7	571,0		
15	89,8	192,9	349,8	570,5	864,9		
20	119,7	258,0	468,5	764,4	1158,7		
			1% Schranken				
3			75,6	122,8	185,6	9	75,9
4		61,4	109,3	176,2	265,0	12	103,5
5		80,5	142,8	229,4	343,8	14	121,9
6		99,5	176,1	282,4	422,6	16	140,2
8	66,8	137,4	242,7	388,3	579,9	18	158,6
10	85,1	175,3	309,1	494,0	737,0		
15	131,0	269,8	475,2	758,2	1129,5		
20	177,0	364,2	641,2	1022,2	1521,9		

TAFEL S

Stevens' Iterationshäufigkeitstest. (Aus Owen 1962 sowie Swedberg u. Eisenhart 1943).

Die Tafel enthält die unteren Schranken der Prüfgröße r_a = Zahl der Iterationen zweier Alternativen für $a = 0{,}005$, $0{,}01$, $0{,}025$ und $0{,}05$ sowie die oberen Schranken der Prüfgröße r'_{1-a} für $1-a = 0{,}95$, $0{,}975$, $0{,}99$ und $0{,}995$, beide für Alternativumfänge von $n_1 = 2$ bis 20 und $n_2 = n_1$ bis 20, so daß $n_1 \le n_2$ zu vereinbaren ist. Ein beobachteter r-Wert muß die untere Schranke r_a erreichen oder *unter*schreiten, um auf der Stufe a signifikant zu sein, hingegen die obere Schranke r'_{1-a} um mindestens eine Einheit *über*schreiten, um auf der Stufe a signifikant zu sein. Beide Tests sind einseitige Tests gegen zu ,wenige' bzw. zu ,viele' Iterationen. Will man zweiseitig sowohl gegen zu wenige wie gegen zu viele Iterationen auf der Stufe a prüfen, so lese man die untere Schranke $r_{a/2}$ und die obere Schranke $r'_{1-a/2}$ ab, und stelle fest, ob die untere Schranke erreicht bzw. unterschritten oder die obere Schranke überschritten wird.

Ablesebeispiel: (1) Einseitiger Test gegen zu wenig Iterationen: für $n_1 = 3$ Einsen und $n_2 = 10$ Zweien dürfen höchstens $r_{0{,}05} = 3$ Iterationen auftreten, wenn Einsen und Zweien zu schlecht durchmischt sein sollen. (2) Einseitiger Test gegen zu viele Iterationen: Für $n_1 = 3$ und $n_2 = 4$ müssen mehr als $r'_{0{,}95} = 6$ Iterationen beobachtet werden, wenn Einsen und Zweien zu gut durchmischt sein sollen. (3) Zweiseitiger Test: Für $n_1 = 3$ und $n_2 = 10$ dürfen bei $a = 0{,}05$ höchstens $r_{0{,}025} = 2$ bzw. müssen mehr als $r'_{0{,}975} = 7$ Iterationen beobachtet werden, wenn Einsen und Zweien außerzufällig durchmischt sein sollen.

n_1	n_2	a				$1-a$			
		0,005	0,01	0,025	0,05	0,95	0,975	0,99	0,995
2	2	–	–	–	–	4	4	4	4
	3	–	–	–	–	5	5	5	5
	4	–	–	–	–	5	5	5	5
	5	–	–	–	–	5	5	5	5
2	6	–	–	–	–	5	5	5	5
	7	–	–	–	–	5	5	5	5
	8	–	–	–	2	5	5	5	5
	9	–	–	–	2	5	5	5	5
	10	–	–	–	2	5	5	5	5
2	11	–	–	–	2	5	5	5	5
	12	–	–	2	2	5	5	5	5
	13	–	–	2	2	5	5	5	5
	14	–	–	2	2	5	5	5	5
	15	–	–	2	2	5	5	5	5
2	16	–	–	2	2	5	5	5	5
	17	–	–	2	2	5	5	5	5
	18	–	–	2	2	5	5	5	5
	19	–	2	2	2	5	5	5	5
	20	–	2	2	2	5	5	5	5
3	3	–	–	–	–	6	6	6	6
	4	–	–	–	–	6	7	7	7
	5	–	–	–	2	7	7	7	7
	6	–	–	2	2	7	7	7	7
	7	-	–	2	2	7	7	7	7

TAFEL S (Fortsetzung)

n_1	n_2	a				$1-a$			
		0,005	0,01	0,025	0,05	0,95	0,975	0,99	0,995
3	8	–	–	2	2	7	7	7	7
	9	–	2	2	2	7	7	7	7
	10	–	2	2	3	7	7	7	7
	11	–	2	2	3	7	7	7	7
	12	2	2	2	3	7	7	7	7
3	13	2	2	2	3	7	7	7	7
	14	2	2	2	3	7	7	7	7
	15	2	2	3	3	7	7	7	7
	16	2	2	3	3	7	7	7	7
	17	2	2	3	3	7	7	7	7
3	18	2	2	3	3	7	7	7	7
	19	2	2	3	3	7	7	7	7
	20	2	2	3	3	7	7	7	7
4	4	–	–	–	2	7	8	8	8
	5	–	–	2	2	8	8	8	9
	6	–	2	2	3	8	8	9	9
	7	–	2	2	3	8	9	9	9
	8	2	2	3	3	9	9	9	9
4	9	2	2	3	3	9	9	9	9
	10	2	2	3	3	9	9	9	9
	11	2	2	3	3	9	9	9	9
	12	2	3	3	4	9	9	9	9
	13	2	3	3	4	9	9	9	9
	14	2	3	3	4	9	9	9	9
4	15	3	3	3	4	9	9	9	9
	16	3	3	4	4	9	9	9	9
	17	3	3	4	4	9	9	9	9
	18	3	3	4	4	9	9	9	9
	19	3	3	4	4	9	9	9	9
	20	3	3	4	4	9	9	9	9
5	5	–	2	2	3	8	9	9	10
	6	2	2	3	3	9	9	10	10
	7	2	2	3	3	9	10	10	11
	8	2	2	3	3	10	10	11	11
	9	2	3	3	4	10	11	11	11
5	10	3	3	3	4	10	11	11	11
	11	3	3	4	4	11	11	11	11
	12	3	3	4	4	11	11	11	11
	13	3	3	4	4	11	11	11	11
	14	3	3	4	5	11	11	11	11
	15	3	4	4	5	11	11	11	11
	16	3	4	4	5	11	11	11	11
	17	3	4	4	5	11	11	11	11

TAFEL S (Fortsetzung)

n_1	n_2	a				$1-a$			
		0,005	0,01	0,025	0,05	0,95	0,975	0,99	0,995
5	18	4	4	5	5	11	11	11	11
	19	4	4	5	5	11	11	11	11
	20	4	4	5	5	11	11	11	11
6	6	2	2	3	3	10	10	11	11
	7	2	3	3	4	10	11	11	12
	8	3	3	3	4	11	11	12	12
	9	3	3	4	4	11	12	12	13
	10	3	3	4	5	11	12	13	13
6	11	3	4	4	5	12	12	13	13
	12	3	4	4	5	12	12	13	13
	13	3	4	5	5	12	13	13	13
	14	4	4	5	5	12	13	13	13
	15	4	4	5	6	13	13	13	13
6	16	4	4	5	6	13	13	13	13
	17	4	5	5	6	13	13	13	13
	18	4	5	5	6	13	13	13	13
	19	4	5	6	6	13	13	13	13
	20	4	5	6	6	13	13	13	13
7	7	3	3	3	4	11	12	12	12
	8	3	3	4	4	12	12	13	13
	9	3	4	4	5	12	13	13	14
	10	3	4	5	5	12	13	14	14
	11	4	4	5	5	13	13	14	14
7	12	4	4	5	6	13	13	14	15
	13	4	5	5	6	13	14	15	15
	14	4	5	5	6	13	14	15	15
	15	4	5	6	6	14	14	15	15
	16	5	5	6	6	14	15	15	15
7	17	5	5	6	7	14	15	15	15
	18	5	5	6	7	14	15	15	15
	19	5	6	6	7	14	15	15	15
	20	5	6	6	7	14	15	15	15
8	8	3	4	4	5	12	13	13	14
	9	3	4	5	5	13	13	14	14
	10	4	4	5	6	13	14	14	15
	11	4	5	5	6	14	14	15	15
	12	4	5	6	6	14	15	15	16
8	13	5	5	6	6	14	15	16	16
	14	5	5	6	7	15	15	16	16
	15	5	5	6	7	15	15	16	17
	16	5	6	6	7	15	16	16	17

TAFEL S (Fortsetzung)

n_1	n_2	a				$1-a$			
		0,005	0,01	0,025	0,05	0,95	0,975	0,99	0,995
8	17	5	6	7	7	15	16	17	17
	18	6	6	7	8	15	16	17	17
	19	6	6	7	8	15	16	17	17
	20	6	6	7	8	16	16	17	17
9	9	4	4	5	6	13	14	15	15
	10	4	5	5	6	14	15	15	16
	11	5	5	6	6	14	15	16	16
	12	5	5	6	7	15	15	16	17
	13	5	6	6	7	15	16	17	17
	14	5	6	7	7	16	16	17	17
9	15	6	6	7	8	16	17	17	18
	16	6	6	7	8	16	17	17	18
	17	6	7	7	8	16	17	18	18
	18	6	7	8	8	17	17	18	19
	19	6	7	8	8	17	17	18	19
	20	7	7	8	9	17	17	18	19
10	10	5	5	6	6	15	15	16	16
	11	5	5	6	7	15	16	17	17
	12	5	6	7	7	16	16	17	18
	13	5	6	7	8	16	17	18	18
	14	6	6	7	8	16	17	18	18
10	15	6	7	7	8	17	17	18	19
	16	6	7	8	8	17	18	19	19
	17	7	7	8	9	17	18	19	19
	18	7	7	8	9	18	18	19	20
	19	7	8	8	9	18	19	19	20
	20	7	8	9	9	18	19	19	20
11	11	5	6	7	7	16	16	17	18
	12	6	6	7	8	16	17	18	18
	13	6	6	7	8	17	18	18	19
	14	6	7	8	8	17	18	19	19
	15	7	7	8	9	18	18	19	20
11	16	7	7	8	9	18	19	20	20
	17	7	8	9	9	18	19	20	21
	18	7	8	9	10	19	19	20	21
	19	8	8	9	10	19	20	21	21
	20	8	8	9	10	19	20	21	21
12	12	6	7	7	8	17	18	18	19
	13	6	7	8	9	17	18	19	20
	14	7	7	8	9	18	19	20	20
	15	7	8	8	9	18	19	20	21
	16	7	8	9	10	19	20	21	21

TAFEL S (Fortsetzung)

n_1	n_2	a				$1-a$			
		0,005	0,01	0,025	0,05	0,95	0,975	0,99	0,995
12	17	8	8	9	10	19	20	21	21
	18	8	8	9	10	20	20	21	22
	19	8	9	10	10	20	21	22	22
	20	8	9	10	11	20	21	22	22
13	13	7	7	8	9	18	19	20	20
	14	7	8	9	9	19	19	20	21
	15	7	8	9	10	19	20	21	21
	16	8	8	9	10	20	20	21	22
	17	8	9	10	10	20	21	22	22
13	18	8	9	10	11	20	21	22	23
	19	9	9	10	11	21	22	23	23
	20	9	10	10	11	21	22	23	23
14	14	7	8	9	10	19	20	21	22
	15	8	8	9	10	20	21	22	22
	16	8	9	10	11	20	21	22	23
	17	8	9	10	11	21	22	23	23
	18	9	9	10	11	21	22	23	24
14	19	9	10	11	12	22	22	23	24
	20	9	10	11	12	22	23	24	24
15	15	8	9	10	11	20	21	22	23
	16	9	9	10	11	21	22	23	23
	17	9	10	11	11	21	22	23	24
	18	9	10	11	12	22	23	24	24
	19	10	10	11	12	22	23	24	25
	20	10	11	12	12	23	24	25	25
16	16	9	10	11	11	22	22	23	24
	17	9	10	11	12	22	23	24	25
	18	10	10	11	12	23	24	25	25
	19	10	11	12	13	23	24	25	26
	20	10	11	12	13	24	24	25	26
17	17	10	10	11	12	23	24	25	25
	18	10	11	12	13	23	24	25	26
	19	10	11	12	13	24	25	26	26
	20	11	11	13	13	24	25	26	27
18	18	11	11	12	13	24	25	26	26
	19	11	12	13	14	24	25	26	27
	20	11	12	13	14	25	26	27	28
19	19	11	12	13	14	25	26	27	28
	20	12	12	13	14	26	26	28	28
20	20	12	13	14	15	26	27	28	29

TAFEL T

Folgevorzeichen-Iterationstest. (Aus Edgington 1961 über Owen 1962)

Die Tafel enthält die kumulierten Wahrscheinlichkeiten P für b oder weniger Vorzeicheniterationen von ersten Differenzen bei n Zeitreihenbeobachtungen unter der Hypothese H_0, daß die relative Größe einer Beobachtung in der Originalreihe unabhängig ist von ihrem Platz, den sie innerhalb der Reihe einnimmt.

Ablesebeispiel: Bei $n = 25$ Meßwerten und $b = 10$ Phasen erhalten wir eine Überschreitungswahrscheinlichkeit von $P = 0,0018$.

b	n							
	2	3	4	5	6	7	8	9
1	1,0000	0,3333	0,0833	0,0167	0,0028	0,0004	0,0000	0,0000
2		1,0000	0,5833	0,2500	0,0861	0,0250	0,0063	0,0014
3			1,0000	0,7333	0,4139	0,1909	0,0749	0,0257
4				1,0000	0,8306	0,5583	0,3124	0,1500
5					1,0000	0,8921	0,6750	0,4347
6						1,0000	0,9313	0,7653
7							1,0000	0,9563
8								1,0000

b	10	11	12	13	14	15	16	17
2	0,0003	0,0001	0,0000	0,0000	0,0000	0,0000	0,0000	0,0000
3	0,0079	0,0022	0,0005	0,0001	0,0000	0,0000	0,0000	0,0000
4	0,0633	0,0239	0,0082	0,0026	0,0007	0,0002	0,0001	0,0000
5	0,2427	0,1196	0,0529	0,0213	0,0079	0,0027	0,0009	0,0003
6	0,5476	0,3438	0,1918	0,0964	0,0441	0,0186	0,0072	0,0026
7	0,8329	0,6460	0,4453	0,2749	0,1534	0,0782	0,0367	0,0160
8	0,9722	0,8823	0,7280	0,5413	0,3633	0,2216	0,1238	0,0638
9	1,0000	0,9823	0,9179	0,7942	0,6278	0,4520	0,2975	0,1799
10		1,0000	0,9887	0,9432	0,8464	0,7030	0,5369	0,3770
11			1,0000	0,9928	0,9609	0,8866	0,7665	0,6150
12				1,0000	0,9954	0,9733	0,9172	0,8138
13					1,0000	0,9971	0,9818	0,9400
14						1,0000	0,9981	0,9877
15							1,0000	0,9988
16								1,0000

b	18	19	20	21	22	23	24	25
5	0,0001	0,0000	0,0000	0,0000	0,0000	0,0000	0,0000	0,0000
6	0,0009	0,0003	0,0001	0,0000	0,0000	0,0000	0,0000	0,0000
7	0,0065	0,0025	0,0009	0,0003	0,0001	0,0000	0,0000	0,0000
8	0,0306	0,0137	0,0058	0,0023	0,0009	0,0003	0,0001	0,0000
9	0,1006	0,0523	0,0255	0,0117	0,0050	0,0021	0,0008	0,0003
10	0,2443	0,1467	0,0821	0,0431	0,0213	0,0099	0,0044	0,0018
11	0,4568	0,3144	0,2012	0,1202	0,0674	0,0356	0,0177	0,0084
12	0,6848	0,5337	0,3873	0,2622	0,1661	0,0988	0,0554	0,0294
13	0,8611	0,7454	0,6055	0,4603	0,3276	0,2188	0,1374	0,0815
14	0,9569	0,8945	0,7969	0,6707	0,5312	0,3953	0,2768	0,1827

TAFEL T (Fortsetzung)

b	n							
	18	19	20	21	22	23	24	25
15	0,9917	0,9692	0,9207	0,8398	0,7286	0,5980	0,4631	0,3384
16	0,9992	0,9944	0,9782	0,9409	0,8749	0,7789	0,6595	0,5292
17	1,0000	0,9995	0,9962	0,9846	0,9563	0,9032	0,8217	0,7148
18		1,0000	0,9997	0,9975	0,9892	0,9679	0,9258	0,8577
19			1,0000	0,9998	0,9983	0,9924	0,9765	0,9436
20				1,0000	0,9999	0,9989	0,9947	0,9830
21					1,0000	0,9999	0,9993	0,9963
22						1,0000	1,0000	0,9995
23							1,0000	1,0000
24								1,0000

TAFEL U

Kritische Werte für den einseitigen Okkupanzentest (aus Nicholson 1961 über Owen 1962)

Die Tafel enthält die kritischen k-Werte, daß $z=1$ bis n oder weniger Klassen besetzt sind, wenn k Objekte (Individuen, Ereignisse) zufällig und unabhängig auf $n=2$ bis 20 Klassen verteilt werden. Für $p=0{,}01$; $0{,}05$; $0{,}1$ (Zusammenballung) ist die Mindestzahl k (erster Wert), für $p=0{,}99$; $0{,}95$; $0{,}90$ (Vereinzelung) die Höchstzahl k (zweiter Wert) angegeben.

Ablesebeispiel: Für k Objekte, die so auf $n=7$ Klassen verteilt sind, daß $z=6$ Klassen besetzt sind, muß bei $\alpha=0{,}10$ das $k\geqslant 28$ (Zusammenballung) sein, damit H_0 (gleiche Klassenwahrscheinlichkeiten) abgelehnt wird (einseitiger Test).

n	z	0,01,	0,99	0,05,	0,95	0,10,	0,90
2	1	8,	–	6,	–	5,	–
3	1	6,	–	4,	–	4,	–
	2	15,	–	11,	–	9,	–
4	1	5,	–	4,	–	3,	–
	2	10,	–	7,	–	6,	–
	3	21,	–	16,	–	13,	–
	4	–,	–	–,	–	–,	4
5	1	4,	–	3,	–	3,	–
	2	8,	–	6,	–	5,	–
	3	14,	–	11,	–	9,	–
	4	28,	–	21,	–	18,	–
	5	–,	–	–,	5	–,	5
6	1	4,	–	3,	–	3,	–
	2	7,	–	6,	–	5,	–
	3	11,	–	9,	–	8,	–
	4	18,	–	14,	–	13,	–
	5	>30,	–	27,	–	23,	5
	6	–,	–	–,	6	–,	7
7	1	4,	–	3,	–	3,	–
	2	7,	–	5,	–	5,	–
	3	10,	–	8,	–	7,	–
	4	15,	–	12,	–	11,	–
	5	23,	–	18,	–	16,	–
	6	>30,	–	>30,	6	28,	6
	7	–,	7	–,	8	–,	9
8	1	4,	–	3,	–	3,	–
	2	6,	–	5,	–	4,	–
	3	9,	–	7,	–	7,	–
	4	13,	–	11,	–	10,	–
	5	19,	–	15,	–	13,	–
	6	28,	–	22,	–	20,	6
	7	–,	–	–,	7	–,	8
	8	–,	8	–,	10	–,	12
9	1	4,	–	3,	–	3,	–
	2	6,	–	5,	–	4,	–
	3	9,	–	7,	–	6,	–
	4	12,	–	10,	–	9,	–
	5	16,	–	13,	–	12,	–
	6	23,	–	18,	–	16,	–
	7	>30,	–	26,	7	23,	7
	8	–,	8	–,	9	–,	10
	9	–,	10	–,	12	–,	14
10	1	3,	–	3,	–	2,	–
	2	6,	–	5,	–	4,	–
	3	8,	–	7,	–	6,	–
	4	11,	–	9,	–	8,	–
	5	15,	–	12,	–	11,	–
	6	20,	–	16,	–	15,	–
	7	27,	–	22,	–	20,	7
	8	>30,	–	>30,	8	27,	9
	9	–,	9	–,	11	–,	12
	10	–,	12	–,	15	–,	16
11	1	3,	–	3,	–	2,	–
	2	6,	–	5,	–	4,	–
	3	8,	–	7,	–	6,	–
	4	11,	–	9,	–	8,	–
	5	14,	–	12,	–	11,	–
	6	18,	–	15,	–	14,	–
	7	23,	–	19,	–	17,	7
	8	>30,	–	25,	8	23,	8
	9	–,	9	–,	10	–,	11
	10	–,	11	–,	13	–,	14
	11	–,	14	–,	17	–,	19
12	1	3,	–	3,	–	2,	–
	2	5,	–	4,	–	4,	–
	3	8,	–	6,	–	6,	–
	4	10,	–	9,	–	8,	–
	5	13,	–	11,	–	10,	–
	6	17,	–	14,	–	13,	–
	7	21,	–	18,	–	16,	–
	8	27,	–	22,	8	20,	8
	9	>30,	–	29,	9	26,	10
	10	–,	10	–,	12	–,	13
	11	–,	12	–,	15	–,	16
	12	–,	16	–,	19	–,	22

TAFEL U (Fortsetzung)

n	z	0,01, 0,99		0,05, 0,95		0,10, 0,90	
13	1	3,	–	3,	–	2,	–
	2	5,	–	4,	–	4,	–
	3	7,	–	6,	–	6,	–
	4	10,	–	8,	–	8,	–
	5	12,	–	11,	–	10,	–
	6	16,	–	13,	–	12,	–
	7	19,	–	16,	–	15,	–
	8	24,	–	20,	–	19,	8
	9	30,	–	25,	9	23,	10
	10	>30,	10	>30,	11	29,	12
	11	–,	12	–,	13	–,	14
	12	–,	14	–,	17	–,	18
	13	–,	18	–,	22	–,	24
14	1	3,	–	3,	–	2,	–
	2	5,	–	4,	–	4,	–
	3	7,	–	6,	–	6,	–
	4	9,	–	8,	–	7,	–
	5	12,	–	10,	–	9,	–
	6	15,	–	13,	–	12,	–
	7	18,	–	16,	–	14,	–
	8	22,	–	19,	–	17,	8
	9	27,	–	23,	9	21,	9
	10	>30,	–	29,	10	26,	11
	11	–,	11	–,	13	–,	14
	12	–,	13	–,	15	–,	16
	13	–,	16	–,	19	–,	20
	14	–,	20	–,	24	–,	27
15	1	3,	–	3,	–	2,	–
	2	5,	–	4,	–	4,	–
	3	7,	–	6,	–	5,	–
	4	9,	–	8,	–	7,	–
	5	12,	–	10,	–	9,	–
	6	14,	–	12,	–	11,	–
	7	17,	–	15,	–	14,	–
	8	21,	–	18,	–	17,	–
	9	25,	–	22,	9	20,	9
	10	>30,	–	26,	10	24,	11
	11	>30,	11	>30,	12	29,	13
	12	–,	13	–,	14	–,	15
	13	–,	15	–,	17	–,	18
	14	–,	18	–,	21	–,	23
	15	–,	23	–,	27	–,	30
16	1	3,	–	3,	–	2,	–
	2	5,	–	4,	–	4,	–
	3	7,	–	6,	–	5,	–
	4	9,	–	8,	–	7,	–
	5	11,	–	10,	–	9,	–

n	z	0,01, 0,99		0,05, 0,95		0,10, 0,90	
16	6	14,	–	12,	–	11,	–
	7	17,	–	14,	–	13,	–
	8	20,	–	17,	–	16,	–
	9	24,	–	20,	–	19,	9
	10	28,	–	24,	10	22,	10
	11	>30,	11	29,	12	27,	12
	12	–,	12	–,	14	–,	15
	13	–,	14	–,	16	–,	17
	14	–,	17	–,	19	–,	21
	15	–,	20	–,	23	–,	25
	16	–,	25	–,	30	–,	>30
17	1	3,	–	3,	–	2,	–
	2	5,	–	4,	–	4,	–
	3	7,	–	6,	–	5,	–
	4	9,	–	8,	–	7,	–
	5	11,	–	9,	–	9,	–
	6	13,	–	12,	–	11,	–
	7	16,	–	14,	–	13,	–
	8	19,	–	17,	–	15,	–
	9	23,	–	19,	–	18,	9
	10	27,	–	23,	10	21,	10
	11	>30,	–	27,	11	25,	12
	12	>30,	12	>30,	13	30,	14
	13	–,	14	–,	15	–,	16
	14	–,	16	–,	18	–,	19
	15	–,	18	–,	21	–,	23
	16	–,	22	–,	25	–,	28
	17	–,	27	–,	30	–,	30
18	1	3,	–	3,	–	2,	–
	2	5,	–	4,	–	4,	–
	3	7,	–	6,	–	5,	–
	4	9,	–	7,	–	7,	–
	5	11,	–	9,	–	9,	–
	6	13,	–	11,	–	10,	–
	7	16,	–	14,	–	13,	–
	8	18,	–	16,	–	15,	–
	9	22,	–	19,	–	17,	9
	10	25,	–	22,	10	20,	10
	11	30,	–	26,	11	24,	12
	12	>30,	12	30,	13	28,	14
	13	–,	13	–,	15	–,	16
	14	–,	15	–,	17	–,	18
	15	–,	17	–,	20	–,	21
	16	–,	20	–,	23	–,	25
	17	–,	24	–,	28	–,	30
	18	–,	30	–,	>30	–,	>30

TAFEL U (Fortsetzung)

n	z	0,01,	0,99	0,05,	0,95	0,10,	0,90
19	1	3,	–	3,	–	2,	–
	2	5,	–	4,	–	4,	–
	3	7,	–	6,	–	5,	–
	4	8,	–	7,	–	7,	–
	5	11,	–	9,	–	8,	–
	6	13,	–	11,	–	10,	–
	7	15,	–	13,	–	12,	–
	8	18,	–	16,	–	14,	–
	9	21,	–	18,	–	17,	–
	10	24,	–	21,	–	19,	10
	11	28,	–	24,	11	23,	11
	12	>30,	–	28,	13	26,	13
	13	>30,	13	>30,	14	30,	15
	14	–,	15	–,	16	–,	17
	15	–,	17	–,	19	–,	20
	16	–,	19	–,	22	–,	23
	17	–,	22	–,	25	–,	27
	18	–,	26	–,	30	–,	>30
	19	–,	30	–,	–	–,	–

n	z	0,01,	0,99	0,05,	0,95	0,10,	0,90
20	1	3,	–	2,	–	2,	–
	2	5,	–	4,	–	4,	–
	3	6,	–	6,	–	5,	–
	4	8,	–	7,	–	7,	–
	5	10,	–	9,	–	8,	–
	6	12,	–	11,	–	10,	–
	7	15,	–	13,	–	12,	–
	8	17,	–	15,	–	14,	–
	9	20,	–	18,	–	16,	–
	10	23,	–	20,	–	19,	10
	11	27,	–	23,	11	22,	11
	12	>30,	–	27,	12	25,	13
	13	>30,	13	>30,	14	29,	15
	14	–,	14	–,	16	–,	17
	15	–,	16	–,	18	–,	19
	16	–,	18	–,	21	–,	22
	17	–,	21	–,	24	–,	25
	18	–,	24	–,	27	–,	30
	19	–,	28	–,	>30	–,	>30
	20	–,	30	–,	–	–,	–

Literaturverzeichnis

Agresti, A. (1992) A Servey of exact inference for contingency tables. Statistical Science, 7, 131–177

Akritas, M.G. & Arnold, S.F. (1994) Fully nonparametric hypothesis for factorial designs I: Multivariate repeated measures designs. Journal of the American Statistical Association, 89, 336–343

Akritas, M.G. & Brunner, E. (1996) Research developments in probability and statistics. Festschrift at occasion of the 65th birthday of Mardan L. Puri. VSP, Holland

Akritas, M.G. & Brunner, E. (1997) Unified approach to rank tests for mixed models. Journal of Statistical Planning and Inference 61, 249–277 (a)

Akritas, M.G. & Brunner E. (1997) Nonparametric methods for factorial designs with censored data. Journal of the American Statistical Association, 92, 568–576 (b)

Akritas, M.G., Arnold, S.F. & Brunner, E. (1997) Nonparametric hypothesis and rank statistics for unbalanced factorial designs. Journal of the American Statistical Association, 92, 258–265

Andersen, E.B. (1990) The statistical analysis of categorial data. Heidelberg: Springer

Anderson, O. (1956) Verteilungsfreie Testverfahren in den Sozialwissenschaften. Allgemeines Statistisches Archiv, 40, 117–127

Arnold, T.W. (1961) Der Pauli-Test (3. Aufl.). München: Barth

Barth, A.R. & Lienert, G.A. (1987) Der Chi^2-Margantentest als Gültigkeitskriterium für Faktorenanalysen. Psychologische Beiträge, 29, 31–41

Barton, D.E. & David, F.N. (1957) Multiple runs. Biometrika, 44, 168–178

Berry, K.J. & Mielke, P.W. (1989) Analysing independence in r-way contingency tables. Educational Psychological Measurement, 49, 605–607

Bishop, Y.M.M., Fienberg, S.E. & Holland P.W. (1975) Discrete multivariate analysis. Theory and practice. Cambridge: MIT-Press

Bland, M. (1996) An Introduction to Medical Statistics. Oxford: Oxford University Press

Bortz, J. (1993) Statistik. Heidelberg: Springer

Bortz, J. & Döring, N. (1995) Forschungsmethoden und Evaluation. Heidelberg: Springer

Bortz, J., Lienert, G.A. & Boehnke, K. (1990) Verteilungsfreie Methoden in der Biostatistik. Heidelberg: Springer

Bortz, J. & Muchowski, E. (1988) Analyse mehrdimensionaler Kontingenztafeln nach dem allgemeinen linearen Modell. Zeitschrift für Psychologie, 186, 83–100

Bowker, A.H. (1948) A test for symmetry in contingency tables. Journal of the American Statistical Association, 43, 572–574

Bradley, J.V. (1968) Distribution-free statistical tests. Englewood Cliffs, NJ: Prentice Hall

Bregenzer, T. (1997) Ein SAS-Macro zur multivariaten nichtparametrischen Analyse bei gleichgerichteten Alternativen. Bericht über die 1. Konferenz der SAS-Benutzer in Forschung & Entwicklung. Berlin: Humboldt-Universität, 228–241

Bregenzer, T. (1998) Direktionale Tests zur Auswertung klinischer Studien mit multiplen Endpunkten bei unvollständigen Daten. Biometrical Journal 1998, 40 (im Druck)

Brunner, E. & Denker, M. (1994) Rank statistics under dependent observations and applications to factorial designs. Journal of Statistical Planning and Inference, 42, 353–378

Brunner, E. & Neumann, N. (1984) Rank tests for the 2×2 splitplot design. Metrica, 31, 233–243

Brunner, E. & Puri, M.L. (1996) Nonparametric methods in design and analysis of experiments. In: S. Gosch, C.R. Rao (Eds.) Handbook of Statistics, 13, 631–703. Amsterdam: Elsevier

Buck, W. (1975) Der Paardifferenzen-U-Test. Arzneimittelforschung, 25, 825–827

Büning, H. & Trenkler, G. (1978) Nichtparametrische statistische Methoden. Berlin: de Gruyter

Christensen, R. (1990) Log-linear models. New York: Springer

CIPS (1996) Collegium Internationale Psychiatriae Scalarum (Hrsg.) Internationale Skalen für Psychiatrie. Weinheim: Beltz

Clauss, G. & Ebner, H. (1971) Grundlagen der Statistik. Frankfurt/Main: Deutsch

Clogg, C.C. & Eliason, S.R. (1988) Some common problems in log-linear analysis. In: J.S. Long (Ed.) Common problems/proper solutions. Avoiding error in quantitative research, pp. 226–257. Newbury Park, CA: Sage

Cochran, W.G. (1950) The comparison of percentages in matched samples. Biometrika, 37, 256–266

Cochran, W.G. (1954) Some methods for strengthening the common χ^2-tests. Biometrics, 10, 417–451

Cohen, J. (1960) A coefficient of agreement for nominal scales. Educational and Psychological Measurement, 20, 37–46

Cohen, J. (1968) Weighted kappa: Nominal scale agreement with provision for scaled disagreement or partial credit. Psychological Bulletin, 70, 213–220

Cohen, J. (1988) Statistical power analysis for the behavioral sciences. New York: Academic Press

Conover, W.J. (1971) Practical nonparametric statistics. New York: Wiley

Cox, D.R. & Stuart, A. (1955) Some quick sign tests for trend in location and dispersion. Biometrika, 42, 80–95

Cramér, H. (1946) Mathematical methods of statistics. Princeton: Princeton University Press

David, F.N. (1950) Two combinatorial tests of whether a sample has come from a given population. Biometrika, 37, 97–110

Dixon, W.J. & Massey, F.J. (1983) Introduction to statistical analysis (4. ed.). New York: McGraw-Hill

Documenta Geigy (1989) Wissenschaftliche Tabellen. Wehr: Geigy Pharmazeutika

Edgington, E.S. (1961) Probability table for number of runs of sign for first differences in ordered series. Journal of the American Statistical Association, 56, 156–159

Eye, A. v. (1990) Statistical methods in longitudinal research, I u. II. Boston: Academic Press

Eye, A. v. & Rovine, M.J. (1994) Non-standard log-linear models for orthogonal prediction configural frequency analysis. Biometrical Journal, 36, 177–184

Fisher, R.A. (1936) The coefficient of racial likeness and the future of craniometry. Journal of the Royal Anthropological Institute of Great Britain and Ireland, 66, 57–63

Fisher, R.A. (1956) Statistische Methoden für die Wissenschaft. London: Oliver-Boyd

Fisher, R.A. & Yates, R. (1974) Statistical tables for biological, agricultural, and medical research. Edinburgh: Longman Group

Fleiss, J.L. (1971) Measuring nominal scale agreement among many raters. Psychological Bulletin, 76, 378–382

Fleiss, J.L. (1973, 1981^2) Statistical methods for rates and proportions. New York: Wiley

Fleiss, J.L., Cohen, J. & Everitt, B.S. (1969) Large sample standard errors of kappa and weighted kappa. Psychological Bulletin, 72, 323–327

Follmann, D. (1995) Multivariate tests for multiple endpoints in clinical trials. Statistics in Medicine, 14, 1163–1175

Foster, F.G. & Stuart, A. (1954) Distribution-free tests in time-series based on the breaking of records. Journal of the Royal Statistical Society, B 16, 1–22

Freeman, G.H. & Halton, J.H. (1951) Note on an exact treatment of contingency goodness of fit and other problems of significance. Biometrika, 38, 141–149

Fricke, R. & Treinis, G. (1985) Einführung in die Metaanalyse. Bern: Huber

Friedman, M. (1937) The use of ranks to avoid the assumption of normality implicit in the analysis of variance. Journal of the American Statistical Association, 32, 675–701

Friedman, M. (1940) A comparison of alternative tests of significance for the problem of m rankings. The Annals of Mathematical Statistics, 11, 86–92

Fuchs, C. & Kenett, R. (1980) A Test for Detecting Outlying Cells in the Multinormal Distribution and Two-Way-Contingency Tables. Journal of the American Statistical Association, 75, 395–398

Gehan, E. A. (1965) A generalized Wilcoxon test for comparing arbitrarily censored samples. Biometrica, 52, 203–224 (a)

Gehan, E. A. (1965) A generalized two-sample Wilcoxon test for doubly censored data. Biometrika, 52, 650–653 (b)

Glass, G.V. & Stanley, J.C. (1970) Statistical methods in education and psychology. Englewood Cliffs, NJ: Prentice Hall

Hammond, S.M. & Lienert, G.A. (1992) Point symmetry adjustment of phi-coefficients in the factor analysis of psychometric test items. Personality and Individual Differences, 13, 211–219

Harms, V. (1992) Biomathematik, Statistik und Dokumentation (6. Aufl.). Kiel: Harms-Verlag

Heilmann, W.R., Lienert, G.A. & Maly, V. (1979) Prediction models in CFA. Biometrical Journal, 21, 79–86

Hilgers, R. (1981) On an unbiased variance estimator for the Wilcoxon-Mann-Whitney Statistic based on ranks. Biometrical Journal, 23, 653–661

Huber, H.P. (1973) Psychometrische Einzelfalldiagnostik. Weinheim: Beltz

Immich, H. & Sonnemann, E. (1975) Which statistical models can be used in practice for the comparison of curves over a few time-dependent measurement points. Biometrie-Praximetrie, 14, 43–52

Jonckheere, A.R. (1954) A distribution-free k-sample test against ordered alternatives. Biometrika, 41, 133–145

Kaarsemaker, L. & Wijngaarden, A. (1953) Tables for use in rank correlation. Statistica Neerlandica, 7, 41–54

Kendall, M.G. (1938) A new measure of rank correlation. Biometrika, 30, 81–93

Kendall, M.G. (1970) Rank correlation methods (4. ed.). London: Griffin

Kendall, M.G. & Babington-Smith, B. (1939) The problem of m rankings. The Annals of Mathematical Statistics, 10, 275–287

Kimball, A.W. (1954) Short-cut formulae for the exact partition of χ^2 in contingency tables. Biometrics, 10, 452–458

Kolmogoroff, N.A. (1933) Sulla determinazione empirica di una legge di distribuzione. Giornale dell'Istituto Italiano degli Attuari, 4, 83–91

Kolmogoroff, N.A. (1941) Confidence limits for an unknown distribution function. The Annals of Mathematical Statistics, 12, 461–463

Kotze, P.J.V. & Hawkins, M.M. (1984) The identification of outliers in two-way contingency tables using 2×2 subtables. Journal of Applied Statistics, 33, 215–223

Krauth, J. (1973) Nichtparametrische Ansätze zur Auswertung von Verlaufskurven. Biometrische Zeitschrift, 15, 557–566

Krauth, J. (1988) Distribution-free statistics. Amsterdam: Elsevier

Krauth, J. (1993) Einführung in die Konfigurationsfrequenzanalyse (KFA). Weinheim: Psychologie Verlags Union

Krauth, J. & Steinebach, J. (1976) Extended tables of the percentage points of the chi-square distribution for a most ten degrees of freedom. Biometrische Zeitschrift, 18, 13–22

Krishnaiah, P.R. & Sen, P.K. (1984) Nonparametric methods (Handbook of statistics, Vol. IV). Amsterdam: Elsevier, North Holland

Kruskal, W.H. & Wallis, W.A. (1952) Use of ranks in one-criterion variance analysis. Journal of the American Statistical Association, 47, 583–621

Kubinger, K.D. (1983) Some elaborations towards a standard procedure of distribution-free discriminant analysis. Biometrical Journal, 8, 765–774

Lam, F.D. & Longnecker, M.T. (1983) A modified Wilcoxon rank sum test for paired data. Biometrika, 70, 510–513

Lautsch, E. & Lienert, G.A. (1993) Binärdatenanalyse. Weinheim: Psychologie Verlags Union

Lautsch, E. & Weber, S. v. (1995) Methoden und Anwendungen der Konfigurationsfrequenzanalyse (KFA). Weinheim: Psychologie Verlags Union

Lehmacher, W. (1980) Simultaneous sign test for marginal homogeneity of square contingency tables. Biometrical Journal, 22, 785–798

Lehmacher, W. (1987) Verlaufskurven und cross-over. Heidelberg: Springer

Lienert, G. A. (1962[1], 1973[2], 1986[3]) Verteilungsfreie Methoden in der Biostatistik, Band 1. Meisenheim am Glan: Hain

Lienert, G. A. (1969) Die „Konfigurationsfrequenzanalyse" als Klassifikationsmethode in der Klinischen Psychologie. In: M. Irle (Hrsg.) Bericht 26. Kongreß der Deutschen Gesellschaft für Psychologie, Tübingen 1968, 244–253, Göttingen: Hogrefe

Lienert, G. A. (1975) Verteilungsfreie Methoden in der Biostatistik, Tafelband. Meisenheim am Glan: Hain

Lienert, G. A. (1978) Verteilungsfreie Methoden in der Biostatistik, Band 2. Meisenheim am Glan: Hain

Lienert, G. A. (1984) Kommentar zu J. Krauth: Verteilungsfreie Homogenitätstests bei abhängigen Stichproben. Psychologische Beiträge, 26, 309–317

Lilliefors, H. W. (1967) On the Kolmogorov-Smirnov test for normality with mean and variance unknown. Journal of the American Statistical Association, 62, 399–402

Mann, H. B. & Whitney, D. R. (1947) On a test of whether one of two random variables is stochastically larger than the other. The Annals of Mathematical Statistics, 18, 50–60

McConack, R. L. (1965) Extended tables of the Wilcoxon matched pair signed rank test. Journal of the American Statistical Association, 60, 864–871

McNemar, Q. (1947) Note on the sampling error of the difference between correlated proportions or percentages. Psychometrika, 12, 153–157

Meyer-Bahlburg, H. F. L. (1969) Spearmans rho als punktserialer Rangkorrelationskoeffizient. Biometrische Zeitschrift, 11, 60–66

Mielke, P. W. & Berry, K. J. (1988) Cumulant methods for analysing independence of r-way contingency tables. Biometrika, 75, 790–793

Mood, A. M. (1940) Distribution theory of runs. The Annals of Mathematical Statistics, 11, 367–392

Moore, G. H. & Wallis, W. A. (1943) Time series significance tests based on sign of difference. Journal of the American Statistical Association, 38, 153–164

Moore, P. G. (1953) A sequential test for randomness. Biometrika, 40, 111–115

Moosbrugger, H. & Zistler, R. (1993) Wie befreit man die Item-Trennschärfe von den Zwängen der Item-Schwierigkeit? Das SPS-Verfahren. Diagnostica, 39, 22–43

Neymann, J. & Pearson, E. S. (1933) On the problem of the most efficient tests of statistical hypothesis. Philosophical Transaction of the Royal Society of London, Series A, 231, 289–337

Nicholson, W. L. (1961) Occupancy probability distribution critical points. Biometrika, 48, 175–180

O'Brien, P. (1984) Procedures for comparing samples with multiple endpoints. Biometrics, 40, 1079–1087

Owen, D. B. (1962) Handbook of statistical tables. Reading, MA: Addison-Wesley

Page, E. B. (1963) Ordered hypotheses for multiple treatments. A significance test for linear ranks. Journal of the American Statistical Association, 58, 216–230

Pearson, E. S. & Hartley, H. O. (1966) Biometrika tables for statisticians (Vol. 1). New York: Cambridge University Press

Pearson, K. (1904) On the theory of contingency and its relation to association and normal correlation. London: Drapers's Company Memoires. [Biometric Series, No. 1]

Pfanzagl, J. (1974) Allgemeine Methodenlehre der Statistik (Band II). Berlin: de Gruyter

Pitman, E. J. G. (1937) Significance tests which may be applied to samples from any population. Journal of the Royal Statistical Society, 4, 119–130

Plackett, R. L. (1974) The Analysis of Categorical Data. London: Chapman

Puri, M. L. & Sen, P. K. (1985) Nonparametric methods in general linear models. New York: Wiley

Raviv, A. (1978) A nonparametric test for comparing two non-independent distributions. Journal of the Royal Statistic Association, Series B, 40, 253–261

Röhmel, J, Streitberg, B. & Tismer, C. (1994) A permutation approach to configural frequency analysis (CFA) and the iterated hypergeometric distribution. In: P. Dirschedl und R. Ostermann (Eds.) Computational Statistics, 355–378. Heidelberg: Physica Verlag

Schaich, E. & Hamerle, A. (1984) Verteilungsfreie statistische Prüfverfahren. Berlin: Springer

Schemper, M. (1983) A nonparametric k-sample-test for data defined by intervals. Stat. Neerlandica, 37, 69–71

Schumacher, M. & Schulgen, G. (1994) Planung und Auswertung klinischer Studien. Schriftreihe des Instituts für Medizinische Biometrie und Medizinische Informatik der Albert-Ludwigs-Universität Freiburg, Vol. 1, Version 2.1

Sheppard, W.F. (1902) New tables of the probability integral. Biometrika, 2, 174–190

Shewart, W. (1941) Contributions of statistics to the science of engineering. New York: Bell Telephone System (Monograph B-1319)

Siegel, S. & Castellan, Jr., N.Y. (1988) Nonparametric Statistics for the Behavioral Sciences (2nd ed.). New York: McGraw-Hill

Smirnov, N.V. (1939) Sur les écarts de la courbe de distribution empirique. Bulletin mathématiques de l'Université de Moscou, Série internationale, 2, 3–16

Smirnov, N.V. (1948) Table for estimating the goodness of fit of empirical distributions. The Annals of Mathematical Statistics, 19, 279–281

Solomon, R.L. (1949) An extension of controllgroup design. Psychological Bulletin, 46, 137–150

Spearman, C. (1904) The proof and measurement of association between two things. American Journal of Psychology, 15, 72–101

Spearman, C. (1906) A footnote for measuring correlation. British Journal of Psychology, 2, 89–108

Stemmler, M. (1994) A nonparametrical evaluation of ANOVA and MANOVA-design using interaction structure analysis. Biometrical Journal, 36, 911–925

Stevens, W.L. (1937) Significance of grouping and a test for uniovula twins in mice. Annals of Eugenics, 8, 57–69

Stevens, W.L. (1939) Distribution of groups in a sequence of alternatives. Annals of Eugenics, 9, 10–17

Swedberg, F.S. & Eisenhart, C.P. (1943) Tables for testing randomness of grouping in a sequence of alternatives. The Annals of Mathematical Statistics, 14, 66–87

Thompson, G.L. (1991) A unified approach to rank tests for multivariate and repeated measures design. Journal of the American Statistical Association, 86, 410–419

Wald, A. (1944) Sequential analysis. New York: Wiley

Walker, H. & Lev, J. (1953) Statistical inference. New York: Holt

Wall, K.D. (1976) Ein Test auf Symmetrie in einer J-dimensionalen Kontingenztafel. EDV in Medizin und Biologie, 7, 57–64

Wallis, W.A. & Moore, G.H. (1941) A significance test for time series analysis. Journal of the American Statistical Association, 20, 257–267

Walter, E. (1975) Biomathematik für Mediziner. Stuttgart: Teubner

Wellek, S. (1994) Statistische Methoden zum Nachweis von Äquivalenz. Stuttgart: Fischer Verlag

Whitfield, J.W. (1949) Intra-class rank correlation. Biometrika, 36, 463–465

Wilcoxon, F. (1945) Individual comparisons by ranking methods. Biometrics, 1, 80–83

Wilcoxon, F. (1947) Probability tables for individual comparisons by ranking methods. Biometrics, 3, 119–122

Wittkowski, K.M. (1989) An asymptotic UMP sign test for discretized data. The Statistician, 38, 93–96

Yates, F. (1934) Contingency tables involving small numbers and the χ^2-test. Journal of the Royal Statistical Society, Supplement, 1, 217–235

Yin, P. (1992) Towards a reconceptualization of the law of initial value. Psychological Bulletin, 111, 176–184

Zelen, M. (1972) Exact significance tests for contingency tables embedded in 2 classifications. In: L.M. Le Cam, J. Neymann und E.L. Scott (Eds.) Proceedings of the sixth Berkely Symposium on Mathematical Statistics and Probability, 1, 737–757. Berkely: University of California Press

Namenverzeichnis

Sachverzeichnis

Verteilungsfreie statistische Tests (Übersicht)

Art der Daten	Anpassungstests	Vergleich von 2 Stichproben	
		unabhängig	abhängig
	Binomialtest (2.1.1)	Fisher-Yates Test (2.3.1)	McNemar-Test (2.5.1)
	Sequentieller Binomialtest (7.1.1)	Vierfelder-Chi-Quadrat-Test (2.3.2)	Lehmacher-Test (2.5.2)
Häufigkeiten	χ^2-Test für Alternativdaten (2.1.2)	KSO-Test für Überlebenskurven (4.1.5)	Bowker-Test (2.5.3)
	Multinomialtest (2.2.1)		
	χ^2-Test für Kategorialdaten (2.2.2)		
		Mediantest (3.1.1)	Vorzeichen-Test (3.3.1)
		U-Test von Mann-Whitney (3.1.2)	Vorzeichenrangtest von Wilcoxon (3.3.2)
Rangdaten oder transformierte Meßwerte		Paardifferenzen U-Test von Buck (3.1.3)	
		Vergleich von Verlaufskurven (3.5.1)	Vergleich von Verlaufskurven (3.5.2)
	Kolmogoroff-Smirnov-(KSA)-Test (4.2.1)	Fisher-Pitman-Test (4.1.1)	Fishers Randomisierungstest (4.1.2)
Meßwerte	Lilliefors-Test (4.2.2)	Kolmogoroff-Smirnov-(KSO)-Test (4.1.4)	

(Die Zahlen in Klammern verweisen auf den Abschnitt, in dem der jeweilige Test behandelt wird.)

Vergleich von k Stichproben		Zusammenhänge	Urteiler-übereinstimmung	Abfolgen und Zeitreihen
unabhängig	abhängig			
Freeman-Halton-Test (2.4.1)	Cochran-Test (2.5.4)	Phi-Koeffizient (5.1.1)	Cohens Kappa für 2 Beurteiler (6.1.1)	Stevens Iterations-häufigkeitstest (8.1.1)
$k \times 2$-Felder-χ^2-Test (2.4.2)		weitere Vierfelder-Maße (5.1.2)	Fleiss Kappa für mehrere Beurteiler (6.1.2)	Meyer-Bahlburgs Trendtest (8.2.1)
$k \times m$-Felder-χ^2-Test (2.4.3)		Cramérs Index (5.1.3)		Okkupanzentest von Stevens & David (8.3.1)
Fuchs-Kenett-Test (2.4.4)		Kontingenz-Koeffizient (5.14)		Ereignishäufig-keitstest (8.3.2)
				Häufungstrendtest von Ereignissen (8.3.3)
				Sprungstellen-Detektionstest von Cochran (8.3.4)
k-Stichproben-Mediantest (3.2.1)	Friedman-Test (3.4.1)	Spearmans rho (5.2.1)	Cohens „weighted kappa" (6.2.1)	Folgevorzeichen-Iterationstest von Wallis & Moore (8.1.2)
H-Test von Kruskal & Wallis (3.2.2)	Trendtest v. Page (3.4.2)	Biseriale Rang-Korrelation (5.2.2)	Kendalls Konkor-danz-Koeffizient (6.2.2)	Rangkorrelations-test (8.2.2)
Trendtest von Jonckheere (3.2.3)		Partielle Rang-Korrelation (5.2.3)		
Paardifferenzen-H-Test (3.2.4)		Multiple Rang-Korrelation (5.2.4)		
		Kendalls Tau (5.2.5)		
		Zwillingskorrelation von Whitfield (5.2.6)		
Randomi-sierungs-test (4.1.3)	Randomi-sierungstest (4.1.3)			

Druck: Mercedesdruck, Berlin
Verarbeitung: Buchbinderei Lüderitz & Bauer, Berlin

Wie können wir unsere Lehrbücher noch besser machen?

Diese Frage können wir nur mit Ihrer Hilfe beantworten. Zu den unten angesprochenen Themen interessiert uns Ihre Meinung ganz besonders. Natürlich sind wir auch für weitergehende Kommentare und Anregungen dankbar.

Unter allen Einsendern der ausgefüllten Karten aus **Springer-Lehrbüchern** verlosen wir pro Semester Überraschungspreise im Wert von insgesamt **DM 2000, –**!

(Der Rechtsweg ist ausgeschlossen.)

Springer-Verlag

Wieviele Lehrbücher haben Sie bisher für Ihr Studium gekauft?

_____

_____

Welches sind Ihre Lieblingslehrbücher? (Warum?)

_____

_____

_____

_____

Welche Kapitel sind Ihrer Meinung nach in diesem Buch besonders gelungen? – Warum?

_____

_____

_____

Welche Kapitel haben Ihren Erwartungen nicht entsprochen? – Warum?

_____

_____

_____

_____

Gibt es Themen, die in diesem Buch fehlen? – Wenn ja welche?

_____

_____

_____

Hätten Sie Interesse, uns durch _Studentische Beratung_ zu unterstützen?

☐ Ja, ich würde gerne mehr erfahren

☐ Im Prinzip ja,
   aber gegenwärtig fehlt mir die Zeit

☐ Nein

**Bortz/Lienert: Kurzgefaßte Statistik
für die klinische Forschung**

Absender:

_____

_____

_____

☐ Ich habe Interesse an einer
   Zusammenarbeit mit Springer

Ich bin:
☐ Student/in im
   Fach _____
   im ____ Fachsemester _____
   an der Universität _____
☐ _____
   _____

An
Springer-Verlag
Frau Dr. Heike Berger
Tiergartenstraße 17

69121 Heidelberg